新型彩电总线调整系列丛书

新型超级数码彩电总线调整速查手册

许洪广　主编

机　械　工　业　出　版　社

本手册是《新型 I^2C 总线彩电总线调整系列丛书》之一，书中收录了长虹、康佳、海尔、海信、创维、厦华、TCL 7 大品牌 110 多种机心系列、1100 多种机型的新型超级数码彩电总线调整资料，详细介绍了进入维修模式或工厂模式的方法、项目选择与调整步骤，提供了代表机型的总线调整项目与参考数据。

本手册资料丰富、准确，实用性强，查阅方便，是彩电维修人员的必备手册。可供彩电维修人员和无线电爱好者在维修新型超级数码彩电软件数据出错故障时使用。

图书在版编目(CIP)数据

新型超级数码彩电总线调整速查手册/许洪广主编．—北京：机械工业出版社，2010.12

(新型彩电总线调整系列丛书)

ISBN 978-7-111-32717-2

Ⅰ.①新… Ⅱ.①许… Ⅲ.①数字电视：彩色电视－电视接收机－总线－调整－技术手册 Ⅳ.①TN949.197-62

中国版本图书馆 CIP 数据核字(2010)第 243985 号

机械工业出版社(北京市百万庄大街 22 号 邮政编码 100037)
策划编辑：牛新国 责任编辑：赵玲丽
版式设计：张世琴 责任校对：李秋荣
封面设计：陈 沛 责任印制：乔 宇
北京机工印刷厂印刷(兴文装订厂装订)
2011 年 1 月第 1 版第 1 次印刷
184mm×260mm · 23.75 印张 · 590 千字
0 001—3 000 册
标准书号：ISBN 978-7-111-32717-2
定价：49.80 元

凡购本书，如有缺页、倒页、脱页，由本社发行部调换

电话服务
社服务中心：(010)88361066
销 售 一 部：(010)68326294
销 售 二 部：(010)88379649
读者服务部：(010)68993821

网络服务
门户网：http://www.cmpbook.com
教材网：http://www.cmpedu.com

前　言

自从 I^2C 总线彩电问世后，彩电维修就分为硬件维修和软件维修两部分，硬件维修是找到故障元器件并进行更换即可，而软件维修必须掌握故障机型的总线调整方法，进入维修状态，对相关数据进行调整和更正。由于总线调整方法掌握在厂家手中，且在彩电说明书中不公布，而掌握总线彩电的总线调整方法又是家电维修人员所必须要学的技能。近几年图书市场上有关彩电总线调整的书籍较少，造成有关新型 I^2C 总线彩电的总线调整资料紧缺，致使很多彩电因软件故障而无法修复，小机型的被迫更换电路板，高清、平板大机型因无彩电电路板更换被迫报废！

为了适应家电维修人员维修新型 I^2C 总线彩电的需要，我们组织编写这套《新型 I^2C 总线彩电总线调整系列丛书》，包括《新型超级数码彩电总线调整速查手册》、《高清彩电总线调整速查手册》、《平板彩电总线调整速查手册》。

《新型超级数码彩电总线调整速查手册》是该系列丛书的第一册，介绍了近几年面世的、国内拥有量大的国产长虹、康佳、海尔、海信、创维、厦华、TCL 7 大品牌，110 多种机心系列，1100 多种机型的新型超级单片彩电、变频数码彩电的总线调整资料。该系列丛书具有以下特点：

1）内容新颖：书中介绍的总线调整资料，选用近几年面世的新机心、新系列、新机型。

2）通俗易懂：将厂家提供的专业术语或英文说明，修改为通俗易懂的语言，便于读者理解和应用。

3）条理清晰：每个机心和系列的总线调整内容，分为“总线调整方法”、“调整项目与数据”两个栏目，其中“总线调整方法”栏目，又分为“进入退出维修模式”和“项目选择与调整”两个子栏目。编写过程中将调整步骤介绍进行统一，调整项目中文解释进行统一，调整项目与数据的表格进行统一，力争做到语言简练，一目了然，便于读者阅读。

4）编排合理：将搜集到的相同机心或系列相似的总线调整内容归纳在一起，统一进行介绍，将不同机型的总线调整数据汇总到一个表格中。特别是将单个机型的总线调整资料归纳到所属的机心、系列之中，尽量做到内容不重复，便于读者查找和阅读。

5）双重检索：采用了目录和机型速查表双重检索，各个章节的机型速查表，按照英文字母顺序降序排列，读者可根据机型的英文字母顺序，快速查找到所需要的机型资料。如果书中没有所要查找的机型，可参考故障机型所属机心或系列的总线调整资料,进行调整维修。

本书由许洪广主编,并撰写了第1~4章的内容,参加本书编写的人员还有孙德印、许亚军、孙铁刚、孙铁强、王萍、孙铁骑、于秀娟、孙世英、孙玉净、孙玉华、孙德福等。本书参考资料主要来自各彩电生产厂家售后服务部资料、家电维修网站、家电维修期刊、彩电使用说明书及有关书籍,参考资料较多,这里不一一列出,在此向有关作者和提供大量资料及热情帮助的同仁表示衷心的感谢。在编写过程中,对各种机型总线调整项目数据与维修实践中记录的资料都进行了仔细核对,并根据维修实际数据进行修正,力争准确适用。由于作者水平有限,错误之处在所难免,敬请广大读者批评指正。

作　者

2010年10月

目 录

第 1 章　长虹超级数码彩电总线调整

1.1　长虹 HD-1 机心超级彩电总线调整

长虹 HD-1 机心超级彩电数字板芯片采用华亚公司生产的 HTV158，实现了普通 CRT 电视机接收显示 VGA、HDTV 信号；微处理器和小信号处理电路采用东芝芯片 TMPA8873 的掩膜片，掩膜后型号为 CH08T2604、CH08T2605，完成 TV、AV、S 端子 YC 信号以及 VGA、HDTV 信号的接收处理。CH08T2604 不能代换 CH08T2605。

适用机型：长虹 CHD21388、PD21916（芯片 2604）、PF21900U、PD21876U（芯片 2605）等超级单片彩电。

1.1.1　总线调整方法

总线调整分为维修 S 模式和设计 D 模式两种。维修 S 模式总线调整只有白平衡和几何失真的调整，设计 D 模式总线调整涉及整机功能与图像、伴音信号处理。设计 D 模式下各总线参数数据的组成由不同功能位的状态决定，所以总线参数不要随便调整。

1. S 模式调整方法

【进入退出维修模式】

先按“音量 -”键将音量减到 0，然后按住本机遥控器上的“静音”键，屏幕上显示红色静音符号，5s 以后松开“静音”键，按电视机面板上的“菜单”键，即进入维修 S 模式。

调整完毕，交流关机或遥控关机均可退出维修 S 模式，并自动记忆存储数据。

【项目选择与调整】

进入维修模式后，屏幕上显示调整菜单，按“菜单”键可进行翻页，按“频道 +/-”键选择调整项目，按“音量 +/-”键调整所选项目数据。

2. D 模式调整方法

【进入退出设计模式】

进入维修 S 模式后，按“菜单”键至白平衡调试页时，按遥控器上的数字键“0816”输入密码，即可进入设计 D 模式。

调整完毕，交流关机或遥控关机均可退出设计 D 模式，并自动记忆存储数据。

【项目选择与调整】

进入设计 D 模式后，通过“菜单”键循环翻页，选择调整菜单，按“频道 +/-”键选择调整项目，按“音量 +/-”键调整所选项目数据。

1.1.2　调整项目与数据

长虹 HD-1 机心超级彩电维修 S 模式下，总线系统调整项目和数据见表 1-1，其光栅调整菜单的数据要先接收 50Hz 信号进行调整，再接收 60Hz 信号进行调整。光栅调整和白平衡调整菜单各个项目数据根据需要调整。长虹 HD-1 机心超级彩电设计 D 模式下，代表机型 PD21876U 彩电总线系统调整项目和数据见表 1-2；D 模式下功能设置项目数据预置定义见表 1-3。

表 1-1　长虹 HD-1 机心超级彩电维修 S 模式总线系统调整项目和数据

菜单	项目名称	调整功能	参考数据
光栅调整菜单	HSHIFT	行中心位置调节	*
	VPOS	场中心位置调节	*
	VAMP	场幅调节	*
	VLIN	场线性调节	*
	SC	场 S 形失真调节	*
	VSHIFT	场锯齿波直流电平调节	*
	VAMP16	16:9 信号场幅度调节	*
	HBOW	东西方向弓形失真调节	*
	HPAR	东西方向平行四边形失真调节	*
	OSDH	OSD 位置调节	*
白平衡调整菜单	RCUT	暗平衡红枪截止	*
	GCUT	暗平衡绿枪截止	*
	BCUT	暗平衡蓝枪截止	*
	GDRV	亮平衡绿枪驱动	*
	BDRV	亮平衡蓝枪驱动	*
	RCUT	暗平衡红枪截止	*

表 1-2　长虹 HD-1 机心设计 D 模式总线系统调整项目和代表机型 PD21876U 彩电数据

项目名称	调整功能	参考数据
OPT	功能设置	40
MODE0	模式设置 0	A0
MODE1	模式设置 1	37
MODE2	模式设置 2	37
MODE3	模式设置 3	34
POWER ON TIME	开机时间设置	3B
BRTC	亮度中心调整	40
BRTS	副亮度调整	10
CNTX	对比度最大值调整	7F
COLC	NTSC 彩色中心值调整	30
TNTC	TV 色调中心值调整	40
TNTCAV	AV 色调中心值调整	38
COLP	PAL 彩色中心值调整	00
COLS	SECAM 彩色中心值调整	40

（续）

项目名称	调整功能	参考数据
DCOL	DVD 彩色中心值调整	30
SCNT	副对比度调整	08
CNTC	副对比度中心值调整	50
CNTN	对比度最小值调整	00
BKTX	亮度最大值调整	20
BKTN	亮度最小值调整	20
COLX	彩色最大值调整	10
COLN	彩色最小值调整	00
TNTX	色调最大值调整	00
TNTN	色调最小值调整	28
ST3	清晰度中心 NTSC（TV）值调整	20
SV3	清晰度 NTSC（AV）调整	25
ST4	清晰度 PAL（TV）调整	30
SV4	清晰度 PAL（VIDEO）调整	30
SVD	清晰度中心（DVD）值调整	30
ASSFI	清晰度不对称控制	00
SHPX	清晰度最大值调整	3F
SHPN	清晰度最小值调整	20
ELTO	TV 状态 notM 设置	4D
CLTS	TV 状态 SECAM 设置	4D
LTM	TV 状态 M 设置	4D
CLVD	DVD 设置	4D
LVO	VIDEO 色处理相关设置	4D
STBG	BG 带通滤波器带宽选择	08
STI	I 带通滤波器带宽选择	08
STDK	DK 带通滤波器带宽选择	08
STM	M 带通滤波器带宽选择	08
SSBG	BG 陷波器带宽选择	08
SSI	I 陷波器带宽选择	08
SSDK	DK 陷波器带宽选择	07
SSM	M 陷波器带宽选择	00
V01	1% 音量起点线性控制	0F
V25	25% 音量较大线性控制	4C
V50	50% 音量居中线性控制	5C
V100	100% 音量最大线性控制	7F
SAV-VOL	省电模式下音量设置	0A

（续）

项目名称	调整功能	参考数据
PYNX	行同步最大值	2E
PYNN	行同步最小值	18
PYXS	自动搜索行同步最大值	22
PYNS	自动搜索行同步最小值	18
SYBBN	正常收看且有信号同步信号检测	80
SYBBF I	正常收看且无信号同步信号检测	80
SYSR	搜台换台同步信号检测	80
BBCT	搜台判定有无信号或蓝背景显示	04
SYNC COUNT	搜台同步计数设置	06
ABL	自动亮度控制	0C
BCBS	消隐与黑电平控制	53
DEF06	场锯齿波基准电流调整	04
AGC	RF AGC 调整	22
HAFC	行鉴相设置	86
PICQ	自动彩色起控点调整	0D
FLG0	中频模式选择	04
FLG1	同步分离标识位	08
VBLACK	V 信号消隐电平设置	09
UBLACK	U 信号消隐电平设置	09
MOD	38MHz 中频设置	02
SVM	扫描速度调整输出	10
VBLK	场消隐设置	00
UCOM	APC 控制设置	24
NOIS	行 AFC 增益控制	1F
OSD	字符水平位置设置	*
OSDF	字符振荡频率设置	64

表 1-3 长虹 HD-1 机心设计 D 模式下功能设置项目数据预置定义

菜单	Bit	设置功能	设置说明
OPT（40）	Bit7	AV 切换时是否静音	0：否；1：是
	Bit6	未用	—
	Bit5	开机强制 AV	0：不使用；1：使用
	Bit4	无信号时大幅度 AFT 开关	1：关；0：开
	Bit3	同步分离方式	1：内部；0：外部
	Bit2	换台黑屏	0：不使用；1：使用
	Bit1	大屏幕	0：不使用；1：使用
	Bit0	HTV 模块使用	1：不使用；0：使用

（续）

菜单	Bit	设置功能	设置说明
MODE0（A0）	Bit7～6	伴音制式预置（自动搜索、智能键、出厂设置时使用此设置）	00：B/G；01：I；10：D/K；11：M
	Bit5	小字符的使用	0：不用；1：用
	Bit4	语言出厂设置	0：中文；1：英文
	Bit3	换台黑屏类型	0：Y-MUTE；1：RGB MUTE
	Bit2	SECAM 制式设置	0：无；1：有
	Bit1	PAL 制式设置	0：无；1：有
	Bit0	开机方式	1：待机；0：记忆开机
MODE1（37）	Bit7	开机 LOGO 设置	0：不用；1：用
	Bit6	未用	—
	Bit5	RF NTSC 设置	0：起作用；1：不起作用
	Bit4	屏保设置	0：无；1：有
	Bit3	M 制式设置	0：无；1：有
	Bit2	D/K 制式设置	0：无；1：有
	Bit1	I 制式设置	0：无；1：有
	Bit0	B/G 制式设置	0：无；1：有
MODE2（37）	Bit6	是否单伴音制式	0：否；1：是
	Bit5	指示灯显示	0：无；1：有
	Bit4	手动消磁	0：无；1：有
MODE3（34）	Bit7	单声道还是立体声	0：单声道；1：立体声
	Bit6	直接按键换台延时	1：1s；0：2s
	Bit5	DVD	0：无；1：有
	Bit4	VGA	0：无；1：有
	Bit3	S 端子	0：无；1：有
	Bit2	收音机	0：无；1：有
	Bit1	一次性开机	1：是；0：否；与 MODE0 有关
	Bit0	未用	—

1.2　长虹 HD-2 机心超级彩电总线调整

长虹 HD-2 机心超级彩电主芯片采用 OM8783 掩膜片作为模拟信号处理电路，长虹公司掩膜后命名为 CH05T1645。对调谐器送来的图像中频信号 IF 进行处理，同时完成视频信号的接收、切换及处理，且能处理数字板（接收 VGA、HDTV 信号，变频后形成 YCbCr 信号）。数字处理芯片采用 PW52 处理 YCbCr 信号。

整机后置 AV1 与侧置 AV 或前置 AV 并联，且与 S 端子音、视频复用，不能同时接入；AV2 与 DVD 端子音频复用；单声道输入时为左声道输入；YCbCr 分量与 YPbPr 分量共用同一通道，机心自动识别信号格式；接入计算机 VGA 输出信号时，只能输入 60Hz 的信号，格式要求 VGA60（640×480）、SVGA60（800×600）、XGA60（1024×768），在 VGA 输入状态下，由于输出设备的输出信号格式可能有差异，可以在菜单中对图像的上下左右位置及幅度进行小范围的几何失真调节，达到收看效果。接收 YUV 信号只能接收显示 480i、576i、480p、576p、720p50/60、1080i50/60、1080p50/60 信号，但 HDTV 状态菜单下无几何失真校正项。

适用机型：长虹 CHD25916、CHD29916、CHD34J18S（F57）、CHD34155（F55）、PD25916、PD29916 等超级单片彩电。

1.2.1 总线调整方法

【进入退出维修模式】

先按“音量 -”键将音量减到 0，然后按住本机遥控器上的“静音”键 2s 以上，直到屏幕上显示红色静音符号，同时按电视机面板上的“菜单”键，即进入维修模式，屏幕上显示主菜单。

调整完毕，按遥控器上的“开/关”键关机，即可退出维修模式，并自动记忆存储数据。

【项目选择与调整】

进入维修模式后，按遥控器上的“上/下”键选择调整项目，按“左/右”键调整所选项目数据。

其中帘栅电压、聚焦电压调节方法如下：①接收电视信号，将亮度置为“60”，对比度置为“50”。②按“VSD”键，进入 AVG 调整项，屏幕上方出现暗带，下方显示红色“WBC：OUT”，若为绿色“WBC：IN”可不调。③调节行输出变压器上帘栅电压调整电位器，使屏幕下方红色“WBC：OUT”显示为（绿色）“WBC：IN”，或在绿色“WBC：IN”与红色“WBC：OUT”间跳变。④再按遥控器上其他键，使场输出正常，按如下方法调节 FBT 聚焦电位器：FBT 为单聚焦；调节 FBT 聚焦电位器（上面一只电位器），使光栅聚焦良好；画面清晰度最佳；FBT 为双聚焦；调节 FBT 聚焦电位器 F1、F2（上面两只电位器），F1 与 F2 协调调整，使光栅聚焦良好，画面清晰度最佳。

用户遥控器中的“几何菜单”只在 VGA 信号下才显示，可以调整 VGA 的水平位置、水平幅度、垂直位置和垂直幅度，此 4 项调整为偏移量调整，最多可偏移 +10。操作出厂设置时均初始化为“0”。

注意：由于 PW52 芯片本身功能限制，SVGA（800×600）和 XGA（1024×768）下信号的重现率不能达到 100%，而高清信号无“几何菜单调整项”。

1.2.2 调整项目与数据

长虹 HD-2 机心超级彩电维修模式下，总线系统调整项目和数据见表 1-4，表中数据“*”表示调整到最佳状态；OPT 功能预置定义见表 1-5。

表 1-4　长虹 HD-2 机心超级彩电总线系统调整项目和数据

项目名称	调整功能	参考数据
OP1	预置功能 1	C3
OP2	预置功能 2	E0
OP3	预置功能 3	86
OP4	预置功能 4	FF
AVG	加速极调整显示	*
VX00	4:3 显像管 CRT 设置	19
VX50	16:9 显像管 CRT 设置	01
VS	半场输出设置	*
SC	S 失真校正	20
5VA	场频为 50Hz 时场幅度调整	*
6VA	场频为 60Hz 时场幅度调整	*
VSH	场中心调整	*
5HA	行幅度调整	*
5HS	行中心调整	*
5EW	枕校调整	*
HP	平行四边形校正	*
50V	字符场起始位置	*
TC	梯形失真校正	*
UCP	上角失真校正	*
BCP	下角失真校正	*
HB	弓形失真校正	*
RCUT	红枪截止电压调整	*
GCUT	绿枪截止电压调整	*
RDRV	红枪激励电压调整	*
GDRV	绿枪激励电压调整	*
BDRV	蓝枪激励电压调整	20
AGC	AGC 调整	17
VOL	音量初始值设置	2A
亮 50	副亮度调整	1F
亮 99	最大亮度调整	33
对 50	副对比度调整	18
对 99	最大对比度调整	3F
彩 99	副色度调整	3F
F0	中频偏移设置	20
YDEL	亮度信号延时设置	07
PWL	白峰限制	14

（续）

项目名称	调整功能	参考数据
TINT	色调调整	20
CL	阴极激励电压	05
PODE	开机延时（单位为0.5s）	10
INIT	初始化 EEPROM	—
TAB	数据检查表	—

表1-5 长虹 HD-2 机心超级彩电 OPT 功能预置定义

项目	序号	功能	设置内容	默认值
OP1	1	开机先释放声音	1：优先；0：无	1
	2	单独听	1：有；0：无	1
	3	未用	—	0
	4	未用	—	0
	5	开机方式	0：上电开机；1：上电待机	0
	6	蓝背景显示 LOGO	1：工程机用于写入字符；0：无	0
	7	S 端子	1：有；0：无	1
	8	DVD 端子	1：有；0：无	1
OP2	1	SYS0	伴音制式，0、0：D/K、I、M、B/G；0、1：D/K；1、0：D/K、I；1、1：D/K、I、M	0
	2	SYS1		0
	3	FWMS（伴音载频偏）	1：±600K（优先有效）； 0：该位无效（FSW 位作用）	0
	4	S1F（伴音滤波外部放大）	1：有；0：无	0
	5	AKB（暗电流稳定）	1：无；0：有	0
	6	FSW（伴音载频偏）	1：±450K；0：±225K	1
	7	XDT（EHT 保护）	1：有；0：无	1
	8	智能锁	1：有；0：无	1
OP3	1	换台黑屏	1：黑屏；0：不黑屏	0
	2	OSC（场过扫描关断）	1：有效；0：无效	1
	3	DFL（FLASH 保护）	1：无效；0：有效	1
	4	FFI	1：快速；0：正常	0
	5	FORF	无信号场频设置，0、0：自动60Hz；1、1：自动50Hz	0
	6	FORS		0
	7	AGC1	中放 AGC 速度，0、0：0.7倍；0、1：正常；1、0：3倍；1、1：6倍	0
	8	AGC0		1
OP4	1	COR0（核化降噪）	COK1 最佳	1
	2	COK1（核化降噪）		1
	3	蓝背景识别方式	1：LOCK；0：IFI	1
	4	OSVEf（显示测试线）	0：显示；1：无	1

（续）

项目	序号	功能	设置内容	默认值
OP4	5	语言	1：中、英文；0：英文	1
	6	开机记忆	1：开机记忆；0：开机 TV	1
	7	矩阵选择	1：美国矩阵；0：日本矩阵	1
	8	按键标准	1：标准；0：非标准	1

1.3 长虹 ETE-3 机心超级彩电总线调整

长虹 ETE-3 机心超级彩电使用飞利浦新型超级芯片 TDA11135，作为整机控制系统与模拟信号处理 IC。

适用机型：长虹 PF21500 等超级单片彩电。

1.3.1 总线调整方法

【进入退出维修模式】

先按“音量 -”键将音量减到 0，然后按住遥控器上的“静音”键的同时按电视机上的“菜单”键，即可直接进入维修模式。

【项目选择与调整】

该机心总线系统有 Page 0 ~ Page 13 共 14 个调整菜单。进入维修模式后，默认进入为 Page 0 菜单，上部显示软件版本号。按“菜单”键向后顺序翻页，或直接按“数字”键选择相应的菜单，按遥控器上的“上/下”键选择调整项目，按“左/右”键调整所选项目的数据，储存调整后的数据，部分项目数据需退出 S 模式，关机重启后有效。

1.3.2 调整项目与数据

长虹 ETE-3 机心超级彩电总线系统调整项目和数据见表 1-6。表中 Page 1 ~ Page 3 菜单会根据输入测试信号进行场频识别，当识别到场频为 50Hz 时，显示为 50Hz；识别到场频为 60Hz 时，显示为 60Hz。表中带“ * ”的项目为短管参数，仅短管机型调试有效。

表 1-6 长虹 ETE-3 机心超级彩电总线系统调整项目和数据

菜单	项目名称	调整功能	参考数据
Page 0	GDET03XX-XX	显示芯片（OTP）软件号	—
	V-Bri	当前状态下图像亮度	32
	VSD	调帘栅时的参考亮度	32
Page 1	G-0	光栅调整菜单 0	50Hz/60Hz
	HSH	行中心调整	32/38
	HPAR *	平行四边形失真校正	26/28
	HBOW *	弓形失真校正	32/32
	VLIN *	垂直线性校正	32/32
	VSCR *	场卷轴调整	32/32
	EWW *	行幅度调整	53/5
	PW *	EW 抛物线失真校正	22/18

（续）

菜单	项目名称	调整功能	参考数据
Page 2	G-1	光栅调整菜单 1	50Hz/60Hz
	UCP *	上角失真校正	46/37
	LCP *	下角失真校正	42/33
	TC *	梯形失真校正	32/32
	VSH	场中心调整	36/36
	VA *	场幅度调整	22/22
	SC *	场 S 失真校正	32/24
	VSL *	半场输出调整	32/31
Page 3	G-2	光栅调整菜单 2	50Hz/60Hz
	ZOOM 16	16:9 图像场幅调整	0
	ZOOM N	4:3 图像场幅调整	25
	ZOOM EX	ZOOM 图像场幅调整	51
	OSD-V5	50Hz 时 OSD 垂直位置调整	50
	OSD-V6	60Hz 时 OSD 垂直位置调整	46
	Fac	0：正常；1：进入 BUS OPEN	0
	lnit	1：存储器初始化，一般禁止操作	0
Page 4	W-tone	白平衡调整菜单	
	BLOC	暗电平曲线调整	7
	BLOR	暗平衡调整红枪激励电压调整	32
	BLOG	暗平衡调整绿枪激励电压调整	32
	BLOB	暗平衡调整蓝枪激励电压调整	32
	WPR	白平衡调整红枪截止电压调整	32
	WPG	白平衡调整绿枪截止电压调整	32
	WPB	白平衡调整蓝枪截止电压调整	32
Page 5	Tuning	调谐与图文调整菜单	
	IF	中频频率设置	3
	TOP	UOC 的 RF AGC 调整	20
	AGCS	AGC 反应速度调整	1
	OIF	中频偏移调整	32
	T-SET	图文语言设置，图文版本时才有此项	
	TXT-H-POS	图文水平位置调整	10
	TXT-RGB	图文字符亮度调整	15
Page 6	SYS	彩色制式调整菜单	
	NTSC	NTSC 制式预置（1：有；0：无）	1
	SECAM	SECAM 制式预置（1：有；0：无）	1
	BGA2	BGA2 双语预置（1：有；0：无）	0

（续）

菜单	项目名称	调整功能	参考数据
Page 6	M	伴音制式 M 预置（1：有；0：无）	1
	L	伴音制式 L 预置（1：有；0：无）	0
	O-SYS	预置出厂伴音制式①	2
	O-LANG	预置出厂 OSD 语言	1
Page 7	MENU	配置菜单	
	AVLE	1：普管 AVL；0：（超）短管 EW	0
	AVL	AVL 预置，1：普管有；0：短管无	0
	DEG	手动消磁功能预置，1：有；0：无	0
	B-TRE	音效预置，1：有；0：无	0
	DISG	DISCO 增益选择	0
	COF	暗平衡调整范围，0：±270mY；1：±450mY	0
	DCXO	晶体频率校正补偿	2
Page 8	other	设置菜单	
	S-VIDEO	S 端子设置（1：有；0：无）	0
	M-ON	开机状态设置（1：遥控关机则遥控开机，交流关机则一次开机；0：二次开机）	1
	OFF-TIME	关机设置（0：5 min；1：10 min；2：15min）	0
	LOGO-ACT	用户 LOGO 预置（1：有；0：无）当 NO-SIG 置 0 时，此项有效	1
	NO-SIG	无信号提示功能预置（1：有；0：无）	1
	LOG0	第 1 行用户写入 LOG0 颜色预置	1
	LOG1	第 2 行用户写入 LOG1 颜色预置	6
Page 9	SUB	模拟量设置菜单	
	S-BRI	副亮度调整	0
	M-BRI	最大亮度设置	63
	S-CON	副对比度设置	0
	M-CON	最大对比度设置	63
	MX-COL	最大色度设置	63
	LOG-T	LOGO 设置	0
	VX-VAM	0：短管 VX 有效；1：普管 VX 实调 VAM	0
Page 10	Video-0	视频设置菜单 0	
	PWL-DAC	白峰限幅起控点，越大起控越晚	15
	COR-DEF	降噪、自延伸设置	1
	SSL	限幅电平	0
	FSL	强制场限幅电平	0
	AAS	黑延伸时的取样窗口选择	2
	XDT	X 射线检测（0：保护模式；1：检测）	0

（续）

菜单	项目名称	调整功能	参考数据
Page 11	Audio-0	声音处理菜单 0	
	AMLOW	信号 AM 调制时声音输出	0
	GSSIF	伴音中频增益控制	0
	DSG	声音输入和输出的增益	0
	AGN	FM 解调增益	0
	AGNE	FM 伴音增益	1
Page 12	Audio-1	声音处理菜单 1	
	T. mod	EHT 补偿方式	1
	FMWS	FM 伴音解调窗口选择	1
	BPB2	旁路伴音带通滤波器选择	1
	FFI	快速中频锁相环滤波器选择，对过调制有用	1
Page 13	Video-1	视频处理菜单 1	
	CL	阴极驱动电平	12
	SOC	软件控制钳位电平	2
	CHSE	区分 PAL 及 NTSC 的灵敏度（色同步幅度）	2
	CLO	中频滤波器	1
	HBL	宽度消隐开关，置 1 时 WBF/WBK 有效	1
	WBF	消隐起始点调整	0
	WBR	消隐结束点调整	8

① 0：DK；1：BG-A2；2：BG；3：I；4：M；5：L。

1.4　长虹 CH-13 机心超级彩电总线调整

长虹 CH-13 机心是长虹采用三洋公司的超级单片电路 LA769137、LA769337 或 LA76931、LA76933 生产的彩电机心，长虹公司掩膜后命名为 CH04T1301、CH04T1302、CH04T1303、CH04T1304、CH04T1305、CH04T1306、CH04T1307、CH04T1308。其中 CH04T1301、CH04T1302、CH04T1304、CH04T1305、CH04T1306、CH04T1308 主要应用于 21in 彩电；CH04T1303、CH04T1307 主要应用于 25in 以上大屏幕彩电。

四个芯片互换时应注意：

1）CH04T1306 替换 CH04T1301、CH04T1302 时，应按 CH04T1306 的总线数据进行调整，或更换配套存储器。

2）CH04T1301、CH04T1302、CH04T1304 可以相互替换。

3）CH04T1308 替换 CH04T1306 时，部分机型可直接代换，但有些机型代换后出现光栅发紫、字符右移、按键错乱、不记忆数据等问题，解决方法是将 24C08 存储器换成 24C16，进入总线后将 MENU12 菜单中的 OPT. ADKEY 改为 0，将 MENU11 菜单中的 OPT. VS/FS 改为 1、TUN. ADR 改为 1，将 MENU10 菜单中的 OPT. IIC 改为 0 即可。

4）中英文版本的 CH04T1305 替换 CH04T1301 时，在 CH04T1305 总线参数基础上做如下更改：一是将 MENU09 菜单中 OPT. VS/FS 选项更改为 0；二是将 MENU11 菜单中 OPT. AV1/AV2 选项更改为 0；三是将 MENU11 菜单中 OPT. DVD 选项更改为 0；四是将 MENU11 菜单中 OPT. S/AV2 选项更改为 0。

5）中英文版本的 CH04T1305 替换 CH04T1302 和 CH04T1306 时，在 CH04T1305 总线参数的基础上作如下更改：将 CH04T1305 的 46 脚与 48 脚连接在一起，保证 AV2 功能正确。

6）中英文版本的 CH04T1305 替换 CH04T0306 绿色电源带继电器电路时，主板上作如下更改：一是在消磁电阻旁边，原继电器 2 脚处，加跨接线 J018；取消消磁电阻旁边 R733，V705 旁边 R741，芯片 31、32 脚连接高频头的线路上 R732 和 R732A。二是在芯片 36、37 脚连接到高频头 4、5 脚加电阻 R731、R731A，型号为 RT13-0. 166W-100Ω，可将取下的 R732、R732A 安装在 R731 和 R731A 上。三是将 CPU 的 46、48 脚接在一起。

7）CH04T1303 用于大屏幕彩电，目前没有替代品种。

适用机型：长虹 SF2166K、SF2129K、SF2133K、SF2128K、SF2166K（F03）、SF2133K（F25）、SF2166K（F25）、SF2188K（F25）、SF2118AE（B）、SF21300（Z）、SF21366（Z）、SF25366（Z）、PF21300（Z）、PF2118（F25）、SF2111（F25）、SF2166（F03）、SF2188K、SF2133K、H2111K（F00）、SF2166K、PF21300、PF25118（F31）、PF2518（F31）、PF2528（F31）、PF29300（Z）、PF29366（Z）、PF29118、PF29118（F31）、SF2528、PF2955K 等超级单片彩电。

1.4.1　总线调整方法

1. 第一种方法

【进入退出维修模式】

用 6K6I 或 K6F 遥控器进行调整。方法是先按遥控器上的“M”键，接着按“返回”键和“AV”键，再按未露出的“未标识”键，最后同时按下“显示”键和“图像”键 3 ~ 5s，便可进入维修模式。

调整结束后，按“M”键或遥控关机，调整后的数据自动储存，并退出维修模式。

【项目选择与调整】

进入维修模式后，当菜单变红时，按“音量 +/-”键进行前后翻页，按“频道 +/-”键进行选项，选项后再按“音量 +/-”键进行数据调整。

2. 第二种方法

【进入退出维修模式】

若长虹 CH-13 机心主芯片采用的是 CH04T1303、CH04T1306，则可用 K18G 和 K13A 遥控器进行调整。方法是用遥控器将音量调为 0，将图像模式置为“亮丽”状态，接着长按排序键，即可进入维修模式，屏幕上显示 M 字符。

调整结束后，按 M 键或遥控关机，数据被储存，并退出维修模式。

【项目选择与调整】

进入维修模式后，按菜单键，屏幕上显示出菜单，再按排序键进入总线数据状态。进入总线数据状态后，用“左右方向”键进行翻页，用“上下方向”键进行数据调整。

1.4.2 调整项目与数据

长虹 CH-13 机心（采用 CH04T1301、CH04T1302、CH04T1303、CH04T1306 芯片）超级彩电总线系统调整项目和数据见表 1-7；PMODE-ADJ 图像模拟量设置数据见表 1-8。表中数据栏的“-”表示该芯片无此项目。长虹 CH-13 机心（采用 CH04T1305 芯片）超级彩电总线系统调整项目和数据见表 1-9。

表 1-7 长虹 CH-13 机心（采用 CH04T1301、CH04T1302、CH04T1303、CH04T1306 芯片）

超级彩电总线系统调整项目和数据

菜单	项目名称	调整功能	参考数据			
			CH04T1301	CH04T1302	CH04T1303	CH04T1306
MENU. 00 光栅几何失真校正	VPOS/50Hz	PAL/50Hz 场中心调整	4	4	4	4
	H. PHSE/50Hz	PAL/50Hz 行中心调整	14	14	14	14
	VSIZE/50Hz	PAL/50Hz 场幅调整	69	69	69	69
	VPOS/60Hz	NTSC/60Hz 场中心调整	4	4	4	4
	H. PHSE/60Hz	NTSC/60Hz 行中心调整	17	17	17	17
	VSIZE/60Hz	NTSC/60Hz 场幅调整	63	63	63	63
	VSC	场 S 形失真校正	13	13	13	13
	VLINE	场线性调整	19	19	19	19
	VSIZECMP	场线性调整	3	3	3	3
MENU. 01 白平衡和 AGC 等调整	SUBBRIGHT	副亮度调整	63	63	63	63
	SUB. CONT	副对比度调整	63	63	63	63
	VKILL	场输出开关	0	0	0	0
	RFAGC	RF AGC 起控点设置	20	20	20	20
	R. BIAS	暗平衡红色调整	120	120	120	120
	G. BIAS	暗平衡绿色调整	120	120	120	120
	B. BIAS	暗平衡蓝色调整	120	120	120	120
	R. DRIVE	亮平衡红色调整	100	100	100	100
	G. DRIVE	亮平衡绿色调整	15	15	15	15
	B. DRIVE	亮平衡蓝色调整	100	100	100	100
MENU. 02 亮度、色度电路调整	B-Y DC LEV	B-Y 分量直流电平设置	10	10	10	10
	R-Y DC LEV	R-Y 分量直流电平设置	10	10	10	10
	BK STR S11A	黑电平延伸起点设置	1	1	1	1
	BK STR GAN	黑电平延伸增益设置	1	1	1	1
	Y-TH	蓝电平延伸灵敏度设置	1	1	1	1
	Y GAIN	蓝电平延伸增益设置	1	1	1	1
	R WIDTH	设置 R 放大量	1	1	1	1
	R OFFSET	设置 R 放大量	1	1	1	1
	B GAIN	设置 B 放大量	1	1	1	1
	B OFFSET	设置 B 放大量	1	1	1	1

（续）

菜单	项目名称	调整功能	参考数据			
			CH04T1301	CH04T1302	CH04T1303	CH04T1306
MENU. 03 行频、场频、视频检波输出幅度、场同步等设置	VRESET T	场复位时间调整	0	0	0	0
	VTEST	场 DAC 测试模式	0	0	0	0
	H. AFC GAIN	行 AFC 增益设置	0	0	0	0
	SYNC. KILL	行自由振荡强制模式	0	0	0	0
	H. BLK. L	左行消隐控制	3	3	3	3
	H. BLK. R	右行消隐控制	3	3	3	3
	H. FREQ	行频设定	20	20	20	20
	HLOCK. VDEF	场同步模式选择	0	0	0	0
	VIDEO. LVL	TV 视频输出幅度（影像同步和彩色）	4	4	4	4
	VDC/50H	PAL/50Hz 场线性调整	—	—	35	—
	VDC/60H	NTSC/60Hz 场线性调整	—	—	39	—
	C. VCO ADJ	色副载波频率调整	—	—	4	—
	VIDEO. SW	视频开关	—	—	0	—
MENU. 04 伴音/图像等设置	FM. MUTE	调频静音开关（1：静音；0：不静音）	0	0	0	0
	AUD. MUTE	音频静音开关（1：静音；0：不静音）	0	0	0	0
	VID. MUTE	视频静噪（1：黑屏静噪；0：正常）	0	0	0	0
	DEEM. TC	伴音去加重时间常数设置	0	0	0	0
	AUDIO. SW	音频开关设置	0	0	0	0
	FM. GAIN	25/50Hz 调频频偏选择	0	0	0	0
	FM. AUD OUT	鉴频输出（CH04T1303 芯片没有此项）	1	1	1	1
	S. TRAP SW	伴音陷波器选择	1	1	1	1
	VRESET T	场复位时间调整	—	—	0	—
	VTEST	场 DAC 测试模式	—	—	0	—
	CROS. B/W	测试信号设置	—	—	0	—
	Cb/Cr-IN	YUV 输出切换（控制 48、49、50 脚）	—	—	—	0
	VIDEO. SW	视频开关	—	—	—	0
MENU. 05 彩色处理、字符调整	C. EXT	外部色度信号输入选择	0	0	0	0
	C. BYPAA	色度信号内部旁路设置	0	0	0	0
	C. KILL. ON	消色功能选通	0	0	0	0

（续）

菜单	项目名称	调整功能	参考数据			
			CH04T1301	CH04T1302	CH04T1303	CH04T1306
MENU. 05 彩色处理、字符调整	C. KILL. OFF	消色功能断开	0	0	0	0
	COL KILOP	消色电路开关	7	7	7	7
	PAL APC	PALAPC 系统开关	0	0	0	0
	CBCR-IN	YUV 输入选择	0	0	0	0
	VIDEO. SW	视频开关	0	0	0	0
	VID. LVL OF	TV 视频输出幅度设置	—	—	3	—
	OSD. CONT	字符对比度设定	6	6	6	6
	OSDH. POINT	字符位置设定	28	28	28	28
	VTRANS	场逆程脉冲数据	—	—	—	0
MENU. 06 色度、色调、清晰度、伴音陷波、色度陷波、色带通、DVD 输入白平衡调整	SUB. COLOR	副色度设置	63	63	63	63
	SUB. TINT	副色调设置	31	31	31	31
	SUB. SHARP	副清晰度设置	63	63	63	63
	S. TRAPT	伴音陷波器频率设置	4	4	4	4
	C. TRAPT	色陷波器频率设置	4	4	4	4
	C. BPFT	色带通滤波器频率设置	0	0	0	0
	DVD B-Y	DVD 输入白平衡设置	3	3	3	3
	DVD R-Y	DVD 输入白平衡设置	3	3	3	3
	SYNC. KILL	同步设定	—	—	0	—
	VCO FREQ	VCO 频率调整	—	—	100	—
	FSC VSYNC	副载波频率同步	—	—	—	0
	SVO. SW	视频/色副载波输出选择	—	—	—	0
MENU. 07 TV 图像、伴音不正常时调整取参数	BLNK. DEF	场消隐状态	0	0	0	0
	FBP. BLK. SW	RGB 消隐/FBP 开关	1	1	1	1
	FILT. SYS	Y/C 滤波模式选择（在 0 ~ 15 之间调整）	3	3	3	3
	COLOR. SYS	彩色制式设置（在 0 ~ 7 之间调整）	2	2	2	2
	VOL. FIL	伴音 DAC 滤波器开关（在 0 ~ 3 之间调整）	0	0	0	0
	VIF. SYS. SW	图像中频选择（在 0 ~ 3 之间调整）	0	0	0	0
	SIF. SYS. SW	伴音中频选择（在 0 ~ 3 之间调整）	3	3	3	3
	SPLTEST	测试模式	—	—	—	0
	TINTTHR	色调控制开关	—	—	—	0
	DCREST	亮度信号直流电平恢复	—	—	—	1

（续）

菜单	项目名称	调整功能	参考数据			
			CH04T1301	CH04T1302	CH04T1303	CH04T1306
MENU. 08 场分频模式、解码等参数	VCD. MODE	场分频模式	0	0	0	0
	CD. FIX/50H	场分频频率锁定在 50Hz	0	0	0	0
	CD. FIX/60H	场分频频率锁定在 60Hz	0	0	0	0
	VSEPUP	场分频模式	0	0	0	0
	VBLKSW	场消隐开关	0	0	0	0
	VTRANS	场逆程数据传输	—	—	0	—
	G-Y AMP	G-Y 解调幅度	—	—	5	—
	G-Y ANGLE	G-Y 解调相位	—	—	1	1
	Y-APF	亮度陷波设置	—	—	0	0
	WPL POINT	白峰限幅电平选择	—	—	—	1
	PRE/SHOOT	前置尖峰信号调整	0	0	0	0
	OVER/SHOOT	过偏转调整	0	0	0	0
	C. VCO ADJ	色度副载波频率调整	4	4	4	4
	VCO TEST	压控振荡器频率测试	1	1	1	1
MENU. 09 ABL 控制、色调控制、亮度通道选择	BRT. ABL. TH	ABL 控制门限设置，调整范围为 0 ~ 7	7	7	7	7
	RGB. TEP. SW	RGB 输出直流电平幅度特性开关	0	0	0	0
	RT. ABL. DF	ABL 设置（ABL 控制失效参数）	0	0	0	0
	MID. STP. DF	ABL（亮度控制）	1	1	1	1
	SPL TEST	测试模式	0	0	0	0
	TINT THR	色调控制开关	0	0	0	0
	IF AGC	IF AGC 设置（1：将出现无图无声）	—	—	—	0
	CROS. B/W	测试信号设置（1：关闭亮度信号）	—	—	—	0
	GRAY MODE	测试信号设置（1：不影响整机工作）	—	—	—	0
	R/B G. BAL	R-Y/B-Y 平衡	—	—	—	9
	R/B BANG	R-Y/B-Y 解调角度	—	—	—	9
	AUTO. FRESH	自动肤色校正	—	—	—	0
	TINT THR	色调控制开关	—	—	—	0
	VM DELAY	VM 延迟时间设置	—	—	—	0
	VMGAIN	VM 增益设置	—	—	—	0

（续）

菜单	项目名称	调整功能	参考数据			
			CH04T1301	CH04T1302	CH04T1303	CH04T1306
MENU. 09 ABL控制、色调控制、亮度通道选择	PRE/SHOOT	前置尖峰信号调整	—	—	—	0
	OVER/SHOOT	过偏转调整	—	—	—	0
	SH ADJ	锐利特征调整	—	—	—	0
MENU. 10 CH04T1301、CH04T1302芯片有此项	Y-APF	亮度陷波设置	0	0	—	—
	WPL POINT	白峰限幅电平选择	0	0	—	—
	PRE/SHOOT	前置尖峰信号调整	0	0	—	—
	OVER/SHOOT	过偏转调整	0	0	—	—
	C. VCO ADJ	色度副载波频率调整	4	4	—	—
	VCO PREG	压控振荡器频率调整	30	30	—	—
MENU. 10 CH04T1303芯片有此项	E/W DC50	PAL/50Hz行幅调整	—	—	41	—
	E/W AMP50	PAL/50Hz桶形失真校正	—	—	29	—
	E/W TINT50	PAL/50Hz梯形失真校正	—	—	9	—
	E/W CTOP50	PAL/50Hz顶部失真校正	—	—	8	—
	E/W CBTM50	PAL/50Hz底部失真校正	—	—	2	—
	E/W DC60	NTSC/60Hz行幅调整	—	—	60	—
	E/W AMP60	NTSC/60Hz桶形失真校正	—	—	37	—
	E/W TINT60	NTSC/60Hz梯形失真校正	—	—	12	—
	E/W CTOP60	NTSC/60Hz顶部失真校正	—	—	10	—
	E/W CBTM60	NTSC/60Hz底部失真校正	—	—	4	—
MENU. 10 CH04T1306芯片有此项	Y GAMMA	亮度伽玛校正	—	—	—	1
	OV MOD SW	过调制特性形状	—	—	—	0
	OV MOD LEV	过调制特性调整	—	—	—	0
	CORING. GAN	消噪设置	—	—	—	3
	HALF TONE	半色调调整	—	—	—	3
	OPT. D/K	D/K制伴音设置	—	—	—	1
	OPT. M	M制伴音设置	—	—	—	0
	OPT. B/G	B/G制伴音设置	—	—	—	1
	OPTI	I制伴音设置	—	—	—	1
	OPTIIC	总线兼容选择	—	—	—	1
MENU. 11 CH04T1301、CH04T1302芯片有此项	LA76931	LA76931设置	1	1	—	—
	T. DISBLE	测试模式	1	1	—	—
	TINT. TEST	色调DAC测试模式	0	0	—	—
	COLOR. TEST	色度DAC测试模式	0	0	—	—
	IF AGC	IFAGC设置	0	0	—	—
	CROS. B/W	测试信号设置	0	0	—	—
	GRAY MODE	测试信号设置	0	0	—	—

（续）

菜单	项目名称	调整功能	参考数据			
			CH04T1301	CH04T1302	CH04T1303	CH04T1306
MENU. 11 CH04T1303 芯片有此项	EWTEST	EWDAC 测试模式	—	—	7	—
	H SIZE CMP	行线性	—	—	2	—
	EW. COR. SW	角度控制	—	—	1	—
MENU. 11 CH04T1306 芯片有此项	SRCH SPEED	调谐搜索速度设置	—	—	—	0
	S. STRAT. CH	搜台开始频道	—	—	—	0
	OPT. PW-ON	开机状态设置（0：有待机；1：交流直接开机）	—	—	—	1
	OPT. SCR-SV	屏保设置	—	—	—	1
	OPT. D/AV2	DVD 和 AV2 设置	—	—	—	0
	OPT. VS/FS	VS/FS 调谐器选择	—	—	—	1
	TUN. ADR	高频头总线地址选择（0：VS 调谐器）	—	—	—	1
	PODE ADJ	图像模式调整	—	—	—	0
	VOLACT LOW	伴音曲线选择	—	—	—	1
MENU. 12 CH04T1301、CH04T1302 芯片有此项	OSD. CONT	字符对比度设置	3	3	—	
	OSD H. POS	字符位置设置	36	36	—	—
	AUTO. FRESH	自动肤色校正	0	0	—	—
	CORING. GAN	消噪设置	3	3	—	—
	DCRESET	亮度直流电平恢复	1	1	—	—
	YGAMMA	亮度伽玛校正	1	1	—	—
	HALF TONE	半色调调整	3	3	—	—
MENU. 12 CH04T1303 芯片有此项	IF AGC	IFAGC 设置			0	
	GRAAY MOD	测试信号设置			0	
	AUTO. FRESH	自动肤色校正			0	
	DC RESET	亮度直流电平恢复			1	
	Y GAMMA	亮度伽玛校正			0	
	SVO. SW	视频/色副载波输出选择			0	
	OV MOD SW	过调制特性形状			0	
	OV MOD LEV	过调制特性调整			0	
	R/B G. BAL	R-Y/B-Y 平衡			9	
	R/B ANG.	R-Y/B-Y 解调角度			9	
MENU. 12 CH04T1306 芯片有此项	OPT. TV/AV	TV/AV 选择(0:无 AV 功能)	—	—	—	1
	OPT. AV1/AV2	AV1、AV2 设置	—	—	—	1
	OPT. AV3	AV3 设置	—	—	—	0
	OPT DVD	DVD 设置	—	—	—	1

（续）

菜单	项目名称	调整功能	参考数据			
			CH04T1301	CH04T1302	CH04T1303	CH04T1306
MENU. 12 CH04T1306 芯片有此项	OPT. S-VHS	S 端子设置	—	—	—	0
	OPT. AVKEEP	关机记忆功能选择（0：开机 TV）	—	—	—	1
	OPT. ANG	屏幕显示语言设置	—	—	—	1
	OPT. ADKEY	按键位置设置	—	—	—	1
	ROM CORREC	ROM 校正（1：进入 ROM 校正状态，按 M 键退出）	—	—	—	0
MENU. 13 CH04T1301、CH04T1302 芯片有此项	FSC VSYNC	IC 测试模式	0	0	—	—
	SV0. SW	视频/色副载波输出选择	0	0	—	—
	R/B G. BAL	R-Y/B-Y 平衡	9	9	—	—
	R/B ANG.	R-Y/B-Y 解调角度	9	9	—	—
	OV MOD SW	过调制特性形状	1	1	—	—
	OV MOD LEV	过调制特性调整	5	5	—	—
	VCO TEST	IC 测试模式调整	1	1	—	—
MENU. 13 CH04T1303 芯片有此项	VCO ADJ	VCO 调整	—	—	0	—
	CORING. GAN	消噪设置	—	—	2	—
	HALF TONE	半色调调整	—	—	3	—
	OPT. PW-ON	开机状态设置（0：有待机；1：交流直接开机）	—	—	1	—
	OPT. D/K	D/K 制伴音设置	—	—	1	—
	OPT. M	M 制伴音设置	—	—	0	—
	OPT. B/G	B/G 制伴音设置	—	—	1	—
	OPT. I	I 制伴音设置	—	—	1	—
MENU. 14 芯片不同项目不同	OPT. SIF	伴音制式设置	3	3	—	
	OPT. AUTO	自动彩色制式设置	1	1	—	
	OPT. SECAM	SECAM 制式选择	0	0	—	
	SRCH SPEED	调谐搜索速度设置	—	—	—	3
	S. STRAT. CH	搜台开始频道	—	—	—	0
	OPT. PW-ON	开机状态设置（0：有待机；1：交流直接开机）	1	1	—	—
	OPT. SCR-SV	屏保设置	—	1	—	—
	OPT. VS/FS	VS/FS 调谐器选择	—	—	1	—
	TUN. ADR	高频头总线地址选择（0：VS 调谐器）	—	—	1	—
	OPT. SAVERS	屏保开关选择	—	—	1	—

（续）

菜单	项目名称	调整功能	参考数据			
			CH04T1301	CH04T1302	CH04T1303	CH04T1306
MENU. 14 芯片不同 项目不同	OPT. AVKEEP	关机记忆功能选择（0：开机 TV）	—	—	1	—
	OPT. LANG	屏幕显示语言设置	—	—	1	—
	OPT. ADKEY	按键位置设置	—	—	1	—
MENU. 15 芯片不同 项目不同	OPT. TV/AV	AV 设置	1	1	1	—
	OPT. TV/AV	AV2 设置	1	1	1	—
	OPT. AV3	AV3 设置	0	0	0	—
	OPT. DVD	DVD 设置	1	1	1	—
	OPT. S-VHS	S 端子设置	1	1	1	—
	OPT. CHANG	长虹商标选择	1	—	—	—
	OPT. AVKEEP	关机状态记忆选择	1	—	—	—
	OPT. LANG	单英文选择	1	—	—	—
	OPT. ADKEY	按键设置	1	—	—	—
	ROM CORREC	ROM 校正	—	—	0	—
	PMODE. ADJ	图像模式参数调节	—	—	0	—
MENU. 16 芯片不同 项目不同	OPT. VID SW	视频输入选择开关	1	1	—	—
	OPT. HALF-T	字符半透明设置	1	1	—	—
	OPT. SIFSEL	伴音制式设置	0	0	—	—
	ROM CORREC	ROM 校正	0	0	—	—

表 1-8　长虹 CH-13 机心超级彩电 PMODE-ADJ 图像模拟量设置数据

PMODE MILD	柔和状态	数据	PMODE NORMAL	标准状态	数据
BRI	亮度	50	BRI	亮度	60
CONT	对比度	40	CONT	对比度	60
COLOR	色度	40	COLOR	色度	60
SHARP	清晰度	50	SHARP	清晰度	60
TINT	色调	50	TINT	色调	50
PMODE SHARP	鲜明状态		PMODE SHARP	亮丽状态	
BRI	亮度	60	BRI	亮度	70
CONT	对比度	80	CONT	对比度	80
COLOR	色度	80	COLOR	色度	55
SHARP	清晰度	80	SHARP	清晰度	55
TINT	色调	50	TINT	色调	50

表 1-9　长虹 CH-13 机心采用 CH04T1305 芯片超级彩电总线系统调整项目和数据

菜单	项目名称	调整功能	参考数据
MENU00	V. POS/50H	PAL/50Hz 场中心调整	4
	H. PH/50H	PAL/50Hz 行中心调整	14
	V. SIZE/50H	PAL/50Hz 场幅调整	69
	V. POS/60H	NTSC/60Hz 场中心调整	4
	H. PH/60H	NTSC/60Hz 行中心调整	17
	V. SIZE/60H	NTSC/60Hz 场幅调整	63
	V. SC	场失真 S 校正	13
	V. LINE	场线性调整	19
	V. SIZE CMP	场幅补偿调整	3
	VIDEO. SW	视频开关设置	0
MENU01	SUB. BRIGHT	副亮度调整	28
	RF. AGC	RF AGC 调整	25
	H. BLK. L	左行消隐调整	3
	H. BLK. R	右行消隐调整	3
	DVD B-Y	DVD 输入白平衡调整	3
	DVD R-Y	DVD 输入白平衡调整	3
	AUTO. VLINE	自动设置水平亮线	1
	Cb/Cr-IN	YUV 输入选择	0
	OSD. CONT	OSD 对比度调整	1
	OSD H. POS	OSD 位置调整	36
MENU02	VRSETT	场复位时间调整	0
	V. TEST	场 DAC 测试模式	0
	H. AFC GAIN	行同步信号 AFC 增益调整	0
	SYNC. KILL	强制行自由振荡模式设置	0
	H. FREQ	行频设置	20
	HLOCK. VDEF	场同步工作模式选择	0
	VIDEO. LVL	TV 视频输出幅度调整	4
	C. VCO AOJ	C. VCO 调整	4
	VCO FREG	VCO 频率调整	30
	IFAGC	禁止 IF 和 RFAGC 设置	0
MENU03	B-YDC LEV	B-Y 直流电平调整	10
	R-YDC LEV	R-Y 直流电平调整	10
	BK STR STA	黑电平延伸起始点调整	1
	BK STR GAN	黑电平延伸增益调整	1
	Y-TH	亮度信号蓝电平延伸灵敏度调整	1
	YGAIN	蓝电平延伸增益调整	1

（续）

菜单	项目名称	调整功能	参考数据
MENU03	RWIDTH	设置 RB 量实现蓝电平有效控制	1
	ROFFSET	设置 RB 量实现蓝电平有效控制	1
	BWIDTH	设置 RB 量实现蓝电平有效控制	1
	BOFFSET	设置 RB 量实现蓝电平有效控制	1
MENU04	FM. MUTE	静音开关	0
	AUD. MUTE	音频输出开关	0
	VID. MUTE	视频开关	0
	DEEM. TC	伴音去加重时间常数设置	0
	AUDIO. SW	音频开关	0
	FM. GAIN	25Hz/50Hz 调频频偏选择	0
	FM. AUD OUT	检频输出设置	1
	S. TRAP SW	伴音滤陷波器选择	1
	DC RESET	亮度直流电平恢复	1
	Y GAMMA	亮度伽玛校正设置	1
MENU05	C. EXT	外部 C 信号输入选择	0
	C. BYPASS	色度陷波开关	0
	C. KILL. ON	彩色带通滤波器/直通选择	0
	C. KILL. OFF	消色开关	0
	COL KIL OP	消色电路开关	7
	PAL APC	PALAPC 系统开关	0
	SUB. COLOR	副彩色调整	63
	SUB. CONT	副对比度调整	63
	SUB. SHARP	副清晰度调整	63
	SUB. TINT	副色调调整	31
MENU06	S. TRAP T	伴音陷波器频率设置	4
	C. TRAP T	彩色陷波器特性设置	4
	C. BPF T	彩色带通滤波器特性设置	0
	BLANK. DEF	消隐状态设置	0
	FBP. BLK SW	RGB 消隐、FBP 开关	1
	VOL. FIL	伴音 DAC 滤波器开关	0
	V. CD. MODE	场分频模式设置	0
	CD. FIX/50H	锁定 50Hz 设置	0
	CD. FIX/60H	锁定 60Hz 设置	0
	Y-APF	亮度陷波器设置	0
MENU07	FILT. SYS	Y/C 滤波器模式设置	2
	COLOR SYS	彩色制式选择	2

（续）

菜单	项目名称	调整功能	参考数据
MENU07	VIF. SYS. SW	图像中频选择	0
	SIF. SYS. SW	伴音中频选择	3
	V. SEPUIP	场分频模式设置	0
	VBLK SW	场消隐设置	0
	VTRANS	场逆程数据传输设置	0
	WPL POINT	自峰限制点选择	0
	PRE/SHOOT	前置尖头信号调整	0
	OVER/SHOOT	过偏转调整	0
MENU08	BRT. ABL. TH	ABL 门限设置，调整范围 0～7	7
	RBG. TEP. SW	RGB 输出直流电平温度特性开关	0
	BRT. ABL. DF	ABL 设置（ABL 控制失效参数）	0
	MID. STP. DF	ABL 设置（亮度控制中部）	1
	TINT THR	色调控制开关	0
	SVO. SW	0：SVO 视频；1：选择 f_{sc} 色载波输出	0
	OVMOD SW	选择过调制设置	0
	OVMOD LEV	过调制的特性设置	0
	AUTO. FRESH	肤色校正设置	0
	GRAYMOD	测试信号设置	0
MENU09	R/B G. BAL	R-Y/B-Y 平衡调整	9
	R/BANG	R-Y/B-Y 解调角调整	9
	CORING. GAN	核化消噪调整	3
	HALFTONE	半透明背景亮度设置	3
	SRCH SPEED	搜台速度调整	1
	OPT. VS/FS	0：VS 电压调谐；1：FS 频率调谐	1
	TUNADR	高频头的地址	1
	S. STRAT. CH	搜台开始频道	0
	BLUEBACK	蓝背景选择	0
	OPT. SCREEN	开关机拉幕选择	0
MENU10	OPT. D/K	D/K 伴音制式预制	1
	OPT. M	M 伴音制式预制	0
	OPT. B/G	B/G 伴音制式预制	1
	OPT. I	I 伴音制式预制	1
	OPT. PW-ON	开机状态选择	1
	OPT. AVKEEP	关机状态记忆选择	1
	OPT. LANG	语言选择	1
	OPT. LOGO	LOGO 显示设置	0
	POWER LOGO	开机时显示 LOGO 内容约 5s	0
	ROM CORRECT	ROM 校正程序进入，一般禁止使用	0

（续）

菜单	项目名称	调整功能	参考数据
MENU11	OPT. TV/AV	AV 选择	1
	OPT. AV1/AV2	AV1、AV2 选择	1
	OPT. AV3	AV3 选择	0
	OPT. DVD	DVD 选择	1
	OPT. S-VHS	S 端子选择	0
	OPT S/AV2	选择 SVHS-Y 输入或者 AV2 视频输入	1
	OPT. ICON	菜单图标显示	0
	ICON COLOR	菜单图标及帮助条的颜色选择	1
	VOLACT LOW	音量控制曲线选择	0
	OPT. ADKEY	按键选择	0

1.5　长虹 CH-18 机心超级彩电总线调整

长虹 CH-18 机心是长虹采用东芝公司的超级单片电路 TMPA8873CSANG6JH8 生产的彩电机心，长虹公司掩膜后命名为 CH08T2601、CH08T2602。

CH08T2602 为后期产品，可替换 CH08T2601。

适用机型：长虹 PF2191E（F26）、SF2191E（F26）、SF2199（F26）、SF21300（Z）、SF21366（Z）、PF2155（F26）、PF21600、PF21366、PF21366H、PF21300（F38）、PF2191G、PF29008（F37）等超级单片彩电。

1.5.1　总线调整方法

【进入退出维修模式】

用 K18T-C1 遥控器进行调整，先按“音量 -”键将音量减小到 0，然后按住“静音”键 5s，再按电视机上的“菜单”键，屏幕上显示 S 字符，表示该机已进入维修模式。无法进入维修模式时，请反复操作。

调整完毕，遥控关机即可退出维修模式，并自动存储调整后的数据。

【项目选择与调整】

进入维修模式后，按“菜单”键选择调整菜单页，按“频道 +/-”键选项，按“音量 +/-”键调整数据。

当自动搜索频道号不变、声音也不正常时，请将 OPT 功能设置项目数据调整为 40 试试；当开机方式不正确时，请调整功能设置项目 MODE0 中 Bit0 的数据。

1.5.2　调整项目与数据

长虹 CH-18 机心超级彩电总线系统调整项目和数据见表 1-10；长虹 CH-18 机心 OPT 和 MODE 功能预置定义见表 1-11。

表 1-10 长虹 CH-18 机心超级彩电总线系统调整项目和数据

菜单	项目名称	调整功能	参考数据
S GEOMETRY1 光栅调整	HSHIFT	行中心调整	0E
	VPHS	场中心调整	4
	VAMP	场幅调整	25
	VLINE	场线性调整	0D
	SC	场 S 校正，调整不当会出现场卷边现象	18
	VSHIFT	场中心调整	26
	VAMP16	16:9 场幅调整	16
	HBOW	弓形失真校正	4
	HPAR	平行四边形失真校正	0D
	OSDH	字符水平位置调整	20
S WHITE ABL 白平衡调整	R CUT	红截止调整	72
	G CUT	绿截止调整	4F
	B CUT	蓝截止调整	7
	G DRV	绿驱动调整	40
	B DRV	蓝驱动调整	40
注意	在白平衡菜单中，输入密码 0816，便进入设计模式以下菜单		
S PIC DATA1 图像调整设置 1	BRTC	亮度中心值设置	40
	BRTS	副亮度调整	F7
	CNTX	对比度最大值设置	7F
	COLC	彩色中心值设置	30
	TNTC	色调中心值设置	40
	TNTCAV	AV 色调设置	38
	COLP	PAL 制色度中心值设置	0
	COLS	SECAM 制色度中心值设置	40
	DOCL	DVD 色度中心值设置	30
S PIC DATA2 图像调整设置 2	SCNT	副对比度设置	8
	CNTC	对比度中心值设置	50
	CNTN	对比度最小值设置	0
	BRTX	亮度最大值设置	20
	BRTN	亮度最小值设置	20
	COLX	色度最大值设置	10
	COLN	色度最小值设置	0
	TNTX	色调最大值设置	28
	TNTN	色调最小值设置	28
S PIC DATA3 图像调整设置 3	ST3	TV-NTSC 状态下的清晰度调整	20
	SV3	AV-NTSC 状态下的清晰度调整	30

（续）

菜单	项目名称	调整功能	参考数据
S PIC DATA3 图像调整设置 3	ST4	TV-PAL 状态下的清晰度调整	20
	SV4	AV-PAL 状态下的清晰度调整	20
	SVD	DVD 状态下的清晰度调整	30
	ASSH	非对称状态下的清晰度调整	0
	SHPX	清晰度最大值设置	8
	SHPN	清晰度最小值设置	8
	CCT	PAL 制亮度延迟设置	4D
S PIC DATA4 图像调整设置 4	CLTM	TV 状态清晰度设置	4D
	CLTS	SECAM 制清晰度设置	4D
	CLV0	AV 状态清晰度设置	4D
	COLVD	DVD 状态清晰度设置	4D
S STRAP 伴音制式与音量设置	STBG	BG 带通滤波器带宽选择	8
	STI	I 带通滤波器带宽选择	8
	SYDK	DK 带通滤波器带宽选择	8
	STM	M 带通滤波器带宽选择	8
	SSBG	BG 陷波器带宽选择	8
	SSI	I 陷波器带宽选择	8
	SSDK	DK 陷波器带宽选择	7
	SSM	M 陷波器带宽选择	0
	SVOL	音量线性设置	—
	V01	1% 原理设置	0F
	V25	25% 音量线性设置	3F
	V50	50% 音量线性设置	5F
	V100	100% 音量线性设置	7F
	SAV VOL	节能模式音量设置	0A
S SYNC SET 搜台设置	PYNX	正常时行同步最大值	2E
	PYNN	正常时行同步最小值	18
	PYXS	搜索时行同步最大值	22
	PYNS	搜索时行同步最小值	18
	SYBBN	搜台锁定的频率下限设定	80
	SYBBF	搜台锁定的频率上限设定	80
	SYSR	自动搜台中心频率设定	8B
	BBCT	搜台判定有无信号或蓝背景显示	4
	SYNC CONT	同步头设置，搜台判定有无信号或蓝背景显示	6

（续）

菜单	项目名称	调整功能	参考数据
S OTHER1 中频和视频 信号设置 1	ABL	ABL 启控点设置	0C
	DCBS	白蜂限幅 Y 检测	53
	DEF	场锯齿波基准电流调整（一般不作调整）	1
	VCD06	彩色、亮度解码控制	4
	RAGC	AGC 调整	2C
	HAFC2	行 AFC 设置（不作调整）	2
	PICQ	自动彩色起控点调整	0D
	FLGO	图像中频设置	4
	FLG1	同步分离设置	8
S OTHER2 中频和视频 信号设置	VBLACK	V 黑电平设置，DVD 偏色调整	8
	UBLACK	U 黑电平设置，DVD 偏色调整	8
	MOD	38MHz 中频设置（不能调整）	2
	SVM	扫描速度调整输出	10
	VBLK	场消隐起止点控制	0
	UCOM	APC 控制设置	0
	NOIS	行 AFC 增益控制	0F
	OSDF	字符显示频率	64
S OPTION1 功能预置 1	OPT	内、外同步分离设置，40 由内部提供同步信号，48 由 UOC 外部电路提供同步信号	40
	MODE0	模式设置 0	A0
	MODE1	模式设置 1	37
	MODE2	模式设置 2	30
	MODE3	模式设置 3	34
	MODE4	模式设置 4	0
	POWONTIM	开机延时控制	3B
	NOT MENU BB	菜单背景亮度设置	12
	MENU FRAME	主菜单边框颜色设置	11
S OPTION2 功能预置 2	MENU ITEM	菜单风格设置	17
	VATT	音频补偿参数	70
	TXCX	屏显对比度最大值设置	3F
	RGCN	屏显对比度最小值设置	1F
	AKB	黑电流检测开关	0
	SECD	SECAM 制式方式设定	18
	STAT	软件启动对比度上升时间	0
	VTST	立体声分离度调整	0

表 1-11　长虹 CH-18 机心 OPT 和 MODE 功能预置定义

菜单	Bit	设 置 定 义
OPT	Bit7	在 AV 切换过程中，该位为 0，关掉静噪；该位为 1，启动静噪
	Bit6	该位为 0，ASM 和搜索状态时设置 VCO 频率；该位为 1，电源供电
	Bit5	未用
	Bit4	该位为 0，没有信号时，AFT 以快速方式进行控制；该位为 1，此功能未用
	Bit3	同步检测模式。该位为 0，为内部模式；该位为 1，为 62 脚外部模式
	Bit2	亮度静噪。该位为 0，选择不静噪；该位为 1，启动静噪
	Bit1、Bit0	未用
MODE0	Bit7、Bit6	伴音制式设置（00：B/G，01：I；10：D/K；11：M）
	Bit5	Sma11 charge（0：nouse；1：use）
	Bit4	语言选择（0：chinese；1：english）
	Bit3	静噪方式（0：Y-mute；1：RGB. mute）
	Bit2	SECAM 制式设置（0：no SECAM；1：have）
	Bit1	PAL 制式功能（0：havePAL；1：no）
	Bit0	开机/待机模式（0：last status；1：standby）
MODE1	Bit7	开机画面设置（0：disable；1：enable）
	Bit6	未用
	Bit5	TV-NTSC 制式设置（0：enable；1：disable）
	Bit4	屏保功能（0：disable；1：enable）
	Bit3	M（0：no；1：have）
	Bit2	DK（0：no；1：have）
	Bit1	I（0：no；1：have）
	Bit0	BG（0：no；1：have）
MODE2	Bit7	未用
	Bit6	单声系统（0：no；1：yes）
	Bit5	开机指示设置（0：disable；1：enable）
	Bit4	消磁功能设置（0：disable；1：enable）
	Bit3 ~ Bit0	未用
MODE3	Bit7	单声道、立体声选择（0：mono；1：stereo）
	Bit6	键控时间设置（0：2s；1：1s）
	Bit5	DVD 功能（0：disable；1：enable）
	Bit4	未用
	Bit3	S 端子启动（0：disable；1：enable）
	Bit2	收音机功能选择（0：disable；1：enable）
	Bit1	一次启动设置（1：once）
	Bit0	未用

1.6　长虹 DT-1 机心倍频彩电总线调整

长虹 DT-1 机心飞利浦电路倍频彩电总线系统主控电路微处理器采用 P87C766，存储器型号为 SAA4955 或 AT24C08；总线系统被控电路有采用飞利浦公司的 TDA9321 中频/扫描小信号处理电路、PCA8516 字符形成电路、TDA9429S 音频信号切换与处理电路，MSP3410 丽音解码电路，TDA9332H 倍频行场/RGB 处理电路，SAA4977 倍场扫描电路、SAA4991 倍场处理电路等。

适用机型：长虹 DT2000、DT2000A、DT2000D 等健康 100 系列彩电以及长虹 PF29DT18、PF24T18B、PF34TD18 等锐驰系列彩电。

1.6.1　总线调整方法

【进入退出维修模式】

用本机 K9E 遥控器或 TDA 机心所用 K9D 遥控器。按遥控器上的“音量 -”键，使音量减为 0，再按遥控器上的“静音”键不放，此时屏幕上的静音字符由红色变为白色后，按本机“菜单”键，屏幕上显示“CHANG HONG V07”黄色字符，表明已进入维修模式。

调整完毕，遥控关机即可退出维修模式。

【项目选择与调整】

按遥控器上的“频道 +/-”键，进行翻页选项，按遥控器上的“音量 +/-”键改变项目数据。该机心须在接收不同的信号情况下，分别调整各项参数，并须遥控关机，再次启动电视机。同时让电视机工作在调试的（如 TV-PAL、TV-NTSC、DVD-PAL、DVD-NTSC、VGA）信号源下重新进入维修模式。用不同制式的信号源进行总线数据调整。

1.6.2　调整项目与数据

长虹 DT-1 机心飞利浦电路倍频彩电代表机型 DT2000 彩电倍场、VGA 状态调整项目数据见表 1-12。

表 1-12　长虹 DT-1 机心飞利浦电路倍频彩电代表机型 DT2000 调整项目与数据

项目名称	调整内容	初始数据	典型数据			
		TV 50Hz	TV 50Hz	TV 60Hz	DVD 50Hz	VGA 信号
	PAL100Hz 状态					
MIF	中频锁相环数据及 AFC 检测设置	3F	3F	3F		
MAG	图像中放 AGC 设置	20	20	17		
MYFP	PAL 亮度延迟设置	0E	0E	0B		
YAV	AV 亮度信号延迟	0D			0D	
MYG	亮度增益设置	01	01	01	01	01
XTAL	色副载波晶体选择开关	09	09	09	09	09
TYD	TDA9178 亮度延迟设置	04	04	04	04	

（续）

项目名称	调整内容	初始数据	典型数据			
		TV 50Hz	TV 50Hz	TV 60Hz	DVD 50Hz	VGA 信号
	PAL100Hz 状态					
TVG	TDA9178 亮度信号校正设置	16	16	16	16	
TDS	TDA9178 动态肤色校正设置	01	01	01	01	
TDSA	TDA9178 动态肤色校正角度设置	01	01	01	01	
TDSW	TDA9178 动态肤色校正设置	01	01	01	01	
TDSS	TDA9178 动态肤色校正设置	01	01	01	01	
TGEG	TDA9178 绿信号改善设置	01	01	01	01	
TGEW	TDA9178 绿增强范围设置	01	01	01	01	
TGES	TDA9178 绿增强大小设定	01	01	0i	01	
TBSG	TDA9178 色信号延伸设定	01	01	01	01	
TBSS	TDA9178 蓝延伸大小设定	01	01	01	01	
TABS	TDA9178 黑电平延伸设置	21	21	21	21	
TNLG	TDA9178 非线性增益设置	1C	1C	1C	1C	
TPEK	峰值噪声					
TS	TDA9178 色调调整	18	38	38	38	
TLW	TDA9178 亮度信号线宽设置	0A	0A	0A	0A	
TCTI	TDA9178 彩色瞬态特性改善	01	01	01	01	
COON	动态降噪设置	30	30	30	30	
HCDL	CRT 阴极驱动电平设置	06	06	06	06	06
	LEVEL：BELOW WINDOW		LEVEL：BELOW WINDOW			
HSCL	白峰软切割电平	02	02	02	02	02
HPWL	白峰限幅电平	08	08	08	08	08
HAKB	黑电流稳定自动调整	00	00	00	00	00
HWPR	红驱动暗平衡调节	20	1B	1F	1F	1F
HWPG	绿驱动暗平衡调节	20	1D	1E	1E	1E
HWPB	蓝驱动暗平衡调节	20	2A	19	19	19
HBLU	黑电平延伸开关	01	01	01	01	01
HBLA	黑电平延伸开关	01	01	01	01	01
HCON	蓝背景对比度调节	1F	1F	1F	1F	1F
51V	50Hz 隔行扫描的垂直加权	03	03		00	
51H	50Hz 隔行扫描的水平加权	72	72		AV70	
	PAL100Hz 状态					
5VSL	50Hz 隔行扫描半场中心	2E	2E		2B	
5VA	50Hz 隔行扫描场幅	18	18		24	
5VS	50Hz 隔行扫描场中心	2C	2C		21	

（续）

项目名称	调整内容	初始数据	典型数据			
		TV 50Hz	TV 50Hz	TV 60Hz	DVD 50Hz	VGA 信号
PAL100Hz 状态						
5SC	50Hz 场 S 线性	1C	1C		IC	
5VZ	50Hz 场伸缩	19	19		19	
5SC	50Hz 场卷边	1F	1F		1F	
5VW	50Hz 场中心	16	16		16	
5EWW	50Hz 行幅	23	23		33	
5HS	50Hz 行中心	1E	1E		1F	
5EWP	50Hz 东西枕形失真校正	18	18		18	
5EWC	50Hz 四角失真校正	14	14		20	
5EWT	50Hz 梯形失真校正	22	22		17	
5HP	50Hz 平行四边形失真校正	29	29		29	
5EWE	50Hz 高压补偿校正	28	28		28	
NTSC120Hz 状态						
61V	60Hz 隔行扫描垂直加权	03		00		
61H	60Hz 隔行扫描水平加权	58		65		
6VSL	60Hz 隔行扫描垂直线性	2A		30		
6VA	60Hz 场幅	17		1F		
6VS	60Hz 场中心	2C		20		
6SC	60Hz 场 S 校正	1C		1C		
6VZ	60Hz 场伸缩	19		19		
6VC	60Hz 场卷边	1F		1F		
6VW	60Hz 场相延迟	16		16		
6EWW	60Hz 隔行扫描行幅	23		31		
6HS	60Hz 行中心	23		20		
6EWP	隔行扫描的东西枕校调整	12		16		
6EWC	60Hz 四角失真	01		14		
6EWT	60Hz 梯形失真	22		17		
6HP	60Hz 平行四边形校正	27		27		
6EWE	60Hz 高压补偿	2C		2C		
DT2000 设置						
BYD	基带亮度延迟	04	04	04	04	
BYOR	基带亮度延迟输出	00	00	00	00	
60V	60H 字符显示垂直位置调整	07		07		
BYA	基带亮度延迟 AGC 设置	CE	CE	CE	CE	
BUVA	基带 UV 色差信号 AGC 设置	30	30	30	30	
BCTL	基带彩色瞬态开关	01	01	01	01	

（续）

项目名称	调整内容	初始数据	典型数据			
		TV 50Hz	TV 50Hz	TV 60Hz	DVD 50Hz	VGA 信号
	VGA 状态					
VVA	VGA 卡显示垂直幅度调整	17				1A
VVS	VGA 卡场中心	25				27
VSC	VGA 卡显示 S 校正	1C				1C
VVZ	VGA 卡显示场伸缩	19				19
VVC	VGA 卡显示场卷边	1F				1F
VVW	VGA 显示场延迟	19				19
VEWW	VGA 显示行幅	0A				22
VHS	VGA 显示行中心	08				17
VEWP	VGA 显示东西枕形失真校正	20				15
VEWC	VGA 显示四角失真校正	18				0A
VEWT	VGA 显示梯形失真校正	02				19
VHP	VGA 平行四边形校正	00				13
VEWE	VGA 高压补偿	2C				1C
VOVN	未识别的 VGA 卡 OSD 垂直位置	09				09
	DT2000 设置					
OH	字符水平位置设置调整	09	09	07	07	07
50V	50Hz 字符垂直位置调整	0D	0D		0D	
DIMO	字符显示模式	00	00	00	00	00
OP1	选择字节 1		FC	FC	FC	FC
OP2	选择字节 2	6A	6A	6A	6A	6A
SPNI	NICAM 预定标音量	02	02	02		
SPSC	SCART 预定标音量	01	01	01		
SSCH	SCART 声道音量	02	02	02		
SFM1	正常调频时调频预定标寄存器	05	05	05		
SFM2	高频偏调频时调频预定标寄存器	01	01	01		
SUBV	副音量设置	25	25	25	25	25
SUBB	副亮度设置	24	24	1B	1B	1B
SUBM	最大亮度设置	30	30	30	30	30
SUBC	副对比度设置	20	20	20	20	20
SUCM	最大对比度设置	33	33	33	33	33
SCOL	副彩色设置	3D	3D	3D	3D	30
SPLL	字符显示同步范围	14	14	14	14	14
5DIH	DVD 50Hz 逐行扫描行加权	06			06	
5DHS	DVD 50Hz 逐行扫描行中心	25			1F	

1.7 长虹 DT-5 机心数字彩电总线调整

长虹 DT-5 机心数字高清彩电总线系统主控电路微处理器采用 M37225ECSP，存储器型号为 AT24C16；总线系统被控电路为电视小信号处理用集成电路，型号有 M52036SP、MSP3413G、TDA8601、TDA9178、TDA9332H、VPC3230D、NV320 等。

适用机型：长虹 CHD2500、CHD2595、CHD2595M、CHD2983、CHD2995、CHD2989、CHD2915、CHD2918、CHD2919、CHD2988、CHD2992、CHD2998、CHD3415、CHD3418、CHD3488、CHD3498、CHD34100、CHD3489 等 CHD 系列数字高清彩电。

1.7.1 总线调整方法

【进入退出维修模式】

在电视机正常收视状态下，首先将其声音调至最小，然后按住遥控器上“静音”键的同时，按机箱控制面板上的“菜单”键，屏幕上显示字符“S”时，表示已进入了维修模式。若屏幕正上方未出现红色字符“S”，应重复上述操作。

调整完毕，遥控关机再开机，存储调整后的数据并退出维修模式。

【项目选择与调整】

电视机进入维修模式后，按遥控器上的“菜单”键翻页，按“频道 +/-”键选择调整项目，按“音量 +/-”键调整所选项目的数据，按“AV”键选择测试信号。

1.7.2 调整项目与数据

长虹 DT-5 机心数字高清彩电代表机型 CHD2998、CHD2992A、CHD3488 彩电，TV、50Hz 状态下总线调整项目与数据见表 1-13。

表 1-13 长虹 DT-5 机心数字高清彩电代表机型总线调整项目与数据

菜 单	项目名称	调整内容	参考数据			
			CHD2992A	CHD2998	CHD3488	默认值
TDA9332-00	H-BLANK	行逆程脉冲起始位置	099	099	099	OFF
	V-WAIT	垂直扫描起始位置	28	28	28	28
	V-SLOPE	场倾斜失真校正	44	33	35	32
	V-AMP	场幅度调整	22	22	18	26
	V-SHIFT	场中心调整	38	32	32	36
	V-ZOOM	场幅度调整	25	25	25	25
	V-SCROLL	场卷边校正	30	30	30	30
	S-COR	场四角失真校正	30	30	30	30
	OSD-H/HD50	字符水平位置调整	30	15	30	30
TDA9332-01	H-SHIFT	行中心调整	39	38	43	39
	H-PARA	行平行四边形失真校正	8	9	7	10
	H-BOW	行弓形失真校正	7	5	11	7

（续）

<table>
<tr><th rowspan="2">菜　单</th><th rowspan="2">项目名称</th><th rowspan="2">调整内容</th><th colspan="4">参考数据</th></tr>
<tr><th>CHD2992A</th><th>CHD2998</th><th>CHD3488</th><th>默认值</th></tr>
<tr><td rowspan="6">TDA9332
-01</td><td>EW-WIDHT</td><td>行幅度调整</td><td>51</td><td>50</td><td>49</td><td>52</td></tr>
<tr><td>EW-PARA</td><td>行枕形失真校正</td><td>27</td><td>30</td><td>35</td><td>29</td></tr>
<tr><td>EW-HCOM</td><td>行补偿(上部)调整</td><td>30</td><td>40</td><td>52</td><td>35</td></tr>
<tr><td>EW-LCOM</td><td>行补偿(下部)调整</td><td>27</td><td>40</td><td>63</td><td>35</td></tr>
<tr><td>EW-TRAP</td><td>行梯形失真校正</td><td>28</td><td>32</td><td>24</td><td>27</td></tr>
<tr><td>EW-EHT</td><td>行高压(固定数据)调整</td><td>31</td><td>31</td><td>31</td><td>31</td></tr>
<tr><td rowspan="8">TDA9332
-02</td><td>WR</td><td>红色激励调整</td><td>31</td><td>31</td><td>52</td><td>30</td></tr>
<tr><td>WG</td><td>绿色激励调整</td><td>28</td><td>31</td><td>35</td><td>23</td></tr>
<tr><td>WB</td><td>蓝色激励调整</td><td>31</td><td>31</td><td>31</td><td>31</td></tr>
<tr><td>BR</td><td>红色截止调整</td><td>7</td><td>7</td><td>7</td><td>7</td></tr>
<tr><td>RG</td><td>绿色截止调整</td><td>7</td><td>7</td><td>7</td><td>7</td></tr>
<tr><td>CATHODE</td><td>阴极电压调整</td><td>8</td><td>8</td><td>8</td><td>8</td></tr>
<tr><td>PWL</td><td>白峰值电平限制</td><td>8</td><td>8</td><td>8</td><td>8</td></tr>
<tr><td>SCREEN VOLTAGE</td><td>扫描电压设定</td><td>LOW</td><td>LOW</td><td>OK</td><td>HIGH</td></tr>
<tr><td rowspan="8">MV320
-03</td><td>NACQHLS</td><td>N 制活动图像起始位置</td><td>131</td><td>131</td><td>131</td><td>131</td></tr>
<tr><td>NVSDLY</td><td>N 制场同步延迟</td><td>6</td><td>6</td><td>6</td><td>6</td></tr>
<tr><td>NHSP</td><td>N 制行同步宽度</td><td>64</td><td>64</td><td>64</td><td>64</td></tr>
<tr><td>NHBP</td><td>N 制行消隐宽度</td><td>72</td><td>72</td><td>72</td><td>72</td></tr>
<tr><td>NHAP</td><td>N 制行激活图像脉冲宽度</td><td>180</td><td>180</td><td>180</td><td>180</td></tr>
<tr><td>NVSP</td><td>N 制场同步脉冲宽度</td><td>2</td><td>2</td><td>2</td><td>2</td></tr>
<tr><td>NVBP</td><td>N 制场消隐脉冲宽度</td><td>26</td><td>26</td><td>26</td><td>26</td></tr>
<tr><td>NVAP</td><td>N 制场激活图像脉冲宽度</td><td>124</td><td>124</td><td>124</td><td>124</td></tr>
<tr><td rowspan="8">MV320
-04</td><td>PQAQHLS</td><td>P 制活动图像起始位置</td><td>131</td><td>131</td><td>131</td><td>313</td></tr>
<tr><td>PVSDLY</td><td>P 制场同步延迟</td><td>0</td><td>0</td><td>0</td><td>0</td></tr>
<tr><td>PHSP</td><td>P 制行同步宽度</td><td>64</td><td>64</td><td>64</td><td>64</td></tr>
<tr><td>PHBP</td><td>P 制行消隐宽度</td><td>76</td><td>76</td><td>76</td><td>76</td></tr>
<tr><td>PHAP</td><td>P 制行激活图像脉冲宽度</td><td>180</td><td>180</td><td>180</td><td>180</td></tr>
<tr><td>PVSP</td><td>P 制场同步脉冲宽度</td><td>6</td><td>6</td><td>6</td><td>6</td></tr>
<tr><td>PVBP</td><td>P 制场消隐脉冲宽度</td><td>26</td><td>26</td><td>26</td><td>26</td></tr>
<tr><td>PVAP</td><td>P 制场激活图像脉冲宽度</td><td>118</td><td>118</td><td>118</td><td>118</td></tr>
<tr><td rowspan="5">OPTION1
-05</td><td>ENGLISH ONLY</td><td>单一英语显示</td><td>NO</td><td>NO</td><td>NO</td><td>NO</td></tr>
<tr><td>HOTEL FUNC</td><td>旅馆功能设置</td><td>NO</td><td>NO</td><td>NO</td><td>NO</td></tr>
<tr><td>MSP SELECT</td><td>伴音处理 IC 选择</td><td>MSP341X</td><td>MAP341X</td><td>MAP341X</td><td>MAP341X</td></tr>
<tr><td>TDA9178</td><td>TDA9178 选择</td><td>YES</td><td>YES</td><td>YES</td><td>YES</td></tr>
<tr><td>VGA</td><td>VGA 功能调整</td><td>YES</td><td>YES</td><td>YES</td><td>YES</td></tr>
</table>

（续）

菜　单	项目名称	调整内容	参考数据			
			CHD2992A	CHD2998	CHD3488	默认值
OPTION1-05	YPbPr	YPbPr 输入口	YES	YES	YES	YES
	POWER MODE	上电状态设定	STANDY	STANDY	STANDY	STANDY
	GEMOAGNETISM	地磁校正	NO	NO	NO	NO
OPTION1-06	AVTERRA/VCR	AVTERRA/VCR 选择	VCR	VCR	VCR	VCR
	AFT TRACING	AFT 跟踪	62.5kHZ	62.5kHZ	62.5kHz	62.5kHz
	LOGO DISPLAY	长虹 OSD 显示选择	YES	YES	YES	YES
	POWER ON DELAY	电源启动延迟设置	YES	YES	YES	YES
	VGA/YPEQ	VGA/YPEQ 频率检测	YES	YES	YES	YES
	PROTECT	保护设置	YES	YES	YES	YES
	OSD MODE	字符显示模式调整	ZVRAM	ZVRAM	ZVRAM	ZVRAM
	TV/AV MULTI SYNC	TV/AV 复合同步	NO	NO	NO	NO
OPTION1-07	WOOFER SPEAKER	重低音功能设置	YES	YES	YES	NO
	AV/SELECT	AV 左右声道设置	YES	YES	YES	YES
	AUTO WB ADJUST	自动白平衡调整功能	YES	YES	YES	YES
	AV NO-SIG MUTE	AV 无信号静音	YES	YES	YES	YES
	BLUE STRETCH	蓝电平延伸设置	NO	YES	YES	YES
	BLACK STRETCH	黑电平延伸设置	NO	NO	NO	NO
	NETWORK CARD	网络模块设置	NO	NO	NO	NO
	VGA MULT SYNC	VGA 复合同步信号	NO	NO	NO	NO
SUB PAR-08	SUB-CONTRAST	副对比度调整	100%	100%	100%	100%
	SUB-BRIGHT	副亮度调整	70%	70%	70%	70%
	SUB-COLOR	副彩色调整	75%	75%	75%	75%
	SUB-TINT-NTSC	N 制副色调调整	0	0	0	0
	SUB-TINT-YCb Cr	色差副色调调整	0	0	0	0
	SUB-VOLUME	副音量设置	75%	70%	75%	80%
	COLOR T ADD-R	红枪色温控制	6	6	6	6
	COLOR T ADD-B	蓝枪色温控制	6	6	6	6
	SUB-WOOFER	重低音音量设置	100%	60%	70%	60%
YDLY RAR-09	Y-DLY-PAL	P 制亮度信号延迟	1	1	1	1
	Y-DLY-NTSC	N 制亮度信号延迟	63	63	63	63
	Y-DLY-SECAM	S 制亮度信号延迟	59	59	59	59
	OSD V-POS	字符显示垂直定位	0	0	0	0
	OSD H-POS	字符显示水平定位	28	28	28	28
	WOOFER COR FREQ	低音校正频率	190Hz	200Hz	140Hz	200Hz
	DVCO AUTO ADJ	压控振荡器自动调整	STOP	STOP	STOP	STOP
	FM/AM PRESCALE	FM/AM 预置处理	7	72	72	72
	DEFAULT SND SYS	伴音制式默认设置	DK	DK	DK	DK

（续）

菜　单	项目名称	调整内容	参考数据			
			CHD2992A	CHD2998	CHD3488	默认值
DBE-A PAR-10	DBE-A EFF STRENGTH	DBE-A 效果增强	34	73	41	15
	DBE-A AMP LIMIT	DBE-A 放大量	240	232	251	229
	DBE-A HARMONNIC	DBE-A 斜波分量	85	88	52	35
	DBE-A LPASS FREQ	DBE-A 低通频率	60Hz	230Hz	90Hz	250Hz
	DBE-A APASS FREQ	DBE-A 高通频率	50Hz	100Hz	70Hz	130 Hz
DBE-B PAR-11	DBE-B EFF STRENGHT	DBE-B 效果增强	56	94	50	58
	DBE-B AMP LIMIT	DBE-B 放大量	252	248	258	243
	DBE-B HARMONNIC	DBE-B 斜波分量	98	95	60	42
	DBE-B LPASS FREQ	DBE-B 低通频率	80Hz	250Hz	110Hz	130 Hz
	DBE-B HPASS FREQ	DBE-B 高通频率	70Hz	80Hz	80Hz	40 Hz
TDA9178-1 PAR-12	AMS	振幅模式选择	1	1	1	1
	LDH	白尖峰确定柱状图分量	1	1	1	1
	CFS	轮廓滤波器选择	1	1	1	1
	FHS	行频率选择	1	1	1	1
	WLB	字符窗口格式	1	1	1	1
	VDC	视频相关核化	1	1	1	1
	DEM	演示模式	0	0	0	0
	CD	色度延时	5	5	5	5
TDA9178-2 PAR-13	OSP	超级智能峰化	1	1	1	1
	WPO	黑电平延伸	0	0	0	0
	DSK	动态肤色校正	1	1	1	1
	ASK	动态校正范围	1	1	1	1
	WSK	动态肤色校正带宽	1	1	1	1
	SSK	动态校正范围	1	1	1	1
	DGR	绿色增强	1	1	1	1
	GGR	绿色增强增益	1	1	1	1
TDA9178-3 PAR-14	WGR	绿色增强带宽	1	1	1	1
	SGR	绿色增强范围	1	1	1	1
	DBL	蓝电平延伸	1	1	1	1
	GBL	蓝电平延伸增益	1	1	1	1
	SBL	蓝电平延伸范围	1	1	1	1
	CDS	彩色相关锐度	1	1	1	1
	CTT	彩色瞬态改善	1	1	1	1
	BON	黑电平补偿	1	1	1	1

（续）

菜　单	项目名称	调整内容	参考数据			
			CHD2992A	CHD2998	CHD3488	默认值
TDA9178-4 PAR-15	BLACK STRETCH	黑电平延伸调整	32	32	32	32
	NONLINEARITY AMP	放大增益调整	32	32	32	32
	GAMMA	伽玛校正调整	32	32	32	32
	PEAKING	峰化处理调整	10	10	10	10
	STEEPNESS	锐化处理调整	63	63	63	63
	CORING	核化处理调整	32	32	32	32
	UNE WIDTH	线性带宽调整	10	10	10	10
OPTION4-16	HDTV	数字高清模式设置	YES	YES	YES	YES
	TV TERRA/VCR	TV/VCR 选择	VCR	VCR	VCR	VCR
	1080iVER	1080i 扫描频率选择	60Hz	6CIHz	60Hz	60Hz

1.8 长虹 DT-7 机心数字彩电总线调整

长虹 DT-7 机心数字高清彩电总线系统主被控电路使用（CPU + TV）超级芯片 TDA9370PS/N2 或 OM8370PS/N3，存储器型号为 AT24C16A；总线系统被控电路还有 HY57V64162、M52472P、TC90A49D、MST9885B/AD9985DS/AD9883A、M37161EFFP、NJW1147M、VCP3230 等。

适用机型：长虹 CHD2995 等系列数字高清彩电。

1.8.1 总线调整方法

【进入退出维修模式】

在电视机正常收视状态下，首先将其音量调整到最小，然后按住遥控器上的“静音”键不放，同时按下电视机控制面板上的“菜单”键，最后同时松开两按键，待屏幕上出现红色字符“S”时，表明已进入了维修模式。若屏幕上未出现红色“S”字符，可重复上述操作，直到出现红色“S”字符为止。

调整完毕，遥控关机再开机即退出维修模式。

【项目的选择与调整】

电视机进入维修模式后，按遥控器上的“菜单”键进行调整菜单翻页，按遥控器上的“频道 +/-”键或电视机控制面板上的“频道 +/-”键选择调整项目，按遥控器上的“音量 +/-”键或电视机控制面板上的“音量 +/-”键调整所选项目的数据。

1.8.2 调整项目与数据

长虹 DT-7 机心数字高清彩电代表机型 CHD2995 型彩电总线 01、02 菜单调整项目与数据见表 1-14；03、04 菜单调整项目与数据见表 1-15；05 菜单调整项目与数据见表 1-16；06 菜单调整项目与数据见表 1-17；07 ~ 16 菜单调整项目与数据见表 1-18。

表 1-14　长虹 DT-7 机心 CHD2995 型彩电总线菜单 01、02 调整项目与数据

菜单	项目名称	参考数据			
		TV/AV、Y、Cb、Cr 408i、120i	TV/AV、Y、Cb、Cr 576i、100i	TV/AV、Y、Pb、Pr 480p、576p、720p、1080p	VGA (SVGA)
菜单 01 S MOD-01 TDA9332 HV1	V-WAIT	19H	19H	19H	19H
	V-SLOPE	27H/31H	29H/2EH	21H	22H
	V-AMP	80H/0CH	08H/0AH	24H	23H
	V-SHIFT	21H/21H	1CH	1CH	1CH
	V-ZOOM (16:9 = 1)	1FH	1FH	1FH	1FH
	V-SCROLL	22H	22H	22H	22H
	S-COR	22H	22H	22H	22H
	B-RL50	22H	22H	22H	22H
	B-RL100	0CH	0CH	0CH	0CH
菜单 02 S MOD-02 TDA9332 HV2	H-SHIFT	17H	16H	17H	0BH
	H-PARA	08H	08H	07H	08H
	H-BOW	07H	07H	08H	08H
	EW-WIDTH	34H	34H	34H	31 H
	EW-PARA	13H	0DH	0DH	0CH
	EW-HCORN	14H	1 DH	1DH	20H
	EW-LCORN	2EH	30H	33H	24H
	EW-TRAP	1EH	1DH	1FH	21H
	EW-EHT	19H	19H	19H	19H

表 1-15　长虹 DT-7 机心 CHD2995 型彩电总线菜单 03、04 调整项目与数据

菜　单	项目名称	参考数据	项目名称	参考数据
菜单 03 S MOD-03 W/BPIP	DRIVE-R	20H	CATHODE	0AH
	DRIVE-G	20H	SOFTCL	110H
	DRIVE-B	20H	PWL	00H
	COUTOFF-R	07H	SCR VOLT	0K
	COUTOFF-G	07H		
菜单 04 S MOD-04	SUB-COUT	3FH	SUB-TREB	00H
	UOC-TIN	1FH	NJWAGC	ON
	SUB-COLOR	28H	NJW AGCCL	300mV
	SUB-VOL	3BH	OSD VPOS	2AH
	SUB-BASS	00H	OSD HPOS	00H

表 1-16 长虹 DT-7 机心 CHD2995 型彩电总线菜单 05（S MOD. 05）调整项目与数据

项目名称	参考数据（TV/AV、Y、Cb、Cr）			
	480i		576i	
	60i	120i	60i	100i
M587-CO	ZERO	MANUAL	ZERO	MANUAL
M58-SREH	00H	00H	00H	00H
M59-SREV	00H	00H	00H	00H
M5C7-CIS	MANUAL	MANUAL	MANUAL	MANUAL
M5C-IW	77H	70H	77H	70H
MD5-IH	77H	77H	8FH	8FH
D62-HSPW	70H	64H	70H	74H
D63-HSES	83H	83H	A6H	A3H
D67-VSPL	04H	04H	04H	04H
D68-VSES	11H	11H	11H	1CH

表 1-17 长虹 DT-7 机心 CHD2995 型彩电总线菜单 06（S MOD. 06）项目与数据

项目名称	参考数据（TV/AV、Y、Cb、Cr）			
	480i		576i	
	60i	120i	60i	100i
UPSC72-HR	B3H	ACH	BOH	A9H
UPSC73-VR	86H	40H	87H	4CH

表 1-18 长虹 DT-7 机心 CHD2995 型彩电总线菜单 07～16 调整项目与数据

菜单	项目名称	参考数据(TV/AV、Y、Cb、Cr)	项目名称	参考数据(TV/AV、Y、Cb、Cr)
菜单 07 S MOD-07	R8-RG	80H	RB-RO	69H
	R9-GG	80H	RC-G0	71H
	RA-BG	80H	RD-B0	65H
菜单 08 S MOD-08 UOC	项目名称	参考数据	项目名称	参考数据
	TOP	1EH	PEAKING	14H
	AGCS	02H	YD	04H
	BRIGHT	20H	VOL	2AH
	COLOUR	1AH	VHS	20H
	CONTRAST	14H	HS	00H
菜单 09 S MOD-09 TDA9187	AMS	2AH	WLB	0H
	LDH	1H	VDC	1H
	CFS	1H	DEM	0H
	FHS	1H		
菜单 10 S MOD-10	CD	04H	WPO	0H
	OSP	0H		

（续）

菜单	项目名称	参考数据（TV/AV、Y、Cb、Cr）	项目名称	参考数据（TV/AV、Y、Cb、Cr）
菜单 11 S MOD-11	IFO	1FH	MVK	00H
	SOC	03H	CMSS	00H
	BLS	00H	FMWS1	1H
	DSK	00H	9332DLS	00H
菜单 12 S MOD-12	DBL	1H	CDS	1H
	GBL	0H	CTI	1H
	SBL	0H	BON	1H
菜单 13 S MOD-13	AV3	YES	SOUND BG	NO
	CHINESE	YES	WOOFER	YES
	SOUND I	YES	COMBTA	YES
	SOUND M	YES	VM	NO
菜单 14 S MOD-14	SECAM	NO	VGA	YES
	LOGO	NO	PWRM	YES
	GEOM	YER	AKB	YES
	POWER	STB	CLOCK	NO
菜单 15 S MOD-15 TDA9170	BSCR	NO	FORF	YES
	OSO	NO	FORS	YES
	DFL	NO	AVMENU	NO
	FFI	NO	PROTECT	YES
菜单 16 S MOD-16 TDA9370	COROO		ADSEL	9883
	CORI		MUS	YES
	LOCK	NO	BB	NO
	FSW（225/450kHz）	YES	MEM INIT	数据初始化
	AV1	NO		

注：菜单 11 中，当前置超级芯片由 TDA9370PS/N2 改装为 OM8370PS/N3 时，“SOC”项数据值应由“03H”改为“04H”。

第 2 章　康佳超级数码彩电总线调整

2.1　康佳 SK 系列超级彩电总线调整

康佳 SK 系列超级彩电总线系统采用将微处理器和被控电路合二为一的飞利浦二代超级电路 TDA937X 系列，完成由微处理器与中频、视频、扫描信号处理任务。其中，TDA9373 芯片应用于 64cm（25in）、74cm（29in）、86cm（34in）大屏幕彩电；TDA9370 芯片应用于 53cm（21in）等中小屏幕彩电。大屏幕彩电的音频信号处理电路采用 NJW1166；伴音功放电路采用 TDA2616；场输出电路采用 TDA8177；电源厚膜电路采用 KA5Q1265RF。

适用机型：康佳 T21SK076、T21SK068、T21SK026、T21SK022、T21SK078、P25SK107、P21SK056、P21SK056V、P21SK076、P21SK177、T25SK068、T25SK068V、T25SK076、T25SK120、P25SK026、P25SK062、P25SK071、T25SK569、P25SK151、P25SK569、P25SK376、P25SK383、P25SK387、T29SK068、T29SK068V、T29SK076、T29SK120、T29SK178、P29SK061、P29SK067、P29SK077、P29SK120、P29SK151、P29SK151V、P29SK282、P29SK376、P29SK383、P29SK387、P29SK569、TMSK068、TMSK073、TM-SK173、T34SK068、T34SK073、T34SK173、T34SK370、P34SK383 等超级彩电。

2.1.1　总线调整方法

【进入退出维修模式】

使用随机通用遥控器，按下遥控器“菜单”键，再连续按“回看”键 5 次，即可进入维修模式。

调整完毕，再按一次“回看”键即可退出维修模式。

【项目选择与调整】

进入维修模式后，屏幕上显示调整菜单，有 FA1 ~ FA7 共 7 个调整菜单。按“菜单”键可顺序选择调试菜单 FA1 ~ 调试菜单 FA7，按遥控器上的“频道 +／-”键选择调整项目，按“音量 +／-”键调整所选项目数据。

2.1.2　调整项目与数据

康佳 SK 机心超级彩电总线系统调整项目和数据见表 2-1。

表 2-1　康佳 SK 机心超级彩电总线系统调整项目和数据

项目名称	调整功能	调整范围	参考数据		
			典型值	P29SK067	P34SK383
FA1 V2.0、01	调试菜单 1				
VG2 1	帘栅电压调整	开/关	关	关	关
VG2 2	帘栅电压调整	开/关	关	关	关

（续）

项目名称	调整功能	调整范围	参考数据		
			典型值	P29SK067	P34SK383
VGB	配合帘栅调整	0～63	29	26	32
FA2	调试菜单 2				
WPR	暗白平衡红色调整	0～63	52	53	43
WIG	暗白平衡绿色调整	0～63	52	48	42
WPB	暗白平衡蓝色调整	0～63	47	15	37
BLR	亮白平衡红色调整	0～63	34	32	30
BLG	亮白平衡绿色调整	0～63	26	30	28
CL	视频幅度调整	0～15	05	07	07
FA3	调试菜单 3				
CH	频道选择	0～238	任选	任选	任选
VS	场中心及黑边重合调整	0～63	34	31	33
VSH	场中心设置	0～63	32	30	24
SC	上下线性调整	0～63	20	27	28
VA	重显率设置	0～63	31	32	12
RPO	起始/超出比率调整	0～3	01	32	01
STA	开关机状态选择	关/开	关	01	开
VOL	伴音音色高/中/低设置	低/中/高	低	中	中
AGC	自动增益中心位调整	0～63	32	27	28
FA4	调试菜单 4				
EW	行宽幅度校正	0～63	39	37	38
PW	枕形失真校正	0～63	46	–	55
HP	平行四边形失真校正	0～63	16	24	35
HB	弓形失真校正	0～63	34	34	32
UCP	梯形失真上角校正	0～63	44	24	41
BCP	梯形失真下角校正	0～63	30	23	42
TC	梯形失真校正	0～63	30	31	32
HS	行中心位校正	0～63	49	40	35
AV3	AV3 开关(21in 机型无此项)	开/关	关	开	关
FA5	调试菜单 5				
CHI	菜单中/英文设置	开/关	开	开	开
AV NUM	侧 AV 输入设置	00～05	02	05	04
AVL	自动音量幅度控制	0/1	01	关	关
WOOFER	重低音开关设置	开/关	关	关	关
VCR	录相机接入设置	开/关	关	关	开
QPLL	高频头选择	开/关	开	关	开

（续）

项目名称	调整功能	调整范围	参考数据		
			典型值	P29SK067	P34SK383
SNDFL	伴音滤波器设置	0/1	00	00	00
ROT	地磁校正设置	开/关	关	关	关
FM WS	伴音锁相设置	0～02	01	01	01
FA6	调试菜单 6				
MAX BRI	最大亮度调整	0～63	35	40	55
MIN BRI	最小亮度调整	0～15	00	00	05
MAX CONT	最大对比度调整	0～63	40	60	50
MAX SHA	最大清晰度	0～63	45	63	40
MAX VOL	最大音量调整	0～63	63	45	50
OSD V-POS	屏显字符上下位置调整	0～63	54	55	17
OSD H-POS	屏显字符左右位置调整	0～20	10	10	10
AGC T	自动增益控制	0～3	01	01	03
AV COL	自动音量控制	开/关	开	开	开
FA7	调试菜单 7				
IF ADJUST	中频调整点设置	0～63	07	07	32
PEAK WL	白场峰值调整	0～15	06	06	07
SOFT CLIP	白场延伸强调设置	0～3	00	00	02
BSD	黑电平延伸设置	开/关	开	开	开
AAS	黑电平延伸区域设置	开/关	开	开	开
BLS	黑电平纠错设定	开/关	—	开	开
RE6DB	—	0/1	—	00	00
OSD BRIGH	屏显字符亮度调整	0～3	00	00	00
BCF ON/OFF	未用	开/关	开	—	关

2.2 康佳 SE 系列超级彩电总线调整

康佳 SE 系列超级彩电总线系统采用将微处理器和被控电路合二为一的东芝超级电路 TMPAXX 系列，完成由微处理器与中频、视频、扫描信号处理任务。康佳 SE 系列超级彩电先后采用的芯片型号有 TMPA8807、TMPA8809、TMPA8827、TMPA8829 集成电路，应用于 21、25、29、34in 康佳彩电中。大屏幕彩电的音频信号处理电路采用 TA1243N；伴音功放电路采用 TDA2616；场输出电路采用 TDA8177；电源厚膜电路采用 KA5Q1265RF。

适用机型：康佳 P21SE151、P29SE072、P25SE072、P25SE071、P25SE051、P25SE282、T25SE073、T25SE120、P29SE077、P29SE151、P29SE281、P29SE282、P29SE073、P29SE391、P25SE151、T25SE267、T25SE358、P31SE292、P34SE138 等超级彩电。

2.2.1　总线调整方法

【进入退出维修模式】

一是使用随机 KK—Y271C 遥控器，按下遥控器上的“菜单”键，再连续按“呼号”键 5 次，屏幕上显示“FAC ON”，表示进入维修模式。二是使用工厂调试专用遥控器，按工厂遥控器“FAC”键，直接进入维修模式，显示工厂调试菜单。

调整完毕，再按一次“呼号”键即可退出维修模式。

【项目选择与调整】

进入维修模式后，有 10 个调整菜单。按遥控器上的“数字”键“0、1、2、3、4、5、6、7、8、9”，则可进入对应的调试菜单 FAC0、FAC1、FAC2、FAC3、FAC4、FAC5、FAC6、FAC7、FAC8、FAC9。按遥控器上的“频道 +/-”键选择调整项目，按“音量 +/-”键调整所选项目数据。自动调整项目，待调整结束显示“OK”，表示调试完成。按“-”键可使屏幕呈水平亮线，再按“-”键，屏幕恢复正常。

在 FAC ON 状态下，不进入调试菜单时，可进行频道加减、音量加减、TV/AV 等操作。

2.2.2　调整项目与数据

康佳 SE 机心超级彩电总线系统调整项目和数据见表 2-2，常规 25 ~ 29in 大屏幕机型有 FAC0 ~ FAC9 共 10 个菜单，其中 P21SE151 只有 FAC1、3、3、5、6、7、8 的 7 个菜单，没有表中的 FAC1、FAC4 和 FAC8，表中的 FAC0 相当于其 FAC1，FAC9 相当于其 FAC8，按数字 1、2、3、5、6、7、8 键进入相应的菜单。

表 2-2　康佳 SE 机心超级彩电总线系统调整项目和数据

项目名称	调整功能	调整范围	参考数据			调整说明
			典型值	P29SE072	P21SE151	
FAC0 50Hz(绿色)	调试菜单 0					
V PHASE(黄色)	场中心设置	0 ~ 7	5	4	2	
H POS(黄色)	行中心设置	0 ~ 31	15	16	20	
V SIZE(黄色)	场幅度设置	0 ~ 63	42	8	54	
V LINE(黄色)	场线性调整	0 ~ 15	13	10	11	
V SCOR(黄色)	垂直方向 S 校正	0 ~ 15	1	8	5	
V CENT(黄色)	场中心设置	0 ~ 63	50	22	27	
H SIZE(黄色)	行幅度设置	0 ~ 31	8	8	—	
PARA(黄色)	东西方向失真校正	0 ~ 63	22	22	—	
TRAP(黄色)	梯形失真校正	0 ~ 63	35	35	—	
TOP EW(黄色)	顶角失真校正	0 ~ 31	20	20	—	25in 以下无此项
LOW EW(黄色)	底角失真校正	0 ~ 31	12	12	—	25in 以下无此项
H EHT(黄色)	高压变化对行幅的影响	0 ~ 7	0	0	—	25in 以下无此项
V EHT(黄色)	高压变化对场幅的影响	0 ~ 7	2	2	—	25in 以下无此项

（续）

项目名称	调整功能	调整范围	参考数据			调整说明
			典型值	P29SE072	P21SE151	
FAC1 60Hz	调试菜单 1					
V PHASE	场相位设置	0 ~ 7	4	4	—	
H POS	行中心设置	0 ~ 31	16	16	—	
V SIZE	场幅度设置	0 ~ 63	8	8	—	
V UNE	场线性调整	0 ~ 15	10	10	—	
V SOCR	场边方格调整	0 ~ 15	8	8	—	
V CENT	场中心设置	0 ~ 63	22	22	—	
H SIZE	行幅度调整	0 ~ 63	8	8	—	
PARA	枕形失真校正	0 ~ 63	22	22	—	
TRAP	梯形失真校正	0 ~ 63	37	37	—	
TOP EW	顶部失真枕校	0 ~ 31	20	20	—	
LOW EW	底部失真枕校	0 ~ 31	14	14	—	
H EHT	行高压限制	0 ~ 7	0	0	—	25in 以下无此项
V EHT	场高压限制	0 ~ 7	2	2	—	25in 以下无此项
FAC2	调试菜单 2					
RC	暗白平衡红色校正	0 ~ 255	146	127	58	
GC	暗白平衡绿色校正	0 ~ 255	161	127	37	
BC	暗白平衡蓝色校正	0 ~ 255	82	127	11	
GD	亮白平衡绿色校正	0 ~ 255	60	63	50	
BD	亮白平衡蓝色校正	0 ~ 255	76	63	81	
FAC3	调试菜单 3					
RF AGC	高放自动增益控制	0 ~ 63	39	30	37	
SUB BRTS	副亮度调整	0 ~ 63	+4	0	+25	
Y DL	亮度延迟线调整	0 ~ 7	5	5	3	
OSD LEVEL	字符亮度设定	0 ~ 3	2	2	0	
ABL POINT	ABL 起控点设置	0 ~ 3	3	2	—	
ABL GAIN	ABL 增益调整	0 ~ 3	3	3	—	
SVM	扫描速度调整	0 ~ 3	1	1	—	
SVM DL	速度调制延迟调整	0 ~ 3	2	2	—	
FAC4	调试菜单 4					
RIF VCO	高中频压控振荡器设定		NG	OK	—	
OSDHPOS	字符左右位置设定	0 ~ 255	6	1	—	
Y GAMMA	γ 校正	0 ~ 3	0	0	—	不用调
UV CONV	色差平衡调整	0 ~ 7	7	7	—	不用调
SUB CON	副对比度设置	0 ~ 15	13	13	—	不用调

（续）

项目名称	调整功能	调整范围	参考数据			调整说明
			典型值	P29SE072	P21SE151	
ASY SHAP	清晰度设置	0 ~ 7	0	3	—	
YUV COL	YUV 彩色幅度调整	0 ~ 31	20	20	—	
WOOFER LPF	低音音频低通滤波	0 ~ 3	3	3	—	不用调
YUV DL	YUV 色彩延迟调整	0 ~ 7	0	0	—	不用调
TINT FLAG	拉幕开机时间调整	0 或 1	1	1	—	不用调
FAC5	调试菜单 5					
MIN	最小值设置					
对比度	对比度设置	0 ~ 31	2	2	1	
亮度	亮度设置	0 ~ 31	20	20	0	
色度	色度设置	0 ~ 31	0	0	20	
画质	画质设置	0 ~ 31	0	0	0	
FAC6	调试菜单 6					
MID	中心值设置					
对比度	对比度设置	0 ~ 63	40	40	32	
亮度	亮度设置	0 ~ 63	32	32	40	
色度	色度设置	0 ~ 63	32	32	32	
画质	画质设置	0 ~ 63	32	32	32	
FAC7	调试菜单 7					
MAX	最大值设置					
对比度	对比度设置	0 ~ 63	63	63	63	
亮度	亮度设置	0 ~ 63	10	10	20	
色度	色度设置	0 ~ 63	50	50	63	
画质	画质设置	0 ~ 63	63	63	63	
FAC8	调试菜单 8					
SIF SYS	伴音中频制式设置		DK 1	DK 1	—	不用调
AV MODE	AV 模式设置		AV 1	AV 1	—	不用调
SUP BASS	重低音选择		OFF	OFF	—	不用调
TUNER PICK	高频头选择		1	1	—	不用调
VOL16	音量小设置		50	50	—	不用调
VOL 32	音量中设置		80	80	—	不用调
VOL 64	音量大设置		100	100	—	不用调
IC 24C16	数据存储器		0	0	0	不用调
FAC 9	调试菜单 9					
OVER ODE	过调制模式设置	0 或 1	0	0	0	不用调

（续）

项目名称	调整功能	调整范围	参考数据			调整说明
			典型值	P29SE072	P21SE151	
BLK STR	黑电平延伸调整	0～3	2	2	0	不用调
Y PL	亮度峰值限制设置	0或1	0	0	0	不用调
PN ID	P/N制确定设置	0或1	0	0	1	不用调
COLG AMMA	彩色γ校正	0或1	1	1	0	不用调
NTSC MATA	NTSC解调器设置	0～3	2	2	3	不用调
VBLK STOP	场消隐截止调整	0～3	0	0	0	不用调
VBLK STAR	场消隐起控点设置	0～3	0	0	0	不用调
AU GAIN	NTSC音频幅度调整	0或1	1	1	1	不用调
NTSC DL	NTSC亮度延迟调整	0～7	7	7	0	不用调

2.3 康佳TA系列超级彩电总线调整

康佳TA系列超级彩电总线系统采用将微处理器和被控电路合二为一的三洋超级电路LV76210/211/212/214，完成由微处理器与中频、视频、扫描信号处理任务；场输出电路采用LA78040；伴音功放电路采用LA42051。

适用机型：康佳T14TA827、T21TA267、T21TA267B、T21TA827、T21TA928、P21TA390、P21TA383、P21TA827、P21TA828、P21TA387等超级彩电。

2.3.1 总线调整方法

【进入退出工厂模式】

使用KK-Y271T用户遥控器，按遥控器上的“菜单”键后，再连续按5次“回看”键，屏幕顶部显示“FACTORY MENU00”等英文字母，表示进入了工厂模式首页。

调整完毕，按一下“菜单”键，待屏幕菜单消失后再遥控关机，即可退出工厂模式。

【项目选择与调整】

进入工厂模式后，当光标在屏幕的最顶端选项时，按遥控器上的“音量+/-”键可以进行工厂菜单FACTORY MENU00～FACTORY MENU05翻页；按遥控器上的“频道+/-”键进行子菜单项目选择。按“音量+/-”键进行项目数据调整，调整完毕必须退出工厂菜单才能保存已经调试的数据，否则调整的数据会丢失。

【童锁功能设置与解锁】

可以设置一个开机密码，在设置密码后，开机必须输入密码才能收看频道。电视机出厂时童锁是不设任何密码的，所以用户首次使用童锁功能时要设置一个密码，具体操作如下：进入功能菜单，选中“童锁”，然后按遥控器上的数字键输入4位数的密码。输入密码后会出现一个锁的图标，此时按“音量+/-”键可以选择“开”和“关”两种状态。“开”表示开锁，启动电视机时不需要输入密码；“关”表示上锁，每次启动电视机都要先输入密码才能收看频道。若密码丢失，在需要输入密码时按下静音键，再按“999”，可解除童锁密码。

2.3.2 调整项目与数据

康佳 TA 机心超级彩电总线系统调整项目和数据见表 2-3。

表 2-3　康佳 TA 机心超级彩电总线系统调整项目和数据

序号	项目名称	调整功能	参考数据		调整说明
	FACTORY MENU 00	调试菜单 00	数据 1	数据 2	
1	H-PHASE	行中心位置调整	16	18	
2	V-SIZE	场幅度调整	32	32	
3	V-POSITION	场水平位置调整	6	6	
4	V-LINERRITY	场线性调整	22	23	
S	V-SC	场 S 失真校正	6	6	
6	V-KILL	场扫描开关	0	0	设置 1 时水平亮线
7	H-BLK-L	左边行消隐调整	4	4	
8	H-BLK-R	右边行消隐调整	4	4	
9	RF-AGC-AUTO	高放 AGC 自动调整	64	64	
	FACTORY MENU 01	调试菜单 01			
1	OSD-CONTRAST	字符对比度调整	6	7	
2	OSD-H-POSITION	屏显水平位置调整	80	80	
3	SUB-BRIGHT	副亮度设置	85	80	
4	RED-BIAS	红基色偏置电压调整	75	75	
5	GREEN-BIAS	绿基色偏置电压调整	75	73	
6	BLUE-BIAS	蓝基色偏置电压调整	127	127	
7	RED-DRIVE	红基色驱动电压调整	80	78	
8	GREEN-DRIVE	绿基色驱动电压调整	80	77	
9	BLUE-DRIVE	蓝基色驱动电压调整	110	105	
	FACTORY MENU 02	调试菜单 02			
1	MAX VOLUME	最大音量设置	100	110	
2	MID VOLUME	中间音量设置	64	80	
3	MIN VOLUME	最小音量设置	5	5	
4	MAX BRIGHT	最大亮度设置	100	100	
5	MID BRIGHT	中间亮度设置	64	64	
6	MIN BRIGHT	最小亮度设置	5	5	
7	MAX COLOR	最大色度设置	100	100	
8	MID COLOR	中间色度设置	64	64	
9	MIN COLOR	最小色度设置	0	0	

（续）

序号	项目名称	调整功能	参考数据		调整说明
	FACTORY MENU 03	调试菜单 03	数据 1	数据 2	
1	MAX CONTRAST	最大对比度设置	100	100	
2	MID CONTRAST	中间对比度设置	64	64	
3	MIN CONTRAST	最小对比度设置	5	5	
4	MAX CONTRAST	最大对比度设置	100	30	
5	MAX SHARP	最大锐度设置	30	15	
6	MID SHARP	中间锐度设置	15		
7	MIN SHARP	最小锐度设置	0	0	
8	AV2 ON	AV2 开关设置	1	1	0:无此功能;1:有
9	YUV ON	YUV 开关设置	1	1	0:无此功能;1:有
10	SVHS ON	S 端子开关设置	0	0	0:无此功能;1:有
	FACTORY MENU 04	调试菜单 04			
1	TUNER ALPS	高频调谐器选择	0	0	0:庆佳;1:ALPS
2	0:210 1:211 2:213	主芯片信号选择	0	0	0:LV76210 以此类推
3	AUDIO SW UNUSABLE	AV2 音频通道开关设置	0	0	
4	CH METE ON	换台黑屏开关设置	0	0	0:无黑屏;1:有
5	-/-- UNUSABLE	确认功能选择	0	0	
6	BUS OPEN	总线开关设置	1	1	0:断开;1:接通
7	CHANNEL COVERON	换台拉幕设置	0	0	0:无拉幕;1:有
8	BOOT COVERON	开机拉幕设置	1	0	0:无拉幕;1:有
9	CHILD LOCK ON	童锁开关设置	1	1	0:无童锁;1:有
	FACTORY MENU 05	调试菜单 05			
1	HEALTH OPT	休息提示(连续 2h)	0	0	0:无提示;1:有
2	AD SWAPOPT	广告换台功能设置	0	0	0:无;1:有
3	SUPER RECEIVE OPT	超强接收功能设置	0	0	0:无;1:有
4	SOLAR OPT	农历节气显示设置	0	0	0:无;1:有
5	AV3 OPT	AV3 开关设置	0	0	0:无 AV3;1:有
6	4:3 OPT	屏幕幅型设置	1	1	0:16:9;1:4:3

2.4 康佳 TE 系列超级彩电总线调整

康佳 TE 系列超级彩电总线系统采用将微处理器和被控电路合二为一的东芝超级电路 TMPA8879PSBNS 和 TMPA8873CPANG，该芯片是在 TMPA8809 的基础上，根据需要对原部分电路进行改进和软件改写，完成由微处理器与中频、视频、扫描信号处理任务。TMPA8879PSBNS 应用于大屏幕彩电，TMPA8873CPANG 应用于小屏幕彩电。

适用机型：康佳 P21TE358、P25TE661、T25TE267、T25TE358、T25TE661、P25TE282、P29TE282、P29TE661 等超级彩电。

2.4.1　总线调整方法

【进入退出维修模式】

使用 KK-Y294M 遥控器，按遥控器上的“菜单”键后，在屏幕上主菜单字符未消失前，连续按信息键 5 次，即可进入维修模式。

调整完毕，在显示调试菜单内容时，按信息键即可退出维修模式。

【项目选择与调整】

进入维修模式后，有 FAC1 ~ FAC10 共 10 个调试菜单，按遥控器上的“数字”键“0 ~ 9”，可选择相应的菜单。按“频道 +/-”键选择调试项目，按“音量 +/-”键调整项目数据。

若接入计算机进行项目自动调整，调试结束时显示“OK”，表示调试完成。

2.4.2　调整项目与数据

康佳 TE 机心超级彩电总线系统调整项目和数据见表 2-4。

表 2-4　康佳 TE 机心超级彩电总线系统调整项目和数据

项目名称	调整功能	调整范围	参考数据		
			典型值 1	典型值 2	P25TE282
FAC1	调试菜单 1	按 1 键进入			
VPOS	场中心调整	0 ~ 15	7	7	7
H POS	行中心调整	0 ~ 31	16	16	16
V SIZE	场幅度调整	0 ~ 63	34	36	37
V LINE	场线性调整	0 ~ 31	13	12	12
H PARA	行枕形失真校正	0 ~ 7	6	6	6
H BOW	行弓形失真校正	0 ~ 7	4	4	4
VS COR	垂直方向 S 校正	0 ~ 31	14	14	14
VCENT	场中心设置	不用调	20	20	20
VBB TM	场底部消隐设置	不用调	1	1	1
VBTOP	场顶部消隐设置	不用调	1	1	1
EPRAP	EW 抛物波校正	0 ~ 127	88	86	86
ETRAP	EW 平行四边形校正	0 ~ 63	55	56	55
COTOR	EW 顶角校正	0 ~ 31	9	10	10
COBTM	EW 底角校正	0 ~ 31	12	12	12
HEHT	行高压限制	不用调	2	2	2
VEHT	场高压限制	不用调	3	2	2
HSIZE	行幅度调整	0 ~ 63	49	48	48
V-G2	帘栅电压调节，屏幕呈水平亮线	不用调	—	—	—
ERARA ZOOM	16:9EW 调节	0 ~ 127	44	43	43
H SIZE ZOOM	16:9 行幅调节	0 ~ 63	35	36	36

（续）

项目名称	调整功能	调整范围	参考数据		
			典型值 1	典型值 2	P25TE282
FAC2	调试菜单 2	按 2 键进入			
RC	暗白平衡红校正	0～255	127	133	133
GC	暗白平衡绿校正	0～255	127	143	143
BC	暗白平衡蓝校正	0～255	127	86	86
GD	亮白平衡绿校正	0～127	63	60	60
BD	亮白平衡蓝校正	0～127	63	60	60
FAC3	调试菜单 3	按 3 键进入			
RF AGC	高频 AGC 调整	0～63	30	38	39
SUB BRTS	副亮度调整	-64～+63	+10	+10	+10
OSD LEVEL	字符亮度设定	不用调	1	1	1
SIF SYS	伴音制式设定	不用调	DK/I	DK/I	DK/I
VOL16	低音量设置	不用调	60	60	60
VOL32	中音量设置	不用调	80	80	80
VOL63	高音量设置	不用调	95	95	95
AV VOL16	AV 低音量设置	不用调	50	50	50
AV VOL32	AV 中音量设置	不用调	80	80	80
AV VOL63	AV 高音量设置	不用调	127	127	127
CURTAIN	拉幕开机设置	不用调	200	200	200
FAC4	调试菜单 4	按 4 键进入			
PIFVCO	图像中频振荡器	不用调	OK	OK	OK
OSD HPOS	字符左右位置	0～255	14	14	15
Y GAMMA	伽玛校正	不用调	0	0	0
SUB CON	副对比度设置	不用调	10	7	8
ASY SHAP	清晰度设置	不用调	0	13	14
ACL ST	自动色度限制起点	不用调	2	0	0
YUV DL	YUV 彩色延迟	不用调	0	2	2
ABL POINT	自动亮度限制起点	不用调	0	0	0
ABL GAIN	自动亮度限制放大	不用调	0	0	0
H SBLK	行左右消隐	不用调	0	0	0
PIF DETLV	图像中频检测电平	不用调	0	0	0
FAC5	调试菜单 5	按 5 键进入			
对比度	对比度最小值设定	不用调	5	5	5
亮度	亮度最小值设定	不用调	35	35	35
色彩	色彩最小值设定	不用调	5	5	5

（续）

项目名称	调整功能	调整范围	参考数据		
			典型值 1	典型值 2	P25TE282
画质	画质最小值设定	不用调	5	5	5
色调	色调最小值设定	不用调	—	5	—
FAC6	调试菜单 6	按 6 键进入			
对比度	对比度中间值设定	不用调	80	80	80
亮度	亮度中间值设定	不用调	30	75	75
色彩	色彩中间值设定	不用调	50	50	50
画质	画质中间值设定	不用调	45	33	33
色调	色调中间值设定	不用调	—	32	—
FAC7	调试菜单 7	按 7 键进入			
对比度	对比度最大值设定	不用调	100	100	100
亮度	亮度最大值设定	不用调	20	35	35
色彩	色彩最大值设定	不用调	70	100	100
画质	画质最大值设定	不用调	63	63	63
色调	色调最大值设定	不用调	—	63	—
FAC8	调试菜单 8	按 8 键进入			
OVER MODE	过调制模式	不用调	0	0	0
YDL	亮度延迟调整	不用调	0	0	0
YPL	亮度峰值限制开关	不用调	0	0	0
PN ID	P/N 制式选择	不用调	0	0	0
NOISE DET	噪声检测等级设置	不用调	10	10	10
WOOFER LFE	重低音滤波设置	不用调	0	0	0
NTSC DL	NTSC 信号延迟设置	不用调	0	0	0
UBLK ADJ	U 分量黑电平调整	0 ~ 15	7	7	7
VBLK ADJ	V 分量黑电平调整	0 ~ 15	4	4	4
M STRAP HP	M 制声音限波	不用调	0	0	0
FAC9	调试菜单 9	按 9 键进入			
DK STRAP F0	DK 制伴音低频陷波设置	不用调	10	10	10
I STRAP F0	I 制伴音低频陷波设置	不用调	10	10	10
BG STRAP F0	BG 制伴音低频陷波设置	不用调	0	0	0
M STRAP F0	M 制伴音低频陷波设置	不用调	0	0	0
DK STRAP QGD	DK 制伴音中频陷波设置	不用调	10	10	10
I STRAP QGD	I 制伴音中频陷波设置	不用调	10	10	10
BG STRAP QGD	BG 制伴音中频陷波设置	不用调	0	0	0
M STRAP QGD	M 制伴音中频陷波设置	不用调	0	0	0

（续）

项目名称	调整功能	调整范围	参考数据		
			典型值 1	典型值 2	P25TE282
DK STRAP HP	DK 制伴音高频陷波设置	不用调	3	3	3
I STRAP HP	I 制伴音高频陷波设置	不用调	3	3	3
BG STRAP HP	BG 制伴音高频陷波设置	不用调	0	0	0
FAC10	调试菜单 10	按键 0 进入			
SY DET TUN	高频头同步检测	不用调	16	16	16
SY DET NOR	高频头标准状态检测	不用调	16	16	16
SY DET SCR	屏保模式下设定	不用调	16	16	16
ALC LEVEL	自动音量限制等级设置	不用调	2	2	2
AV3 ON	AV3 开关设置	不用调	1	1	0/1
AU ATT2	音量增益设定	不用调	105	105	105
BASSMAX	低音最大设置	不用调	60	60	60
TRB MAX	高音最大设置	不用调	60	60	60
WVOL MAX	重低音音量设置	不用调	45	45	45
RGB CUT	帘栅电压调节设置	不用调	164	155	155
SBRI	帘栅电压副亮度设置	不用调	+41	10	—

2.5 康佳 TK 系列超级彩电总线调整

康佳 TK 系列超级彩电总线系统采用将微处理器和被控电路合二为一的飞利浦第三代超级电路 TDA11135PS、TDA12155PS，完成由微处理器与中频、视频、扫描信号处理任务。小屏幕彩电伴音功放电路采用 TDA2615；场输出电路采用 LA78040；电源厚膜电路采用 STR—W6756。大屏幕彩电伴音功放电路采用 TDA2616；场输出电路采用 SATV9325；电源厚膜电路采用 FSCQ1265RT。

适用机型：康佳 SP21TK968、SP21808、SP21TK391、SP21TK520、SP21TK529、SP21TK529S、SP21TK968、SP21TK636A、P21TK661、T21TK026、T21TK326、T21TK358、T21TK358V、T21TK827V、P21TK387 P21TK828、P25TK383、T21TK569、P25TK569、P25TK828、P25TK387、T21TK326 T25TK026、T25TK267、T25TK358、T25TK569、T25TK827、T25TK827、P29TK387、P29TK569、P29TK827、P29TK858、P34TK383、P29TK928、P29TK383 等超级彩电。

2.5.1 总线调整方法

【进入退出工厂模式】

使用 KK-Y294P 遥控器，按遥控器上的“菜单”键后，在屏幕上主菜单字符未消失前，连续按“回看”键 5 次，屏幕上出现“FACTORY PAGE1”等字符，表示进入了工厂模式。

注：按“菜单”键，在屏幕上主菜单字符未消失前，按遥控器上的“数字 5、5、6、6”

键可进入酒店菜单设置模式。

调整完毕，按“电视/视频”键或者遥控关机都可退出工厂模式。

【项目选择与调整】

进入工厂模式后，工厂菜单分 FACTORY PAGE1 ~ FACTORY PAGE9 共 9 页，按“菜单”键向前翻页，按“睡眠定时”键向后翻页，按“数字 1 ~ 9”键直接进入相应的工厂菜单。进入各个菜单后，按“频道 +/-”键选择调试项目，按“音量 +/-”键调整项目数据。

2.5.2　调整项目与数据

康佳 TK 机心超级彩电总线系统调整项目和数据见表 2-5。

表 2-5　康佳 TE 机心超级彩电总线系统调整项目和数据

序号	项目名称	调整功能	参考数据		备注
			数据 1	数据 2	
	FACTORY PAGE1	工厂菜单 1			
1	Set VPOS 50	PAL 制半场中心设置	42	48	N 制显示 60 或 N
2	VSH-4-50	场中心设置	33	37	N 制显示 4-60
3	VS	场 S 失真校正	32	27	
4	VA-4-50	场幅调整	26	55	
5	SC	场线性调整	32	34	
6	16:9 Rate	16:9 地磁校正	75	75	
7	VX Normal	VX 标准	25	25	
	FACTORY PAGE2	工厂菜单 2			
1	HSH-4-50	行中心调整	52	44	
2	EWW-4-50	行幅调整	47	37	
3	PW-4	枕形失真校正	47	42	
4	TC-4	梯形校正	32	23	
5	UCP-4	上角梯形失真校正	42	36	
6	LCP-4	下角梯形失真校正	45	40	
7	HB-4	上倾斜失真校正	32	36	
8	HP-4	下倾斜失真校正	32	39	
	FACTORY PAGE3	工厂菜单 3			
1	BLOC-N 标准-W 暖色-C 冷色	色温选择	8	8	
2	BLOR-C	红基色亮平衡	32	32	根据需要调整
3	BLOG-C	绿基色亮平衡	32	32	根据需要调整
4	BLOB-C	蓝基色亮平衡	35	32	根据需要调整
5	WPR-C	红基色暗平衡	26	32	根据需要调整
6	WPG-C	绿基色暗平衡	32	32	根据需要调整
7	WPB-C	蓝基色暗平衡	37	32	根据需要调整
8	COF	聚焦	0	0	

（续）

序号	项目名称	调整功能	参考数据		备注
			数据 1	数据 2	
	FACTORY PAGE4	工厂菜单 4			
1	OIF	中频调整	48	48	
2	DCXO	压控振荡设置	1	1	
3	AGCT	自动增益调整	23	21	
4	AV-AGCT	AV 输入增益控制	32	27	
5	RGB	三基色调整	14	14	
6	CL	副亮度调整	12	13	
7	VSD Bright	调帘栅前亮度设置	42	40	配合 G2 电压设置
8	VSD	帘栅设置	42	—	按“频道 +/-”键
	FACTORY PAGE5	工厂菜单 5			
1	AV2-IN	AV2 开关设置	1	1	1:有;0:无 AV2
2	AV3-IN	AV3 开关设置	1	0	1:有;0:无 AV3
3	YCbCr-IN	分量信号开关设置	2	2	0:无;1:有，声音从 AV1 进;2:有，声音从 AV2 进
4	SVHS-IN	S 端子开关输入	1	0	1:有;0:无
5	AVOUTOAVL1	AV 输出与 AVL 选择	0	0	0:AVOUT;1:AVL
6	Change ProMode	柔性换台功能设置	1	1	0:无;1:有
7	LED ON/OFF	冷光源功能开关	0	0	0:关;1:开
8	LNA SPPT	超强接收功能开关	—	0	0:关;1:开
	FACTORY PAGE6	工厂菜单 6			
1	WBF	音效设置	5	7	
2	WBR	低音设置	8	8	
3	HBL	高音设置	0	1	
4	P6 VOLUME	最小音量设置	4	3	
5	P20 VOLUME	中小音量设置	25	25	
6	P40 VOLUME	中大音量设置	35	35	
7	MAX VOLUME	最大音量设置	42	45	
	FACTORY PAGE7	工厂菜单 7			
1	Set min brightness	最小亮度设置	0	0	
2	Set P32 brightness	中间亮度设置	32	32	
3	Set max brightness	最大亮度设置	63	50	
4	Set min contrast	最小对比度设置	0	0	
5	Set P32 contrast	中间对比度设置	32	40	
6	Set max contrast	最大对比度设置	63	63	

（续）

序号	项目名称	调整功能	参考数据		备注
			数据 1	数据 2	
	FACTORY PAGE8	工厂菜单 8			
1	Set min color	最小色度设置	0	0	
2	Set P32 Color	中间色度设置	32	40	
3	Set max color	最高色度设置	63	63	
4	Set min sharpness	最小清晰度设置	0	0	
5	Set P32 sharpness	中间清晰度设置	32	40	
6	Set max sharpness	最大清晰度设置	63	63	
	FACTORY PAGE9	工厂菜单 9			
1	All-protect-ON/OFF	打火试验开关	1	1	打火试验 0
2	BCL Time64ms	亮度限制时间设置	31	187	
3	BCL Level	亮度限制电压幅度	255	255	数据过小会自动关机
4	Menu Control	菜单调节	0	0	
5	FMWS Window	伴音锁相	2	2	
6	DSGLS	DSGLS 设置	0	0	
7	V-Guard	场保护设置	1	1	0:关闭;1:打开
8	Init TV	数据初始化	0	0	设置 1 后延时启动

2.6 康佳 FG 系列数字彩电总线调整

康佳 FG 系列彩电高清数字电视总线主控电路微处理器采用 SDA555X；视频解码数字分量输出电路采用 VPC32300；格式转换、3D 处理、运动补偿电路采用 FL12300；数/模转换电路采用 AD9883A；视频输出和扫描信号处理电路采用 SDA9380；电子开关采用 P15V330A；音频信号处理电路采用 MSP3463G；伴音功放电路采用 TDA2616；场输出电路采用 STV9379FA；开关电源厚膜电路采用 KA5Q1265RF。

可将普通模拟电视信号转换成 60Hz 逐行扫描或 100Hz、75Hz 隔行扫描显示，可以输入 VGA、SVGA、XGA 计算机信号以及 720p、1080i、1080p/50 或 60Hz 高清数字电视信号。FG 系列彩电有 8 种显示模式，即 TV/AV 模式下的 DSP 60p、PAL 100i、PAL 75i、NTSC 60p；Y Pb Pr 模式下的 PDVD 1080i/60Hz；VGA 640 × 480/60Hz；DTV 1080i/60Hz；DTV 1080i/50Hz。

适用机型：康佳 P29FG108、P29FG058、P29FG188、P29FG188U、P29FG188U2、P29FG282、P29FG297、P28FG298（16∶9）、P28FG298U、P32FG298（16∶9）、P32FG298U（16∶9）、P34FG218、P34FG218U、P34FG109、P34FG189、P34FG217 等数字高清系列彩电。机型结尾为“U”的设有 USB，可播放 JPG、MP3 信号；机型结尾为“U2”的也设有 USB，可播放 JPG、MP3、MPEG4 信号。以 P29FG188 型彩电为例，介绍其总线调试说明。

2.6.1　总线调整方法

【进入退出维修模式】

使用用户遥控器，先按一下“菜单”键，在屏幕上显示用户调整菜单未消失之前，快速连续按“回看”键5次，即可进入维修模式。

全部调整完毕，再按一次遥控器上的“回看”键，即可退出维修模式。

【项目选择与调整】

进入维修模式后，有6个调整菜单，按遥控器上的“数字1、2、3、4、5、6”键可选择FACTORY1～FACTORY6调整菜单。进入菜单后，按“频道+/-”键选择调整项目，选中的项目变为红色，按“音量+/-”键调整所选项目数据。

工厂菜单1和工厂菜单2的各种显示模式的行、场扫描及几何校正参数，需要输入相应的测试信号，根据各种显示模式需要分别进行调试，行、场重显率调整为92%±2%。

2.6.2　调整项目与数据

康佳FG系列彩电高清数字电视代表机型P29FG188型彩电总线调整项目与数据见表2-6。

表2-6　康佳FG系列彩电高清数字电视代表机型彩电总线调整项目与数据

菜单	项目名称	调试内容	P29FG188		备注
			初始值	参考值	
工厂调试菜单1 FACTORY1	CHANNEL	频道选择	*	*	根据需要调整
	V SCROLL	场卷帘调整	0	*	根据需要调整
	V SIZE	场重显率调整	29	*	根据需要调整
	V SCOR	场“S”校正调整	248	*	根据需要调整
	V SHIFT	场中心调整	222	*	根据需要调整
	V LINEAR	场线性调整	217	*	根据需要调整
	ANGLE	平行四边形校正	32	*	根据需要调整
	V ZOOM	场缩放因子	0	*	根据需要调整
工厂调试菜单2 FACTORY2	H SIZE	行重显率调整	16	*	根据需要调整
	H SHIFT	行中心调整	75	*	根据需要调整
	A LINE	水平亮线开关	OFF	OFF	调帘栅时为ON
	UP CORNER	上角线性调整	240	*	垂直线直为止
	LOW CORNER	下角线性调整	216	*	垂直线直为止
	V BOW	弓形失真校正	255	*	根据需要调整
	TRAPEZIUM	梯形失真校正	172	*	根据需要调整
	PARABOLA	枕形失真校正	206	*	根据需要调整
	H SYNC[①]	行同步模式	12	*	

（续）

菜单	项目名称	调试内容	P29FG188		备注
			初始值	参考值	
工厂调试菜单 3 FACTORY3	RED GAIN	红(亮)白平衡调整	55	50	根据需要调整
	GREEN GAIN	绿(亮)白平衡调整	55	50	根据需要调整
	BLUE GAIN	蓝(亮)白平衡调整	55	50	根据需要调整
	RED LEVEL	红(暗)白平衡调整	196	196	根据需要调整
	GREEN LEVEL	绿(暗)白平衡调整	196	196	根据需要调整
	BLUE LEVEL	蓝(暗)白平衡调整	196	196	固定值不调整
工厂调试菜单 4 FACTORY4	NICAM	丽音开关	OFF	OFF	不可调
	V EHT	高压变化时场幅调整	180	180	不可调
	H EHT	高压变化时行幅调整	29	29	不可调
	HBLANK TIME	消隐时间	38	38	不可调
	HBLANK PHASE	消隐相位	61	61	不可调
	AFC EHT	高压变化行频自动调整	0	0	小可调
	AFC ON/OFF	自动频率调节开关	ON	ON	不可调
	FREQ	频率设定	ON	ON	不可调
工厂调试菜单 5 FACTORY5	MAX BRIGHTNESS②	最大亮度设置	45/50	*	
	MIN BRIGHTNESS	最小亮度设置	15	*	
	MID BRIGHTNESS	中间亮度设置	35	*	
	MAX CONTRAST	最大对比度	40	*	
	MIN CONTRAST	最小对比度	1	*	
	MID CONTRAST	中间对比度	28	*	
	AV3	AV3 开关	OFF/ON	ON	有侧面 AV 时设为 ON
	PHOTO③	USB 开关	ON/OFF	*	不用调
	SWITCHL	程序开关	ON	ON	不用调
	DVCD 3896	频率校正	ON	ON	不用调
工厂调试菜单 6 FACTORY6	DBE STRENGTH	数字低音增强程度	115	115	不用调
	DBE HARMONIC	数字低音增强和声	30	30	不用调
	SURROUND SPATIA	环绕声空间效果	63	63	不用调
	SURROUND STRENG	环绕声强弱调整	63	63	不用调
	DBE LIMIT	数字低音增强范围	22	22	不用调
	MAX VOLUME	最大音量设置	60	60	不用调
	MIN VOLUME	最小音量设置	25	25	不用调
	MID VOLUME	中间音量设置	50	50	小用调
	FM PRESCALE	调频频率设置	63	63	不用调

① 工厂菜单 2 中的 H SYNC 项，在 TV/AV 模式下数值为 12；在 Y Pb Pr 模式下 FM 系列输入任何高清信号均设为 06；在 VGA 模式下输入 VGA、SVGA、XGA 信号数值设为 10。

② 工厂菜单 5 的 MAX BRIGHTNESS 项数据在 TV、AV、Y Pb Pr 模式下 FT 系列设为 45，在 VGA 模式下设为 50。

③ 工厂菜单 5 的 PHOTO 项，FT 系列在采用 USB 时设置为 ON，无 USB 时设置为 OFF。

2.7　康佳 FT 系列数字彩电总线调整

康佳 FT 系列彩电高清数字电视，总线系统主控电路微处理器采用 SDA555XF1，存储器型号为 24C16；总线系统被控电路包括：视频信号数字处理芯片 DPTV-3D/MV，伴有信号数字处理芯片 MSP3463G-B3，扫描及视频处理电路 SDA9380。

适用机型：康佳 P29FT188、P34FT189 等数字高清电视机。

2.7.1　总线调整方法

【进入退出维修模式】

使用用户遥控器，先按一下“MENU”菜单键，在屏幕上显示用户调整菜单未消失之前，快速连续按“回看”键 5 次，即可进入维修模式。

全部调整完毕，再按一次遥控器上的“回看”键，即可退出维修模式。

【项目选择与调整】

进入调整模式后，有 6 个调整菜单，按遥控器上的“数字 1、2、3、4、5、6”键，可选择 FACTORY1 ~ FACTORY6 调整菜单，进入菜单后，用“频道 +/-”键选择调整项目，选中的项目变为红色，用“音量 +/-”键改变所选项目数据。

2.7.2　调整项目与数据

康佳 FT 系列彩电高清数字电视代表机型 P29FT188 彩电总线调整项目与数据见表 2-7。

表 2-7　康佳 FG/FT 系列彩电高清数字电视代表机型彩电总线调整项目与数据

菜单	项目名称	调试内容	P29FT188		备注
			初始值	参考值	
工厂调试菜单 1 FACTORY1	CHANNEL	频道选择	0 ~ 238	*	根据需要调整
	V SCROLL	场卷帘调整	255	*	根据需要调整
	V SCOR	场“S”校正调整	22	*	根据需要调整
	V SHIFT	场中心调整	45	*	根据需要调整
	V LINEAR	场线性调整	253	*	根据需要调整
	ANGLE	平行四边形失真校正	219	*	根据需要调整
	V ZOOM	场缩放因子调整	10	*	根据需要调整
	V ZOOM 16:9	软件与信号调整	124	124	
工厂调试菜单 2 FACTORY2	H SIZE	行重显率调整	52	*	根据需要调整
	H SHIFT	行中心调整	71	*	根据需要调整
	A LINE	水平亮线开关	OFF	*	调帘栅时为 ON
	UP CORNER	上角线性调整	45	*	垂直线直为止
	LOW CORNER	下角线性调整	250	*	垂直线直为止
	V BOW	弓形失真校正	244	*	根据需要调整
	TRAPEZIUM	梯形失真校正	218	*	根据需要调整

（续）

菜单	项目名称	调试内容	P29FT188		备注
			初始值	参考值	
工厂调试菜单 2 FACTORY2	PARABOLA	枕形失真校正	169	*	根据需要调整
	H SYNC	行同步模式①	3	*	
工厂调试菜单 3 FACTORY3	RED GAIN	红(亮)白平衡调整	55	*	根据需要调整
	GREEN GAIN	绿(亮)白平衡调整	55	*	根据需要调整
	BLUE GAIN	蓝(亮)白平衡调整	55	*	根据需要调整
	RED LEVEL	红(暗)白平衡调整	196	*	根据需要调整
	GREEN LEVEL	绿(暗)白平衡调整	196	*	根据需要调整
	BLUE LEVEL	蓝(暗)白平衡调整	196	196	固定值不调整
工厂调试菜单 4 FACTORY4	GAME	游戏功能选择	ON/OFF	OFF	
	TUNER	调谐器选择	1	1	不可调
	V EHT	高压变化时场幅调整	80	80	不可调
	H EHT	高压变化时行幅调整	200	200	不可调
	VGA OVERLAY	小窗口稳定	0	0-31	
	AFC EHT	高压变化行频自动调整	0	0	小可调
	AFC ON/OFF	自动频率调节开关	ON	ON	不可调
工厂调试菜单 5 FACTORY5	MAX BRIGHTNESS	最大亮度调整	45	45	
	MIN BRIGHTNESS	最小亮度调整	15	15	
	MID BRIGHTNESS	中间亮度调整	35	35	
	MAX CONTRAST	最大对比度调整	35	35	
	MIN CONTRAST	最小对比度调整	1	1	
	MID CONTRAST	中间对比度调整	28	28	
	AV3	AV3 开关	ON	*	有侧面 AV 时设为 ON
工厂调试菜单 6 FACTORY6	DBE STRENGTH	数字低音增强程度	70	70	不用调
	DBE HARMONIC	数字低音增强和声	30	30	不用调
	SURROUND SPATIA	环绕声空间效果	63	63	不用调
	SURROUND STRENG	环绕声强弱调整	63	63	不用调
	DBE LIMIT	数字低音增强范围	18	18	不用调
	FREQ BIAS	频率设定	OFF	OFF	不可调

① 工厂菜单 2 中的 H SYNC 项，在 TV/AV 模式下数值为 3；在 Y Pb Pr 模式下 FM 系列输入任何高清信号均设为 06，输入美国高清 33kHz 行频信号时设为 13，输入中国高清 28kHz 行频信号时设为 35；在 VGA 模式下输入 VGA、SVGA、XGA 信号数值设为 10。

2.8 康佳 SA 系列超级彩电总线调整

康佳 SA 系列超级单片彩电康佳 SA 系列彩电，主总线系统被控电路采用三洋公司的将微处理器与小信号处理电路合而为一的超级单片电路 LA76931，存储器型号为 24C08。音频功放电路采用 TDA7253，场输出电路采用 STV9302A。

适用机型：康佳 P21SA281、P21SA177、P21SA282、P21SA383、P21SA387、P21SA390、P21SA376、T14SA073、T14SA076、T14SA128、T21SA073、T14SA076、T21SA120、T21SA236、T21SA267、T21SA326、T21SA026 等机型。

2.8.1　总线调整方法

【进入退出工厂模式】

用客户遥控器进行调整，先按遥控器上的“MENU 菜单”键，再连续按遥控器上的“智能显示”键 3 次，即进入工厂调整模式，屏幕上显示工厂调整菜单。

调整完毕，按“智能显示”键退出工厂调试模式。

【项目选择与调整】

进入工厂调整菜单后，有 4 个调整菜单。按遥控器上的“频道加/减”键选择调试项目，按“音量加/减”键调整所选项目的数据。

2.8.2　调整项目与数据

康佳 SA 机心超级彩电总线系统调整项目和数据见表 2-8。

表 2-8　康佳 SA 系列超级单片彩电总线调整项目与数据

菜单	项目名称	调整功能	参考数据
FACTORY MENU00	H-PHASE	行相位调整	11
	OSD-H-POSITION	字符水平位置调整	25
	V-SIZE	场幅度调整	82
	V-POSITION	场中心调整	1
	V-LINEARRITY	场线性调整	22
	V-SC	场 S 失真校正	4
	V-KILL	关闭场扫描	0
	SUB-BRIGHT	副亮度调整	50
	RF-AGC-AUTO	高放 AGC 调整	25
FACTORY MENU01	H-BLK-L	行左消隐调整	1
	H-BLK-R	行右消隐调整	1
	TUNER 0:OJ;1:ALPS	高频头选择	0
	VOL LINEAR MEASURE	音量控制调整	0
	B-Y DCLEVEL	B-Y 直流电平调整	10
	R-Y DCLEVEL	R-Y 直流电平调整	11
	B-Y DCLEVELYUV	YUV 状态 B-Y 直流电平调整	10
	R-Y DCLEVELYUV	YUV 状态 R-Y 直流电平调整	8
FACTORY MENU02	RED-BIAS	红色截止电平调整	117
	GREEN-BIAS	绿色截止电平调整	134
	BLUE-BIAS	蓝色截止电平调整	153

（续）

菜单	项目名称	调整功能	参考数据
FACTORY MENU02	RED-DRIVE	红色增益调整	99
	GREEN-DRIVE	绿色增益调整	15
	BLUE-DRIVE	蓝色增益调整	92
FACTORY MENU03	BACKCOVEROPTION	拉幕功能选择	0
	Q-ASMOPTNON	快速搜台功能选择	1
	OPT-AV-SYSTEM	AV 状态设置	0
	Y-IN 0:P48 1:P54	DVD-Y 输入端子设置	0
	OPT-YUV	YUV 状态设置	1
	LANGUAGESWCE	语言控制设置	0
	ENG	语言选择	0
FACTORY MENU04	LV1116 OPT	音频处理器 LV1116 设置	0
	AUDIO SW	音频开关	1
	SIF 6.5MHz	6.5M 伴音制式选择	1
	SIF 6.0MHz	6.0M 伴音制式选择	1
	SIF 5.5MHz	5.5M 伴音制式选择	1
	SIF 5.0MHz	5.0M 伴音制式选择	1

2.9 康佳 98 系列倍场数码彩电总线调整

康佳 98 系列 100Hz 数码彩电为双扫描倍场频“数码视尊”彩电，采用先进的数字信号处理技术，使扫描频率提高一倍，消除了图像闪烁现象，使图像更加稳定。总线系统主控电路微处理器为 P87C766，存储器型号为 PCF8598C；总线系统被控电路有：丽音电路采用 MSP3410D，解码/同步电路采用 TDA9143，亮度/色差信号校正电路采用 TDA9170，视频处理电路采用 TDA4780，视频矩阵开关电路采用 TEA6415，扫描控制电路采用 TDA9151，亮度/色差瞬态校正电路采用 TDA9177，PIP 控制电路采用 SDA9189X，扫描转换组件为 IPQ，TV/AV 切换电路采用 TEA6415，主、副调谐器采用 UV1316。

适用机型：康佳 T3898、T3498 等机型。

2.9.1 总线调整方法

【进入退出维修模式】

使用工厂调试专用遥控器，按遥控器上的“SERVICE”键，打开工厂调试菜单，即可进入维修模式。

调整完毕，按“AV/TV”转换键，即可退出维修模式。

【项目选择与调整】

进入维修模式后，按“SERVICE”键可顺序选择调试菜单，也可用数字键“1～6”直接选择相对应的分菜单按自动音量控制“AVC”键，进入选定的分菜单；按“频道+/-”键选择要调整的项目，按“音量+/-”键改变所选项目数据。

2.9.2 调整项目与数据

康佳98系列100Hz数码彩电代表机型T3898、T3498总线系统调整项目与数据见表2-9。

表2-9 康佳98系列100Hz数码彩电代表机型总线调整数据

菜单	项目名称	调整功能	调整范围	典型数据
FACTORY-1 场扫描调整	V-WIDTH	场幅度调整	0~63	40
	V-S. CORR	场S失真校正	0~63	17
	V-SCAN	场起始位置调整	0~63	24
	V-SHIFT	场中心调整	0~7	7
FACTORY-2 行扫描调整	H-TRAP	梯形失真校正		1
	H-WIDTH	行幅度调整	0~63	57
	H-PARAB	枕形失真校正	0~63	20
	H-CORNER	四角失真校正	0~63	9
	H-EHT	极高压补偿		18
	H-PHASE	行中心调整	0~63	32
	H-SHIFT	行中心偏移调整		0
	H-CLAMP	钳位调整		0
FACTORY-3 模拟量调整	SUB BRTGH	副亮度调整	0~7	5
	SUB HUE	副色度调整	0~63	31
	PEAK LIMIT	峰值限制调整	0~63	31
FACTORY-4 白平衡调整	R-G	红增益调整	0~63	31
	G-G	绿增益调整	0~63	28
	B-G	蓝增益调整	0~63	26
	R-L	红基准黑电平调整	0~63	29
	G-L	绿基准黑电平调整	0~63	44
	B-L	蓝基准黑电平调整	0~63	19
FACTORY-5	STEEPNESS	亮度信号陡度调整		32
	LINE WIDTH	线宽调整		56
	ADAP GAMMA	自动伽玛校正		12
	LUM LTNEAR	亮度信号线性调整		14
	LINE WIN	画面水平位置调整	0~255	4
	FIELD WIN	画面垂直位置调整	0~255	53
	Y-DELAY*	亮度信号延迟调整	5	
	CORING	核化调整	0~63	15
	ADAP-BLACK	自动适应黑电平校正	0~63	48
	GAMMA	伽玛校正	0~63	31

（续）

菜单	项目名称	调 整 功 能	调整范围	典型数据
FACTORY-6 设置项目	OPTION3	选择方式 3 设定		2
	OPTION 0	选择方式 0 设定		24
	OPTION 1	选择方式 1 设定		99

注：表中带“＊”的项目根据需要调整。

2.10 康佳 P 系列高清彩电总线调整

康佳 P 系列高清彩电总线系统微处理器采用 SDA555X，视频信号输入、解码电路采用 SAA7118H，数模转换处理电路采用 SAA4979H，扫描及视频处理电路采用 SDA9380，数字信号存储及运动补偿采用 SAA4998H，伴有信号数字处理芯片采用 MSP3463G-B3 等。

适用机型：康佳 P2919 等高清系列彩电。

2.10.1 总线调整方法

【进入退出维修模式】

使用用户遥控器，先按一下“MENU”菜单键，此时屏幕上出现用户调整菜单，在菜单未消失之前，连续按“回看”键 5 次，即可进入维修模式。

全部调整完毕，再按一次“回看”键，即可退出维修模式。

【项目选择与调整】

进入调整模式后，有 6 个调整菜单，按“MENU”菜单键可依次选出 FACTORY1 ~ 6 调整菜单，进入菜单后，按遥控器上的“频道 +/-”键选择调整项目，选中的项目变为红色，用“音量 +/-”键改变所选项目数据。

2.10.2 调整项目与数据

康佳 T 系列数字高清代表机型 P2919 彩电总线调整项目与数据见表 2-10。

表 2-10 康佳 T 系列数字高清代表机型彩电总线调整项目与数据

菜单	项目名称	调试功能	参考数据 TV/AV(31.5kHz)标准状态				备注
			PAL 60p	PAL 100i	PAL 75i	NTSC 60p	
FACTORY1 工厂调试菜单 1	CHANNEL	频道选择	△	△	△	△	0 ~ 238 任意选择
	V SCROLL	场卷帘调整	255	12	241	13	
	V SIZE	场重显率调整	30	24	43	27	92% ±2%
	V SCOR	场“S”校正	0	25	0	24	上下边宽调整
	V SHIFT	场中心调整	237	155	231	196	
	V LINEAR	场线性调整	15	238	19	7	
	ANGLE	平行四边形校正	248	251	0	240	
	V ZOOM	场缩放因子	0	0	0	0	4:3 和 16:9 场幅调整

（续）

菜单	项目名称	调试功能	参考数据 TV/AV(31.5kHz)标准状态				备注
			PAL 60p	PAL 100i	PAL 75i	NTSC 60p	
FACTORY2 工厂调试菜单 2	H SIZE	行重显率调整	34	36	33	36	92% ±2%
	H SHIFT	行中心调整	236	23T	237	236	
	A LINE	水平亮线开关	OFF	OFF	OFF	OFF	调帘栅时为 ON
	UP CORNER	上角线性调整	28	36	20	68	垂直线直为止
	LOW CORNER	下角线性调整	36	100	88	44	垂直线直为止
	V BOW	弓形失真校正	0	0	4	8	
	TRAPEZIUM	梯形失真校正	16	172	4	224	
	PARABOLA	枕形失真校正	234	231	235	231	
	H SYNC	行同步调整	3	3	3	3	不可改变

菜单	项目名称	调试功能	Y Pr Pb 状态	VGA 状态时			
			PDVD 31.5 kHz	640×480 31.5 kHz	1080i /60Hz 33.75 kHz	1080i /50Hz 28.125 kHz	
FACTORY1 工厂调试菜单 1	CHANNEL	频道选择		△	△	△	
	V SCROLL	场卷帘调整	222	0	0	0	
	V SIZE	场重显率调整	242	30	235	18	
	V SCOR	场“S”校正	255	47	0	0	
	V SHIFT	场中心调整	70	208	190	190	
	V LINEAR	场线性调整	255	255	241	0	
	ANGLE	平行四边形校正	196	236	0	244	
	V ZOOM	场缩放因子	0	0	0	0	
FACTORY2 工厂调试菜单 2	H SIZE	行重显率调整	82	83	50	76	根据需要调整
	H SHIFT	行中心调整	185	81	17	32	根据需要调整
	A LINE	水平亮线开关	OFF	OFF	OFF	OFF	根据需要调整
	UP CORNER	上角线性调整	255	0	60	24	根据需要调整
	LOW CORNER	下角线性调整	0	8	76	84	根据需要调整
	V BOW	弓形失真校正	48	13	4	8	根据需要调整
	TRAPEZ IUM	梯形失真校正	40	248	236	236	根据需要调整
	PARABOLA	枕形失真校正	0	242	222	223	根据需要调整
	H SYNC	行同步调整	6	13	13	35	不可调整

（续）

菜单	项目名称	调试功能	标准值	调试参考值	备注
FACTORY3 工厂调试菜单 3	RED GAIN	红增益调整	55	50	
	GREEN GAIN	绿增益调整	55	50	
	BLUE GAIN	蓝增益调整	55	50	
	RED LEVEL	红截止调整	196	196	
	GREEN LEVEL	绿截止凋整	196	196	
	BLUE LEVEL	蓝截止调整	196	196	设置值不调整
FACTORY4 工厂调试菜单 4	NICAM	丽音开关	OFF	OFF	
	V EHT	场高压检测	30	30	稳定场幅
	H EHT	行高压检测	30	30	稳定行幅
	HBLANK TIME	消隐时间	38	38	
	HBLANK PHASE	消隐相位	62	62	
	AFC EHT	AFC 高压变化率	62	62	
	AFC ON/OFF	AFC 调节开关	ON	ON	
	FREQ	频率设定	204	204	不可调整
FACTORY5 工厂调试菜单 5	MAX BRIGHTNESS	最大亮度设置	45	49	
	MIN BRIGHTNESS	最小亮度设置	15	15	
	MID BRIGHTNESS	中间亮度设置	35	40	副亮度时调整
	MAX CONTRAST	最大对比度	40	40	
	MIN CONTRAST	最小对比度	1	1	
	MID CONTRAST	中间对比度	28	28	
	AV3	AV3 开关	OFF/ON	OFF	有侧面 AV 时设为 ON
	WPONOFF	重低音开关	ON	ON	不可调
FACTORY6 工厂调试菜单 6 声音效果参数检查	DBE STRENGTH	低音增强程度	112	112	
	DBE HARMONIC	低音增强和声	30	30	
	SURROUND SPATIA	环绕声空间效果	63	63	
	SURROUND STRENG	环绕声强弱调整	63	63	
	DBE LIMIT	低音增强范围	22	22	
	MAX VOLUME	最大音量设置	58	57	
	MIN VOLUME	最小音量设置	25	25	52～63 无声
	MID VOLUME	中间音量设置	50	50	小于 40 无声
	FM PRESCALE	调频频率设置	63	63	

2.11 康佳 AS 系列高清彩电总线调整

康佳 AS 系列高清彩电总线系统微处理器和数字处理电路采用超级单片 MST5C26-LF，完成微处理器控制、视频/音频数字处理、数模转换等功能，视频处理和行场扫描小信号处理电路采用 TDA8380，末级视频放大电路采用 TDA6111Q，中频处理电路采用 TDA9881TS。音频功放电路采用 TDA2616，场输出电路采用 TDA8172A，电源厚膜电路采用 FSCQ1265RT。

适用机型：康佳 P25AS390、P25AS529、P28AS520、P28AS566、P29AS216、P29AS217、P29AS281、P29AS520、P29AS386、P29AS390、P29AS528、P29AS529、P29AS566、SP29808、SP29AS818、SP29AS391、SP29AS566、P30AS319、P32AS520、P32AS391、P32AS319、P34AS216、P34AS386、P34AS390、SP21AS529、SP21AS636A、P21AS281 等 AS 系列高清彩电。

2.11.1 总线调整方法

【进入退出维修模式】

使用用户 KK-Y295M 遥控器进行调整，按遥控器上的“MENU 菜单”键打开主菜单，连续按“回看”键 5 次，即可进入维修调整模式。

调整完毕，按遥控器上的“TV/AV”等其他功能键，即可退出维修调整模式。

【项目选择与调整】

进入维修调整模式后，屏幕上主菜单上显示 10 个子菜单名称，按数字 0 ~ 9 键，可进入相应的子菜单。按遥控器上的“频道 +/-”键选择调整项目，按“音量 +/-”键调整所选项目数据。

【调试注意事项】

1）为了保证得到满意的测试结果，调试前电视机要预热 30min 以上，调试过程中各参数要反复调整，直到整机各参数最优为止，在调试中必须保证所指定的电压值。被调试的彩色电视机中所安装的存储器，必须在安装前预先用写入器将母片中的数据写入其中，且未经设计人员允许，不得在调试中更改本调试说明所列之外的项目数据。

2）调试时应在菜单 DSP2 项目下分别选择运动（60p）、健康（100i）和 VGA 项目进行调试，YPbPr 状态下的数据与 DSP。运动数据相同。

3）维修和生产时仅需调节调试菜单 1、2、4，其余调试菜单数据均由软件工程师根据机器的功能和电路要求而设定，无需改动，但可作数据校对时的参考。注意，调试菜单 1 中的软件编号因不同软件的数据可能略有差别。

2.11.2 调整项目与数据

康佳 AS 系列高清彩电总线系统调整项目和第一种数据见表 2-11，适用于 VER：11/01/06 软件版本；康佳 AS 系列高清彩电总线系统调整项目和第二种数据见表 2-12，适用于 P29AS566、P29AS390 等机型。

表 2-11　康佳 AS 系列高清彩电总线系统调整项目和第一种数据

调试菜单 1	FACTORY1						
项目名称	调整功能	初始值				调整范围	备注
VER:11/01/06 09:53:37	软件编号	运动（60p）	健康（100i）	YPbPr	VGA		
VZOOM	场缩放因子调整	25		25			不用调,调整不可调
VSCORRECT	场 S 校正	31	30	31	25	0~63	
VSLOPE	场斜率调整	42	46	42	31	0~63	
VSIZE	场幅度调整	18	18	18	35	0~63	
VSCROLL	场卷帘调整	31				—	不用调
SBL	亮度限制开关	OFF	OFF	OFF	OFF	ON/OFF	
VSHIFT	场中心调整	22	23	22	25	0~60	
VWAJT	场逆程时间调整	26			—		不用调
H SHIFT	行中心（相位）调整	32	32	32	43	0~63	
H SIZE	行重显率调整	25	24	25	36	0~63	
EWPARABOLA	东西枕形调整	36	35	36	33	0~63	
TRAPEZIUM	梯形失真校正	26	20	26	39	0~63	
UP CORNER	上角失真校正	33	28	33	32	0~63	
LOW CORNER	下角失真校正	45	45	45	36	0~63	
H PARA	平行四边形失真校正	7	7	7	7	0~15	
H BOW	弓形失真校正	7	7	7	7	0~15	
EW EHT	高压变化东西校正	40	40	40	40	0~63	
H TIME	行消隐时间校正	10	11	10	10	0~15	

调试菜单 2	FACTORY2					
项目名称	调整功能	初始值			调整范围	备注
CTEMP	色温调节	NORMAL（正常）	WARM（暖色）	COOL（冷色）		
R DRV	红（亮）白平衡调整	50	62	50	0~63	
G DRV	绿（亮）白平衡调整	48	50	50	0~63	
B DRV	蓝（亮）白平衡调整	54	50	57	0~63	
R CUT	红（暗）白平衡调整	8	12	8	0~15	
C CUT	绿（暗）白平衡调整	8	8	10	0~15	

调试菜单 3	FACTORY3					
项目名称	调整功能	初始值			调整范围	备注
		Pb	Y	Pr		
AUTO	自动调整					
OFF SET	黑色平调整	63	85	172		不用调
GAIN	幅度增益调整	160	172	96		不用调

（续）

调试菜单 4	FACTORY4			
项目名称	调整功能	初始值	调整范围	备注
AV3 INPUT	AV3 输入选择	OFF	ON/OFF	ON 使用，OFF 关闭
SVM	扫描速度调制选择	OFF	ON/OFF	ON 使用，OFF 关闭
GEOMAGNETISM	地磁校正选择	ON	ON/OFF	ON 使用，OFF 关闭
CRT TYPE	显示比例选择	4:3	4:3/16:9	
SUB BRIGHT	副亮度调整	0	-6 ~ +6	
V SCREEN	场帘栅电压设置	HIGH	不可调	
PROTECT	保护选择开关	OFF	ON/OFF	用于打火实验保护，平时关闭
CLOCK/TEMP	实时时钟/温度开关	OFF	ON/OFF	
SOURCE SAVE	AV 状态记忆开关	ON	ON/OFF	不用调

调试菜单 5	FACTORY5				
项目名称	调整功能	初始值			备注
SVM	扫描速度调制	STANDARD（标准）	STRONG（浓厚）	OFF（关）	
SVM OPTION	扫描速度调制选择	1	1	0	不用调
SVM STEP	扫描速度调制等级	4	4	0	不用调
SVM GAIN	扫描速度调制增益	6	6	0	不用调
SVM DELAY	速度调制延时调整	3	2	0	不用调

调试菜单 6	FACTORY6						
项目名称	调整功能	初始值					备注
TV/YPbPr	TV 或逐行信号输入	X0	X1	X2	X3	X4	
5C26 CONTRAST	对比度调整	80	110	110	110	110	不用调
8380 CONTRAST	对比度调整	5	16	22	26	32	不用调
5C26 BRIGHTNESS	亮度调整	90	136	136	136	136	不用调
8380 BRIGHTNESS	亮度调整	6	16	26	28	30	不用调
5C26 SATURATION	色饱和度调整	0	85	110	140	209	不用调
5C26 SHARPNESS	清晰度调整	0	2	4	6	10	不用调
VGA MODE	VGA 模式	X0	X1	X2	X3	X4	
5C26 CONTRAST	对比度调整	80	100	100	100	100	不用调
8380 CONTRAST	对比度调整	5	16	22	26	30	不用调
5C26 BRIGHTNESS	亮度调整	90	128	128	128	128	不用调
8380 BRIGHTNESS	亮度调整	6	16	26	28	30	不用调

（续）

调试菜单 7	FACTORY7						
项目名称	调整功能	初始值					备注
		X0	X1	X2	X3	X4	
VOLUME	音量调整	0	30	50	80	100	不用调
BALANCE	平衡调整	0	30	50	80	100	不用调
BASS	低音调整	32	32	50	80	100	不用调
TREBLE	高音调整	32	32	50	80	100	不用调
调试菜单 8	FACTORY8						
项目名称	调整功能	初始值				调整范围	备注
MODE	伴音模式	MUSIC 音乐	NORMAL 标准	NEWS 新闻	PERSONAL 用户		
BASS	低音调整	70	50	30	55	0 ~ 100	不用调
TREBLE	高音调整	70	50	30	74	0 ~ 100	不用调
调试菜单 9	FACTORY9						
项目名称	调整功能	初始值				调整范围	备注
PIC MODE	图像模式	BRIGHT 亮丽	NATIVE 自然	SOFT 柔和	PERSONAL 用户		
VIDEO	视频设置						
BRIGHTNESS	亮度调整	80	50	50	78	0 ~ 100	不用调
CONTRAST	对比度调整	70	50	40	74	0 ~ 100	不用调
HUE	色调调整	50	50	50	50	0 ~ 100	不用调
SATURATION	色饱和度调整	70	50	30	50	0 ~ 100	不用调
SHARPNESS	清晰度调整	50	50	40	50	0 ~ 100	不用调
YPbPr	YPbPr 设置						
BRIGHTNESS	亮度	80	50	50	80	0 ~ 100	不用调
CONTRAST	对比度调整	70	50	40	70	0 ~ 100	不用调
HUE	色调调整	50	50	50	50	0 ~ 100	不用调
SATURATION	色饱和度调整	70	50	30	70	0 ~ 100	不用调
SHARPNESS	清晰度调整	50	50	40	50	0 ~ 100	不用调
VGA	VGA 设置						
BRIGHTNESS	亮度	50	50	50	50	0 ~ 100	VGA 状态下可调
CONTRAST	对比度调整	50	50	50	50	0 ~ 100	

（续）

调试菜单 10	FACTORY10			
项目名称	调整功能	初始值	调整范围	备注
REFURVISH	刷新	OFF	ON/OFF	不用调
MST5C2X				
BANK	缩放调整	0#SCALER	0 ~ F	不用调
ADDR	地址	00	00 ~ FF	不用调
VALUE	音量	80	00 ~ FF	不用调
EEPROM	可擦写存储器			
ADDR	地址设置	0000	0000 ~ FFFF	不用调
VALUE	音量设置	20	00 ~ FF	不用调

表 2-12　康佳 AS 系列高清彩电总线系统调整项目和第二种数据

	FAC1 菜单	按数字 1 键进入		
序号	项目名称	调整功能	预调数据	备注
1	VZOOM	场缩放因子调整	25	不可调
2	VSLOPE	场斜率调整	39	根据需要调整
3	V SIZE	场幅度调整	29	根据需要调整
4	V LINE	场线性调整	12	根据需要调整
5	H SHIFT	行中心（相位）调整	24	根据需要调整
6	EW PARABOLA	东西枕形调整	41	根据需要调整
7	UP CORNER	上角失真校正	45	根据需要调整
8	H PARA	平行四边形失真校正	10	根据需要调整
9	EW EHT	高压变化东西校正	40	根据需要调整
10	VSCROLL	场卷帘调整	31	不可调
11	SBL	亮度限制开关	OFF	
12	V SHIFT	场中心调整	32	根据需要调整
13	V WAIT	场逆程时间调整	26	不可调
14	H SIZE	行幅度调整	36	根据需要调整
5	TRAPEZIUM	梯形失真校正	27	根据需要调整
6	LOW CORNER	下角失真校正	47	根据需要调整
7	H BOW	弓形失真校正	8	根据需要调整
18	H TIME	行消隐时间校正	10	

	FAC2 菜单	按数字 2 键进入		
序号	项目名称	调整功能	预调数据	备注
1	CTEMP	色调预置	COOL	根据需要调整
2	R DRV	红基色亮平衡	36	根据需要调整
3	G DRV	绿基色亮平衡	28	根据需要调整

（续）

	FAC2 菜单	按数字 2 键进入		
序号	项目名称	调整功能	预调数据	备注
4	B DRV	蓝基色亮平衡	47	根据需要调整
5	R CUT	红綦色暗平衡	6	根据需要调整
5	G CUT	绿基色暗平衡	8	根据需要调整

	FAC3 菜单	按数字 3 键进入				
序号	项目名称	调整功能	Pr	Y	Pb	
1	AUTO	自动调整				
2	OFF SET	黑电平调整	159	31	227	
3	GAIN	幅度增益调整	2	39	4	

	FAC4 菜单	按数字 4 键进入		
序号	项目名称	调整功能	预调数据	备注
1	AV3 INPUT	AV3 设置	ON	
2	SVM	速度调制设置	ON	
3	GEOMAGNETISM	消磁功能设置	ON	
4	CRTTYPE	显像管幅型比	4:3	
5	SUB BRIGHT	副亮度设置	1	
6	VSCREEN	场卷轴调整	HIGH	
7	PROTECT	保护设置	ON	
8	CLOCK/TEMP	时钟	OFF	
9	SOURCE SAVE	AV 状态记忆开关	ON	
10	CHANNEL MODE	频道设置	ONONE	
11	SHORT TOBE		ON	
12	S VIDEO INPUT	S 端子输入设置	ON	

	FAC5 菜单	按数字 5 键进入		
序号	项目名称	调整功能	预调数据	备注
	SVM STANDARD	SVM 标准		
1	SVM OPTION	SVM 选项	1	
2	SVM STEP	8VM 步进	1	
3	SVM GAIN	SVM 增益	4	
4	SVM DELAY	SVM 延迟	6	

	FAC6 菜单	按数字 6 键进入						
序号	项目名称	调整功能	预调数据					备注
	TV/YPbPr 模式		X0	X4	X2	X3	X4	
1	5C26 CONTRAST	对比度调整	80	110	110	110	110	
2	8380 CONTRAST	对比度调整	5	16	22	26	32	

（续）

	FAC6 菜单	按数字 6 键进入						
序号	项目名称	调整功能	预调数据					备注
3	5C26 BRIGHTNESS	亮度调整	90	136	136	136	136	
4	8380 BRIGHTNESS	亮度调整	7	17	27	29	31	
5	5C26 SATURATION	色饱和度调整	0	85	110	140	200	
6	5C26 SHARPNESS	清晰度调整	0	4	8	12	5	
	VGA 模式		X0	X4	X2	X3	X4	
1	5C26 CONTRAST	对比度调整	80	100	100	100	100	
2	8380 CONTRAST	对比度调整	5	16	22	26	30	
3	5C26 BRIGHTNESS	亮度调整	90	128	128	128	128	
4	8380 BRIGHTNESS	亮度调整	7	17	26	29	31	

	FAC7 菜单	按数字 7 键进入						
序号	项目名称	调整功能	X0	X4	X2	X3	X4	备注
1	VOLUME	音量调整	0	30	50	80	100	
2	BALANCE	平衡调整	0	30	50	80	100	
3	BASS	低音调整	0	30	50	80	100	
4	TREBLE	高音调整	0	30	50	80	100	

	FAC8 菜单	按数字 8 键进入		
序号	项目名称	调整功能	预调数据	备注
1	MODE	模式调整	NORMAL	
2	BASS	低音调整	50	
3	TREBLE	高音调整	50	

	FAC9 菜单	按数字 9 键进入		
序号	项目名称	调整功能	预调数据	备注
	VIDEO 项目			
1	BRIGHTNESS	亮度调整	50	
2	CONTRAST	对比度调整	50	
3	HUE	色调调整	50	
4	SATURATON	饱和度调整	50	
5	SHARPNESS	锐度调整	50	
	YPbPr 项目			
1	BRIGHTNESS	亮度调整	50	
2	CONTRAST	对比度调整	50	
3	HUE	色调调整	50	
4	SATURATON	饱和度调整	50	
5	SHARPNESS	锐度调整	50	

（续）

	FAC9 菜单	按数字 9 键进入		
序号	项目名称	调整功能	预调数据	备注
	VGA 项目			
1	BRIGHTNESS	亮度调整	80	
2	CONTRAST	对比度调整	70	
3	PIC MODE	图像设置	NAT AUE	
4	SATURATON	饱和度调整	50	
5	SHARPNESS	锐度调整	50	

	FAC10 菜单	按数字 0 键进入		
序号	项目名称	调整功能	预调数据	备注
	REFURVISH　OFF			
1	BANK	缩放调整	OSCALER	
2	ADDR	地址	00	
3	VALUE	音量	80	
	EEPROM	可擦写存储器		
	ADDR	地址设置	0000	
	VALUE	音量设置	7C	

注：调试时应在菜单 DSF2 项目下分别选择运动（60p）、健康（100i）和 VGA 项目进行调试；YPbPr 状态时的数据与 DSP2 运动数据相同。

2.12　康佳 MK9 机心高清彩电总线调整

康佳 MK9 机心高清彩电，属于数字变频柔性系列彩电总线系统主控电路微处理器是飞利浦为康佳设计的 P87C766BDR，数字音频处理电路采用 MSP3410D-CS，PIP、POP、16:9 模式，全能特技信号处理电路采用 SDA9288X-E-D2，数字变频 100/120Hz 处理电路采用 TDA9332H 和 TDA9181，高清信号处理电路采用 SAA4977A、SAA4991、SAA4955、SAA4956，小信号处理电路采用 TDA8310 等。

适用机型：康佳 A2910、A2911、A2981、A2986、A2991、P2901、PD292、P2901、P2916、T2910、T2911、T2912、T2912BC、T2915、T2999、T3412ID、T3498ID、DT298、DT292、WA2986 等机型。其中 A2991、A2911、DP292 具有画中画功能，DP292 增加了 DVD 播放机，WA2986 具有信息网络解码功能。

2.12.1　总线调整方法

【进入退出维修模式】

使用工厂调试专用遥控器，按遥控器上的“SERVICE”键，打开工厂调试菜单，即可进入维修模式。也可将用户遥控器的贴片撕开，可见到两个空闲键位，在左边空闲键位安装导电橡胶按键，即可代替工厂调试专用遥控器的“SERVICE”键。

调整完毕，按“AV/TV”切换键，即可退出维修模式。

【项目选择与调整】

进入维修模式后，按“SERVICE”键可顺序选择调试菜单，也可用数字键“1～8”直接选择相对应的分菜单，按“AVC”（自动音量控制）键，进入选定的分菜单；按“频道+/-”键选择要调整的项目，按“音量+/-”键改变所选项目数据。

2.12.2 调整项目与数据

康佳 MK9 机心数字变频柔性系列彩电代表机型 A2991 总线调整项目与数据见表 2-13。

表 2-13 康佳 MK9 机心数字变频柔性系列彩电 A2991 总线调整数据

菜单	项目名称	调 整 功 能	调整范围	A2991	
				标准状态	PSC3 状态
FACTORY-1 场扫描调整	V-WIDTH	场幅度调整	0～63	*	*
	V-S. CORR	场 S 失真校正	0～63	14	24
	V-SCAN	场起始位置调整	0～63		
	V-SHIFT	场中心调整	0～7	*	*
	V-SERV-OK	半场消隐开/关	开/关	关	关
	V-SLOPE	场扫描斜率调整	0～63	*	*
	V-WAIT	场扫描起始位置调整	0～31	17	1
	VWE	场数字采样起始位置调整	0～31	2	2
	OSD-POSI	字符位置左右调整	0～255	55	59
FACTORY-2 行扫描调整	H-TRAP	梯形失真校正	0～63	*	*
	H-WIDTH	行幅度调整	0～63	*	*
	H-PARAB	枕形失真校正	0～63	*	*
	H-CORNER	四角失真校正	0～63	*	*
	H-EHT	极高压补偿调整		39	39
	H-PHASE	行中心调整	0～63	*	*
	H-SHIFT	行中心偏移调整		*	*
	H-CLAMP	钳位调整			
	H-PARALL	平行四边形失真校正	0～63	*	*
	HWE-TPQ	行数字采样起始位置调整	0～255	102	102
FACTORY-3 模拟量调整	SUB BRTGH	副亮度调整	0～7	7	7
	SUB HUE	副色度调整	0～63		
	PEAK LIMIT	峰值限制	0～63		
	GAMMA	伽玛校正	0		
	PIP-CONT	画中画对比度调整	0～0F	04	04
	OSDPLL	字符上下位置调整	0～0F	03	03
	MK9YD	MK9 亮度延迟调整	0～255	253	253
	YD-动-ST	亮色延时调整	0～15	14-DB3	14-DB3
	PLIMIT	白峰限时调整	0～15	15-05P	15-05P

（续）

菜单	项目名称	调　整　功　能	调整范围	A2991	
				标准状态	PSC3 状态
FACTORY-3 模拟量调整	IF AGC	主画面 AGC 调整	0～63	30	30
	PLL	中频锁相环调整	0～255	*	*
FACTORY-4 白平衡调整	R-G	红增益调整	0～63	46	46
	G-G	绿增益调整	0～63	31	31
	B-G	蓝增益调整	0～63	33	33
	R-L	红基准黑电平调整	0～63	31	31
	G-L	绿基准黑电平调整	0～63	31	31
	B-L	蓝基准黑电平调整	0～63	31	31
FACTORY-5 画面调整	STEEPNESS	亮度信号陡度调整		15	15
	LINE WIDTH	线宽调整		8～0	8～0
	ADAP GAMMA	自动伽玛校正			
	LUM LTNEAR	亮度信号线性调整		15	15
	LINE WIN	画面水平位置调整	0～255		
	FIELD WIN	画面垂直位置调整	0～255		
	Y-DELAY *	亮度信号延迟调整		5	
	CORING	核化调整	0～63	15	15
	ADAP-BLACK	自动适应黑电平校正	0～63	48	48
	GAMMA	伽玛校正	0～63	31	31
	IPQ-Y-AGC	IPQ 亮度信号 AGC 调整	0～255	208	208
	IPQ-UV-AGC	IPQ 色差信号 AGC 调整	0～255	208	208
FACTORY-6 设置项目	OPTION3	选择方式 3 设置	2	0000	KEYO
	OPTION 0	选择方式 0 设置	40	2A2A	CB1780
	OPTION 1	选择方式 1 设置	99	67	67
	OPTION 2	选择方式 2 设置		0703	SOXBOX
	OPTION 4	选择方式 4 设置		00V	MAX
	INIT	初始化选择		389CHN	CHNCMK2
FACTORY-7 设置项目	0A	内部数据设置		01	01
	1B	亮度等级设置		9F	9F
	2WIDE	宽度等级设置		10	10
	3HDEF	行偏转设置		14	14
	4VDEF	场偏转设置		04	04
	OICOL	图像彩色设置		04	04
	5SYN	同步设置		04	04
	6SYN	同步设置		0C	0C
	CVTF	内部数据设置		0A	0A

（续）

菜单	项目名称	调　整　功　能	调整范围	A2991	
				标准状态	PSC3 状态
FACTORY-8 设置项目	ADDRESS	地址寄存器	0 ~ 255 ~ FF	0 ~ 00	
	DATA	数据设置	0 ~ 255 ~ FF	0 ~ 00	
	STORE	存储器	—	—	
	TYPE	显示形式	0 ~ 255	3	2
	PRO-TEST	工序测试	—	—	
	HOP	跳跃		241	000
	HIPO	分级输入/输出处理		309	409F

注：表中带“ * ”的项目根据需要调整。

2.13　康佳 M 系列高清彩电总线调整

康佳 M 系列高清彩电，总线系统微处理器采用 M37281，STV6888、TDA8177F，行、场扫描处理电路，AMT02400 中高频放大电路，TA1314N 音频信号处理电路，TB1274AF 亮度、色度、同步信号处理电路，MST9883 和 PW1225 视频数模转换处理电路，KA2500 视频 RGB 输出电路等。

适用机型：康佳 P2905M 等 M 系列高清彩电。

2.13.1　总线调整方法

【进入退出维修模式】

使用用户遥控器，先按一下“MENU”菜单键，此时屏幕上出现用户调整菜单，在菜单未消失之前，连续按“回看”键 5 次，即可进入维修模式。

全部调整完毕，按遥控器上的“静音”键，即可退出维修模式。

【项目选择与调整】

进入调整模式后，有 4 个调整菜单，按遥控器上的“数字 1、2、3、4”键，可选择 FACTORY MENU1 ~ FACTORY MENU4 调整菜单，进入菜单后，用“频道 +/－”键选择调整项目，选中的项目变为绿色或红色，用“音量 +/－”键改变所选项目数据。

应先选择和进入 FACTORY MENU3 菜单，将 DEBUG MODE 蓝屏幕和无信号关机功能设置项目数据设置为“ON”，取消蓝屏幕和无信号关机功能，再对其他项目进行调整；调整完毕，将 DEBUG MODE 蓝屏幕和无信号关机功能设置项目数据设置为“OFF”。

菜单 1 几何失真校正和菜单 2 行、场扫描参数，需在 PAL 60p、PAL75i、PALI00i 三种模式下分别调试，每种模式列有两组数据，其中左边的数据为存储器空白芯片时的基准值，无须调整；右边的数据为调试参考值。

2.13.2　调整项目与数据

康佳 P2905M 数字高清彩电总线调整项目与数据见表 2-14。

表 2-14 康佳 P2905M 数字高清彩电总线调整项目与数据

菜单	项目名称	调整内容	PAL 60p 模式		PAL 75i 模式		PAL100i 模式	
			基准数据	参考数据	基准数据	参考数据	基准数据	参考数据
FACTORY MENU1 STV6888	H. POS	行位置(左右)调整	20H	2CH	4EH	63H	85H	85H
	H. SIZE	行幅度调整	5AH	8BH	5FH	84H	59H	7AH
	PARALL	平行四边形失真校正	39H	58H	40H	52H	dOH	3FH
	PARABO	四角失真校正	50H	54H	57H	5BH	53H	51H
	TRAP	梯形失真校正	37H	37H	31H	1CH	3AH	3BH
	TOP-CORNER	上角失真校正	4EH	55H	49H	48H	53H	5CH
	BOT-CORNER	下角失真校正	40H	49H	40H	48H	40H	51H
	BOW	弓形失真校正	47H	43H	43H	4CH	4BH	45H
FACTORY MENU2 STV6888	V. POS	场中心调整	3FH	4AH	3AH	45H	3DH	43H
	V. SIZE	场幅度调整	65H	65H	62H	61H	61H	5CH
	V. S CORR	场上线性调整	40H	44H	51H	4AH	5CH	5DH
	V. C CORR	场下线性调整	40H	36H	40H	20H	27H	2FH
	H. MOIRE	行莫尔效应调整	00H	00H	00H	00H	00H	00H
	V. MOIRE	场莫尔效应调整	00H	00H	00H	00H	00H	00H
	Y. DELAY	亮度延迟调整	04H	04H	04H	04H	04ti	04H
FACTORY MENU4	OSD VB	字符位置垂直调整		20		0		20
	OSD HP	字符位置水平调整		13		19		19
FACTORY MENU3 KA2500	项目名称	调整内容	基准数据	参考数据	说明			
	OPT YC		0/1		0 断开/1 关闭			
	SUB CR	红激励调整	80H	57H				
	SUB CG	绿激励调整	80H	57H				
	SUB CB	蓝激励调整	80It	57H				
	CUT BR	红固定电平	80H	80H	不用调整			
	CUT CR	红截止调整	80H	57H				
	CUT CG	绿截止调整	80H	57H				
	CUT CB	蓝截止调整	80H	57H				
	SUB BRIGHT	副亮度设置	50	60	调试不当时会出现有伴音无光栅屏保现象,需关机后重新开机调试			
	SUB BRI L	低亮度范围设置	120	50				
	SUB BRI H	高亮度范围设置	200	100				
	V ENABLE	场水平亮线开关	ON/OFF		ON 正常/OFF 水平亮线			
	DEBVG MODE	无信号关机屏保设置	ON/OFF		ON 无/OFF 有			

第 3 章　海尔超级数码彩电总线调整

3.1　海尔 UOC-TOP 机心超级彩电总线调整

海尔 UOC-TOP 机心超级彩电，总线系统采用将微处理器和被控电路合二为一的飞利浦超级电路 TDA1106H，完成由微处理器与中频、视频、扫描信号处理任务，存储器采用 AT24C16，AV/TV 切换电路采用 HEF4052。

3.1.1　总线调整方法

【进入退出工厂模式】

在任一模式下，按“菜单”键屏幕上显示主菜单，然后按遥控器上的数字键“8、8、9、3”，输入密码，即可进入工厂模式。

调整完毕，在工厂模式下，按“退出”键或“待机”键退出工厂模式。

【项目选择与调整】

进入工厂模式后，且在屏幕左边出现工厂主菜单。按“菜单”键顺序翻页选择菜单，也可按遥控器上的“数字”键“1、2、3、4、5、6、7、8、9”，直接进入对应的调试菜单 1 ~9。进入各个菜单后，按“频道 +/ -”键选择调整项目，按“音量 +/ -”键调整所选项目数据或执行当前项的操作。

3.1.2　调整项目与数据

海尔 UOC-TOP 机心超级彩电总线系统调整项目和数据见表 3-1。

表 3-1　海尔 UOC-TOP 机心超级彩电总线系统调整项目和数据

菜单	序号	项目名称	调整功能	调整范围
调整菜单 1 工厂模式调整 按 1 键进入	1	6HSH/5HSH	调整图像的水平中心(60Hz/0Hz)	0 ~ 63
	2	VSD	水平亮线,调整行回扫变压器的 VG2	0 ~ 63
调整菜单 2 几何失真校正 按 2 键进入	1	6VSL/5VSL	调整 V. S 的值,使图像信号的中心恰好被消隐(60Hz/50Hz)	0 ~ 63
	2	6VAM/5VAM	调整图像的垂直幅度(60Hz/50Hz)	0 ~ 63
	3	6SCL/5SCL	垂直 S 校正的调整(60Hz/50Hz)	0 ~ 63
	4	6VSH/5VSH	垂直中心的调整(60Hz/50Hz)	0 ~ 63
	5	6VOF/5VOF	OSD 垂直位置的调整(60Hz/50Hz)	0 ~ 63
	6	HBL	HBL = 0 水平消隐调整无效; HBL = 1 水平消隐调整有效	0 ~ 15
	7	WBF	水平起始消隐调整	0 ~ 15
	8	WBR	水平结束消隐调整	0 ~ 15

（续）

菜单	序号	项目名称	调整功能	调整范围
调整菜单 3 白平衡调整 按 3 键进入	1	BLOC	KGB 直流电平输出调整	0 ~ 15
	2	COF	暗平衡调整步长设置 COF = 0 + / − 150mV by 15 teps18. 7mV/步； COF = 1 + / − 300mV by 15 steps37. 5mV/步； 无效：COF = 0	0 ~ 15
	3	RED	暗平衡调整 R(非 YCbCr 信号源下)	0 ~ 63
	4	GRN	暗平衡调整 G(非 YCbCr 信号源下)	0 ~ 63
	5	BLU	暗平衡调整 B(非 YCbCr 信号源下)	0 ~ 63
	6	WPR	白平衡调试 R(非 YCbCr 信号源下)	0 ~ 63
	7	WPG	白平衡调试 G(非 YCbCr 信号源下)	0 ~ 63
	8	WPB	白平衡调试 B(非 YCbCr 信号源下)	0 ~ 63
	9	CL	显像管阴极驱动电压的设置	0 ~ 63
	10	VSD	水平亮线亮度调整	0 ~ 63
调整菜单 4 IF 调整 按 4 键进入	1	AGCT	高放 AGC 范围	0 ~ 63
	2	AGC SPEED	高放 AGC 反应速度	0 ~ 3
	3	OIFIF	解调偏置设定 调节改变图像时对伴音的干扰	0 ~ 15
	4	IF	中频频率设置 0 = 38MHz；1 = 45. 75MHz；2 = 38. 90MHz； 3 = 33. 90MHz；4 = 38MHz(LS)	0 ~ 4
	5	FFI	图像过调制 1 = 有效；0 = 无效	0 ~ 1
	6	GD	群延时矫正 1 = 开；0 = 关，默认为 0	0 ~ 1
	7	MTXF	解码矩阵选择设定 0 = NTSC-JapaneseMatrix； 1 = NTSC-American Matrix	0 ~ 1
	8	BRIGHTMAX	亮度最大值 100 寄存器值	0 ~ 63
	9	CONTRAST-MAX	对比度最大值 100 寄存器值	0 ~ 63
	10	CONTRAST-MID	对比度中间值 50	0
	11	HUEMID	色调中间值 0 寄存器值	0 ~ 63
调整菜单 5 图像调整 1 按 5 键进入	1	OBRI	柔和亮度调整	0 ~ 100
	2	OCOL	柔和色度调整	0 ~ 100
	3	OCON	柔和对比度调整	0 ~ 100
	4	OSHP	柔和清晰度调整	0 ~ 100
	5	IBRI	标准亮度调整	0 ~ 100

（续）

菜单	序号	项目名称	调整功能		调整范围
调整菜单5 图像调整1 按5键进入	6	ICOL	标准色度调整		0~100
	7	ICON	标准对比度调整		0~100
	8	ISHP	标准清晰度调整		0~100
	9	COLOR MID	色度中间值50寄存器值		0~63
	10	BRIGHTNESS MID	亮度中间值50寄存器值		0
调整菜单6 图像调整2 按6键进入	1	2BRI	明亮亮度调整		0~100
	2	2COL	明亮色度调整		0~100
	3	2CON	明亮对比度调整		0~100
	4	2SHP	明亮清晰度调整		0~100
	5	PFP4	PFN4 PAL 制式时清晰度提升频率设定 0=27MHz		0~4
	6	PFN4	NTSC4.43 制式时清晰度提升频率设定		0~4
	7	PFAV	PFAV AV 时清晰度提升频率设定		0~4
	f8	RPA	RPA 图像勾边—前沿调整		0~2
	19	RPO	RPO 图像勾边—后沿调整		0~3
	10	CHROMATRAP	彩色陷波器带宽调整		0~2
	11	CHSE	彩色灵敏度调整		0~3
调整菜单7 存储器设定 按7键进入		选项	数据位		调整范围
	1	OP1 功能设定	Bit7~Bit2		Reserved
			Bit1:欢迎语设置 1=有开机欢迎语显示; 0=没有开机欢迎语显示		0~1
			Bit 0:BLUE/BLACK BACK 1=无信号时显示为蓝屏; 0=无信号时显示为黑屏		0~1
	2	OP2 功能设定	Bit7~Bit2		Reserved
	3	OP3 功能设定	Bit7~Bit2、Bit0		Reserved
			Bit1:语言设置 1=英语和中文语言显示; 0=功能菜单无“语言”项		0~1
	4	OP4 功能设定	Bit7~Bit4		Reserved
			Bit3		M1=Enable
			Bit2		11=Enable
			Bit1		BG1=Enable
			Bit0		DK1=Enable

（续）

菜单	序号	项目名称	调整功能	调整范围
调整菜单 7 存储器设定 按 7 键进入	5	OP5 功能设定	Bit7 ~ Bit4	Reserved
			Bit3 :养眼调色板项 1 = 菜单中有养眼调色板项; 0 = 菜单中无养眼调色板项	0 ~ 1
			Bit2 : YUV 选择	1 = 有;0 = 无
			Bit1 : SVIDEO 选择	1 = 有;0 = 无
			Bit0 : AV2 选择	1 = 有;0 = 无
	6	OP6 功能设定	可参见 OP5	
调整菜单 8 存储器初始化		按数字 8 键出现 INIT 初始化,选中此项,然后按“音量 + ”键,当数据“0”变为“1”,则表示复位 E^2P 命令执行完成,电视会自动待机重新启动,EEPROM 就初始化完成		
	1	POWERLOGOY	开机 LOGO 位置 Y 起始	
	2	LOGOYEND	无信号位置 Y 结束	
	3	RED-YCbCr	暗平衡调整 R 偏移量	- 10 ~ + 10
	4	GRN-YCbCr	暗平衡调整 G 偏移量	- 10 ~ + 10
	5	BLU-YCbCr	暗平衡调整 B 偏移量	- 10 ~ + 10
	6	WPR-YCbCr	白平衡调整 R 偏移量	- 10 ~ + 10
	7	WPG-YCbCr	白平衡调整 G 偏移量	- 10 ~ + 10
	8	WPB-YCbCr	白平衡调整 B 偏移量	- 10 ~ + 10
调整菜单 9 伴音调整 按 9 键进入	1	FMWS-INSTALL	伴音解调窗口,仅在搜台时起作用 0 = 100kHz;1 = 225kHz; 2 = 450kHz;3 = 900kHz Default;FMWS = 2	0 ~ 3
	2	FMWS-NORM	伴音解调窗口,正常工作时调用 0 = 100kHz;1 = 225kHz; 2 = 450kHz;3 = 900kHz Default	0 ~ 3
	3	BPB	伴音带通滤波器设置 0 = 有效;1 = 无作用 default 0	0 ~ 1
	4	BPB2	第 2 伴音解调带通滤波器 0 = 有效;1 = 无效	0 ~ 1
	5	SM10	静音模式设置 0 = 系统静音关;1 = 系统静音开	0 ~ 1
	6	AGNE	伴音解调增益	0 ~ 3
	7	DSGAV	立体声/单声道声音增益选择 0 = 单声道;1 = 立体声	默认为 0
	8	DSGLS	声音增益选择。0 = 0dB;1:6dB	0 ~ 1

（续）

菜单	序号	项目名称	调整功能	调整范围
调整菜单 9 伴音调整 按 9 键进入	10	PNAGN	伴音制式设置 0-PAL DK/BG/I AGN = 0，及 NTSC M AGN = 1； 1-PAL DK/BG/I，及 NTSC M ACN = 1	0 ~ 1
	11	SHARPNESSMID	清晰度中间值 50 寄存器值	0 ~ 63
调整菜单 10 OTHERS 调整 按菜单键进入	1	EVG	场保护使能	
	2	DFL	当产生保护后，系统会自动重启 如果 DFL 关闭，则系统会用正常模式重新启动； 否则系统会使用软启动方式重新启动	
	3	XDTX	X 射线保护功能，系统会自动重启 如果 DFL 关闭，则系统会用正常模式重新启动， 否则系统会使用软启动方式重新启动	1 = 开；0 = 关
	4	AKB	当 EHT 引脚电压大于 3.9V 开始保护，默认为 0	0 = 开；1 = 关
	5	NBL Black Current Loop application	同步头切割设置，默认为 1	0 = 开；1：关
	6	SSL	同步头切割比例设置 0 = 50%；1 = 30%；推荐值 0	0
	7	OSB	0 = 3.52μs；1 = 2.8μs；只有在 NTSC-M 模式下推荐值为 0	
	8	VIA	视频信号输出（PIN1）幅度	0 ~ 1
	9	TC12X	同步钳位电流	0 = 80μA
	10	FSL	场同步切割电平设置，推荐值为 1	0 = 关；1 = 开
	11	FBC	关机放电电流设置，推荐值为 1	0 = 关；1 = 开

3.2 海尔 TMPA8807/09 机心超级彩电总线调整

海尔 TMPA8807/09 机心超级彩电，总线系统主控电路和总线系统被控电路采用集微处理器与小信号处理功能于一体东芝超级单片 TMPA8807、TMPA8809，伴音功放电路采用 TDA8256，场输出电路采用 LA7846N。

适用机型：海尔 29F7A-T、29F8D-T、29T6B-T、32P2A-P、34F2A-T、34F5D-T、34F9A-T、34F9B-TD、34P2A-T、34P9A-T、34P9B—TD、34T2A-T、34P2A-P、34P2A-P、HP-3499 等。

3.2.1 总线调整方法

【进入退出 S、D 模式】

有两种方法：一是使用工厂调试专用遥控器调整，进入 D 模式，按遥控器上的“D-MODE ON/OFF”键，即可进入工厂调试“D”模式，屏幕右上角显示字符“D”，屏幕左上角显示调整项目与数据。

二是使用用户遥控器，进入 S 模式，先按住电视机上的“音量 -”键，直到屏幕上显示的音量为“00”，不要松手，同时按住用户遥控器上的“屏显”键，屏幕上显示字符“S1”调整项目与数据，表示已经进入 S 模式。若要进入 D 模式，按“屏显”键，先退出 S 模式，再同时按下“音量 -”键和“屏显”键，即可进入 D 模式。

调整完毕，遥控关机即可退出 S、D 模式，调整后的数据被自动存储。

【项目选择与调整】

进入维修 D 或 S 模式后，按“频道 +/-”键选择调整项目，按“音量 +/-”键调整所选项目数据或执行当前项的操作。按“-/--”键屏幕变为一条水平亮线，配合调整加速极电压；按“AV”键出现测试信号，供维修调试用，每按一次“AV”键改变一次信号内容，共有 14 种测试信号，分为 NTSC 和 PAL 两种制式。

3.2.2　调整项目与数据

海尔 TMPA8807/09 机心超级单片彩电 D 模式下总线调整项目与数据见表 3-2。

表 3-2　海尔 TMPA8807/09 机心超级单片彩电 D 模式下总线调整项目与数据

调整项目	调整内容	参考数据		
		34F9A-T	34P2A-T	29F7A-T
RCUT	红截止调整	20	20	20
GCUT	绿截止调整	20	20	20
BCUT	蓝截止调整	20	20	20
GDRV	绿激励调整	40	40	40
BDRV	蓝激励调整	40	40	40
CNTX	副对比度最大值调整	7F	7F	7F
BRTC	副亮度中间值调整	50	50	48
COLC	NTSC 制副色度中间值调整	28	28	2E
TNTC	副色调中间值调整	48	48	48
COLP	PAL 制副色度中间值调整	3	3	3
COLS	SECAM 制副色度中间值调整	30	30	30
DCOL	动态色度调整	32	32	32
SCOL	副彩色设置	7	7	7
SCNT	Y 信号副对比度调整	6	6	8
CNTC	副对比度中间值调整	48	48	48
CNTN	副对比度最小值调整	8	8	8
BRTX	副亮度最大值调整	20	20	20
BRTN	副亮度最小值调整	20	20	20
COLX	副色度最大值调整	3F	3F	3F
COLN	副色度最小值调整	0	0	0
TNTX	副色调最大值调整	28	28	28
TNTN	副色调最小值调整	28	28	28
ST3	TV 副画质中间值（3.58）调整	20	20	20

（续）

调整项目	调整内容	参考数据		
		34F9A-T	34P2A-T	29F7A-T
SV3	AV 副画质中间值（3.58）调整	20	20	20
ST4	TV 副画质中间值（4.43）调整	28	28	28
SV4	AV 副画质中间值（4.43）调整	28	28	28
SVD	DVD 副清晰度调整	20	20	20
ASSH	不对称锐度调整	0	0	0
SHPX	副画质最大值调整	1A	1A	1A
SHPN	副画质最小值调整	1A	1A	1A
TXCX	OSD 对比度的最大值调整	1F	1F	1F
RGCN	OSD 对比度的最小值调整	0	0	0
ABL	ABL 自动亮度限制设置	27	27	27
DCBS	字符亮度及黑电平延伸控制	12	12	23
CLTO	非 M 制 TV 彩色控制	7	7	7
CLTM	M 制 TV 彩色控制	4	4	4
CLVO	非 M 制 YUV 彩色控制	47	47	47
CLVD	M 制 YUV 彩色控制	41	41	41
DEF	延迟 AGC 调整	1	1	1
AKB	显像管暗平衡自动调整	0	0	0
SECD	SECAM 制模式设置	8	8	8
HPOS	50Hz 行中心调整	0C	0C	0E
VP50	50Hz 场中心调整	2	2	2
HIT	50Hz 场幅度调整	14	14	22
HPS	60Hz 行中心调整	4	4	4
VP60	60Hz 场中心调整	0	0	0
HITS	60Hz 场幅度调整	0	0	FF
VLIN	50Hz 场线性调整	9	9	9
VSC	50Hz 场 S 校正	8	8	8
VLIS	60Hz 场线性调整	0	0	0
VSS	60Hz 场 S 校正	1	1	0
DPC	50Hz 枕形失真校正	16	16	15
DPCS	60Hz 枕形失真校正	0	0	0
KEY	50Hz T 形失真校正	25	25	25
KEYS	60Hz T 形失真校正	0	0	0
WID	50Hz 行幅度调整	25	25	1C
WIDS	60Hz 行幅度调整	0	0	0
ECCT	顶部边角失真校正	12	12	0E

（续）

调整项目	调整内容	参考数据		
		34F9A-T	34P2A-T	29F7A-T
ECCB	底部边角失真校正	10	10	0E
VEHT	场高压调整	0	0	3
HEHT	行高压调整	0	0	0
SBY	SECAM 制 B-Y 黑电平	0F	0F	0F
SRY	SECAM 制 R-Y 黑电平	0	0	0
BRTS	副亮度调整	0	0	0
RAGC	高放 AGC 调整	20	20	20
HAFC	AFC 增益调整	9	9	9
V01	音量最小值设置	10	10	10
V25	音量 25% 设置	30	30	25
V50	音量 50% 设置	48	48	35
V100	音量最大值设置	72	72	46
MUTT	待机静噪设置	0	0	0
STAT	软件启动对比度上升时间设置	0	0	0
FLG0	标识位 0 设置	52	52	52
FLG1	标识位 1 设置	24	24	24
REFP	AKB 脉冲位置设置	0	0	0
RSNS	红检测设置	0	0	0
GSNS	绿检测设置	0	0	0
BSNS	蓝检测设置	0	0	0
MOD	模式数据设置	0	0	0
STBY	待机数据设置	0	0	0
SVM	扫描速度调制调整	6	6	6
SVM1	扫描速度调制 1 调整	6	6	4
SVM2	扫描速度调制 2 调整	4	4	4
SVM3	扫描速度调制 3 调整	0	0	0
VBLK	场消隐调整	0	0	0
VCEN	场中心调整	16	16	20
UCOM	自动相位控制	0	0	0
VTIST	场保护设置	0	0	0
PYNX	收看状态行同步最大值调整	28	28	28
PYNN	收看状态行同步最小值调整	18	18	18
PYXS	搜索状态行同步最大值调整	22	22	22
PYNS	搜索状态行同步最小值调整	1E	1E	1E
WCTL	低音控制状态数据设置	3	3	3

（续）

调整项目	调整内容	参考数据		
		34F9A-T	34P2A-T	29F7A-T
SUR2	环绕声 2 调整	7	7	0F
SUR3	环绕声 3 调整	0F	0F	7
BASC	低音中心值调整	40	40	40
BASX	低音最大值调整	72	72	72
TREC	高音中心值调整	40	40	40
BALC	平衡中心值调整	40	40	40
WOFC	重低音中心值调整	39	39	39
BAS1	低音设定 1	42	42	42
BAS2	低音设定 2	28	28	28
BAS3	低音设定 3	39	39	3A
TRE1	高音设定 1	44	44	44
TRE2	高音设定 2	40	40	40
TRE3	高音设定 3	16	16	1E
WFL1	重低音滤波调整 1	E4	E4	E4
WFL2	重低音滤波调整 2	2A	2A	2A
WFL3	重低音滤波调整 3	C7	C7	C7
WON1	低音提升电平控制 1	0A	0A	0A
WON2	低音提升电平控制 2	9	9	9
WOFF	重低音关闭时的输出电平	0	0	0
COM1	梳状滤波器模式 1	4	4	4
COM2	梳状滤波器模式 2	36	36	36
MODE0	模式数据 0	B1	B1	30
MODE1	模式数据 1	09	0B	0B
MODE2	模式数据 2	9F	9F	9F
RCUTS	YCbCr 输入方式红截止偏移量	0	0	0
GCUTS	YCbCr 输入方式绿截止偏移量	0	0	0
BCUTS	YCbCr 输入方式蓝截止偏移量	0	0	0
GDRVS	YCbCr 输入方式绿激励偏移量	0	0	0
BDRVS	YCbCr 输入方式蓝激励偏移量	0	0	0
NOIS	弱信号时行 AFC 控制设定	3	3	3
OSDF	OSD 屏显宽度调整	53	53	58
WAIT TIME	开机等待时间调整	21	21	21
CUR CEN	拉幕中心设定	9F	9F	A7
CUR STEP	拉幕速度调整	1	1	1
OSD	OSD 的起始位置设置	17	17	17

（续）

调整项目	调整内容	参考数据		
		34F9A-T	34P2A-T	29F7A-T
OPT	功能选项	87	87	87
SUR1	环绕声 1 设置	7	7	7
01 AUATT	音频衰减设置	—	—	7F
01 FLAG	屏保设置	—	—	0

3.3　海尔 TMPA8823 机心超级彩电总线调整

海尔 TMPA8823 机心超级彩电，总线系统采用将微处理器和被控电路合二为一的东芝超级电路 TMPA8823 系列，海信公司掩膜后命名为 HAIER8823，完成由微处理器与中频、视频、扫描信号处理任务。

根据掩膜程序的不同，又可分为 HAIER8823-V1.0（代表机型为 21T6D-T）、HAIER8823-V2.0（代表机型为 25T5A-T）、HAIER8823-V3.0（代表机型为 25T6D-TD）和 HAIER8823-V4.0（代表机型为 21F6D-T）4 种不同版本。4 种版本的总线调整方法相同，仅总线数据不同。

适用机型除上述 4 种代表机型外，还有：海尔 21F98、21FV6H-B、21T6B-TD、37T6D-T、21F9D-T、21F9K-T、21F5A-T、25F8A-T、25T9D-T、28F8A-T、25F9D-T、HS-2198、RGBTV-21TA、21F5D-T、21T5A-IT、21T5D-T、21T7A-T、21T9G-T、HS-2596、HT-2588B、HT-2599、25F5D-T、25T7A-T、25T9G-S、25T5D-T、21T6D-T、15F6B-T、21F3A-T、HS-2198、21F5D-T、21FA6-T、21F9G-S、21T5A-T、21T6D-T、21F8K-T、25FV6H-B、25T5D-T、25T8D-S、25T8K-T 等超级彩电。

3.3.1　总线调整方法

【进入退出 S、D 厂模式】

有两种方法：一是使用工厂调试专用遥控器调整，按遥控器上的“D-MODE ON/OFF”键，即可进入工厂调试“D-MODE”模式，屏幕上显示字符“D”和调整项目 RCUT 与数据。

二是使用用户遥控器，先按住电视机上的“音量 -”键，直到屏幕上显示的音量为“00”，不要松手，同时按住用户遥控器上的“屏显”键，屏幕上显示字符“S”字符和调整项目 RCUT 与数据，表示已经进入 S 模式。

若要进入 D 维修模式，则可按遥控器上的“屏显”键先退出 S 维修模式，然后再同时按下电视机面板上的“音量 -”减键和遥控器上的“屏显”键，即可进入 D 维修模式。

调整完毕，遥控关机即可退出维修 S 模式和工厂 D 模式，调整后的数据被自动存储。

【项目选择与调整】

进入维修 S 模式后，按“频道 +/-”键选择调整项目，按“音量 +/-”键调整所选项目数据或执行当前项的操作。进入维修 D 模式后，按“↑/↓”键选择调整项目，按

"←/→"键调整所选项目数据或执行当前项的操作。

3.3.2 调整项目与数据

海尔 TMPA8823 机心 4 种代表机型的总线系统调整项目和数据见表 3-3，4 种代表机型采用 4 种不同功能的芯片：其中 21T16D-T 采用 HAIER8823-V1.0 芯片；25T5A-T 采用 HAIER8823-V2.0 芯片；25T6D-TD 采用 HAIER8823-V3.0 芯片；21F6D-T 采用 HAIER8823-V4.0 芯片。

表 3-3 海尔 TMPA8823 机心超级彩电总线系统调整项目和数据

调整项目	调整内容	参考数据			
		21T16D-T	25T5A-T	25T6D-TD	21F6D-T
OSD	OSD 的起始位置	0D	10	11	12
OPT1	功能选项 1	E7	27	BC	B4
RCUT	红截止调整	00	0F	3C	63
GCUT	绿截止调整	16	7A	34	43
BCUT	蓝截止调整	06	5F	00	69
GDRV	绿激励调整	45	3D	45	40
BDRV	蓝激励调整	41	3D	49	40
CNTX	副对比度最大值调整	—	32	7F	7F
BRTC	副亮度中间值调整	—	40	50	50
COLC	NTSC 制副色度中间值调整	41	2E	40	40
TNTC	副色调中间值调整	40	48	40	40
COLP	PAL 制副色度中间值调整	00	03	20	20
COLS	SECAM 制副色度中间值调整	40	40	40	40
SCOL	副彩色设置	07	07	07	07
SCNT	Y 信号副对比度调整	50	50	50	50
CNTC	副对比度中间值调整	0D	0B	0E	0E
CNTN	副对比度最小值调整	08	08	01	08
BRTX	副亮度最大值调整	35	28	35	35
BRTN	副亮度最小值调整	25	28	35	30
COLX	副色度最大值调整	3F	3F	7F	50
COLN	副色度最小值调整	00	00	00	00
TNTX	副色调最大值调整	28	28	40	28
TNTN	副色调最小值调整	38	28	40	28
ST3	TV 副画质 NTSC3.58 中间值调整	25	20	25	20
SV3	AV 副画质 NTSC3.58 中间值调整	25	28	20	20
ST4	TV 副画质中间值调整	25	28	25	28
SV4	VIDEO 副画质中间值调整	25	28	25	28
SVD	DVD 副清晰度调整	26	20	26	28

（续）

调整项目	调整内容	参考数据			
		21T16D-T	25T5A-T	25T6D-TD	21F6D-T
ASSH	不对称锐度调整	07	00	07	07
SHPX	副画质最大值调整	38	1A	38	28
SHPN	副画质最小值调整	15	1A	15	1A
TXCX	OSD 对比度的最大值调整	10	1F	1F	1F
RGCN	OSD 对比度的最小值调整	1F	00	1F	60
ABL	ABL 自动亮度限制	37	27	37	37
DCBS	字符亮度及黑电平延伸控制	33	33	33	33
CLTO	非 M 制 TV 彩色控制	0B	07	0B	0B
CLTM	M 制 TV 彩色控制	4B	04	4B	4B
CLVO	非 M 制 YUV 彩色控制	4B	47	4B	4B
CLVD	M 制 YUV 彩色控制	4B	41	4B	4B
DEF	AGC 调整	01	01	01	01
AKB	显像管暗平衡自动调整	00	00	00	00
SECD	SECAM 制模式设置	18	08	18	18
HPOS	50Hz 行中心调整	17	0E	0E	0E
VP50	50Hz 场中心调整	07	02	03	02
HIT	50Hz 场幅度调整	1E	2C	27	24
HPS	行中心调整	03	04	03	03
VP60	60Hz 场中心调整	03	01	00	00
HITS	60Hz 场幅度调整	02	00	04	04
VUN	50Hz 场线性调整	0B	0A	0A	0B
VSC	50Hz 场 S 校正	00	07	05	06
VLIS	60Hz 场线性调整	00	00	02	01
VSS	60Hz 场 S 校正	02	00	FF	02
SBY	SECAM 制 B-Y 黑电平调整	08	08	08	08
SRY	SECAM 制 R-Y 黑电平调整	08	08	08	08
BRTS	副亮度调整	00	00	00	00
AGC	RFAGC 调整	30	28	30	38
HAFC	行 AFC 调整	09	09	09	09
V25	音量 25% 设置	3D	3A	3A	38
V50	音量 50% 设置	3D	50	50	57
V100	音量最大值设置	7F	70	70	7F
MUTT	待机静噪设置	00	00	00	00
STAT	软件启动对比度上升时间	00	00	00	00
FLG0	标识位 0 设置	52	52	52	52

（续）

调整项目	调整内容	参考数据			
		21T16D-T	25T5A-T	25T6D-TD	21F6D-T
FLG1	标识位 1 设置	04	24	24	24
REFP	AKB 脉冲位置调整	00	00	00	00
RSNS	红检测调整	00	00	00	00
GSNS	绿检测调整	00	00	00	00
BSNS	蓝检测调整	00	00	00	00
MOD	模式数据设置	40	40	40	40
STBY	待机数据设置	00	00	00	00
SVM	扫描速度调制设置	60	66	60	60
VBLK	场消隐调整	00	00	00	00
VCEN	场中心调整	27	20	27	25
HSIZ	行幅度调整	20	20	20	20
PRBR	枕形失真校正	20	20	20	20
TRUM	梯形失真校正	10	10	10	10
ECCT	顶部边角失真校正	10	10	00	10
ECCB	底部边角失真校正	10	10	00	10
EHT	高压调整	24	20	24	24
UCOM	自动相位控制	00	00	00	00
PYNX	收看状态行同步最大值调整	2E	28	2E	2E
PYNN	收看状态行同步最小值调整	18	18	18	18
PYXS	搜索状态行同步最大值调整	22	22	2E	22
PYNS	搜索状态行同步最小值调整	1C	1E	18	1E
RCUTS	YUV 红截止调整	10	10	10	10
GCUTS	YUV 绿截止调整	00	00	00	0
BCUTS	YUV 蓝截止调整	10	10	10	10
GDRVS	YUV 绿激励调整	00	00	00	00
BDRVS	YUV 蓝激励调整	00	00	00	00
NOIS	信号强弱界限设定	01	03	01	01
AVOPT	AV 选项设定	06	01	07	00
OPT2	选项 2 设定	38	8C	31	0B
WAITTIME	开机等待时间	2F	21	38	3F
CURCEN	拉幕位置调整	9E	A2	A5	A0
CURSTEP	拉幕速度调整	02	01	01	01
AUSTP	音量调节数据调整	0A	04	0A	0A
MODE0	模式 0 设置	DD	05	1F	DD
MODE1	模式 1 设置	04	16	7F	04
OSDF	OSD 屏显宽度调整	53	53	53	53

3.4　海尔 TMPA8829 机心超级彩电总线调整

海尔 TMPA8829 机心超级彩电，总线系统采用将微处理器和被控电路合二为一的东芝超级电路 TMPA8829 系列，完成由微处理器与中频、视频、扫描信号处理任务。根据掩膜程序的不同，又可分为 8829BV1.0 和 8829BV3.0 两种芯片。

适用机型：海尔 29F5A-T、29F7A-T、24FV6H-B、34F5D-T、34P2A-P、25T3A-T、25T6D-TD、25F3A-T、25F9K-P、29F9K-TD、25F9K-T、29F9G-S、29F9D-T、34P9A-T、25FV6-A8、29FA18-T、29FIA12-AM、29F6D-T、29FA1-T、29FA10-T、29FA12-TF、29FV6H-B、34FV6H-B、34FV6-A8 等超级彩电。

3.4.1　总线调整方法

【进入退出 S、D 模式】

使用随机用户遥控器，先按电视机上的“音量 -”键，将音量调整到最小，屏幕上显示 00，此时不松手，再同时按下用户遥控器上的“DISP”键，此时，屏幕上显示 S 字符，表示已经进入 S-MODE 调试模式，同时屏幕的左上方和中间部位上方也显示出“RCUT”和数据“20”字样，表示进入 S 维修模式。

使用工厂调试专用遥控器调整，按遥控器上的“D-MODE ON/OFF”键，即可进入工厂调试“D-MODE”模式，屏幕上显示字符“D”和调整项目 RCUT 与数据，表示进入工厂 D 模式。

调整完毕，遥控关机即可退出维修 S 模式和工厂 D 模式。

【项目选择与调整】

进入维修 S 模式后，按“频道 +/-”键选择调整项目，按“音量 +/-”键调整所选项目数据或执行当前项的操作。进入维修 D 模式后，按“↑/↓”键选择调整项目，按“←/→”键调整所选项目数据或执行当前项的操作。

3.4.2　调整项目与数据

海尔 TMPA8829 机心超级彩电，两种软件 8829B（V1.0）和 8829B（V2.0）芯片在 D 模式下的总线系统调整项目和数据见表 3-4。两个芯片的项目多少和数据不同，表中参考数据栏目中，“空格”表示该芯片无该调整项目，带“—”的表示有项目无数据。

表 3-4　海尔 TMPA8829 机心超级彩电总线系统调整项目和数据

调整项目	调整内容	参考数据	
		8829B（V1.0）	8829B（V2.0）
OSD	OSD 的起始位置	20	00
OPT1	功能选项 1	DC/FC	27
RCUT	红截止调整	66	20
GCUT	绿截止调整	37	20
BCUT	蓝截止调整	29	20

（续）

调整项目	调整内容	参考数据	
		8829B（V1.0）	8829B（V2.0）
GDRV	绿激励调整	3B	40
BDRV	蓝激励调整	40	40
CNTX	副对比度最大值调整	7F	32
BRTC	副亮度中间值调整	5A	40
COLC	NTSC 制副色度中间值调整	42	40
TNTC	副色调中间值调整	42	40
COLP	PAL 制副色度中间值调整	08	00
COLS	SECAM 制副色度中间值调整	31	40
DCOL	动态色度调整	45	—
SCOL	副彩色设置	07	—
SCNT	Y 信号副对比度调整	0E	08
CNTC	副对比度中间值调整	50	20
CNTN	副对比度最小值调整	00	08
BRTX	副亮度最大值调整	40	20
BRTN	副亮度最小值调整	40	20
COLX	副色度最大值调整	3F	35
COLN	副色度最小值调整	00	00
TNTX	副色调最大值调整	40	28
TNTN	副色调最小值调整	40	20
ST3	TV 副画质 NTSC3.58 中间值调整	20	20
SV3	AV 副画质 NTSC3.58 中间值调整	20	20
ST4	TV 副画质中间值调整	20	20
SV4	VIDEO 副画质中间值调整	20	20
SVD	DVD 副清晰度调整	19	19
ASSH	不对称锐度调整	07	07
SHPX	副画质最大值调整	38	1A
SHPN	副画质最小值调整	1A	1A
TXCX	OSD 对比度的最大值调整	1F	3F
RGCN	OSD 对比度的最小值调整	00	00
ABL	ABL 自动亮度限制	37	37
DCBS	字符亮度及黑电平延伸控制	23	33
CLTO	非 M 制 TV 彩色控制	06	4B
CLTM	M 制 TV 彩色控制	06	4B
CLVO	非 M 制 YUV 彩色控制	47	4B
CLVD	M 制 YUV 彩色控制	41	—

（续）

调整项目	调整内容	参考数据	
		8829B（V1.0）	8829B（V2.0）
OPT2	功能设置	03	—
AKB	显像管暗平衡自动调整	00	00
SECD	SECAM 制模式设置	08	08
HPOS	50Hz 行中心调整	0E	11
VP50	50Hz 场中心调整	26	03
HIT	50Hz 场幅度调整	06	20
HPS	行中心调整	03	04
VP60	60Hz 场中心调整	03	01
HITS	60Hz 场幅度调整	00	02
VLIN	50Hz 场线性调整	09	08
VSC	50Hz 场 S 校正		60
VLIS	60Hz 场线性调整	00	FF
VSS	60Hz 场 S 校正	00	—
DPC	50Hz 枕形失真校正	1E	00
DPCS	60Hz 枕形失真校正	01	00
KEY	50Hz T 形失真校正	24	00
KEYS	60Hz T 形失真校正	01	00
WID	50Hz 行幅度调整	15	00
WIDS	60Hz 行幅度调整	01	00
ECCT	顶部边角失真校正	0B	—
ECCB	底部边角失真校正	0E	—
VEHT	场高压调整	03	03
HEHT	行高压调整	00	00
SBY	SECAM 制 B-Y 黑电平调整	08	08
SRY	SECAM 制 R-Y 黑电平调整	08	08
BRTS	副亮度调整	00	00
RAGC	RFAGC 调整	30	35
HAFC	行 AFC 调整	00	09
V01	音量 1% 设置	10	1F
V25	音量 25% 设置	3F	3F
V50	音量 50% 设置	48	4B
V100	音量最大值设置	54	5D
MUTT	待机静噪设置	00	00
STAT	软件启动对比度上升时间	00	00
FLG0	标识位 0 设置	52	—

（续）

调整项目	调整内容	参考数据	
		8829B（V1.0）	8829B（V2.0）
FLG1	标识位 1 设置	24	—
REFP	AKB 脉冲位置调整	00	00
RSNS	红检测调整	00	00
GSNS	绿检测调整	00	00
BSNS	蓝检测调整	00	00
MOD	模式数据设置	00	00
STBY	待机数据设置	00	00
SVM	扫描速度调制设置	00	00
SVM1	扫描速度调制设置 1		00
SVM2	扫描速度调制设置 2		00
SVM3	扫描速度调制设置 3		00
VBLK	场消隐调整	00	00
VCEN	场中心调整	19	19
UCOM	自动相位控制	1C	00
OSD2	字符显示设置	18	10
PYNX	收看状态行同步最大值调整	28	28
PYNN	收看状态行同步最小值调整	18	18
PYXS	搜索状态行同步最大值调整	22	22
PYNS	搜索状态行同步最小值调整	1E	1E
WCTL-COP	低音控制状态数据设置	00	00
BAS1	低音设定 1		00
BAS2	低音设定 2		00
BAS3	低音设定 3		00
TRE1	高音设定 1		00
TRE2	高音设定 2		00
TRE3	高音设定 3		00
WFL1	重低音滤波调整 1		00
WFL2	重低音滤波调整 2		00
WFL3	重低音滤波调整 3		00
WON1	低音提升电平控制 1		00
WON2	低音提升电平控制 2		00
WOFF	重低音关闭时的输出电平		00
COM1	梳状滤波器模式 1		00
COM2	梳状滤波器模式 2		00
MODE0	模式 0 设置	31	—

（续）

调整项目	调整内容	参考数据	
		8829B（V1.0）	8829B（V2.0）
MODE1	模式 1 设置	2D	—
MODE2	模式 2 设置	FF	—
RCUTS	YUV 红截止调整	00	00
GCUTS	YUV 绿截止调整	00	00
BCUTS	YUV 蓝截止调整	00	00
GDRVS	YUV 绿激励调整	00	00
BDRVS	YUV 蓝激励调整	00	00
NOIS	信号强弱界限设定	01	01
OSDF	OSD 屏显宽度调整	58	65
WAITTIME	开机等待时间	38	38
CURCEN	拉幕位置调整	AC	—
CURSTEP	拉幕速度调整	01	01
PBRI	连续按“0”键图像所恢复的亮度数值		—
PCOL	连续按“0”键图像所恢复的色度数值		—
PCON	连续按“0”键图像所恢复的对比度数值		—
PSHP	连续按“0”键图像所恢复的清晰的数值		—
PTIN	连续按“0”键图像所恢复的色调数值		—

3.5 海尔 TMPA8830 机心超级彩电总线调整

海尔 TMPA8830 机心超级彩电，总线系统采用将微处理器和被控电路合二为一的东芝超级电路 TMPA8830CSN，完成由微处理器与中频、视频、扫描信号处理任务，场输出电路采用 LA7840，伴音功放电路采用 CD2611。

适用机型：海尔 15F6B-T 等。

3.5.1 总线调整方法

【进入退出 D 模式】

按下工厂遥控器上的“D-MODE ON/OFF”键，即可进入维修状态。此时在屏幕的右上角会显示字符“D”及左上部分显示可调整的项目和数据，表示已经进入工厂调试 D 模式。

调整完毕后，退出 D-MODE 维修状态，可再按一下“D-MODE ON/OFF”键，此时屏幕右上角的“D”字符消失，或者用遥控关机也可退出 D-MODE 维修状态。

【项目选择与调整】

进入工厂调试 D 状态后，按“↑”或“↓”键可选择调整项目。按动“←”或“→”键可调整该项目的数据。

【进入退出 S 模式】

用手按住电视机上的“音量－”键，直至屏幕显示到音量为00，不要松手，同时按下遥控器的“DISP”键。此时屏幕右上角会显示“S”字符，即可进入S-MODE维修状态。

调整完毕，再用遥控器关机，以退出S-MODE维修状态。

【项目选择与调整】

S-MODE调整菜单只显示最常用的几个项目，按动“频道＋/－”键可以选择到所需调整的项目。选择到所需要调整的项目后，再按动“音量＋/－”键，可以调整该项目的数据。

3.5.2 调整项目与数据

海尔TMPA8830机心超级彩电总线系统S模式下调整项目和数据见表3-5，D模式下调整项目和数据见表3-6。

表3-5 海尔TMPA8830机心S模式下总线系统调整项目和数据

项目名称	调整功能	参考数据	项目名称	调整功能	参考数据
RCUT	红暗平衡调整	20	HPOS	50Hz行中心调整	0C
GCUT	绿暗平衡调整	20	VP50	50Hz场中心调整	01
BCUT	蓝暗平衡调整	20	HIT	50Hz场幅调整	25
GDVR	绿亮平衡调整	40	VLIN	50Hz场线性调整	0C
BDVR	蓝亮平衡调整	40	SBY	SECAM B-Y调整	04
COLC	色度中间值调整	40	SRY	SECAM R-Y调整	04
TNTC	色调中间值调整	40	RAGC	高放AGC调整	23
COLS	S制色度中间值调整	40	SCNT	副对比度调整	00

表3-6 海尔TMPA8830机心D模式下总线系统调整项目和数据

项目名称	调整功能	参考数据	
		数据1	数据2
RCUT	红暗平衡调整	20	20
GCUT	绿暗平衡调整	20	20
BCUT	蓝暗平衡调整	20	20
GDR	绿亮平衡调整	40	40
BDRV	蓝亮平衡调整	40	40
CNTX	对比度最大值调整	3F	3F
BRTC	亮度中间值调整	48	48
COLC	N制色度中间值调整	40	40
TNTC	色调中间值调整	40	40
COLP	P制色度中间值调整	20	20
COLS	S制色度中间值调整	40	40
SCNT	副对比度调整	0B	00
CNTC	副对比度中间值调整	30	30
CNTN	副对比度最小值调整	00	00
BRTX	副亮度最大值调整	30	0A

（续）

项目名称	调整功能	参考数据	
		数据 1	数据 2
BRTN	副亮度最小值调整	30	30
COLX	副色度最大值调整	35	35
COLN	副色度最小值调整	00	00
TNTX	副色调最小值调整	28	28
TNTN	副色调最大值调整	28	28
ST3	TV-3.58 清晰度调整	25	25
SV3	AV-3.58 清晰度调整	25	25
ST4	TV-4.43 清晰度调整	25	25
SV4	AV-4.43 清晰度调整	25	25
SHPX	清晰度最大值调整	35	1A
SHPN	清晰度最小值调整	35	35
TXCX	屏显对比度最大值调整	35	35
RGCN	屏显对比度最小值调整	25	25
VM0	VCD 数据 0 调整	0E	0E
VM1	VCD 数据 1 调整	00	00
HPOS	50Hz 行中心调整	00	0C
VP50	50Hz 场中心调整	00	01
HIT	60Hz 场中心调整	14	05
HPS	50/60Hz 行中心调整	03	03
VP60	60Hz 场中心调整	00	00
HITS	50/60Hz 场幅调整	01	01
VLIN	50Hz 帧线性调整	0C	0C
VSC	场 S 失真校正	06	06
VLIS	50/60Hz 场线形调整	FE	FE
DPC	50Hz 枕形失真校正	00	00
DPCS	50/60Hz 枕形失真校正	00	00
KEY	50Hz 梯形失真校正	00	00
KEYS	50/60Hz 梯形失真校正	00	00
WID	50Hz 行幅调整	00	00
WIDS	50/60Hz 行幅调整	00	00
VCP	场补偿调整	00	00
CNR	顶角修正调整	00	00
HCP	行补偿调整	00	00
SBY	SECAM B-Y 调整	08	04
SRY	SECAM R-Y 调整	08	04

（续）

项目名称	调整功能	参考数据	
		数据 1	数据 2
RAGC	高放 AGC 调整	23	23
AFT	中频 VCO 调整	15	15
HAFC	AFC 增益调整	00	00
V25	音量 25% 调整	25	25
V50	音量 50% 调整	50	50
BRTS	副亮度调整	00	00
VM2	制式设置	30	24
MOD0	模式数据 0 设置	00	40
MOD1	模式数据 1 设置	02	04
MOD2	模式数据 2 设置	0C	04
SELF	自检设置	00	00
SELFVOC	自检 VCO 调整	80	80
SELFAGC	自检 AGC 调整	80	80
SELFBRTC	自检亮度中间值调整	75	75
SELFCNTC	自检对比度中间值调整	23	23
SELFTNTC	自检色调中间值调整	00	00
SELFCOL	自检色度中间值调整	20	20
OSD	屏显宽度调整调整	07	07
OPT	选项数据设置	07	07

3.6 海尔 TMPA8873 机心超级彩电总线调整

海尔 TMPA8873 机心超级彩电，总线系统采用将微处理器和被控电路合二为一的东芝 TMPA8873PSANG 超级电路，完成由微处理器与中频、视频、扫描信号处理任务，场输出电路采用 STV9302，伴音功放电路采用 AN7522N，设有 FM 收音功能。

适用机型：海尔 21F5A-T、21FA10-AM、21FA1-T（A）、21TA1、21FA1-T、21FA11-AM、21FA11-AMM、21T18-T、21F9D-T、21FA12-T、21FA18-AMM、21FA1-AM、25FA10-T、24FA11-T、21T5A-T、21TK1、21FA12-AM、21FA10-T、21FV6H-AB、21FK1 等超级彩电。

3.6.1 总线调整方法

【进入退出 D 模式】

按下工厂遥控器上的“D-MODE ON/OFF”键，即可进入维修状态。此时在屏幕的右上角会显示字符“D”及左上部分显示可调整的项目和数据，表示已经进入工厂调试 D 模式。

调整完毕后，退出 D-MODE 维修状态，可再按一下“D-MODE ON/OFF”键，此时屏幕右上角的“D”字符消失，或者用遥控关机也可退出 D-MODE 维修状态。

【项目选择与调整】

进入工厂调试 D 状态后，按“↑”或“↓”键可选择调整项目。按动“←”或“→”键可调整该项目的数据。

【进入退出 S 模式】

用手按住电视机上的“音量 -”键，直至屏幕显示到音量为 00，不要松手，同时按下遥控器的“屏显”键。此时屏幕右上角会显示“S”字符，即可进入 S-MODE 维修状态。

若要进入 D 模式，按“屏显”键，先退出 S 模式，再同时按下“音量—”键和“屏显”键，即可进入 D 模式。

调整完毕，再用遥控器关机，以退出 S-MODE 维修状态。

【项目选择与调整】

S-MODE 调整菜单只显示最常用的几个项目，按动“频道 +/-”键可以选择到所需调整的项目。选择到所需要调整的项目后，再按动“音量 +/-”键，可以调整该项目的数据。

按下工厂调试遥控器上的“目”键或用户遥控器的“-/--”键，屏幕上出现一条水平亮线，配合白平衡项目和帘栅极（G2）电位器调整。

3.6.2　调整项目与数据

海尔 TMPA8873 机心超级彩电总线系统 D 模式下调整项目和数据见表 3-7。

表 3-7　海尔 TMPA8873 机心 D 模式下总线系统调整项目和数据

项目名称	调整功能	参考数据
OSD 位置	OSD 的起始位置	0E
OPT 选项	功能选项 1	34
RCUT	红截止调整	20
GCUT	绿截止调整	20
BCUT	蓝截止调整	20
GDRV	绿激励调整	40
BDRV	蓝激励调整	40
CNTX	副对比度最大值调整	7F
BRTC	副亮度中间值调整	40
COLC	NTSC 制副色度中间值调整	20
TNTC	副色调中间值调整	40
COLP	PAL 制副色度中间值调整	02
COLD	副彩色中心调整	05
SCNT	Y 信号副对比度调整	08
CNTC	副对比度中间值调整	3F
CNTN	副对比度最小值调整	00
CNTD	DVD 对比度调整	FE
BRTX	副亮度最大值调整	20

（续）

项目名称	调整功能	参考数据
BRTN	副亮度最小值调整	20
COLX	副色度最大值调整	25
COLN	副色度最小值调整	0D
TNTX	副色调最大值调整	28
TNTN	副色调最小值调整	28
ST3	TV 副画质 NTSC3.58 中间值调整	19
SV3	AV 副画质 NTSC3.58 中间值调整	1D
ST4	TV 副画质中间值调整	19
SV4	VIDEO 副画质中间值调整	1D
SVD	DVD 副清晰度调整	1B
ASSH	不对称锐度调整	05
SHPX	副画质最大值调整	1A
SHPN	副画质最小值调整	19
TXCX	OSD 对比度的最大值调整	
RGCN	OSD 对比度的最小值调整	
ABCL	ABL 自动亮度限制	15
DCBS	字符亮度及黑电平延伸控制	95
CLTB	非 M 制 TV 彩色控制	8A
CLTD	非 M 制 TV 彩色控制	89
CLTM	M 制 TV 彩色控制	AC
CLVO	非 M 制 YUV 彩色控制	AD
CLVD	M 制 YUV 彩色控制	88
OSDA	OSD 设置	01
HPOS	50Hz 行中心调整	13
VP50	50Hz 场中心调整	03
HIT	50Hz 场幅度调整	1C
HPS	行中心调整	02
VP60	60Hz 场中心调整	01
HITS	60Hz 场幅度调整	01
VLIN	50Hz 场线性调整	1A
VSC	50Hz 场 S 校正	0D
VLIS	60Hz 场线性调整	FE
VSS	60Hz 场 S 校正	01
UVBLACK	VCD-0eH 的控制数据	88
HBOWHPARA	VCD 高 3 位的数据	88
BRTS	副亮度调整	00

（续）

项目名称	调整功能	参考数据
RAGC	RFAGC 调整	2A
HAFC	行 AFC 调整	86
NOIS	弱信号时行 AFC 控制设定	0F
NDTC	NDTC 设置	1F
VL1	音量 1% 设置	09
VL25	音量 25% 设置	3D
VL50	音量 50% 设置	57
VLX	音量最大值设置	7F
MUTT	待机静噪设置	00
STAT	软件启动对比度上升时间	00
FLG0	标识位 0 设置	44
FLG1	标识位 1 设置	00
SVM	扫描速度调制设置	80
VBLK	场消隐调整	00
VCEN	场中心调整	17
UCOM	自动相位控制	00
PYNX	收看状态行同步最大值调整	33
PYNN	收看状态行同步最小值调整	11
PYXS	搜索状态行同步最大值调整	22
PYNS	搜索状态行同步最小值调整	1E
RCUTS	YUV 红截止调整	00
GCUTS	YUV 绿截止调整	00
BCUTS	YUV 蓝截止调整	00
GDRVS	YUV 绿激励调整	00
BDRVS	YUV 蓝激励调整	00
AVOPT	AV 选项设定	00
OPT2	功能设定	01
WAITTIME	开机等待时间	2F
CURCEN	拉幕位置	A5
CUR-STEP	拉幕速度	02
AUSTP	音量调节数据调整	04
MODE0	模式 0 设置	09
MODE1	模式 1 设置	0F
OSDF	OSD 屏显宽度调整	60
STBG	BG 带通滤波器带宽选择	06
STI	I 带通滤波器带宽选择	08

（续）

项目名称	调整功能	参考数据
STDK	DK 带通滤波器带宽选择	08
STM	M 带通滤波器带宽选择	08
SSBG	BG 陷波器带宽选择	08
SSI	I 陷波器带宽选择	08
SSDK	DK 陷波器带宽选择	08
SSM	M 陷波器带宽选择	09
SYNC	同步信号设置	02
SYBBN	搜台锁定的频率下限设定	00
SYBBF	搜台锁定的频率上限设定	00
SYSR	自动搜台中心频率设定	02
BBCT	搜台判定有无信号或蓝背景显示	04
VCD0	中频设置 0	00
VCD1	中频设置 1	00
BL25	25% 黑电平调整	1E
BL49	49% 黑电平调整	50
OV50	50Hz 字符垂直位置	0C
OV60	60Hz 字符垂直位置	02
HIT1	16:9 调整范围	04
HIT2	放大图像调整	04
COLX2	3A 优化开时色彩调整	05
PCON	连续按“0”键图像所恢复的对比度数值	32
PBRI	连续按“0”键图像所恢复的亮度数值	32
PCOL	连续按“0”键图像所恢复的彩色数值	32
PTIN	连续按“0”键图像所恢复的色调数值	32
PSHA	连续按“0”键图像所恢复的清晰度数值	32
PVOL	连续按“0”键音量所恢复的清晰度数值	32
BRBRI	亮时亮度数值	50
COBRI	一般时亮度数值	32
DKBRI	暗时亮度数值	32
BKBRI	漆黑时亮度数值	1E
BRCONT	亮时对比度数值	64
COCON	一般时对比度数值	64
DKCONT	暗时对比度数值	32
BKCON	漆黑时对比度数值	32
VNOISE	声音吵时数值	28
VMID	声音一般时数值	1E
V-QUIET	声音安静时数值	0F

3.7　海尔 UOC-9370 机心超级彩电总线调整

海尔 UOC-9370 机心超级彩电，总线系统采用将微处理器和被控电路合二为一的飞利浦超级电路 TDA9370，完成由微处理器与中频、视频、扫描信号处理任务。场输出电路采用 LA78045，伴音功放电路采用 AN7522N。

适用机型：海尔 25T8D-S 、25T8D-S（D）、21F9D-T 等。

3.7.1　总线调整方法

【进入退出维修模式】

在正常开机后，先按住遥控器上的“菜单”键将色饱和度减到 0 后，按“菜单”键退出。再次按住遥控器上的“交替回看”键不放，约 4s 后松开，再按“菜单”键，即可进入维修模式。

调整完毕后，按遥控器上的待机键遥控关机，即可退出维修模式。

【项目选择与调整】

进入维修模式后，屏幕上显示工厂维修菜单。按遥控器上的数字键“1、2、3、4、5、6、7、8、9”，可快速选择和进入菜单 MENU 1 ~ MENU 9 中。注意：按数字键“1、2、3”时，可直接进入维修菜单 MENU1 ~ MENU3。要想进入维修菜单 MENU 4 ~ MENU 9，需要按数字键输入密码“828”。进入菜单后，可按遥控器上的“频道 +／-”键选择调整项目，按“音量 +／-”调整所选项目的数据。

3.7.2　调整项目与数据

海尔 UOC-9370 机心超级彩电总线系统调整项目和数据见表 3-8。

表 3-8　海尔 UOC-9370 机心超级彩电总线系统调整项目和数据

菜单	项目名称	调整功能	参考数据 50Hz（60Hz）
MENU 1	V. SLOPE	场线性调整	29
	V. SHIFT	场中心调整	39
	V. SIZE	场幅度调整	35.
	V. SC	场 S 失真校正	22（21）
	H. SHIFT	行中心调整	36（40）
	OSD. V. POS	字符上下位置调整	21（8）
	OSD. H. POS	字符左右位置调整	12（10）
	PROGRAM NO	总线状态调台	
MENU 2	AGC	AGC 起控点调整	28
	WIDE	场消隐调整	3
	MAX ZOOM	最大聚焦调整	63
	SEARCH SPEED	搜索速度调整	0
	SHIPPING	装载	0

（续）

菜单	项目名称	调整功能	参考数据 50Hz（60Hz）
MENU 3	BT	亮度调整	48
	CT	对比度调整	48
	SC	场关断色	0
	RB	红截止调整	11
	GB	绿截止调整	13
	RD	红激励调整	31
	GD	绿激励调整	31
	BD	蓝激励调整	28
	SB	副亮度调整	40
MENU 4	SUB CONTRAST	副对比度设置	63
	SUB COLOUR	副色度设置	63
	SUB SHARPNESS	副清晰度设置	63
	SUB TINT	副色调设置	31
MENU 5	IF	中频设置	38. 9MHz
	6. 5M	6. 5MHz 设置	1
	6. 0M	6. 0MHz 设置	1
	5. 5M	5. 5MHz 设置	0
	4. 5M	4. 5MHz 设置	0
	SIF PRIORITY	第二伴音中频设置	6. 5MHz
	AV. ONLY	AV 路数选择	0
MENU 6	OSD	屏显字符设置	1
	AGC SPEED	AGC 速度调整	0
	FFI	中放锁相快速滤波设置	0
	FSL	场同步幅度选择	0
	FMWS	伴音频偏宽度调整	0
	HP2	行消隐调整	0
	RPO	参考位置调整	1
MENU 7	COOL BD OFFSET	冷色状态蓝激励偏移量调整	
	WARM RD OFFSET	暖色状态红激励偏移量调整	32
	STANDARD BRI	标准亮度调整	48
	STANDARD CON	标准对比度调整	48
	STANDARD COL	标准色度调整	32
	SHARP BRI	锐丽亮度调整	48
	SHARP CON	锐丽对比度调整	63
	SHARP COL	锐丽色度调整	32

（续）

菜单	项目名称	调整功能	参考数据 50Hz（60Hz）
MENU 7	SOFT BRI	柔和亮度调整	48
	SOFT CON	柔和对比度调整	32
	SOFT COL	柔和色度调整	32
MENU 8	AV MODE	AV 选项设置	6
	FM GAIN	调频增益调整	63
	Y DELAY PAL	PAL 制亮度信号延时调整	0
	Y DELAY NTSC	NTSC 制亮度信号延时调整	0
	Y DELAY AV	AV 亮度信号延时调整	0
	SC BRIGHTNESS	水平亮线亮度调整	32
	GATHDDE LEVEL	电平调整	8
	BAND MODE	波段设置	1
	START ON	启动状态设置	1
	RFAMP	RF 放大器设置	0
	HEADPHONE	耳机设置	0
	SRS	SRS 环绕声设置	0
MENU 9	LOGO OPTION	厂标选项	0
	LOGO	厂标设置	
	ROW POSITION	屏显字符水平位置调整	7
	COLUMN POSITION	屏显字符垂直位置调整	2
	COLOUR	色度设置	1
	START TIME	延时时间调整	10

3.8　海尔 UOC-9373 机心超级彩电总线调整

海尔 UOC 机心飞利浦电路超级单片彩电，总线系统主被控电路采用集微处理器与小信号处理功能于一体的飞利浦 TDA9373 单片超大规模集成电路，极大地提高了彩电的稳定性和可靠性，外部总线系统被控电路有 TDA9860 音频信号处理电路等，24C08 存储器，场输出电路采用 TDA8350Q，伴音功放电路采用 TDA7297。

适用机型：海尔 HP-2969A、HP-2969U、HP-2969N、HP-2988N、29F3A-P、29T3A-P、29T8D-T、29T8D-P、29T8A-PD、29T8A-YPD、29F5D-TA、29F9K-P、29F8D-22、29F8D-TV1.0、29F8D-TV2.1、29F8D-T、29TE 等。

3.8.1　总线调整方法

【进入退出维修模式】

开机后，依次按用户遥控器上的“静音”、“屏显”、“-/--”、“屏显”、“静音”键后，即可进入维修模式。

调整完毕，按遥控器“屏显”键，可退出维修模式，调整后的数据被自动存储。

【项目选择与调整】

进入维修状态后，有 8 个调整菜单。按数字键“0～7”选择调整菜单，用“频道 +/－”键选择调整项目，用“音量 +/－”键改变所选项目数据。按“MUTE”键进行静音/非静音切换，在进行白平衡调整时，按数字“0”键可关闭或打开场扫描。

3.8.2 调整项目与数据

海尔 UOC-9373 机心飞利浦电路超级单片系列彩电总线调整项目与合肥产机型、青岛产机型调整数据见表 3-9，标注菜单 1 的项目前面带 5 的选项为 50Hz 选项，前面带 6 的选项为 60Hz 选项，默认值带“＊”的为根据需要调整。OPTION1～OPTION5 功能选项设置内容和合肥产机型、青岛产机型数据见表 3-10。

表 3-9 海尔 UOC-9373 机心超级单片彩电总线调整项目与数据

菜单	项目名称	调整内容	调整范围	合肥产机型	青岛产机型
菜单 1 几何失真（按 1 键）	5PAR/6PAR	四角失真校正	0～63	*	33/55
	5BOW/6BOW	梯形失真校正	0～63	*	37/33
	5HSH/6HSH	行中心校正	0～63	*	34/37
	5EWW/6EWW	行幅校正	0～63	*	50/49
	5EPW/6EPW	枕形失真校正	0～63	*	37/37
	5UCR/6UCR	上角失真校正	0～63	*	42/44
	5LCR/6LCR	下角失真校正	0～63	*	36/40
菜单 2 几何失真（按 2 键）	5EWT/6EWT	梯形失真校正	0～63	*	39/32
	5VSL/6VSL	场斜度校正	0～63	*	30/31
	5VAM/6VAM	场幅校正	0～63	*	42/39
	5SCL/6SCL	场 S 失真校正	0～63	*	25/28
	5VHS/6VSH	场中心校正	0～63	*	33/32
	5VOF/6VOF	字符垂直位置	0～63	39	39/30
	HOF	字符水平位置		25	20/20
	VX	垂直缩放	0～63	25	25/25
菜单 3 图像调整（按 3 键）	RED	红色校正	0～63	32	32
	GRN	绿色校正	0～63	32	32
	WPR	白平衡红校正	0～63	*	32
	WPG	白平衡绿校正	0～63	*	26
	WPB	白平衡蓝校正	0～63	*	37
	YDFP	亮度延迟（PAL）	0～63	7	7
	YDFN	亮度延迟（NTSC）	0～63		—
	YDAV	亮度延迟（AV）		*	—

（续）

菜单	项目名称	调整内容	调整范围	合肥产机型	青岛产机型
菜单 4 图像音量调整 （按 4 键）	VOL	VOC 音量输出	0～63	44	44
	9873	TDA9873/74 增益控制	0～30	26	33
	AVLT	自动音量控制范围	0～3	1	1
	9860	TDA9860 音效控制	0～100	59	59
	IFFS	中频设置	0～7	3	3
	HDOL	阴极电压	0～15	5	5
	AGC	AGC 起控点	0～3	1	1
	VG2B	VM 调整	0～100	42	42
菜单 5 图像模式 （按 5 键）	OCON	逍遥听模式对比度	0～100	0	0
	OBRI	逍遥听模式亮度	0～100	0	0
	OCOL	逍遥听模式色度	0～100	50	50
	OSHP	逍遥听模式清晰度	0～100	50	50
	1CON	柔和模式对比度	0～100	45	45
	1BRI	柔和模式亮度	0～100	45	45
	1COL	柔和模式色度	0～100	50	50
	1SHP	柔和模式清晰度	0～100	50	50
菜单 6 图像模式 （按 6 键）	2CON	标准模式对比度	0～100	65	70
	2BRI	标准模式亮度	0～100	50	50
	2COL	标准模式色度	0～100	70	60
	2SHP	标准模式清晰度	0～100	70	50
	3CON	艳丽模式对比度	0～100	80	80
	3BRI	艳丽模式亮度	0～100	50	50
	3COL	艳丽模式色度	0～100	70	70
	3SHP	艳丽模式清晰度	0～100	70	50
菜单 7 功能选择 （按 7 键）	OPTION1	功能选项 1	参考值 40	43	43
	OPTION2	功能选项 2	参考值 47	47	47
	OPTION3	功能选项 3	参考值 59	43	43
	OPTION4	功能选项 4	参考值 15	63	177
	OPTION5	功能选项 5	—	—	7

表 3-10　海尔 UOC-9373 机心功能设置选项表

选项菜单	设置项目	设置内容	合肥产机型	青岛产机型
OPTION1	FUNC2	功能设置 2	0	0
	FUNC1	功能设置 1	0	0
	半透明	1：有；0：无	1	1
	RGB	1：有；0：无	0	0
	DVD	1：有；0：无	1	1

（续）

选项菜单	设置项目	设置内容	合肥产机型	青岛产机型
OPTION1	梳状滤波器	1：有；0：无	0	0
	重低音量	1：有；0：无	1	1
	重低音	1：有；0：无	1	1
OPTION 2	PAL 制灵敏度	1：21；0：26	0	0
	TILT 倾斜	1：有；0：无	0	0
	OSO	1：有；0：无	1	1
	FSL	1：有；0：无	0	0
	青岛/合肥（生产厂家设置）	1：青岛；0：合肥	1	1
	FMWS	1：有；0：无	1	1
	伴音制式自动	1：有；0：无	1	1
	自动音量控制	1：有；0：无	1	1
OPTION 3	9370/9373	1：9370；0：9373	0	0
	16:9	1：有；0：无	0	0
	同步信号	1：Y；0：CVBS	1	1
	帘栅调节	1：亮线；0：黑条	0	0
	YPbP0	1：YPbPr；0：YUV	1	1
	蓝屏/黑屏	1：蓝屏；0：黑屏	0	0
	汉语	1：有；0：无	1	1
	英语	1：有；0：无	1	1
OPTION 4	背景灯	1：有；0：无	0	1
	计时初始值	1：20；0：0	0	0
	计时功能	1：有；0：无	1	1
	软换台	1：有；0：无	1	1
	M	1：有；0：无	1	0
	I	1：有；0：无	1	0
	BG	1：有；0：无	1	0
	DK	1：有；0：无	1	1
OPTION 5	背景灯屏显	1：有；0：无	—	1
	S	1：有；0：无	—	1
	AV1	1：有；0：无	—	1

注：如果是 V1.0 版软件须将存储器初始化后，将数据调整为表中所示数据。如果是 V2.0 版软件可直接调整数据。除 OPTION 选项和不可更改项外其他选项可根据不同显像管调整。不带重低音的机型将 OPTION1 更改为 40；不带背景灯的将 OPTION5 更改为 3，将 OPTION4 更改为 49；如果不带背景灯而且是没有前置 AV 的机型将 OPTION5 更换为 0，将 OPTION4 更改为 49。

第 4 章　海信超级数码彩电总线调整

4.1　海信 G2 机心超级彩电总线调整

海信 G2 机心超级彩电，总线系统采用将微处理器和被控电路合二为一的东芝超级单片电路 TMPA8873/TMPA8879，海信公司掩膜后命名为 HISENSE8873 或 HISENSE8879，完成由微处理器与中频、视频、扫描信号处理任务。场输出集成电路采用 LA78040/LA78041，伴音功放集成电路为 AN7522N 或 AN17821A、CD7523，电源厚膜电路为 CQ0765 或 FSCQ1265。

代表机型：海信 TC2108、TC2119D、TC2176、TC21R08N、TC21R76N、TC2508D、TC2576、TC2576X、TC25R08N、TF2108、TF2176H、TF2188、TF21R08N、TF21R68N、TF21R08N、TF21R68NX、TF21S76N、TF2508D、TF2576、TF25R08N、TF25R68X、TF25R69、TF25R76N、TF2908C、TF2908D、TF2988GD、TF29R08N 等机型。

4.1.1　总线调整方法

【进入退出维修模式】

按“菜单”键，进入用户声音调整菜单，在音量调整项目下，按遥控器上的数字键“0532”，输入密码，即可进入维修模式，屏幕的右上角显示绿色“M”字符，此时有 23 项调整项目。再按一下“广告跳跃”键，屏幕的右上角显示绿色“WB”字符，表示进入 WB 调整模式，此时可调整项目增加为 149 项。

调整完毕，遥控关机即可退出维修模式，并自动记忆存储数据。

【项目选择与调整】

进入维修模式后，按“频道 +/-”键选择调整项目，按“音量 +/-”键调整所选项目数据或执行当前项的操作。

4.1.2　调整项目与数据

海信 G2 机心超级彩电总线系统调整项目和数据见表 4-1，表中带“*”的项目数据根据需要调整，带“**”的项目数据为功能设定项目，参见表 4-2 功能设置选项数据。

表 4-1　海信 G2 机心超级彩电总线系统调整项目和数据

序号	项目名称	调整功能	参考数据	
			数据 1	数据 2
1	OSD	字符显示水平位置调整	0D	11
2	OPT	**功能设定	37	35
3	RCUT	*暗平衡红截止调整	20	5A
4	GCUT	*暗平衡绿截止调整	20	50
5	BCUT	*暗平衡蓝截止调整	20	48

（续）

序号	项目名称	调整功能	参考数据	
			数据 1	数据 2
6	GDRV	*亮平衡绿驱动调整	40	46
7	BDRV	*亮平衡蓝驱动调整	40	41
8	CNTX	对比度最大值	7F	60
9	BRTC	亮度中间值	44	3A
10	COLC	NTSC 色度中间值	30	30
11	TNTC	色调中间值	40	40
12	COLP	PAL 色度中间值	00	00
13	COLS	SECAM 色度中心值	40	40
14	DCOL	YIIV 输入方式时的色度值	3F	3F
15	SCOL	副彩色调整	04	04
16	SCNT	副对比度调整	08	08
17	CNTC	对比度中间值	30	45
18	CNTN	对比度最小值	20	08
19	BRTX	亮度最大值	20	7F
20	BRTN	亮度最小值	20	20
21	COLX	NTSC 色度最大值	3F	09
22	COLN	NTSC 色度最小值	00	00
23	TNTX	色调最大值	28	28
24	TNTN	色度最小值	28	28
25	ST3	TV-3.58 下锐度中间时的值	20	20
26	SV3	AV-3.58 下锐度中间时的值	20	30
27	ST4	TV-4.43 下锐度中间时的值	20	20
28	SV4	AV-4.43 下锐度中间时的值	20	30
29	SVD	YUV 锐度中间时的值	19	19
30	ASSH	非对称锐度校正	04	04
31	SHPX	锐度最大值	1A	3F
32	SHPN	锐度最小值	1A	3F
33	TXCX	图文 RGB 输入时的对比度最大值	1F	1F
34	RGCN	图文 RGB 输入时的对比度最小值	00	00
35	ABL	ABL 控制	27	27
36	DCBS	亮度信号控制	B5	B5
37	DEF	锯齿波电压来源		01
38	HPS50	*50Hz 行中心	10	0F
39	VP50	*50Hz 场中心	01	04

（续）

序号	项目名称	调整功能	参考数据	
			数据 1	数据 2
40	HIT50	*50Hz 场幅度	1E	23
41	HPS60	*60Hz 行中心	10	11
42	VP60	*60Hz 场中心	00	03
43	HIT60	*60Hz 场幅度	1C	2A
44	VLI50	50Hz 场线性校正	11	0D
45	VSC50	50Hz 场 S 失真校正	14	10
46	VLI60	60Hz 场线性校正	00	FD
47	VSC60	60Hz 场 S 失真校正	FF	09
48	SBY	SECAM B-Y 消隐调整	08	08
49	SRY	SECAM R-Y 消隐调整	08	08
50	BRTS	副亮度调整	00	0F
51	RAGC	自动增益控制设定	2A	2A
52	HAFC	AFC 增益控制	86	86
53	V25	音量 25% 时的值	3D	2F
54	V50	音量 50% 时的值	57	38
55	V100	音量 100% 时的值	7F	66
56	MUTT	软启动时亮度消隐时间	00	00
57	SIIAT	软启动时对比度起来时间	00	00
58	FLG0	中频信号相关项目设定	54	44
59	FLG1	信号相关项目设定	00	00
60	SVM	速度调制设定	10	10
61	VBLK	场消隐位置设定	00	05
62	VCEN	场直流电平中心值调整	16	26
63	LINE BRI	水平亮线状态下的亮度设定	20	5D
64	LINE CON	水平亮线状态下的对比度设定	20	20
65	COSDF	日历屏显字符大小调整	36	39
66	OV50	50Hz 屏显上下位置调整	08	16
67	OV60	60Hz 屏显上下位置调整	08	0F
68	BBCT	蓝屏延时调整	04	04
69	UCOM	色度、FM、ADC 等参数设置	24	44
70	PYNX	收看频道时行同步最大值	33	33
71	PYNN	收看频道时行同步最小值	11	11
72	PYXS	搜台时行同步最大值	22	22
73	PYNS	搜台时行同步最小值	1E	1C

（续）

序号	项目名称	调整功能	参考数据	
			数据 1	数据 2
74	NOIS	弱信号时行 AFC 控制设定	01	0F
75	AVOPT	AV 输入菜单设定	07	07
76	OPT2	＊＊功能设定	72	51
77	AUSTP	未用	04	04
78	MODE0	＊＊模式 0	8C	8C
79	MODE1	＊＊模式 1	0F	1F
80	OSDF	字符振荡频率调整	53	53
81	PWR	自动检测下的 POWER	00	00
82	BUS	总线设置	00	00
83	MEM	存储器检查	00	00
84	WB CONTRAST	白平衡下对比度设置	64	64
85	WB BRIGHT	白平衡下亮度设置	3C	3C
86	WB COLOR	白平衡下色度设置	00	00
87	MODE3	＊＊模式 3	90	90
88	DOWN2	60Hz 时上下拉幕的中间数据	78	82
89	AREA	菜单图标底色选择	80	80
90	AREA2	菜单图标底色选择	18	18
91	CENT	水平拉幕中心位置调整	9D	A3
92	DOWN	垂直拉幕中心位置调整	8B	A3
93	MCOLOR	中间部分文字颜色选择	46	46
94	PCOLOR	文字颜色选择	22	22
95	TCOLOR	菜单上半部分颜色选择	D1	D8
96	HTVOLUME	旅馆模式时的最大音量设定	1D	4B
97	CLVO	视频为 S 制式彩色控制数据	65	65
98	CLVD	YUV 彩色控制数据	40	40
99	CLVP	视频为 P 制式彩色控制数据	83	83
100	CLVN	视频为 N 制式彩色控制数据	A8	A8
101	TOFAC	进入工厂模式方法设置	—	01
101	CLTO	未用	44	—
102	CLTM	TV 且伴音 M 制式彩色控制数据	64	64
103	CLTB	TV 且伴音 BG 制式彩色控制数据	8A	8A
104	CLTD	TV 且伴音非 BG/M 制彩色控制数据	89	89
105	SYNC CHAT	同步时间设置	F1	F1
106	OSDA	屏显亮度调整	03	03

（续）

序号	项目名称	调整功能	参考数据	
			数据 1	数据 2
107	HBOW	行平行四边形校正	04	04
108	HPARA	行弓形校正	04	03
109	UBLACK	U 分量输入偏色调整	08	08
110	VBLACK	V 分量输入偏色调整	08	08
111	NDTC	噪声检测计数	1F	1F
112	SYBBN	蓝屏开时同步检测设定	48	48
113	SYBBF	蓝屏关时同步检测设定	48	48
U4	SYSR	搜台时同步检测设定	48	48
115	VCD0	图像相关设置 0	08	08
116	VCD1	图像相关设置 1	00	00
117	BL25	平衡为 25 时 ATT 设置	1E	1E
118	BL49	平衡为 49 时 ATT 设置	50	50
119	WCTL	伴音相关控制项	5B	5B
120	SUR1	单声道模式下环绕声的控制	07	07
121	SUR2	立体声 1 模式下环绕声的控制	07	07
122	SUR3	立体声 2 模式下环绕声的控制	0F	0F
123	BASC	低音中心值	3C	3C
124	BASX	低音最大值	72	72
125	TREC	高音中心值	40	40
126	BALC	平衡中心值	40	40
127	TIME	时间设定	—	F0
127	WOFC	重低音中心值（未用）	00	—
128	BAS1	剧场伴音模式时的低音设定值	64	64
129	BAS2	语言伴音模式时的低音设定值	32	32
130	BAS3	大厅伴音模式时的低音设定值	4B	4B
131	TRE1	剧场伴音模式时的高音设定值	64	64
132	TRE2	语言伴音模式时的高音设定值	32	32
133	TRE3	大厅伴音模式时的高音设定值	4B	4B
134	WFL1	剧场伴音模式时的重低音设定值	E4	E4
135	WFL2	语言伴音模式时的重低音设定值	23	23
136	WFL3	大厅伴音模式时的重低音设定值	C6	C6
137	WON1	重低音打开系数	10	10
138	WON2	低音衰减系数	08	08
139	WOFF	重低音关闭时的重低音输出电平	00	00

（续）

序号	项目名称	调整功能	参考数据	
			数据 1	数据 2
140	BAL	工厂快速检查音量平衡	03	03
141	STBG	BG 制时 S 制陷波设置	06	06
142	STI	I 制时 S 制陷波设置	08	08
143	STDK	DK 制时 S 制陷波设置	08	08
144	STM	M 制时 S 制陷波设置	08	08
145	SSBG	BG 制时 S 制参数设置	08	08
146	SSI	I 制时 S 制参数设置	08	08
147	SSDK	DK 制时 S 制参数设置	08	03
148	SSM	M 制时 S 制参数设置	09	09
149	SYNC	同步信号相关参数的设定	00	04

表 4-2　海信 G2 机心超级彩电功能设置选项表

选项菜单	设置项目	设置内容	合肥产机型
OPT	BIT1	数字 ATF 步幅	0：31.25K；1：62.5K
	BIT3	音频增益开关	
	BIT4	无同步时 AFT 调整	0：关；1：开
	BIT5	PAL 制时是否有色调选项	0：有；1：无
	BIT6	同步选择	0：TV 同步；1：监视器同步
	BIT7	AV 开关静音	0：关；1：开
OPT 2	BIT0、BIT1	开机延时设定	
	B IT2	中英文屏显选择	0：中英文；1：只有英文
	BIT3	AV 无信号时是否静噪	0：不静音；1：静音
	BIT4	限时收看功能设定	0：无；1：有
	BIT5	开关机拉幕功能设定	0：无；1：有
	BIT6	无 TA1343 时伴音平衡功能设定	0：无；1：有
	BIT7	TA1343N 集成电路选择	0：无；1：有
MODE0	BIT0	数字位置设定	（未用）
	BIT1	酒店模式选择	0：无；1：有
	BIT2	SECAM 制式功能选择	0：有；1：无
	BIT3	换台时图像静噪方式	0：亮度静噪；1：RGB 输出截止电流
	BIT4	屏显时间	0：有时显示；1：一直显示
	BIT5	遥控器频道 +/－、声音 +/－键在菜单状态下的作用	0：无；1：有
	BIT6、BIT7	默认制式设定	00：BG 制；01：I 制；10：DK 制；11：M 制

（续）

选项菜单	设置项目	设置内容	合肥产机型
MODE1	BIT0	BG 制伴音功能选择	0：无；1：有
	BIT1	I 制伴音功能选择	0：无；1：有
	BIT2	DK 制伴音功能选择	0：无；1：有
	BIT3	M 制伴音功能选择	0：无；1：有
	BIT4	无信号时背景选择	0：蓝屏；1：黑屏
	BIT6	无信号时显示海信商标功能选择	0：有；1：无
	BIT7	超强接收功能选择	未用
MODE3	BIT2	第一次密码选择	0：4161/0000；1：4161
	BIT4	菜单图标窗口选择 AON1	0：开；1：关
	BIT5	菜单图标窗口选择 AON2	0：开；1：关
	BIT6	游戏选择	0：两个游戏；1：一个游戏
	BIT7	59 脚输出电平设置	0：非 M 制时低电平；1：非 M 制时高电平

4.2 海信 USOC 机心超级彩电总线调整

海信 USOC 机心超级彩电，总线系统采用将微处理器和被控电路合二为一的三洋超级单片电路 LA76931 或 LA76932、LA76933G 7N 58L1-E，完成由微处理器与中频、视频、扫描信号处理任务，场输出电路采用 LA78040 或 LA78041，伴音功放电路采用 LA4225A 或 AN17821A。

代表机型：海信 TC2106D、TC2111CH、TC2169、TC2199CH、TC2108DX、TC2506CH、TC2977CH、TF2106CH、TF2111CH、TF2111DG、TF2119CH、TF2166H、TF2166GH、TF2177H、TF2177HP、TF2178H、TF2111 IX、TF2119CH、TF2168H、TF2169GH、TF2506CH、TF2519CH、TF2577CH、TF2919H、TF2919CH、TF29R68N 等机型。

4.2.1 总线调整方法

【进入退出维修模式】

先按“音量 -”键，将音量调到最小，然后按住“菜单”键 4s 以上，屏幕上显示密码菜单后，按遥控器上的数字键“0398”输入密码，屏幕左上角显示“M”字符，表示已经进入维修模式。

调整后，至少进行一次调整操作后，遥控直流关机或交流关机后，才能退出维修模式。如果不进行操作，关机后再开机仍显示“M”字符。

【项目选择与调整】

进入维修模式后，按“-/--”键显示副亮度项目，按“频道 +/-”键可顺序显示光栅几何失真和白平衡调整项目，按“音量 +/-”键调整项目数据。

按“菜单”键选择进入 ADJUST 状态，共有 MENU0 ~ MENU17 共 18 个调整菜单；按“菜单”向后选择菜单，按“图像”键向前选择菜单。进入菜单后，按“频道 +/-”键选择调整项目，按“音量+/-”键调整项目数据。

童锁解除方法：按住CALL屏幕显示键4s。限时收看万能密码：7681。

4.2.2 调整项目与数据

海信USOC机心超级彩电，按“-/--”键显示的调整项目和数据见表4-3；按“菜单”键进入ADJUST状态显示的调整项目和数据见表4-4。

表4-3 海信USOC机心按“-/--”键显示的调整项目和数据

序号	项目名称	调整功能	调整范围	参考数据
0	S-BRJ	副亮度调整	0~127	92
1	R-CUT	红截止调整	0~255	87
2	G-CUT	绿截止调整	0~255	120
3	B-CUT	蓝截止调整	0~255	31
4	R-DRV	红驱动调整	0~127	72
5	G-DRV	绿驱动调整	0~15	7
6	B-DRV	蓝驱动调整	0~127	79
7	CB/W	内部信号选择	0~3	0
8	HPS	行中心调整	0~31	8
9	N. HPS	NTSC制行中心调整	-7~+8	+05
10	VPS	场中心调整	0~63	3
11	N. VPS	NTSC制场中心调整	-31~+32	-03
12	HIT	场幅调整	0~127	116
13	N. HIT	NTSC制场幅调整	-31~+32	-02
14	VLIN	场线性调整	0~31	13
15	N. VLIN	NTSC制场线性调整	-7~+8	+01
16	VSC	场S失真校正	0~31	11
17	N. VSC	NTSC制场S失真校正	-7~+8	+04
18	AGC	高放AGC调整	0~63	35
19	OSDV	屏显上下位置调整	0~31	16
20	OSDH	屏显左右位置调整	0~63	31

表4-4 海信USOC机心按“菜单”键进入ADJUST状态显示的调整项目和数据

菜单	序号	项目名称	调整功能	调整范围	参考数据	
					典型值	TC-2199CH
MENU0	0	S-BRI	副亮度调整	0~127	92	72
	1	R-CUT	红偏压调整	0~255	87	104
	2	G-CUT	绿偏压调整	0~255	120	120
	3	B-CUT	蓝偏压调整	0~255	31	130
	4	R-DRV	红驱动调整	0~127	72	58
	5	G-DRV	绿驱动调整	0~15	7	7
	6	B-DRV	蓝驱动调整	0~127	79	75

（续）

菜单	序号	项目名称	调整功能	调整范围	参考数据	
					典型值	TC-2199CH
MENU1	0	SCR. H. POSI	拉幕的起始位置调整	0 ~ 127	0	1
	1	H. BLK. LEFT	左消隐调整	0 ~ 7	4	4
	2	H. BLK. RIGHT	右消隐调整	0 ~ 7	2	2
	3	POWER LOGO	开机屏显示选择	0：无；1：厂标	1	1
	4	SCREEN TYPE	拉幕方式选择	0：普通；1：淡入淡出	0	1
	5	SCREEN OPT	开关机拉幕选择	0：无；1：开机；2：关机；3：开关机	3	3
	6	SCREEN TIME	开机拉幕前黑屏等待时间选择	0 ~ 7	4	0
	7	TOFAC	进入工厂调试按键方法	M：M 键；U：复合键	U	U
MENU2	0	ENGLISH OSD	英文 OSD 选择	0：无；1：有	1	1
	1	CHINESE OSD	中文 OSD 选择	0：无；1：有	1	1
	2	BACK COLOR	无信号静噪时背景	0：蓝；1：黑	1	1
	3	BLK PROCESS	换台过程中是否出现黑屏	0：无；1：有	1	1
	4	V MUTE POFF	关机前先切断到显像管的视频输出	0：不选用；1：选用	1	1
	5	MUTE REM	静音状态关机是否记忆	0：不记忆；1：记忆	1	0
	6	HISENSE LOGO	海信标志选择	0：普通；1：海信	1	1
	7	LOGO HPOSI	海信标志左右位置	0 ~ 127	68	68
	8	LOGO VPOSI	海信标志上下位置	0 ~ 63	30	30
	9	FACTORY TUNE	工厂搜台选择	0 ~ 3	0	0
MENU3	0	POWER OPTION	冷开机 POWER 初始状态设定	0：关；1：记忆；2、3：开	1	1
	1	AV OPTION	AV 输入选择	0 ~ 3	2	1
	2	S-VIDEO OPT	S 端子输入功能选择	0：无；1：有	0	0
	3	YUV OPTION	YCbCr 输入功能选择	0：无；1：有	1	1
	4	DVD OPTION	DVD 功能选择	0：无；1：有	0	0
	5	DVD CHANNEL	DVD 通道选择	0 ~ 3	3	3
	6	VOLUME OPT	音量线性控制方式选择	0：傻瓜功放；1：四分段均匀线性	0	0
	7	VOLUME25	四分段线性控制时，音量为 25 时音量设定	0 ~ 125	100	100
	8	VOLUME50	四分段线性控制时，音量为 50 时音量设定	0 ~ 125	110	110
	9	VOLUME 75	四分段线性控制时，音量为 75 时音量设定	0 ~ 125	120	120

（续）

菜单	序号	项目名称	调整功能	调整范围	参考数据	
					典型值	TC-2199 CH
MENU4	0	GAME OPTION	游戏功能选择	0：无；1：MONEY；2：888；3：MONEY&888	3	3
	1	ON COLOR	开机拉幕颜色选择	共8种	BLACK	BLACK
	2	OFF COLOR	关机拉幕颜色选择	共8种	BLACK	BLACK
	3	CHR COLOR	菜单字符颜色选择	0：绿色；1：青色	1	1
	4	CALENDAR	万年历功能选择	0：无；1：有	1	1
	5	LIM SET OPT	限时收看功能选择	0：无；1：有	1	1
	6	BIOLOGY OPT	人体生物钟功能选择	0：无；1：有	1	1
	7	CHILD LOCK	童锁功能选择	0：无；1：有	0	0
	8	SENSITIVITY	超强接收功能选择	0：无；1：有	0	0
MENU5	0	AUTO OPTION	彩色制式 AUTO 选择	0：无；1：有	1	1
	1	AUTO1/2 OPT	彩色自动识别选项	0：PAL/N3.58/N4.43；1:PAL-M/PAL-N/N3.58	0	0
	2	PAL OPTION	彩色制式 PAL 选择	0：无；1：有	1	1
	3	PAL-M OPTION	彩色制式 PAL.M 选择	0：无；1：有	0	0
	4	PAL-N OPTION	彩色制式 PAL-N 选择	0：无；1：有	0	0
	5	N3.58 OPTION	彩色制式 NTSC3.58 选择	0：无；1：有	1	1
	6	N4.43 OPTION	彩色制式 NTSC4.43 选择	0：无；1：有	1	1
	7	HALF TONE	半透明幅度调整	0~3	2	2
	8	DIGITAL OSD	数字 OSD 选择	0：关；1：开	1	1
MENU6	0	4.5M OPTION	4.5M 伴音制式选择	0：无；1：有	1	1
	1	5.5M OPTION	5.5M 伴音制式选择	0：无；1：有	0	0
	2	6.0M OPTION	6.0M 伴音制式选择	0：无；1：有	1	1
	3	6.5M OPTION	6.5M 伴音制式选择	0：无；1：有	1	1
	4	BLANK DEF	RGB 输出 H/V 消隐开关	0：开；1：关	0	0
	5	MENU BACK	菜单背景选择	0：无；1：有	1	1
	6	MENU ICON	菜单上方图标选择	0：无；1：有	1	1
	7	ICON COLOR	菜单图标颜色选择	0~7	3	1
	8	POSITION L/R	频道号 OSD 显示位置	0：左上角；1：右上角	1	1
	9	OSD CONTRAST	OSD 对比度	0~127	2	2
MENU7	0	SUBCONT	副对比度调整	0~31	15	15
	1	SUB COLOR	副色度调整	0~15	15	15
	2	SUB SHARP	副清晰度调整	0~31	25	5
	3	SUB TINT	副色调调整	0~63	32	32

（续）

菜单	序号	项目名称	调整功能	调整范围	参考数据	
					典型值	TC-2199 CH
MENU7	4	BRT ABL DEF	自动亮度控制	0：开；1：关	0	0
	5	MID STP DEF	自动亮度中心控制	0：开；1：关	1	1
	6	BRT ABL TH	自动亮度控制门限值	0～7	4	4
	7	RGB TEMPSW	RGB 输出温度特性补偿开关	0：关；1：开	1	1
	8	CORING W/DEF	消噪增益控制	0：关；1：最小；3：最大	3	3
	9	EXTRGB CONT	外部 RGB 对比度调节	0～15	8	8
MENU8	0	R-Y/B-Y G. BL10	R-Y/B-Y 幅度调整	0～15	0	0
	1	R. Y/B. YANG.	R-Y/B-Y 解调角调整	0～15	10	10
	2	B-YDC LEVEL	白平衡调整	0～15	8	8
	3	R-YDC LEVEL	白平衡调整	0～15	8	8
	4	SECAM B-Y DC	SECAM 时的白平衡调整	0～15	8	8
	5	SECAM R-Y DC	SECAM 时的白平衡调整	0～15	8	8
	6	YUV B-Y DC	YUV 时的白平衡调整	0～15	7	7
	7	YUV R-Y DC	YUV 时的白平衡调整	0～15	8	8
	8	3 HOURA-OFF	无操作 3h 自动关机功能选择	0：无；1：有	0	0
	9	EVERY DAY	时间菜单功能项有效次数选择	0：一次；1：多次	0	0
MENU9	0	ZOOM OPTION	选择 ZOOM 功能	0：无；1：有	1	1
	1	ZOOM1 VSIZE	宽银幕状态时场幅数据（ZOOM OPTION 为 1 时起作用）	0～127	96	96
	2	ZOOM2 VSIZE	放大状态时场幅数据（ZOOM OPTION 为 1 时起作用）	0～127	30	30
	3	HOTEL MODE	宾馆模式选择	0：无；1：有	0	0
	4	HOTEL VOLUME	宾馆模式最大音量控制	0～100	50	50
	5	ON POSITION	宾馆模式开机频道选择	0～255	1	1
	6	ON TV/AV	宾馆模式开机 TV/AV 选择	0：TV；1：AV	0	0
MENU10	0	TUNER OPTION	调谐方式选择	0：电压；1：频率	1	1
	1	VL/VH FREQ	高频头的 VL/VH 分频点选择		64	64
	2	VH/UHF FREQ	高频头的 VH/UHF 分频点选择		167	167
	3	BAND OPTION	高频头 UHF 波段的传送格式选择		2	2
	4	SEARCH CHECK	冷开机时检查无频道存储则自动搜台	0：不用；1：选用	0	0
	5	UHF/DEGAUSS	LA76931⑩脚功能选择	0：UHF；1：消磁	0	0
	6	P-MUTE H/L	静音时 PMUTE 输出电平控制选择	0：H；1：L	0	0

（续）

菜单	序号	项目名称	调整功能	调整范围	参考数据	
					典型值	TC-2199 CH
MENU11	0	VOLUME OUT	内部音量输出，选择立体声功能后起作用	0～127	110	110
	1	STEREO OPT	声音控制选择	0：单声道控制；1：立体声控制	0	0
	2	LV1116 IC	是否选用 LV1116	0：不选用；1：选用	0	0
	3	LV1116 GAIN	LV1116 增益控制	0～7	4	4
	4	SUR MODE	环绕效果选择	0～7	7	7
	5	WOOFER GAIN	重低音增益控制	0～7	7	7
	6	2/3 CHANNELS	LA116 输入通道选择	0：2 路输入；1：3 路输入	0	0
	7	BALANCE OPT	是否有平衡选项	0：无；1：有	0	0
	8	S TRAP TEST	伴音中频陷波频率微调	0～7	4	4
	9	S TRAP SW	内部外部陷波器选择	0：外部；1：内部	1	1
MENU12	0	VOL FILTER	音量控制滤波功能	0：开；1：关	0	0
	1	FM LEVEL	音频鉴频电平选择	0～31	16	16
	2	A MONI SW	2 脚音频信号输出选择	0：TV；1：TV 时 TV、AV 时 AV	1	1
	3	A2 SW	立体声模式选择	0：正常；1：西德立体声	0	0
	4	SCREEN SAVER	无信号时屏幕保护方式选择		0	0
	5	SAVER TOP	屏幕保护上边界	0～255	0	0
	6	SAVER BOTTOM	屏幕保护下边界	0～255	255	255
	7	SAVER LEFT	屏幕保护左边界	0～255	0	0
	8	SAVER RIGHT	屏幕保护右边界	0～255	255	255
MENU13	0	V SHIFT	场飘移调整	0～15	8	8
	1	AFC GAIN	AFC 增益	0：自动；1：高	0	0
	2	V TRANS	选择数据传送时机	0：随机；1：场逆程期间	1	1
	3	V. SEPUP	场同步分离灵敏度增强设定	0：正常模式；1：增强模式	1	1
	4	V RESET TIMING	场复位时机选择	0：正常；1：0.25H 相移	0	0
	5	C D MODE	场频计数模式	0～7	0	0
	6	V BLK SW	场消隐开关	0：正常模式；1：宽模式	0	0
	7	FBPBLK SW	行消隐产生选择开关	0：内部逻辑；1：FBP 或内部逻辑	1	1
	8	SVO ORFSC	52 脚输出信号选择	0：视频；1：彩色副载波	0	0
	9	C BYPASS	是否绕过彩色带通滤波器开关	0：否；1：是	0	0

（续）

菜单	序号	项目名称	调整功能	调整范围	参考数据	
					典型值	TC-2199 CH
MENU14	0	PALAPC SW	PALAPC 开关	0~1	0	0
	1	CKILLER OPE	消色起始点设定	0~7	7	7
	2	G-Y AMP	GY 幅度调整	0~15	8	8
	3	G-Y ANGLE	GY 解调角选择	0~1	1	1
	4	VIDEO LEVEL	视频解调输出幅度设定	0~7	7	7
	5	V LEV OFFSET	视频检波直流偏置设定	0~3	1	1
	6	C VCO ADJ	微调 NTSC/PAL-M/PAL-N 时的 VCO 频率	0~7	4	4
	7	GRAY MDDE	选择内部测试信号输出电平		0	0
	8	VCO FREQ	图像中频 VCO 频率调整（只对样片起作用）	0~63	31	31
	9	VIF SYS SW	图像中频设定	0：38.0；1：38.9；2：39.5；3：45.75	0	0
MENU15	0	OVERMOD SW	过调制功能开关	0：关；1：开	1	1
	1	OVMODLEVEL	过调制调整量	0~15	7	7
	2	Y TH	蓝电平延伸时亮度信号的灵敏度	0~3	0	0
	3	Y GAIN	蓝电平延伸增益	0~3	0	0
	4	R WIDTH	蓝电平延伸增益的校正范围	0~3	0	0
	5	R OFFSET	蓝电平延伸增益的校正范围	0~3	0	0
	6	B WIDTH	蓝电平延伸增益的校正范围	0~3	0	0
	7	B OFFSET	蓝电平延伸增益的校正范围	0~3	0	0
MUTE16	0	PRE SHOOT	亮度信号前沿过冲调整	0~3	0	0
	1	OVER SHOOT	亮度信号后沿过冲调整	0~3	0	0
	2	WPL OPE	白峰限制	0：无；1：高起点；3：低起点	1	1
	3	Y GAMMA STA	Y 信号伽玛校正起始点设定	0：无；1：高起点；3：低起点	0	2
	4	DC REST	直流恢复选择	0：100%；1：107%；2：113%；3：129%	3	3
	5	BLK STR STA	黑电平延伸起始点设定	0：高起点；2：低起始；3：无	1	1
	6	BLK STR GAIN	黑电平延伸增益设定	0~3	1	1
	7	C TRAP TEST	色度陷波控制	0~7	4	4
	8	C BPF TEST	色度带通控制	0~3	1	1

（续）

菜单	序号	项目名称	调整功能	调整范围	参考数据	
					典型值	TC-2199 CH
MENU17	0	W/B BRIGHT	W/B 状态下亮度模拟量值	0～127	70	70
	1	W/B CONTRAST	W/B 状态下对比度模拟量值	0～127	75	75
	2	W/B COLOR	W/B 状态下色度模拟量值	0～127	75	75
	3	LINE BRIGHT	亮线状态下亮度模拟量值	0～127	70	70
	4	LINE CONTR	亮线状态下对比度模拟量值	0～127	75	75
	5	LINE COLOR	亮线状态下色度模拟量值	0～127	75	75

4.3 海信 LA76933 机心超级彩电总线调整

海信 LA76933 机心超级彩电，总线系统采用将微处理器和被控电路合二为一的三洋超级单片电路 LA76933，完成由微处理器与中频、视频、扫描信号处理任务，场输出电路采用 LA78041，伴音功放电路采用 LA4225/AN17821A。

代表机型：海信 TF29R68N、TF2166GH、TF2169GH、HDP2188D、TF25R68、TF29R68 等机型。

4.3.1 总线调整方法

【进入退出维修模式】

先按“音量－”键，将音量调到最小，然后按住“菜单”键 4s 以上，屏幕上显示密码菜单后，按遥控器上的数字键“0398”输入密码，屏幕左上角显示“M”字符，表示已经进入维修模式。

调整后，至少进行一次调整操作后，遥控直流关机或交流关机后，才能退出维修模式。

【项目选择与调整】

进入维修模式后，按“－/－－”键显示副亮度项目，按“频道＋/－”键可顺序显示光栅几何失真和白平衡调整项目，按“音量＋/－”键调整项目数据。

按“菜单”键选择进入 ADJUST 状态，共有 MENU0～MENU20 共 21 个调整菜单；按“菜单”向后选择菜单，按“图像”键向前选择菜单。进入菜单后，按“频道＋/－”键选择调整项目，按“音量＋/－”键调整项目数据。

4.3.2 调整项目与数据

海信 LA76933 机心超级彩电，按“－/－－”键显示的调整项目和数据见表 4-5；按“菜单”键进入 ADJUST 状态显示的调整项目和数据见表 4-6。

表 4-5　海信 LA76933 机心按“-/--”键显示的调整项目和数据

序号	项目名称	调整功能	调整范围	参考数据
0	S-BRJ	副亮度调整	0～127	80
1	R-CUT	红截止调整	0～255	120
2	G-CUT	绿截止调整	0～255	120
3	B-CUT	蓝截止调整	0～255	120
4	R-DRV	红驱动调整	0～127	63
5	G-DRV	绿驱动调整	0～15	7
6	B-DRV	蓝驱动调整	0～127	63
7	CB/W	内部信号选择	0～3	0
8	HPS	行中心调整	0～31	8
9	N. HPS	NTSC 制行中心调整	-7～+8	+5
10	VPS	场中心调整	0～63	3
11	N. VPS	NTSC 制场中心调整	-31～+32	-3
12	HIT	场幅调整	0～127	116
13	N. HIT	NTSC 制场幅调整	-31～+32	2
14	VLIN	场线性调整	0～31	13
15	N. VLIN	NTSC 制场线性调整	-7～+8	+1
16	VSC	场 S 失真校正	0～31	11
17	N. VSC	NTSC 制场 S 失真校正	-7～+8	+4
18	AGC	高放 AGC 调整	0～63	35
19	OSDV	屏显上下位置调整	0～31	14
20	OSDH	屏显左右位置调整	0～63	36
21	WID	行宽度调整	0～63	19
22	N. WID	NTSC 制行宽度调整	0～63	23
23	DPC	枕形失真校正幅度调整	0～63	18
24	N. DPC	NTSC 制枕形校正幅度调整	0～63	20
25	KEY	倾斜校正调整	0～63	19
26	N. KEY	NTSC 制倾斜校正调整	0～63	17
27	UCNR	顶部边角失真校正调整	0～15	10
28	N. UCNR	NTSC 制顶部边角失真校正调整	0～15	12
29	LCNR	底部边角失真校正调整	0～15	6
30	N. LCNR	NTSC 制底部边角校正调整	0～15	6
31	TILT	地磁校正调整	-63～+64	0
32	BAL	音量左右声道平衡调整	-50～+50	0

表 4-6 海信 LA76933 机心按"菜单"键进入 ADJUST 状态显示的调整项目和数据

菜单	序号	项目名称	调整功能	调整范围	参考数据
MENU0	0	S-BRI	副亮度调整	0～127	80
	1	R-CUT	红偏压调整	0～255	120
	2	G-CUT	绿偏压调整	0～255	120
	3	B-CUT	蓝偏压调整	0～255	120
	4	R-DRV	红驱动调整	0～127	63
	5	G-DRV	绿驱动调整	0～15	7
	6	B-DRV	蓝驱动调整	0～127	63
MENU1	0	HPS	行中心调整	0～31	8
	1	VPS	场中心调整	0～63	3
	2	HIT	场幅调整	0～127	116
	3	VLIN	场线性调整	0～31	13
	4	VSC	场 S 失真校正	0～31	11
	5	N. HPS	NTSC 制行中心调整	-7～+8	+5
	6	N. VPS	NTSC 制场中心调整	-31～+32	3
	7	N. HIT	NTSC 制场幅调整	-31～+32	2
	8	N. VLIN	NTSC 制场线性调整	-7～+8	+1
	9	N. VSC	NTSC 制场 S 失真校正	-7～+8	+4
MENU2	0	WID	行宽度调整	0～63	19
	1	DPC	枕形失真校正幅度调整	0～63	18
	2	KEY	倾斜校正调整	0～63	19
	3	UCNR	顶部边角失真校正调整	0～15	10
	4	LCNR	底部边角失真校正调整	0～15	6
	5	N. WID	NTSC 制行宽度调整	0～63	23
	6	N. DPC	NTSC 制枕形失真校正幅度调整	0～63	20
	7	N. KEY	NTSC 制倾斜校正调整	0～63	17
	8	N. UCNR	NTSC 制顶部边角失真校正调整	0～15	12
	9	N. LCNR	NTSC 制底部边角失真校正调整	0～15	6
MENU3	0	B/W H SIZE	行宽补偿调整	0～7	7
	1	E/W TEST	E/W 测试模式选择	0：正常；1：测试	0
	2	E/W COR SW	角位校正模式选择	0：模式 1；1：模式 2	0
	3	VW/AUDIO SW	9 脚功能选择	0：AUDIO 输入； 1：VM 输出	0
	4	VM DELAY ADJ	VM 延迟时间调整	0～3	2
	5	VM GAIN	VM 增益调整	0～7	0

（续）

菜单	序号	项目名称	调整功能	调整范围	参考数据
MENU4	0	SCR. H. POSI	拉幕的起始位置调整	0～127	0
	1	H. BLK. LEFT	左消隐调整	0～7	7
	2	H. BLK. RIGHT	右消隐调整	0～7	2
	3	POWER LOGO	开机屏显示选择	0：无；1：厂标	1
	4	SCREEN TYPE	拉幕方式选择	0：普通；1：淡入淡出	1
	5	SCREEN OPT	开关机拉幕选择	0：无；1：开机；2：关机；3：开关机	3
	6	SCREEN TIME	开机拉幕前黑屏等待时间选择	0～7	0
	7	OSDV	屏显上下位置调整	0～31	14
	8	OSDH	屏显左右位置调整	0～63	36
	9	TOFAC	进入工厂调试按键方法	M：M 键；U：复合键	M
MENU5	0	ENGLISH OSD	英文 OSD 选择	0：无；1：有	1
	1	CHINESE OSD	中文 OSD 选择	0：无；1：有	1
	2	BACK COLOR	无信号静噪时背景	0：蓝；1：黑	1
	3	BLK PROCESS	换台过程中是否出现黑屏	0：无；1：有	1
	4	VMUTEP OFF	关机前先切断到显像管的视频输出	0：不选用；1：选用	1
	5	MUTE REM	静音状态关机是否记忆	0：不记忆；1：记忆	1
	6	HISENSE LOGO	海信标志选择	0：普通；1：海信	1
	7	LOGO HPOSI	海信标志左右位置	0～127	66
	8	LOGO VPOSI	海信标志上下位置	0～63	25
	9	FACTORY TUNE	工厂搜台频率表选择	0～4	1
MENU6	0	POWER OPTION	冷开机 POWER 初始状态设定	0：关；1：记忆；2、3：开	1
	1	AV OPTION	AV 输入选择	0～3	2
	2	S-VIDEO	S 端子输入功能选择	0：无；1：有	0
	3	YUV OPTION	YCbCr 输入功能选择	0：无；1：有	1
	4	DVD OPTION	DVD 功能选择	0：无；1：有	0
	5	DVD CHANNEL	DVD 通道选择	0～3	3
	6	VOLUME OPT	音量线性控制方式选择	0：傻瓜功放；1：四分段线性	0
	7	VOLUME25	四分段线性控制时，音量为 25 时设定	0～125	100
	8	VOLUME 50	四分段线性控制时，音量为 50 时设定	0～125	110
	9	VOLUME 75	四分段线性控制时，音量为 75 时设定	0～125	120
MENU7	0	GAME OPTION	游戏功能选择	0：无；1：MONEY；2：888；3：MONEY&888	3
	1	ON COLOR	开机拉幕颜色选择	共 8 种颜色	BLACK

（续）

菜单	序号	项目名称	调整功能	调整范围	参考数据
MENU7	2	OFF COLOR	关机拉幕颜色选择	共8种颜色	BLACK
	3	CHR COLOR	菜单字符颜色选择	0：绿色；1：青色	1
	4	CALENDAR	万年历功能选择	0：无；1：有	1
	5	LIM SETOPT	限时收看功能选择	0：无；1：有	1
	6	BIOLOGY OPT	人体生物钟功能选择	0：无；1：有	1
	7	CHILD LOCK	童锁功能选择	0：无；1：有	0
	8	TILT CORRECT	地磁校正功能选择	0：无；1：有	0
	9	SCR H COMP	开机拉幕行幅补偿	0~31	4
MENU8	0	AUTO OPTION	彩色制式AUTO选择	0：无；1：有	1
	1	AUTO1/2 OPT	彩色自动识别选项	0：PAL/N3.58/N4.43； 1：PAL-M/PAL-N/N3.58	0
	2	PAL OPTION	彩色制式PAL选择	0：无；1：有	1
	3	PAL-M OPTION	彩色制式PAL-M选择	0：无；1：有	0
	4	PAL-N OPTION	彩色制式PAL-N选择	0：无；1：有	0
	5	N3.58 OPTION	彩色制式NTSC3.58选择	0：无；1：有	1
	6	N4.43 OPTION	彩色制式NTSC4.43选择	0：无；1：有	1
	7	HALF TONE	半透明幅度调整	0~3	3
	8	YCBCR S/L	YCBCR的显示选择	0：YCbCr；1：YCBCR	1
MENU9	0	4.5M OPTION	4.5MHz伴音制式选择	0：无；1：有	1
	1	5.5M OPTION	5.5MHz伴音制式选择	0：无；1：有	0
	2	6.0M OPTION	6.0MHz伴音制式选择	0：无；1：有	1
	3	6.5M OPTION	6.5MHz伴音制式选择	0：无；1：有	1
	4	BLANK DIEF	RGB输出H/V消隐开关	0：开；1：关	0
	5	MENU BACK	菜单背景选择	0：无；1：有	1
	6	MENU ICON	菜单上方图标选择	0：无；1：有	1
	7	ICON COLOR	菜单图标颜色选择	0~7	4
	8	POSITION L/R	频道号OSD显示位置	0：左上角；1：右上角	1
	9	OSD CONTRAST	OSD对比度	0~7	6
MENU10	0	SUBCONT	副对比度调整	0~31	31
	1	SUB COLOR	副色度调整	0~15	15
	2	SUB SHARP	副清晰度调整	0~31	15
	3	SUB TINT	副色调调整	0~63	32
	4	BRTABL DEF	自动亮度控制	0：开；1：关	0
	5	MIDSTPDEF	自动亮度中心控制	0：开；1：关	1
	6	BRTABL TH	自动亮度控制门限值	0~7	4
	7	RGB TEMIP SW	RGB输出温度特性补偿开关	0：关；1：开	1
	8	CORING W/DEF	消噪增益控制	0：关；1：最小；3：最大	3

（续）

菜单	序号	项目名称	调整功能	调整范围	参考数据
MENU11	0	R-Y/B-Y G. BL	R-Y/B-Y 幅度调整	0～15	0
	1	R-Y/B-Y ANG	R-Y/B-Y 解调角调整	0～15	10
	2	B-YDC LEVEL	B-Y 白平衡调整	0～15	8
	3	R-YDC LEVEL	R-Y 白平衡调整	0～15	8
	4	YUV B-Y DC	YUV 时的 B-Y 白平衡调整	0～15	8
	5	YUV R-Y DC	YUV 时的 R-Y 白平衡调整	0～15	8
	6	3 HOUR A-OFF	无操作 3h 自动关机功能选择	0：无；1：有	0
	7	EVERY DAY	时间菜单功能项有效次数选择	0：一次；1：多次	0
MENU12	0	HOTEL MODE	宾馆模式选择	0：无；1：有	0
	1	HOTEL VOLUME	宾馆模式最大音量控制	0～127	50
	2	ON POSITION	宾馆模式开机频道选择	0～255	1
	3	ON TV/AV	宾馆模式开机 TV/AV 选择	0：TV；1：AV	0
MENU13	0	TUNER OPTION	调谐方式选择	0：电压；1：频率	1
	1	VL/VH FREQ	高频头的 VL/VH 分频点选择		64
	2	VH/UHF FREQ	高频头的 VH/UHF 分频点选择		163
	3	BAND OPTION	高频头 UHF 波段的传送格式选择		3
	4	SEARCH CHECK	冷开机时检查无频道存储则自动搜台	0：不用；1：选用	0
	5	P SEARCH OTP	用户菜单是否有频道搜索项	0：无；1：有	1
	6	UHF/DEGAUSS	LA76933 第 39 脚功能选择	0：UHF；1：消磁	0
	7	P-MUTE H/L	静音时 PMUTE 输出电平控制选择	0：高电平；1：低电平	0
MENU14	0	VOLUME OUT	内部音量输出（选择立体声功能）	0～127	120
	1	STEREO OPT	声音控制选择	0：内部单声道； 1：两路立体声； 2：1116 无平衡； 3：1116 带平衡	0
	2	LV1116 GAIN	LV1116 增益控制	0～7	4
	3	SUR MODE	环绕效果选择	0～7	7
	4	WOOFER GAIN	重低音增益控制	0～7	3
	5	2/3 CHANELS	LV1116 输入通道选择	0：2 路输入； 1：3 路输入	0
	6	TFA9843A OTP	伴音功放 TFA9843 选择	0：不选用；1：选用	0
	7	S TRAP ADJ	伴音中频陷波频率微调	0～7	4
	8	S TRAP SW	内部外部陷波器选择	0：外部；1：内部	1
	9	AFC GAIN	AFC 增益控制选择	0：AUTO；1：高增益	0

（续）

菜单	序号	项目名称	调整功能	调整范围	参考数据
MENU15	0	VOL FILTER	音量控制滤波功能	0：开；1：关	0
	1	A MONI SW	2 脚音频信号输出选择	0：TV； 1：TV 时 TV、AV 时 AV	1
	2	A2 SW	立体声模式选择	0：正常；1：西德立体声	0
	3	SVO ORFSC	52 脚输出信号选择	0：视频；1：彩色副载波	0
	4	FBPBLK SW	行消隐产生选择开关	0：内部逻辑； 1：FBP 或内部逻辑	1
	5	SCREEN SAVER	无信号时屏幕保护方式选择	0~3	0
	6	SAVER TOP	屏幕保护上边界	0~255	255
	7	SAVER BOTTOM	屏幕保护下边界	0~255	255
	8	SAVER LEFT	屏幕保护左边界	0~255	255
	9	SAVER RIGHT	屏幕保护右边界	0~255	255
MENU16	0	SYNC SEP SEN	场同步分离灵敏度选择	0~7	3
	1	VSHIFT	场漂移调整	0~15	4
	2	NTV SHIFT	NTSC 制场飘移调整	0~15	4
	3	V COMP	场幅补偿量调整	0~7	7
	4	V TRANS	选择数据传送时机	0：随机；1：场逆程期间	1
	5	V. SEPUP	场同步分离灵敏度增强设定	0：正常模式； 1：增强模式	1
	6	V RESET TIMING	场复位时机选择	0：正常；1：0.25H 相移	0
	7	C D MODE	场频计数模式	0~7	0
	8	V TEST	场测试模式	0：正常模式； 1~3：测试模式	0
	9	V BLK SW	场消隐开关	0：正常模式；1：宽模式	0
MENU17	0	VIF SYS SW	图像中频设定	0：38M；1：38.9M； 2：39.5M；3：45.75M	0
	1	PAL APC SW	PAL 制 APC 开关设定	0：开；1：关	0
	2	C KILLER OPE	消色起始点设定	0~7	7
	3	VIDEO LEVEL	视频解调输出幅度设定	0~7	7
	4	V LEV OFFSET	视频检波直流偏置设定	0~3	1
	5	C VCO ADJ	微调 N/P-M/P-N 时的 VCO 频率	0~7	4
	6	GRAY MODE	选择内部测试信号输出电平	0：白电平 70%； 1：灰度 15%	0
	7	VCO FREQ	图像中频 VCO 频率调整（只对样片）	0~63	31
	8	VCO ADJUST	图像中频 VCO 自由运行频率调整	0~3	0
	9	C BYPASS	是否绕过彩色带通滤波器开关	0：否；1：是	0

（续）

菜单	序号	项目名称	调整功能	调整范围	参考数据
MENU18	0	OVER MOD SW	过调制功能开关	0：关；1：开	1
	1	OV MOD LEVEL	过调制调整量设置	0～15	8
	2	Y TH	蓝电平延伸时亮度信号的灵敏度	0～3	0
	3	Y GAIN	蓝电平延伸增益	0～3	0
	4	R WIDTH	蓝延伸的红色校正范围	0～3	0
	5	R OFFSET	蓝延伸的红色截止范围	0～3	0
	6	B WIDTH	蓝延伸的蓝色校正范围	0～3	0
	7	B OFFSET	蓝延伸的蓝色截止范围	0～3	0
	8	G-Y AMP	G-Y 幅度调整	0～15	8
	9	G-Y ANGLE	G-Y 解调角选择	0～1	1
MENU19	0	PRE SHOOT	亮度信号前沿过冲调整	0～3	0
	1	OVER SHOOT	亮度信号后沿过冲调整	0～3	0
	2	WPLOPE	白峰限制起始点设定	0：无；1：高起点；3：低起点	0
	3	Y GAMMA STA	Y 信号伽玛校正起始点设定	0：无；1：高起点；3：低起点	0
	4	DC REST	直流恢复电平设定	0：100%；1：107%；2：113%；3：129%	3
	5	BLK STROPT	菜单中“图像透亮”项设定	0：无；1：有	0
	6	BLK STR STA	黑电平延伸起始点设定	0：高起点；2：低起点；3：无	1
	7	BLK STR GAIN	黑电平延伸增益设定	0～3	1
	8	C TRAP TEST	色度陷波控制	0～7	4
	9	C BPF TEST	色度带通控制	0～3	1
MENU20	0	W/B BRIGHT	W/B 状态下亮度模拟量值	0～127	65
	1	W/B CONTRAST	W/B 状态下对比度模拟量值	0～127	75
	2	W/B COLOR	W/B 状态下色度模拟量值	0～127	35
	3	LINE BRIGHT	亮线状态下亮度模拟量值	0～127	65
	4	LINE CONTR	亮线状态下对比度模拟量值	0～127	75
	5	LINE COLOR	亮线状态下色度模拟量值	0～127	35

4.4　海信 UOC3 机心超级彩电总线调整

海信 UOC3 机心超级彩电，总线系统采用将微处理器和被控电路合二为一的 TDA12060 飞利浦超级单片电路，完成由微处理器与中频、视频、扫描信号处理任务，场输出电路采用 TDA4863AJ，伴音功放电路采用 TDA8946AJ。

代表机型：海信 TC3401DH、TF2902DF、TF2978DF 等超级单片系列彩电。

4.4.1　总线调整方法

【进入退出维修模式】

先按“菜单”键，然后按遥控器上的数字键“1147”输入密码，此时屏幕左上角显示绿色字符“M”，表示已经进入 M 维修调整模式。

调整完毕，遥控直流关机，即可退出 M 维修调整模式。

【项目选择与调整】

进入 M 维修调整模式后，按“数字 0”键，屏幕上显示“023 VLIN”项目，按“频道 +/-”键选择调整项目，按“音量 +/-”键调整项目数据。

在 M 维修调整状态下，按“精细扫描”键直接进入“005 VG2”项，按“音量 +”键，屏幕变为水平亮线状态，再按一下“音量 +”键，光栅恢复正常。

注意：3s 内不作任何调整，则自动回到 M 状态，不再显示调整项目，需重新按“数字 0”键进入项目显示状态。

4.4.2　调整项目与数据

海信 UOC3 机心超级彩电总线系统调整项目和数据见表 4-7。

表 4-7　海信 UOC3 机心超级彩电总线系统调整项目和数据

序号	项目名称	调整功能	参考数据	调整说明
000	UocⅢ CRCN 3.0	版本号	1	
001	Init TV	软件初始化	1	
002	BUS OFF	切换总线控制	0	
003	Cut Off	设置帘栅亮度	55	
004	VSD	亮线状态调帘栅选择	0	0：无；1：是
005	VG2	调整帘栅状态	0	0：正常；1：帘栅
006	RGB	字符亮度调整	18	
007	VIDEO MUTE	频道切换最长时间设置	100	
008	PTIME	用户暗电流检测最长时间	20	
009	MTIME	工厂暗电流检测最长时间	20	
011	PWR-SAVING	省电模式设置	1	0：sleep；1：stop
012	PWR-PERF	开机启动模式设置	0	0：快速；1：正常

（续）

序号	项目名称	调整功能	参考数据	调整说明
013	PWR-REST	开机时状态设定	1	0：待机；1：正常
014	PWR-ONKEY	频道 +/－键解除待机功能	1	0：关；1：开
015	DCXO	手动调整晶体负载电容大小	50	
017	Tube-Type	显像管种类设置	1	0：16:9；1：4:3
018	Track. mode	高压 EHT 跟踪模式设置	0	0：场；1：场与枕校
019	Vert. Zoom	设置工厂调整基准场幅 VX	30	
020	V. Lin. Ctrl.	上下边角场线性选择	0	0：全部；1：只下边角；2：只上边角
021	V. Linearity	场线性可调幅度范围	32	
022	TILT	地磁校正调整	47	
023	VLIN	PAL 制场线性调整	36	
024	VPS	PAL 制场中心位置调整	37	
025	HIT	PAL 制场幅调整	24	
026	VSC	PAL 制场 S 校正调整	23	
027	WID	PAL 制行幅调整	32	
028	HPS	PAL 制行中心位置调整	41	
029	DPC	PAL 制枕形校正调整	21	
030	KEY	PAL 制梯形校正调整	31	
031	UCNR	PAL 制上边角校正调整	29	
032	LCNR	PAL 制下边角校正调整	32	
033	BOW	PAL 制弓形校正调整	36	
034	PARA	PAL 制平行四边形失真校正调整	28	
035	VLIN6	NTSC 制场线性校正调整	35	
036	VPS6	NTSC 制场中心位置调整	38	
037	HIT6	NTSC 制场幅校正调整	31	
038	VSC6	NTSC 制场 S 失真校正	27	
039	WID6	NTSC 制行幅调整	35	
040	HPS6	NTSC 制行中心位置调整	49	
041	DPC6	NTSC 制枕形失真校正	23	
042	KEY6	NTSC 制梯形失真校正	31	
043	UCNR6	NTSC 制上边角失真校正	33	
044	LCNR6	NTSC 制下边角失真校正	33	
045	BOW6	NTSC 制弓形失真校正	36	

（续）

序号	项目名称	调整功能	参考数据	调整说明
046	PARA6	NTSC 制平行四边形失真校正	30	
055	Vert. Seroll	场卷边调整，场扩展模式有作用	32	
056	VX Normal	正常场幅设置，必须与 Vert. Zoom 项一致	30	
057	VX Expand	扩展场幅设置	30	未用
058	VX Compr.	压缩场幅设置	30	未用
059	VX 4:3	4:3 场幅设置	30	未用
060	VX 16:9	16:9 场幅设置	30	未用
061	VS Subt.	场 S 失真校正	32	仅用于 zoom 模式为 subtitle 状态
062	CL	阴极驱动设置	6	
063	AKB	暗电流检测开关	0	0：开；1：关
064	EVG	场电路保护设置	0	1：黑屏；0：不起作用
065	OSVE	去掉场暗电流检测线设置	0	1：有效；0：正常
066	DFL	FLASH 保护模式设置	0	0：开；1：关
067	XDT	高压保护模式设置	0	0：开；1：关
068	HBL	沙堡信号前后沿调整	1	1：开；0：关
069	WBF	沙堡信号前沿调整	6	
070	WBR	沙堡信号后沿调整	6	
071	WSS	宽屏信号扫描设置	1	1：有效；0：无效
072	Gld-SCART	GoldenSCART 选项设置	1	0：无；1：有
073	SUB	副亮度调整	29	
074	SUBCoN	最大对比度调整	58	
075	SUB SAT	最大色度调整	58	
076	SUB SHA	最大清晰度调整	58	
077	RDRVC	冷色状态红激励调整	25	
078	GDRVC	冷色状态绿激励调整	30	
079	BDRVC	冷色状态蓝激励调整	35	
080	RCUTC	冷色状态红截止调整	32	
081	GCUTC	冷色状态绿截止调整	32	
082	RDRV	标准状态红激励调整	33	
083	GDRV	标准状态绿激励调整	27	
084	BDRV	标准状态蓝激励调整	32	

（续）

序号	项目名称	调整功能	参考数据	调整说明
085	RCUT	标准状态红截止调整	39	
086	GCUT	标准状态绿截止调整	31	
087	RDRVW	暖色状态红激励调整	49	
088	GDRVW	暖色状态绿激励调整	38	
089	BDRVW	暖色状态蓝激励调整	26	
090	RCUTW	暖色状态红截止调整	32	
091	GCUTW	暖色状态绿截止调整	32	
092	PV-BR-BR	明亮模式亮度调整	65	
093	PV-CT-BR	明亮模式对比度调整	75	
094	PV-CL-BR	明亮模式色度调整	55	
095	PV-SH-BR	明亮模式清晰度调整	55	
096	PV-BR-ST	标准模式亮度调整	50	
097	PV-CT-ST	标准模式对比度调整	60	
098	PV-CL-ST	标准模式色度调整	45	
099	PV-SH-ST	标准模式清晰度调整	50	
100	PV-BR-WK	自动模式亮度调整	20	未用
101	PV-CT-WK	自动模式对比度调整	31	未用
102	PV-CL-WK	自动模式色度调整	20	未用
103	PV-SH-WK	自动模式清晰度调整	31	未用
104	PV-BR-SO	柔和模式亮度调整	40	
105	PV-CT-SO	柔和模式对比度调整	45	
106	PV-CL-SO	柔和模式色度调整	40	
107	PV-SH-SO	柔和模式清晰度调整	50	
108	YSECAM	SECAM 制亮度信号延时调整	4	
109	YNTSC	N 制亮度信号延时调整	4	
110	YPAL	PAL 制亮度信号延时调整	4	
111	YAV1	AV1 状态亮度信号延时调整	4	
112	YAV2	AV2 状态亮度信号延时调整	4	
113	YSVHS1	s1 状态亮度信号延时调整	4	
114	YSVHS2	s2 状态亮度信号延时调整	4	
115	ACL	自动彩色控制设置	1	1：开；0：关
116	MUS	N 制模式设置	0	1：美国 N 制； 0：日本 N 制

（续）

序号	项目名称	调整功能	参考数据	调整说明
117	PWL	白峰限制幅度调整	0	
118	CB	色带通滤波器中心频率设置	8	
119	BPS	色带通滤波器延时线设置	1	1：不用；0：使用
120	FCO	弱信号不消色设置	0	1：开；0：关
121	SVMA	速调输出信号基准幅度调整	0	
122	SVM	速调相位调整	0	
123	VMA	速调幅度调整	0	
124	SMD	速调模式选择	2	
125	SVM-OSD-PW	OSD 速调脉宽调整	0	
126	SMD-OSD-TM	OSD 速调输出时间提前于 RGB	0	
127	Peak Freq PAL443	PAL4. 43 制勾边频段设置	3	
128	Peak Freq PALM	PALM 制勾边频段设置	3	
129	Peak Freq PALN	PALN 制勾边频段设置	3	
130	Peak Freq NTSC443	NTSC 4. 43 制勾边频段设置	3	
131	Peak Freq NTSCM	NTSC M 制勾边频段设置	3	
132	Peak Freq SECAM	SECAM 制勾边频段设置	3	
133	Peak Freq AV	AV 状态勾边频段设置	3	
134	Soft Clip Level	白峰限制基准电平设置	2	
135	Blue Black NoMute	无信号屏显设定	1	0：蓝屏；1：黑屏
136	Black Stretch	黑延伸设定	0	
137	Blue Stretch	蓝延伸设定	0	
138	White Stretch	白延伸设定	0	
139	Sott Clipper	图像降噪设置	1	
140	Peak Ratio OvShot	峰值比率设置	0	
141	Tint Def NTSC	N 制色调设置	32	
142	Tint Def YCbCr	YUV 状态色调设置	32	
143	Tint Def OTHERS	其他状态色调设置	32	
144	OSO	场过扫描保护选择	1	1：开；0：关
145	FSL	场同步幅度选择	1	1：固定 60%；0：自动
146	HP2	OSD 同步模式设置	0	1：to PHI2；0：to PHI1
147	COR	降噪功能设置	0	0：关；1：20%； 2：40%；3：100%
148	OSDH	PAL 制屏显字符水平位置调整	0	

（续）

序号	项目名称	调整功能	参考数据	调整说明
149	OSDH6	NTSC 制屏显字符水平位置调整	0	
150	OSDV	PAL 制屏显字符垂直位置调整	42	
151	OSDV6	NTSC 制屏显字符垂直位置调整	16	
152	WB BRIGHT	白平衡亮度调整	50	
153	WB CONTRAST	白平衡对比度调整	50	
154	WB COLOR	白平衡色度调整	50	
155	OP AUDIO CONFIG	声音模式设置	2	0:单声道；1:AV 立体声；2：立体声
175	OP BILING	声音双语设置	0	0：关；1：开
176	E2D	声音去加重设置	0	0：单声道；1：所选信号
178	FFI	时间常数设置	0	0：标准信号；1：特殊地区
179	DSG	伴音音量增强设置	0	1：开；0：关
222	FMWS	伴音频偏宽度调整	2	
223	V20	设置音量为 20 时伴音的大小调整	10	
224	V50	设置音量为 50 时伴音的大小调整	25	
226	V100	设置音量为 100 时伴音的大小调整	60	
227	AGC Speed	AGC 反应速度设置	2	
228	AGC	AGC 设置	26	
229	OIF	中频频偏量设置	32	
230	IF	中频设置	3	
231	TUNER	高频头厂家设置	2	
232	SVO	中频伴音陷波通过群延时再输出设定	0	
233	GD	群延时开关设置	1	1：开；0：关
234	BPB	伴音带通滤波器设置	0	1：不通过；0：通过
235	AV1-IN	AV1 功能选项设置	1	0：无；1：有
236	S1-IN	S1 功能选项设置	1	0：无；1：有
237	AV2-IN	AV2 功能选项设置	1	0：无；1：有
238	AV3-IN	AV3 功能选项设置	0	0：无；1：有
239	S2-IN	S2 功能选项设置	0	0：无；1：有
240	DVD-IN	YUV 功能选项设置	1	0：无；1：有
241	CBVS-OUT	视频输出选项设置	1	0：无；1：有
242	INCL-AV	按“频道 +/－”键是否含有 AV 设置	0	0：无；1：有

（续）

序号	项目名称	调整功能	参考数据	调整说明
243	TXT-ON	图文功能设置	1	0：无；1：有
248	TXT-SPLIT	双窗图文功能设置	1	0：无；1：有
249	TIM-REM	定时器提醒功能选项	.1	0：无；1：有
250	TIM-SLP	定时器睡眠选项	1	0：无；1：有
251	TIM-SW	定时器定时开机选项	1	0：无；1：有
252	TIM-OFF	定时器定时关机选项	1	0：无；1：有
253	TIM-SKP	定时器广告跳跃选项	1	0：无；1：有
256	TIM-RT	定时器时钟选项	1	0：无；1：有
258	CombFil	亮色分离开关设置	1	0：无；1：有
259	TOFAC	按工厂遥控器进入工厂状态设置	1	1：开，0：关
260	SERVICE	维修状态设置	1	不得进行调整
261	AGING	老化状态设置	0	不得进行调整
262	NTSC-M	搜台设置	1	1：保证搜台稳定
263	PROGRAM BLACK	换台黑屏功能设置	1	0：无；1：有
264	AUTO SOUND	伴音自动识别设置	0	0：无；1：有
265	SVM ON OFF	速调开关设置	0	
267	CURTAIN MODE	拉幕模式设置	4	4：左右拉幕
268	CURTAIN COLOR	拉幕颜色设置	0	0：黑色

4.5 海信 UOC-TOP 机心超级彩电总线调整

海信 UOC-TOP 机心超级彩电，总线系统采用将微处理器和被控电路合二为一的 TDA11105PS 飞利浦超级单片电路，完成由微处理器与中频、视频、扫描信号处理任务。伴音功放电路采用 TFA9800J，场输出电路采用 CD78040，电源厚膜电路采用 STR-W6553A。

代表机型：海信 TC21R08、TC21R88N 等机型。

4.5.1 总线调整方法

【进入退出维修模式】

使用随机用户遥控器，按“菜单”键屏幕上显示用户调整菜单，选择并进入“声音”调整菜单，在“音量”选项下，按遥控器上的数字键“0532”，输入密码，屏幕左上角出现绿色“M”字符，表示进入维修调整状态。

调整完毕，遥控关机即可退出维修调整状态。

【项目选择与调整】

进入维修模式后，屏幕显示调整菜单。按“菜单”键顺序翻页选择菜单，进入各个菜单后，按“频道 +/－”键选择调整项目，按“音量 +/－”键调整所选项目数据。

4.5.2　调整项目与数据

海信 UOC-TOP 机心超级彩电总线系统调整项目和数据见表 4-8。

表 4-8　海信 UOC-TOP 机心超级彩电总线系统调整项目和数据

菜单	序号	项目名称	调整功能	参考数据
菜单 1	1	VSC5	50Hz 场线性调整	25
	2	VS5	50Hz 场调整	33
	3	HPS5	50Hz 行中心调整	32
	4	VPS5	50Hz 场中心调整	22
	5	HIT5	50Hz 行幅度调整	15
	6	OSDV5	字符垂直位置调整	42
	7	OSDH	字符水平位置调整	3
菜单 2	1	RCUT	白平衡红截止调整	12
	2	GCUT	白平衡绿截止调整	14
	3	BCUT	白平衡蓝截止调整	32
	4	RDRV	白平衡红驱动调整	47
	5	GDRV	白平衡绿驱动调整	34
	6	BDRV	白平衡蓝驱动调整	32
	7	VG2. Bri	白平衡亮线状态亮度设置	40
	8	VG2	进入白平衡亮线状态	0
	9	BLOC	暗电平偏置设定	11
	10	COF	RGB 截止控制范围设置	0
	11	CL	阴极电压设置	13
菜单 3	1	SUB	副亮度调整	17
	2	BRI0	亮度为 0 时数据设置	0
	3	BRI50	亮度为 50% 时数据设置	32
	4	BRI100	亮度为 100% 数据设置	63
	5	CONT50	对比度为 50% 时数据设置	32
	6	CONT75	对比度为 75% 时数据设置	47
	7	CONT100	对比度为 100% 时数据设置	63
	8	COL50	色度为 50% 时数据设置	32
	9	COL100	色度为 100% 时数据设置	63
	10	SHARP100	清晰度为 100% 时数据设置	63
菜单 4	1	Curtain	拉幕开关设置	0
	2	Auto Snd Sys	自动制式识别设置	0

（续）

菜单	序号	项目名称	调整功能	参考数据
菜单 4	3	VGUARD	场保护设置	1
	4	Saving	自由听功能设置	1
	5	Light Sensor	光感功能设置	0
	6	15 HD	15k 高清功能设置	0
	7	COMP-IN	分量输入功能设置	1
	8	AV1-IN	AV1 输入功能设置	1
	9	S-IN	S 端子输入功能设置	0
	10	S-AUTO	S 端子自动识别功能设置	0
	11	Chassis		1
菜单 5	1	F-Channel	频道预置	0
	2	TOFAC	进入工厂模式方法设置	0

4.6 海信 8829 机心大屏幕超级彩电总线调整

海信 8829 机心超级单片大屏幕彩电，总线系统采用将微处理器和被控电路合二为一的 TMPA8807/TMPA8827 东芝超级单片电路，海信公司掩膜后命名为 HISENSE-8829-1/HISENSE-8829-2，完成由微处理器与中频、视频、扫描信号处理任务，其中 HISENSE-8829-2 增加了开机拉幕、广告跳跃及精细扫描功能。场输出电路采用 CD7845GS，伴音功放电路采用 CD8256CZ。

适用机型：海信 TC2502D、TC2506D、TC2507H、TC2902HD、TC2918D、TC2918H、TF2502D、TF2506A、TF2507H、TF2902D、TF2906D、TF2918H、TF3406D 等机型。

4.6.1 总线调整方法

【进入退出维修模式】

使用 HYDFSR-0076 型遥控器进行调整，将遥控器拆开，在遥控器的右下角位置装上新按键，此键即为“F1”。先按“F1”键，再按“声音模式”键，屏幕右上角显示“M1”，表示进入维修模式。

调整完毕，按 HYDFSR-0076 型遥控器“F1”键或执行遥控关机，即可退出维修模式。

【项目选择与调整】

在维修模式下，按“频道+/-”键进行选项，按“音量+/-”键调整当前显示项的数据。

通用密码：先切换到 186 频道，再切换到 AV1，用遥控器依次输入“88090916”，即可解开密码。

4.6.2 调整项目与数据

海信 8829 机心超级大屏幕彩电调整项目与参考数据见表 4-9。海信 8829 机心 HISENSE-

8829-2 芯片功能设置项目选项数据见表 4-10。

表 4-9　海信 8829 机心超级大屏幕彩电调整项目与数据

序号	项目名称	调整功能	参考数据	
			数据 1	数据 2
1	OSD	字符水平位置调整	0E	0E
2	OPT	* * 功能设定	E3	63
3	RCUT	* 红截止调整	4D	2E
4	GCUT	* 绿截止调整	4B	39
5	BCUT	* 蓝截止调整	50	52
6	GDRV	* 绿驱动调整	41	33
7	BDRV	* 蓝驱动调整	3F	34
8	CNTX	最大对比度调整	7F	7F
9	BRTC	亮度中心值调整	20	20
10	TNTC	色调中心值调整	34	40
11	COLC	N 制彩色中心值调整	3F	28
12	COLP	P 制彩色中心值调整	F0	00
13	COLS	S 制彩色中心值调整	31	31
14	DCOL	YUV 输入方式时的色度偏移量	30	20
15	SCOL	副色度调整	07	07
16	SCNT	副对比度调整	0A	0A
17	CNTC	对比度中心值调整	3F	3F
18	CNTN	最小对比度值调整	02	02
19	BRTX	亮度最大值调整	2F	2F
20	BRTN	亮度最小值调整	2F	2F
21	COLX	色度最大值调整	20	20
22	COLN	色度最小值调整	00	00
23	TNTX	色调最大值调整	3F	3F
24	TNTN	色调最小值调整	2B	2B
25	ST3	N3 电视频道锐度中心调整	19	19
26	SV3	N3 视频频道锐度中心调整	20	20
27	ST4	其他电视频道锐度中心调整	19	19
28	SV4	其他视频频道锐度中心调整	20	20
29	SVD	DVD 频道锐度中心调整	3D	3D
30	ASSH	不对称锐度调整	04	04
31	SHPX	锐度最大值调整	1A	1A
32	SHPN	锐度最小值调整	1A	1A
33	TXCX	图文对比度最大值调整	1F	1F

（续）

序号	项目名称	调整功能	参考数据	
			数据 1	数据 2
34	RGCN	图文对比度最小值调整	1F	1F
35	ABL	ABL 开始点及增长调整	27	27
36	DCBS	字符亮度及黑电平延伸等控制	12	12
37	CLTO	TV 非 M 制式彩色控制数据调整	48	48
38	CLTM	TV 且 M 制式彩色控制数据调整	4B	4B
39	CLVO	YUV 非 M 制式彩色控制数据调整	4F	4F
40	CLVD	YUV 且 M 制式彩色控制数据调整	4F	4F
41	DEF	锯齿波电压基准电压调整	01	01
42	AKB	自动阴极电流检测（00：关闭）设置	00	00
43	SECD	S 制式模式数据设置	08	08
44	HPOS	*50Hz 行中心调整	11	12
45	VP50	*50Hz 场中心调整	05	04
46	HIT	* 50Hz 场幅度调整	2F	25
47	VUN	*50Hz 场线性调整	22	0B
48	VSC	*50Hz 场 S 失真校正	0C	09
49	DPC	*枕形失真校正	23	27
50	KEY	梯形失真校正	22	25
51	WID	行幅度调整	1A	0F
52	ECCT	上角失真校正	0D	0A
53	ECCB	下角失真校正	0D	0A
54	VEHT	场高压稳定性校正	03	03
55	HEHT	行高压稳定性校正	00	00
56	SBY	S 制式蓝色差调整	08	08
57	SRY	S 制式红色差调整	08	08
58	BRTS	*副亮度调整	15	27
59	RAGC	*延迟 AGC 调整	20	2D
60	HAFC	AFC 增益控制	09	09
61	V01	音量 1% 处控制设置	0F	0F
62	V25	音量 25% 处控制设置	27	27
63	V50	音量 50% 处控制设置	48	48
64	V100	音量 100% 处控制设置	72	72
65	MUTT	软启动时亮度消隐时间设置	00	00
66	STAT	软启动时对比度起来时间设置	00	00
67	FLG0	中频模式选择 0 设置	56	56

（续）

序号	项目名称	调整功能	参考数据	
			数据 1	数据 2
68	FLG1	* * 中频模式选择 1 设置	05	05
69	REFP	AKB 脉冲位置	00	00
70	RSNS	R SENSE 设置	00	00
71	GSNS	G SENSE 设置	00	00
72	BSNS	B SENSE 设置	00	00
73	MOD	模式设置	00	00
74	STBY	VCD/中放待命	00	00
75	SVM	速度调制 0 设定	06	06
76	SVM1	速度调制 1 设定	04	04
77	SVM2	速度调制 2 设定	06	06
78	SVM3	速度调制 3 设定	04	04
79	VBLK	场回扫的开始与停止位置	00	00
80	VCEN	场中心调整	1B	1B
81	UCOM	色度自动相位控制设置	00	00
82	VTST	未用	00	00
83	PYNX	正常时行同步最大值调整	22	22
84	PYNN	正常时行同步最小值调整	1E	1E
85	PYXS	搜索时行同步最大值调整	22	22
86	PYNS	搜索时行同步最小值调整	1E	1E
87	WCTL	伴音相关控制项设置	01	01
88	SUR1	单声道模式下环绕声的控制	07	07
89	SUR2	立体声 1 模式下环绕声的控制	07	07
90	SUR3	立体声 2 模式下环绕声的控制	0F	0F
91	BASC	低音中心值调整	40	40
92	BASX	低音最大值调整	72	72
93	TREC	高音中心值调整	40	40
94	BALC	平衡中心值调整	3F	3F
95	WOFC	重低音中心值调整	39	39
96	BAS1	语言伴音模式时的低音设定值	50	50
97	BAS2	标准伴音模式时的低音设定值	3C	3C
98	BAS3	音乐伴音模式时的低音设定值	28	28
99	TRE1	语言伴音模式时的高音设定值	1E	1E
100	TRE2	标准伴音模式时的高音设定值	1E	1E
101	TRE3	音乐伴音模式时的高音设定值	1E	1E

（续）

序号	项目名称	调整功能	参考数据	
			数据 1	数据 2
102	WFL1	语言伴音模式时的重低音设定值	DA	DA
103	WFL2	标准伴音模式时的重低音设定值	BC	BC
104	WFL3	音乐伴音模式时的重低音设定值	9E	9E
105	WON1	重低音输出电平设定	0A	0A
106	WON2	低音衰减系数胜任者	09	09
107	WOFF	重低音关闭时的重低音输出电平调整	00	00
108	COM1	TC90A49 的设置项 1	04	04
109	COM2	TC90A49 的设置项 2	36	36
110	MODE0	* * 模式 0 设置	12	92
111	MODE1	* * 模式 1 设置	CB	CB
112	MODE2	* * 模式 2 设置	9A	9F
113	RCUTS	YCbCr 输入方式 R 截止偏移量	00	00
114	GCUTS	YCbCr 输入方式 G 截止偏移量	00	00
115	BCUIS	YCbCr 输入方式 B 截止偏移量	00	00
116	GDRVS	YCbCr 输入方式 G 驱动偏移量	00	00
117	BDRVS	YCbCr 输入方式 B 驱动偏移量	00	00
118	NOIS	弱信号时行 AFC 控制设定	01	01
119	01ATT	使用 TC90L01 时其内部的衰减	4C	4C
120	01ALC	使用 TC90L01 时的 ALC 模式设定	00	00
121	OSDF	字符振荡频率设定	50	50
122	HVOL	旅馆模式时的最大音量设定	30	30
123	OPT2	* * 功能设定	00	00
124	BBR	黑屏打开且无信号时，亮度的设定值	3F	3F
125	OPT1	* * 功能设定	23	03
126	DOWN2	上下拉幕且为 60Hz 时的中间数据	80	82
127	AREA	主菜单下部分及上半部分文本的颜色	E7	F7
128	AREA2	声音条边框及内部半透背景的颜色	1F	1F
129	CENT	水平拉幕中心位置调整	9C	9E
130	DOWN	垂直拉幕中心位置调整（PAL 制）	9F	9F
131	MCOLOR	主菜单下半部分文本及未选中的颜色	46	46
132	PCOLOR	声音条颜色及主菜单正常时的颜色	52	52
133	TCOLOR	主菜单上半部分颜色	1F	1F

注：带“*”项的数据可根据需要进行调整。带“* *”项为功能设定项，根据机型功能不同，其数据也有所不同。

表 4-10　海信 8829 机心超级大屏幕彩电功能设置选项表

选项菜单	设置项目	设置内容	设置数据说明
OPT	BIT0	开机自动搜台功能选择	0：无；1：有
	BIT1	无信号时背景选择	0：蓝屏；1：黑屏
	BIT2	NTSC4.43 功能选择	0：无；1：有
	BIT3	TB1254 音频增益选择	0：关；1：开
	BIT4	无同步时 AFT 调整	0：关；1：开
	BIT5	TA1343N 芯片选择 （注：8829-1 版本此位为换台黑屏功能）	0：无；1：有
	BIT6	同步选择	0：TV 同步；1：监视器同步
	BIT7	彩色制式选择	0：多制式；1：单制式
FLG1 项	BIT0	潜水艇游戏选择	0：无；1：有
	B IT2	精细扫描功能选择 （注：8829.1 版本此位未定义）	0：无；1：有
	BIT3	SIF 设置	0：打低频率 1MHz；1：位移 62.5kHz
	BIT4	同步分离电平设置	0：40%；1：36%
	BIT5	SIF 的 1MHz 转换增益设定	0：低；1：高
MODE0	BIT0	使用 TC90A49 选择	0：无；1：有
	BIT1	PAL 彩色制式功能选择	0：无；1：有
	BIT2	ECAM 彩色制式功能选择	0：无；1：有
	BIT4	频道数设定	0：100 频道；1：200 频道
	BIT5	视频静噪模式	0：亮度静噪；1：RGB 输出截止电流
	BIT6	上下左右与频道加减、声音加减键作用是否相同	0：不同；1：相同
	BIT7	NTSC3.58 彩色制式功能选择	0：无；1：有
MODE1	BIT0	YUV 功能选择	0：无；1：有
	BIT1	超重低音功能选择	0：无；1：有
	BIT2	屏显时间	0：2s；1：始终
	BIT3	PAL 制色调功能选择	0：有；1：无
	BIT4	色调极性标准设定	0：标准；1：翻转
	BIT5	整机工作模式	0：标准模式；1：宾馆模式
	BIT7、BIT6	默认制式设定	00：M 制；01：I 制， 10：BG 制；11：DK 制
MODE2	BIT0	M 制伴音功能选择 4	0：无；1：有
	BIT1	I 制伴音功能选择	0：无；1：有
	BIT2	BG 制伴音功能选择	0：无；1：有
	BIT3	DK 制伴音功能选择	0：无；1：有
	BIT4	搜台时压控振荡器调整	0：有；1：无
	BIT5	搜台时判断中频锁定功能	0：无；1：有
	BIT6	搜台时判断同步功能	0：无；1：有
	BIT7	节气功能选择	0：无；1：有

（续）

选项菜单	设置项目	设置内容	设置数据说明
OPT2	BIT0	限时收看功能设定	
	BIT1	开关机拉幕功能设定	
	BIT2	拉幕降亮度测试设定	注：8829-1 版本此项未用
OPT1	BIT0	游戏功能选择	0：无；1：有
	BIT1	地磁校正功能选择	0：无；1：有
	BIT2	海信商标屏保功能选择	0：有；1：无
	BIT3	WINDOWS 窗口菜单功能选择	0：有；1：无
	BIT4	超强接收功能选择	0：无；1：有
	BIT5	高频头类型选择	0：频率合成式；1：电压合成式
	BIT6	中英文屏显选择	0：中英文；1：只有英文
	BIT7	遥控器模式选择	0：TC9028F；1：MCA201S （注：仅在 8829.1 版本中可选）

4.7 海信 8859 机心大屏幕超级彩电总线调整

海信 8859 机心超级单片大屏幕彩电，总线系统采用将微处理器和被控电路合二为一的 TMPA8857 东芝超级单片电路，海信公司掩膜后命名为 HISENSE-8859-3，完成由微处理器与中频、视频、扫描信号处理任务，场输出电路采用 LA78041，伴音功放电路采用 AN7522N。

适用机型：海信 TC2507DH、TC2902DH、TC2918DH、TC2919H、TC3419H、TF2507DH、TF2902DH、TF2906DH、TF2977DH、TF2918DH、TF2919H、TF2919DH、TF2968H、TF3406DH 等超级单片系列彩电。

4.7.1 总线调整方法

【进入退出维修模式】

使用 HYDFSR-0076 型遥控器进行调整，将遥控器拆开，在遥控器的右下角位置装上新按键，此键即为“F1”。先按“F1”键，再按“声音模式”键，屏幕右上角显示“M1”，表示进入维修模式。

调整完毕，按遥控器“F1”键或执行遥控关机，即可退出维修模式。

【项目选择与调整】

在维修模式下，按“频道 +/－”键进行选项，按“音量 +/－”键调整当前显示项的数据。

通用密码：先切换到 186 频道，再切换到 AV1，用遥控器依次输入“88090916”，即可解开密码。

4.7.2 调整项目与数据

海信 8859 机心超级大屏幕彩电调整项目、常规数据和 TF2918DH 机型参考数据见表 4-

11。海信 8889 机心功能设置项目选项数据见表 4-12。

表 4-11　海信 8859 机心超级大屏幕彩电调整项目与数据

序号	项目名称	调整功能	参考数据	
			典型值	TF2918DH
1	OSD	字符水平位置调整	10	10
2	OPT	＊＊功能设定	C3	C3
3	RCUT	＊红截止调整	2E	2E
4	GCUT	＊绿截止调整	1C	28
5	BCUT	＊蓝截止调整	25	19
6	GDRV	＊绿驱动调整	34	2A
7	BDRV	＊蓝驱动调整	39	3A
8	CNTX	最大对比度调整	7F	7F
9	BRTC	亮度中心值调整	2F	2F
10	TNTC	色调中心值调整	34	34
11	COLC	N 制彩色中心值调整	3F	3F
12	COLP	P 制彩色中心值调整	00	00
13	COLS	S 制彩色中心值调整	2F	2F
14	DCOL	YUV 输入方式时的色度偏移量	28	28
15	SCOL	副色度调整	07	07
16	SCNT	副对比度调整	0A	0A
17	CNTC	对比度中心值调整	3F	3F
18	CNTN	最小对比度值调整	02	02
19	BRTX	亮度最大值调整	2F	2F
20	BRTN	亮度最小值调整	2F	2F
21	COLX	色度最大值调整	20	20
22	COLN	色度最小值调整	00	00
23	TNTX	色调最大值调整	3F	3F
24	TNTN	色调最小值调整	2B	2B
25	ST3	N3 电视频道锐度中心调整	19	19
26	SV3	N3 视频频道锐度中心调整	20	20
27	ST4	其他电视频道锐度中心调整	19	19
28	SV4	其他视频频道锐度中心调整	20	20
29	SVD	DVD 频道锐度中心调整	3D	3D
30	ASSH	不对称锐度调整	04	04
31	SHPX	锐度最大值调整	1A	1A
32	SHPN	锐度最小值调整	1A	1A
33	TXCX	图文对比度最大值调整	1F	1F

（续）

序号	项目名称	调整功能	参考数据	
			典型值	TF2918DH
34	RGCN	图文对比度最小值调整	1F	1F
35	ABL	ABL 开始点及增长调整	27	27
36	DCBS	字符亮度及黑电平延伸等控制	12	12
37	CLTO	TV 非 M 制式彩色控制数据调整	48	48
38	CLTM	TV 且 M 制式彩色控制数据调整	4B	4B
39	CLVO	YUV 非 M 制式彩色控制数据调整	4E	4E
40	CLVD	YUV 且 M 制式彩色控制数据调整	48	48
41	DEF	锯齿波电压基准电压调整	01	01
42	AKB	自动阴极电流检测（00：关闭）设置	00	00
43	SECD	S 制式模式数据设置	00	00
44	HPOS	*50Hz 行中心调整	11	14
45	VP50	*50Hz 场中心调整	03	04
46	HIT	* 50Hz 场幅度调整	14	17
47	VUN	*50Hz 场线性调整	0A	0C
48	VSC	*50Hz 场 S 失真校正	08	08
49	DPC	*枕形失真校正	1C	1E
50	KEY	梯形失真校正	25	2F
51	WID	行幅度调整	1E	1A
52	ECCT	上角失真校正	0E	13
53	ECCB	下角失真校正	11	16
54	VEHT	场高压稳定性校正	03	03
55	HEHT	行高压稳定性校正	00	01
56	BRTS	*副亮度调整	0B	0C
57	RAGC	*延迟 AGC 调整	20	20
58	HAFC	AFC 增益控制	09	09
59	V01	音量 1% 处控制设置	03	03
60	V25	音量 25% 处控制设置	17	17
61	V50	音量 50% 处控制设置	27	27
62	V100	音量 100% 处控制设置	7F	7F
63	MUTT	软启动时亮度消隐时间设置	00	00
64	STAT	软启动时对比度起来时间设置	00	00
65	FLG0	中频模式选择 0 设置	56	56
66	FLG1	* * 中频模式选择 1 设置	03	03
67	REFP	AKB 脉冲位置	00	00

（续）

序号	项目名称	调整功能	参考数据	
			典型值	TF2918DH
68	RSNS	R SENSE 设置	00	00
69	GSNS	G SENSE 设置	00	00
70	BSNS	B SENSE 设置	00	00
71	MOD	模式设置	00	00
72	STBY	VCD/中放待命	00	00
73	SVM	速度调制 0 设定	07	07
74	SVM1	速度调制 1 设定	04	04
75	SVM2	速度调制 2 设定	07	07
76	SVM3	速度调制 3 设定	05	05
77	VBLK	场回扫的开始与停止位置	00	00
78	VCEN	场中心调整	14	14
79	UCOM	色度自动相位控制设置	00	00
80	VTST	未用	00	00
81	PYNX	正常时行同步最大值调整	28	28
82	PYNN	正常时行同步最小值调整	18	18
83	PYXS	搜索时行同步最大值调整	28	28
84	PYNS	搜索时行同步最小值调整	18	18
85	WCTL	伴音相关控制项设置	01	01
86	SUR1	单声道模式下环绕声的控制	07	07
87	SUR2	立体声 1 模式下环绕声的控制	07	07
88	SUR3	立体声 2 模式下环绕声的控制	0F	0F
89	BASC	低音中心值调整	40	40
90	BASX	低音最大值调整	72	72
91	TREC	高音中心值调整	40	40
92	BALC	平衡中心值调整	3F	3F
93	WOFC	重低音中心值调整	39	39
94	BAS1	语言伴音模式时的低音设定值	50	50
95	BAS2	标准伴音模式时的低音设定值	3C	3C
96	BAS3	音乐伴音模式时的低音设定值	28	28
97	TRE1	语言伴音模式时的高音设定值	50	50
98	TRE2	标准伴音模式时的高音设定值	3C	3C
99	TRE3	音乐伴音模式时的高音设定值	28	28
100	WFL1	语言伴音模式时的重低音设定值	DA	DA
101	WFL2	标准伴音模式时的重低音设定值	BC	BC

（续）

序号	项目名称	调整功能	参考数据	
			典型值	TF2918DH
102	WFL3	音乐伴音模式时的重低音设定值	9E	9E
103	WON1	重低音输出电平设定	0A	0A
104	WON2	低音衰减系数胜任者	09	09
105	WOFF	重低音关闭时的重低音输出电平调整	00	00
106	COM1	TC90A49 的设置项 1	04	04
107	COM2	TC90A49 的设置项 2	36	36
108	MODE0	* * 模式 0 设置	12	12
109	MODE1	* * 模式 1 设置	CB	CB
110	MODE2	* * 模式 2 设置	9A	9A
111	RCUTS	YCbCr 输入方式 R 截止偏移量	00	00
112	GCUTS	YCbCr 输入方式 G 截止偏移量	00	00
113	BCUTS	YCbCr 输入方式 B 截止偏移量	00	00
114	GDRVS	YCbCr 输入方式 G 驱动偏移量	00	00
115	BDRVS	YCbCr 输入方式 B 驱动偏移量	00	00
116	NOIS	弱信号时行 AFC 控制设定	01	01
117	01ATT	使用 TC90L01 时其内部的衰减	7F	7F
118	01ALC	使用 TC90L01 时的 ALC 模式设定	04	04
119	OSDF	字符振荡频率设定	50	50
120	HVOL	旅馆模式时的最大音量设定	30	30
121	OPT2	* * 功能设定	0B	0F
122	BBR	黑屏打开且无信号时，亮度的设定值	3F	3F
123	OPT1	* * 功能设定	93	95
124	DOWN2	上下拉幕且为 60Hz 时的中间数据	82	82
125	AREA	主菜单下部分及上半部分文本的颜色	F7	F7
126	AREA2	声音条边框及内部半透背景的颜色	1F	1F
127	CENT	水平拉幕中心位置调整	9E	9E
128	DOWN	垂直拉幕中心位置调整（PAL 制）	A0	A0
129	MCOLOR	主菜单下半部分文本及未选中的颜色	46	46
130	PCOLOR	声音条颜色及主菜单正常时的颜色	22	22
131	TCOLOR	主菜单上半部分颜色	1F	1F
132	SYNC	检测有无信号相关参数的设定	F1	—
133	OPT3	未用	00	—
134	SBY	SECAM B-Y 消隐调整	3A	0C
135	SRY	SECAM R-Y 消隐调整	00	00

注：带“*”项的数据可根据需要进行调整。带“* *”项为功能设定项，根据机型功能不同，其数据也有所不同。

表 4-12　海信 8829 机心超级大屏幕彩电功能设置选项表

选项菜单	设置项目	设置内容	设置数据说明
OPT	BIT0	开机自动搜台功能选择	0：无；1：有
	BIT1	无信号时背景选择	0：蓝屏；1：黑屏
	BIT2	NTSC4.43 功能选择	0：无；1：有
	BIT3	TB1254 音频增益选择	0：关；1：开
	BIT4	无同步时 AFT 调整	0：关；1：开
	BIT5	TA1343N 芯片选择	0：无；1：有
	BIT6	同步选择	0：TV 同步；1：监视器同步
	BIT7	彩色制式选择	0：多制式；1：单制式
FLG1 项	BIT0	潜水艇游戏选择	0：无；1：有
	B IT1	45 脚输出设置	0：速调输出；1：监视器输出
	B IT2	精细扫描功能选择	0：无；1：有
	BIT3	SIF 设置	0：打低频率 1MHz；1：位移 62.5kHz
	BIT4	同步分离电平设置	0：40%；1：36%
	BIT5	SIF 的 1MHz 转换增益设定	0：低；1：高
MODE0	BIT0	使用 TC90A49 选择	0：无；1：有
	BIT1	PAL 彩色制式功能选择	0：无；1：有
	BIT2	ECAM 彩色制式功能选择	0：无；1：有
	BIT4	频道数设定	0：100 频道；1：200 频道
	BIT5	视频静噪模式	0：亮度静噪；1：RGB 输出截止电流
	BIT6	上下左右与频道加减、声音加减键作用是否相同	0：不同；1：相同
	BIT7	NTSC3.58 彩色制式功能选择	0：无；1：有
MODE1	BIT0	YUV 功能选择	0：无；1：有
	BIT1	超重低音功能选择	0：无；1：有
	BIT2	屏显时间	0：2s；1：始终
	BIT3	PAL 制色调功能选择	0：有；1：无
	BIT4	色调极性标准设定	0：标准；1：翻转
	BIT5	整机工作模式	0：标准模式；1：宾馆模式
	BIT7、BIT6	默认制式设定	00：M 制；01：I 制； 10：BG 制；11：DK 制
MODE2	BIT0	M 制伴音功能选择 4	0：无；1：有
	BIT1	I 制伴音功能选择	0：无；1：有
	BIT2	BG 制伴音功能选择	0：无；1：有
	BIT3	DK 制伴音功能选择	0：无；1：有
	BIT4	搜台时压控振荡器调整	0：有；1：无
	BIT5	搜台时判断中频锁定功能	0：无；1：有
	BIT6	搜台时判断同步功能	0：无；1：有
	BIT7	节气功能选择	0：无；1：有

（续）

选项菜单	设置项目	设置内容	设置数据说明
OPT2	BIT0	限时收看功能设定	
	BIT1	开关机拉幕功能设定	
	BIT2	拉幕降亮度测试设定	注：8829-1 版本此项未用
OPT1	BIT0	游戏功能选择	0：无；1：有
	BIT1	地磁校正功能选择	0：无；1：有
	BIT2	海信商标屏保功能选择	0：有；1：无
	BIT4	新老机心判定	0：老机心；1：新机心
	BIT5	高频头类型选择	0：频率合成式；1：电压合成式
	BIT6	中英文屏显选择	0：中英文；1：只有英文
	BIT7	广告跳跃功能选择	0：无；1：有

4.8 海信 UOC 机心大屏幕超级彩电总线调整

海信 UOC 芯片大屏幕超级彩电，总线系统主控电路微处理器和被控小信号处理电路采用 TDA9373 飞利浦超级芯片，海信公司掩膜后命名为 HISENSE-UOC001/UOC002，完成由微处理器与中频、视频、扫描信号处理任务，音频处理电路采用 TDA9859、N502 端口扩展电路为 HEF4094B。

适用机型：海信 TC2906H、TC2908UF、TC2910UF、TC29118、TC2911AL、TC2911UF、TC2911A、TC2977、TC2982E、TC2988UF、TC2997、TC2908UF、TF29118、TC3406H、TC3482E、TF2982E、TF2906H、TF2907H、TF2910UF、TF2911UF、TC3418U、TC29118、TC3418UF、TC3482UF 等机型。

4.8.1 总线调整方法

【进入退出维修模式】

一是使用工厂调试专用遥控器，按“M”键即可进入维修模式。二是使用用户遥控器 HYDFSR-0072，依次快速按“静音”、“屏显”、“9、8、0”键，屏幕上左上角显示“M”字符，表明已进入维修模式。

调整完毕，遥控关机即可退出维修模式，调整后的数据被自动存储。

【项目选择与调整】

进入维修模式后，共有 9 个调整菜单，按“菜单”键选择调整菜单，按“频道 +/-”键选择调整项目，按“音量 +/-”键对所选项目的数据进行调整。

通用密码：9012。

4.8.2 调整项目与数据

海信 UOC 芯片大屏幕超级彩电代表机型 TC2977、TF2907F 彩电调整项目与数据见表 4-

13，海信 UOC001 芯片大屏幕超级彩电功能设置项目及其含义见表 4-14，海信 UOC002 芯片大屏幕超级彩电功能设置项目及其含义见表 4-15。

表 4-13　海信 UOC 芯片大屏幕超级彩电调整项目与数据

菜单	项　目	调 整 功 能	调整范围	参考数据	
				TC2977	TF2907F
PAGE1	PARA	平行四边形失真校正	0～3F	21	22
	BOW	弓形失真校正	0～3F	1E	29
	HPS	行中心位置调整	0～3F	22	29
	WIDC	行幅度调整	0～3F	3B	2F
	DPC	枕形失真校正	0～3F	24	1F
	UCNR	上边角失真校正	0～3F	1D	10
	LCNR	下边角失真校正	0～3F	21	17
	KEY	梯形失真校正	0～3F	10	1F
	VLIN	场线性失真校正	0～3F	1D	1D
	HIT	场幅度调整	0～3F	1B	26
PAGE2	VSC	场 S 失真校正	0～3F	1F	1E
	VP50	场中心位置调整	0～3F	1A	21
	BRI50	亮度为 50 时设置	0～3F	38	38
	CON50	对比度为 50 时设置	0～3F	3F	3F
	COL50	色度为 50 时设置	0～3F	3F	3F
	OSDV	字符垂直位置调整	0～3F	26	31
	OSDH	字符水平位置调整	0～06	00	00
	VX	场窗口设置	0～3F	1A	18
	RCUT	暗平衡红色调整	0～3F	0F *	24
	GCUT	暗平衡绿色调整	0～3F	22 *	22
PAGE3	RDRV1	暖色调红色调整	0～3F	27	27
	GDRV1	暖色调绿色调整	0～3F	1F	1F
	BDRV1	暖色调蓝色调整	0～3F	1A	1A
	RDRV2	偏暖色调红色调整	0～3F	24	24
	GDRV2	偏暖色调绿色调整	0～3F	1F	1F
	BDRV2	偏暖色调蓝色调整	0～3F	1D	1D
	RDRV	亮平衡红色调整	0～3F	24	22
	GDRV	亮平衡绿色调整	0～3F	16	1B
	BDRV	亮平衡蓝色调整	0～3F	24	1F
	RDRV3	偏冷色调红色调整	0～3F	19	19

（续）

菜单	项　目	调 整 功 能	调整范围	参考数据	
				TC2977	TF2907F
PAGE4	GDRV3	偏冷色调绿色调整	0～3F	21	21
	BDRV3	偏冷色调蓝色调整	0～3F	23	23
	RDRV4	冷色调红色调整	0～3F	15	15
	GDRV4	冷色调绿色调整	0～3F	24	24
	BDRV4	冷色调蓝色调整	0～3F	28	28
	WBBR1	白平衡亮度设定	0～3F	20	20
	WBCON	白平衡对比度设定	0～3F	3F	3F
	OSDL	字符亮度调整	0～0F	00	19
	YDFP	亮度延迟设定	0～0F	07	07
PAGE5	AGC	自动增益调整	0～3F	17	13
	VOL	副音量设定	0～3F	3A	2D
	V20TV	音量为 20 时设定	8～28	15	15
	V50TV	音量为 50 时设定	15～3F	28	28
	V100TV	音量为 100 时设定	28～3F	3A	3A
	SW50	SW50 设定	1B～30	20	20
	SW100	SW100 设定	20～3F	30	30
	IFFS	中频设定	0～07	03	03
	HDOL	副亮度设置	0～0F	04	04
PAGE6	VG2B	调整帘栅极电压时亮度设置	0～3F	3A	3A
	BRBI	明亮模式亮度设定	0～64	3C	3C
	BRCON	明亮模式对比度设定	0～64	64	5A
	BRCOL	明亮模式色度设定	0～64	5A	46
	BRSHP	明亮模式画质设定	0～64	46	46
	NABRI	标准模式亮度设定	0～64	32	32
	NACON	标准模式对比度设定	0～64	32	3C
	NACOL	标准模式色度设定	0～64	46	3C
	NASHP	标准模式画质设定	0～64	32	32
PAGE7	SOBRI	柔和模式亮度设定	0～64	28	28
	SOCON	柔和模式对比度设定	0～64	32	32
	SOCOL	柔和模式色度设定	0～64	32	32
	SOSHP	柔和模式画质设定	0～64	28	28
	MUBAS	音乐模式低音设定	0～64	3C	3C
	MUTRE	音乐模式高音设定	0～64	46	46
	MUWOF	音乐模式重低音设定	0～64	64	64
	MUSUR	音乐模式环绕声设定	0～64	03	03
	NABAS	标准模式低音设定	0～64	32	32

（续）

菜单	项　目	调 整 功 能	调整范围	参考数据	
				TC2977	TF2907F
PAGE8	NATRE	标准模式高音设定	0 ~ 64	32	32
	NAWOF	标准模式低音设定	0 ~ 64	32	1E
	NASUR	标准模式环绕声设定	0 ~ 04	01	01
	SPBAS	语言模式低音设定	0 ~ 64	1E	1E
	SPTRE	语言模式高音设定	0 ~ 64	1E	1E
	SPWOF	语言模式重低音设定	0 ~ 64	00	00
	SPSUR	语言模式环绕声设定	0 ~ 04	00	00
	FRAME	主菜单边框颜色设置	0 ~ 07	05	05
PAGE9	IFOFF	中放通道关闭时间间隔	0 ~ FF	0A	0A
	IDWAT	中放通道打开检测信号等待时间	0 ~ FF	0A	0A
	TVMUT	电视状态下黑屏幕时间长短	0 ~ FF	65	65
	AVMUT	视频状态下黑屏幕时间长短	0 ~ FF	65	65
	COREV	画质开关图像清晰度控制	0 ~ FF	0C	0C
	OP1	项目设定 1 *		00111110	00000011
	OP2	项目设定 2 *		01111111	00011011
	OP3	项目设定 3 *		01100001	11101110
	OP4	项目设定 4 *		00000000	10101000
	OP54	项目设定 5 *			00010000
	PTIME	用户开机时间长短控制	0 ~ 28		20
	MTIME	车间生产开机时间控制	0 ~ 28		20
	INIT	存储器初始化			

注：表中带“ * ”的项目数据为出厂设置，不可随意调整；该机心的限时收看功能通用密码为1973。

表 4-14　海信 UOC001 芯片大屏幕超级彩电功能设置项目及其含义

设置项目名称	Bit 位	功能设置内容	设置数据及含义
OP1	Bit0	FMWS 伴音调制度选择	1：±450kHz；0：±225kHz
	Bit1	屏保画面选择	1：出现；0：不出现
	Bit2	B/GSOUND 制式选择	1：开；0：关
	Bit3	梳状滤波器选择	1：有；0：无
	Bit4	重低音音量选择	1：可调；0：不可调
	Bit5	菜单显示时间长短选择	1：12s；0：6s
OP2	Bit0	S 端子输入选择	1：开；0：关
	Bit1	YcbCr 输入选择	1：开；0：关
	Bit2	音量 50 以上的 BBE 选择	1：关；0：开
	Bit3	重低音选择	1：有；0：无
	Bit4	地磁校正选择	1：有；0：无

（续）

设置项目名称	Bit位	功能设置内容	设置数据及含义
OP2	Bit5	音效处理选择	1：有；0：无
	Bit6	音效处理模式选择	1：BBE；0：SRS
	Bit7	中频增益控制	1：衰减12db；0：无
OP3	Bit0	是否处理字符抖动功能选择	1：无信号时关断中频通道；0：始终打开
	Bit5	静音功能选择	1：静音；0：不静音
	Bit6	音效处理模式选择	1：BBE；0：SRS

表4-15　海信UOC002芯片大屏幕超级彩电功能设置项目及其含义

设置项目名称	Bit位	功能设置内容	设置数据及含义
OP1	Bit0	FMWS伴音调制度选择	1：加大调制度；0：正常
	Bit1	屏保画面选择	1：出现；0：不出现
	Bit2	搜台时伴音制式自动识别	1：开；0：关
	Bit3	梳状滤波器功能	1：有；0：无
	Bit4	重低音音量控制	1：可调；0：不可调
	Bit5	菜单显示时间长短选择	1：12s；0：6s
	Bit6	主芯片保护检测	1：只检测；0：检测并保护
	Bit7	主芯片保护控制	1：关；0：开
OP2	Bit0	S端子输入选择	1：开；0：关
	Bit1	YCbCr输入选择	1：开；0：关
	Bit2	预留选项	
	Bit3	重低音菜单显示	1：有；0：无
	Bit4	地磁校正选择	1：有；0：无
	Bit5	音效处理选择	1：有；0：无
	Bit6	音效处理方式选择	1：BBE；0：SRS
	Bit7	中频增益控制	1：衰减20dB；0：不起作用
OP3	Bit0	游戏功能选项	1：三款游戏；0：同以前
	Bit1	增强识别灵敏度	1：增强；0：正常
	Bit2	获取YUV同步信号	1：亮度信号；0：全电视信号
	Bit3	YUV反向放大选项	1：YPbPr信号；0：YUV信号
	Bit4	帘栅调整选项	1：水平线显示；0：字符指示
	Bit5	静音时是否静伴音功放选择	1：静音；0：不静音
	Bit6	手动搜台开始位置选择	1：在当前波段的最低端；0：关
	Bit7	电压检测选择	1：8V保护；0：关

（续）

设置项目名称	Bit 位	功能设置内容	设置数据及含义
OP4	Bit0	1136 处理 AGL1 选择	1：开；0：关
	Bit1	1136 处理 AGL2 选择	1：开；0：关
	Bit2	1136 处理 AGL 选择	1：开；0：关
	Bit3	搜台制式选择	1：以 M 制开始搜台；0：正常
	Bit4	搜台速度选择	1：正常速度的 1.5 倍；0：正常
	Bit5	时间设置选项	1：开；0：关
	Bit6	重低音输出设置	1：由外接电路输出；0：由左右扬声器输出
	Bit7	搜台设置	1：搜台时刷新 UOC；0：搜台时不刷新 UOC
OP5	Bit0	BG 制伴音制式设置	1：关；0：开
	Bit1	M 制伴音制式设置	1：关；0：开
	Bit2	I 制伴音制式设置	1：关；0：开
	Bit3	图像选择键功能设定	1：按住 3s 关图像；0：关
	Bit4	手动消磁显示选择	1：显示；0：不显示
	Bit5	关机视频记忆选项	1：记忆；0：不记忆
	Bit6	图像制式设置	1：显示 PAL M 彩色制式；0：不显示
	Bit7	图像制式设置	1：显示 PAL N 彩色制式；0：不显示

注：由于各机型的功能不同；所以其“OP”项的数据也会不同。

4.9　海信 UOC 机心小屏幕超级彩电总线调整

海信 UOC 芯片小屏幕超级彩电，总线系统主控电路微处理器和被控小信号处理电路采用飞利浦 TDA9370、NTDA8370、NOM8370 或 TDA9373 系列超级芯片，存储器型号为 AT24C08。通用密码：1963。

适用机型：海信 TC2102D、TC2107F、TC2175GF、TC2507F、TF2106D、TF2107F、TF2111F、TF2506D、TF2507F 等机型。

4.9.1　总线调整方法

【进入退出维修模式】

使用用户遥控器，依次按“静音”、“屏显”、“9”、“8”、“0”，屏幕左上角显示出“M”，表明已进入维修模式。

调整完毕，按“遥控开关机”键进行遥控关机，即可退出维修模式。

【项目选择与调整】

按遥控器上的“菜单”键，即可显示出一组调试菜单，共有 10 组调试菜单，按“菜单”键即可顺序选择调试菜单，按“频道 +/-”键可选择调试项目，按“音量 +/-”键可调整数据。

4.9.2 调整项目与数据

海信 UOC 机心超级单片小屏幕彩电代表机型 TC2107F、TF2107F，彩电调整项目与数据见表 4-16。

表 4-16 海信飞利浦电路超级单片小屏幕彩电调整项目与数据

菜单	项目名称	调整功能	调整范围	TC2107F	TF2107F
M0（菜单 0）	SUB CONT	副对比度调整	0 ~ 63	55	55
	SUB COLOR	副色度调整	0 ~ 63	63	63
	SUB SHARP	副清晰度调整	0 ~ 63	50	50
	SUB TINT	副色调调整	0 ~ 63	31	31
	SOFT CUP	边缘处理设定	0 ~ 3	—	2
	PEAK WHITE	白峰限制设定	0 ~ 15	—	1
	CORZNG	挖心处理设定	0 ~ 3	—	1
	OFF-SET IF	中频关断设定	0 ~ 63	32	32
M1（菜单 1）	V SLOPE	场线性调整	0 ~ 63	30	19
	V SC	场 S 校正	0 ~ 63	21	21
	H SHIFT	行相位	0 ~ 63	37	45
	V SHIFT	屏幕场中心调整	0 ~ 63	22	31
	V SIZE	场幅度调整	0 ~ 63	41	27
M2（菜单 2）	RF AGC	高放自动增益调整	0 ~ 63	28	30
M3（菜单 3）	BT	白平衡调整时亮度设定	0 ~ 100	55	55
	CT	白平衡调整时对比度设定	0 ~ 100	70	70
	SC	* 水平亮线状态			
	RB	红截止调整	0 ~ 63	31	31
	GB	绿截止调整	0 ~ 63	31	31
	RD	红驱动调整	0 ~ 63	39	33
	GD	绿驱动调整	0 ~ 63	30	28
	BD	蓝驱动调整	0 ~ 63	31	31
	SB	副亮度调整	0 ~ 63	40	40
M4（菜单 4）	OSDVP	字符场位置调整	0 ~ 63	51	51
	OSDHP	字符行位置调整	0 ~ 15	10	10
	软件版本日期及主芯片的型号			2004-07-19 NTDA8370-A-INA	2004-09-06 NOM8370-A-INC

（续）

菜单	项目名称	调整功能	调整范围	TC2107F	TF2107F
M5（菜单 5）	MODE	＊图像模式选择	4 种	STANDARD	STANDARD
	BRIGHT	图像模式亮度设定	0～100	65	65
	CONTRAST	图像模式对比度设定	0～100	65	65
	COLOR	图像模式色度设定	0～100	60	60
	SHARP	图像模式清晰度设定	0～100	45	45
	SC BRIGHT	亮度设定	0～100	0	0
	VG2 BRIGHT	栅帘调整时的亮度设置		95	-
	YDL PAL	PAL 制亮度延迟量设定	0～15	8	8
	YDL NT	NTSC 制亮度延迟量设定	0～15	8	8
	YDL AV	AV 信号亮度延迟量设定	0～15	8	8
M6（菜单 6）	AGC SPEED	AGC 响应时间	0～3	1	1
	RPO	勾边电路预冲过冲比例	0～3	1	1
	OSO	过扫描开关关闭	0：关；1：开	1	1
	FFI	中放锁相快速滤波	0/1	0	0
	FMWS	FM 搜索宽度	0/1	0	1
	FMWS1	FM 搜索宽度 1	0/1	1	0
	IFS REDUOE	搜台时降低灵敏度	0：关；1：开	0	0
	HDOL	阴极驱动电平设置	0～15	4	4
	UOC VOL	副音量设置	0～63	63	63
	AV MEM	关机 AV 状态记忆	ON/OFF	ON	ON
M7（菜单 7）	IFFS	中频设定	4 种	38.00M	38.00M
	AV2	AV2 输入功能选择	ON/OFF	OFF	OFF
	SVHS	SVHS 输入功能选择	ON/OFF	ON	ON
	YUV	分量输入功能选择	ON/OFF	ON	ON
	BG	BG 制伴音功能选择	ON/OFF	OFF	OFF
	I	I 制伴音功能选择	ON/OFF	ON	ON
	M	M 制伴音功能选择	ON/OFF	OFF	OFF
	LOGO	HISENSE 屏保功能选择	ON/OFF	ON	ON
	START MODE	交流开机方式选择	0/1	0	0
	BAND MODE	波段控制模式选择	0/1	0	0
M8（菜单 8）	ON DELAY	开机延迟时间调整	0～15	7	7
	ON DELAY M	出厂开机延迟时间预调值	5～15	7	7
	FS MODE	＊高频头型号选择	0～3	0	0

（续）

菜单	项目名称	调整功能	调整范围	TC2107F	TF2107F
M8 （菜单 8）	FS-VL-H	FS MODE 项选择 3 时波段设定	0 ~ 255	0	0
	FS-VL-L	FSMODE 项选择 3 时波段设定	0 ~ 255	0	0
	FS-VH-H	FS MODE 项选择 3 时波段设定	0 ~ 255	0	0
	FS-VH-L	FS MODE 项选择 3 时波段设定	0 ~ 255	0	0
M9 （菜单 9）	VOL CUR1	音量为 1% 时音量设置	1 ~ 24	10	10
	VOL CUR25	音量为 25% 时音量设置	11 ~ 49	25	25
	VOL CUR50	音量为 50% 时音量设置	26 ~ 74	50	50
	VOL CUR75	音量为 75% 时音量设置	51 ~ 99	75	75
	CURTAIN	开关机拉幕功能设定	ON/OFF	ON	ON
	CURTAIN HP	拉幕中心设定	0 ~ 1	0	0

注：1. M3（菜单 3）中，选择“*”号项后，出现水平亮线，可以进行加速极调整，调整后按“上/下/左/右”键，返回本菜单。

2. M5（菜单 5）中，“*”号项有 STANDARD、DYNAMIC、MILD、PICWB 4 种模式可选，当选择其他模式时，下面 4 项的数据随之发生变化。

3. M7（菜单 7）中，“*”号项有 38.00M、38.90M、45.75M、58 75M 4 种中频可选。

4. M8（菜单 8）中，“*”号项为高频头型号选择（0：TCL，1：GDC，2：XUGUANG，3：其他）。

4.10 海信 TMPA 机心小屏幕超级彩电总线调整

海信 TMPA 机心小屏幕超级彩电，总线系统主控电路微处理器和被控小信号处理电路采用 TMPA8801、TMPA8821 或掩膜后命名的 HISENSE-8803-1/HISENSE-8823-2，存储器型号为 AT24C08。该机的通用密码 3088。

适用机型：海信 TC2111A、TC2102A、TC2106A、TC2106D、TC2106G、TC2106H、TC2107A、TC2107H、TC2111GD、TC2118H、TC2902HD、TC2918H、TF2106A、TF2107H 等机型。

4.10.1 总线调整方法

【进入退出维修模式】

在正常收视模式下，先切换到 30 频道，再切换到 88 频道，将音量减小到 0，迅速按“静音”键，屏幕上显示字符“M”，表示已进入维修 M 模式；在维修 M 模式下，按“屏显”键一下，再按（0076 遥控器上的）“声音模式”键一次或（0076A 遥控器上的）“广告跳跃”键，可进入 WB 调整模式，屏幕右上角显示“WB”字符。

调整完毕，遥控关机便可退出维修模式，调整后的数据被自动存储。

【项目选择与调整】

进入 M 模式，只能查看、调整白平衡和扫描调整项目，而进入 WB 模式调整模式下，可以调整所有数据项。进入总线调整模式后，按“节目 +/ -”键选择调整项目，按“音量

+/-”键改变所选项目数据。

4.10.2 调整项目与数据

海信 TMPA 机心 TC2188H（采用 HISENSE-8823-2 机心）小屏幕彩电调整项目与数据见表 4-17。海信 TMPA 机心小屏幕超级彩电功能设置项目及其含义见表 4-18。

表 4-17 海信 TMPA 机心小屏幕超级彩电调整项目与数据

序号	项目名称	调整功能	调整范围	参考数据
1	OSD	字符水平位置调整	0～7F	10
2	OPT	* * 功能设定	0～FF	E3
3	RCUT	* 红截止调整	0～FF	21
4	GCUT	* 绿截止调整	0～FF	3B
5	BCUT	* 蓝截止调整	0～FF	26
6	GDRV	* 绿驱动调整	0～7F	2F
7	BDRV	* 蓝驱动调整	0～7F	40
8	CNTX	最大对比度调整	0～7F	7F
9	BRTC	亮度中心值调整	0～7F	32
10	COLC	N 制彩色中心值调整	0～7F	45
11	TNTC	色调中心值调整	0～7F	36
12	COLP	P 制彩色中心值调整	0～7F	10
13	COLS	S 制彩色中心值调整	0～7F	40
14	SCOL	副色度调整	0～07	04
15	SCNT	副对比度调整	0～0F	0F
16	CNTC	对比度中心值调整	0～7F	20
17	CNTN	最小对比度值调整	0～7F	00
18	BRTX	亮度最大值调整	0～7F	18
19	BRTN	亮度最小值调整	0～7F	10
20	COLX	色度最大值调整	0～7F	7F
21	COLN	色度最小值调整	0～7F	00
22	TNTX	色调最大值调整	0～7F	28
23	TNTN	色调最小值调整	0～7F	28
24	ST3	N3 电视节目锐度中心调整	0～3F	25
25	SV3	N3 视频节目锐度中心调整	0～3F	30
26	ST4	其他电视节目锐度中心调整	0～3F	25
27	SV4	其他视频节目锐度中心调整	0～3F	25
28	SVD	DVD 节目锐度中心调整	0～3F	25
29	ASSH	不对称锐度调整	0～07	00
30	SHPX	锐度最大值调整	0～3F	1A

（续）

序号	项目名称	调整功能	调整范围	参考数据
31	SHPN	锐度最小值调整	0～3F	1A
32	TXCX	图文对比度最大值调整	0～1F	1F
33	RGCN	图文对比度最小值调整	0～1F	00
34	ABL	ABL 开始点及增益控制	0～3F	37
35	DCBS	字符亮度及黑电平延伸等控制	0～FF	03
36	CLTO	TV 非 M 制式彩色控制数据	0～FF	47
37	CLTM	TV 且 M 制式彩色控制数据	0～FF	48
38	CLVO	YUV 非 M 制式彩色控制数据	0～FF	40
39	CLVD	YUV 且 M 制式彩色控制数据	0～FF	42
40	DEF	场锯齿波基准电压设置	0～01	01
41	AKB	自动阴极电流检测设置	0～03	00
42	SECD	S 制式模式数据	0～1F	0C
43	HP50	*50Hz 行中心调整	0～1F	10
44	VP50	*50Hz 场中心调整	0～07	02
45	HIT50	*50Hz 场幅度调整	0～3F	12
46	HPS60	*60Hz 行中心调整	0～1F	14
47	VP60	*60Hz 场中心调整	0～07	00
48	HIT60	*60Hz 场幅度调整	0～3F	17
49	VLI50	*50Hz 场线性调整	0～0F	07
50	VSC50	*50Hz 场 S 失真校正	0～0F	01
51	VLI60	*60Hz 场线性调整	0～0F	0C
52	VSC60	*60Hz 场 S 失真校正	0～0F	04
53	SBY	S 制式蓝色差调整	0～0F	08
54	SRY	S 制式红色差调整	0～0F	08
55	BRTS	*副亮度调整	0～3F	19
56	RAGC	*延迟 AGC 调整	0～3F	2F
57	HAFC	AFC 增益控制调整	0～0F	04
58	V25	音量 25% 处控制调整	0～7F	3D
59	V50	音量 50% 处控制调整	0～7F	38
60	V100	音量 100% 处控制调整	0～7F	5D
61	MUTT	软启动时亮度静噪时间调整	0～FF	00
62	STAT	软启动时对比度上升时间	0～FF	00
63	FLG0	中频模式选择 0 设置	0～FF	54
64	FLG1	中频模式选择 1 设置	0～FF	04
65	REFP	脉冲位置调整	0～07	00

（续）

序号	项目名称	调整功能	调整范围	参考数据
66	RSNS	R SENSE 调整	0～3F	28
67	GSNS	G SENSE 调整	0～3F	30
68	BSNS	B SENSE 调整	0～3F	2D
69	MOD	模式设置	0～0F	40
70	STBY	VCD/中放待命设定	0～0F	00
71	SVM	速度调制参数设定	0～1F	00
72	VBLK	场回扫的开始与停止位置	0～0F	00
73	VCEN	场中心调整	0～3F	3F
74	HSIZ	* 行幅度调整	0～3F	20
75	PRBR	+ 场抛物波调整	0～3F	20
76	TRUM	+ 梯形失真校正	0～3F	20
77	ECCT	* 东西角位顶部失真校正	0～1F	10
78	ECCB	* 东西角位底部失真校正	0～1F	10
79	EHT	行/场高压校正	0～3F	04
80	UCOM	色度自动相位控制设置	0～3F	00
81	PYNX	正常时行同步最大值调整	0～3F	28
82	PYNN	正常时行同步最小值调整	0～3F	18
83	PYXS	搜索时行同步最大值调整	0～3F	22
84	PYNS	搜索时行同步最小值调整	0～3F	1E
85	RCUTS	YCbCr 模式红截止调整	0～FF	0B
86	GCUTS	YCbCr 模式绿截止调整	0～FF	00
87	BCUTS	YCbCr 模式蓝截止调整	0～FF	0A
88	GDRVS	YCbCr 模式绿驱动调整	0～FF	00
89	BDRVS	YCbCr 模式蓝驱动调整	0～FF	00
90	NOIS	行 AFC 控制调整	0～07	01
91	AV OPT	AV 输入方式设置	0～0F	01
92	OPT2	* * 功能 2 设置	0～0F	02
93	AUSTP	静音关闭时音量控制设置		31
94	MODE0	* * 模式 0 设置	0～FF	E5
95	MODE1	* * 模式 1 设置	0～FF	9E
96	OSDF	字符振荡设置	0～FF	53
97	PWR	未用		53
98	BUS	总线设置		00
99	MEM	未用		02
100	WB CONTRAST	白平衡对比度设置		64

（续）

序号	项目名称	调整功能	调整范围	参考数据
101	WB BRIGHT	白平衡亮度设置		3C
102	WB COLOR	白平衡彩色设置		00
103	MODE3	＊＊模式3设置	0～FF	90
104	DOWN2	上下拉幕且为60Hz时的中间数据	0～FF	80
105	AREA	主菜单下部分及上半部分文本的颜色	0～FF	F7
106	AREA2	声音条边框及内部半透背景的颜色	0～FF	1F
107	CENT	水平拉幕中心位置调整	0～FF	A3
108	DOWN	垂直拉幕中心位置调整（PAL制）	0～FF	9F
109	MCOLOR	主菜单下半部分文本及未选中的颜色	0～FF	46
110	PCOLOR	声音条颜色及主菜单正常时的颜色	0～FF	52
111	TCOLOR	主菜单上半部分颜色	0～FF	1F
112	HTVOLUMEE	旅馆模式下的声音调整		00

注：带“＊”项的数据可根据需要进行调整。带“＊＊”项为功能设定项，根据机型功能不同，其数据也有所不同。

表4-18 海信TMPA机心小屏幕超级彩电功能设置项目及其含义

设置项目名称	Bit位	功能设置内容	设置数据及含义
OPT1	Bit2	换台时亮度静噪选择	0：无；1：有
	Bit3	音频增益开关	0：无；1：有
	Bit4	同步AFT调整方式选择	0：无；1：有
	Bit5	NTSC制式调整功能选择	0：无；1：有
	Bit6	同步方式选择	0：TV同步；1：监视器同步
	Bit7	AV切换静音选择	0：不静音；1：静音
OPT2	Bit0、Bit1	开机延迟时间设置	00：无；01：1s；10：2s；11：3s
	Bit2	中英文显示选择	0：中英文；1：只有英文
	Bit3	无信号时AV静音设置	0：不静音；1：静音
MODE0	Bit0	频道数量设置	0：100频道；1：200频道
	Bit1	整机工作方式设置	0：标准模式；1：宾馆模式
	Bit2	SECAM制式选择	0：无；1：有
	Bit3	视频静噪模式选择	1：亮度静噪；1：RGB截止静噪
	Bit4	屏幕显示时间设置	0：2s；1：始终
	Bit5	上下左右与频道/伴音加减作用设置	0：不同；1：相同
	Bit7、Bit6	默认伴音制式设置	00：M制；01：I制；10：BG制；11：D制

（续）

设置项目名称	Bit 位	功能设置内容	设置数据及含义
MODE1	Bit0	BG	0：无；1：有
	Bit1	I	0：无；1：有
	Bit2	DK	0：无；1：有
	Bit3	M	0：无；1：有
	Bit4	背景选择	0：蓝屏幕；1：黑屏幕
	Bit5	模式 2 菜单选择	0：关；1：开
	Bit6	海信商标显示选择	0：无；1：有
	Bit7	超强接收功能选择	0：无；1：有
MODE2	Bit0	模式 3 菜单选择	
	Bit4	黑色半透明功能选择	
	Bit5	红色半透明功能选择	
	Bit6	生物钟功能选择	
	Bit7	声表面波滤波器 6238 选择	

第5章　创维超级数码彩电总线调整

5.1　创维3P90/3P91机心超级彩电总线调整

创维3P90/3P91机心超级彩电，总线系统采用将微处理器和被控电路合二为一的飞利浦超级单片电路TDA12155或TDA11105，完成由微处理器与中频、视频、扫描信号处理任务。

创维3P90/3P91机心支持的信号格式：①TV：PAL；②AV1、AV2：PAL，NTSC；③分量：480i60，576i50，480p60，576p50，720p50，720p60，1080i50，1080i60，1080p50，1080p60；④电脑：接收VGA60、SVGA60、XGA60。如果是3P90/4P90则和传统模拟机心一样，分量只支持输入PAL/NTSC，不支持电脑信号输入。

5.1.1　总线调整方法

【进入退出工厂模式】

一是使用工厂调试专用遥控器，按工厂遥控器“工厂模式”键，即可进入工厂调试模式，键值是：0x3F。

二是通过键控面板按键进行调整，先调节音量为零，同时按遥控器“屏显”键，也可进入工厂调试模式。

调整完毕，再按“工厂模式”键即可退出工厂调试模式。

【项目选择与调整】

进入维修工厂后，屏幕上显示工厂模式界面如图5-1所示，显示机心编号、版本号、日期、主芯片代码等，EEP版本号可以通过EEP-WRITE菜单编辑：存储在E^2PROM地址0x7d6到0x7df共10个地址，字母以其ASCII码0x30（“0”）表示，例如“6”的输入码值为0x06，“P”的输入码值为0x20，“V”的输入码值为0x20。

CPU：3/4P90/1 V1. 00 080410	机心编码和版本号：机心+软件版本号+日期
EEP：3P90V80410	存储器版本号：机心+主芯片型号代码（V表示用的是TDA12155，M表示用的是TDA11105+日期
STS： 01110010. 01010010 10000001 00011000 00000010 00001111 01110011	部分寄存器状态值

图5-1　创维3P90/3P91机心工厂模式界面

屏幕上显示的调整项目分为单项界面和菜单形式界面两种。进入菜单形式界面时，按“菜单”键选择调试菜单，按“频道+/-”键选择调整项目，按“音量+/-”键调整所选项目数据或执行当前项的操作；进入单项界面时，按“频道+”键或快捷键选择调整项目，按“音量+/-”键调整所选项目数据。

1）帘栅电压调整：按一次工厂键，再按一次屏显键，进入调整状态。旋转帘栅电位器，先使得屏幕上显示为“VG2：HIGH”，然后向下调节帘栅，使得屏幕上显示为“VG2：OK”，按清除键退出。

2）聚焦调整：接收方格信号。电视机图像模式设为标准。旋转聚焦电位器慢慢调至图像中心和四周都达到最清晰状态。

3）几何调整：在 TVPAL 制下将图像模式设为标准，接收飞利浦测试卡信号，进入工厂模式后按菜单键，进入第 1 页菜单，按菜单顺序逐项调，调完第 1 页菜单项目再调第 2 页菜单项目，将圆垂直和水平都对称成正圆，直到几何调试到最佳状态。

4）白平衡调整：用快捷键调节单项 GRN、RED、WPB、WPG、WPR，通过 CA100 调试，直到白平衡最佳为止。

5）RFAGC 调整：接收 60dB 数字卡信号；按一次遥控器上的“工厂”键，进入工厂调试状态。按“频道 +”键选择到 RFAGC 项。按“音量 +/-”键调整 RFAGC 的值，直至图像上的噪声消失止。调完后按两次遥控器上的“工厂”键退出系统调试菜单。

6）副亮度调整：副亮度调整在做母片时已调好，一般可免调。也可以进入工厂模式后按频道 + 键副亮度 SUBB。

7）老化模式调整：电视机在上老化线之前，按一次遥控器上的工厂键后，按“频道 +”键，再按“音量 +/-”键，进入老化模式，屏幕显示“AGINGBUSY”。这时无信号白光栅，且不自动关机。在老化状态下，按任意键退出老化模式以及工厂模式。

5.1.2　调整项目与数据

创维 3P90/3P91 机心超级彩电总线系统调整项目和数据见表 5-1。

表 5-1　创维 3P90/3P91 机心超级彩电总线系统调整项目和数据

菜单	调整顺序	项目名称	调整功能	最大值	默认值
SERVICE1 50Hz/60Hz 几何调试 1	1	HPOS5/6	水平位移调整	0x3F	0x20
	2	HAMP5/6	水平幅度调整	0x3F	0x30
	4	VSLP5/6	垂直倾斜调整	0x3F	0x20
	5	VPOS5/6	垂直位移调整	0x3F	0x20
	3	VAMP5/6	垂直幅度调整	0x3F	0x30
	6	VSC5/6	S 矫正调整	0x3F	0x20
SERVICE2 50Hz/60Hz 几何调试 2	7	EWPA5/6	东西抛物线失真校正	0x3F	0x20
	8	TRAP5/6	梯形失真校正	0x3F	0x20
	9	RAPA5/6	平行四边形失真校正	0x3F	0x20
	10	UCP5/6	东西上角抛物线失真校正	0x3F	0x30
	11	BCP5/6	东西下角抛物线失真校正	0x3F	0x30
	12	BOW5/6	弓形失真校正	0x0F	0x20
单项调节列表		AGING	按右键进入老化模式		快捷键
		AGINGBUSY	老化模式中		按任意键退出
		RFAGC	RF AGC 调整	0x1B	声音模式
		SUBB	副亮度调整	0x20	图像模式

（续）

菜单	调整顺序	项目名称	调整功能	最大值	默认值
单项调节列表		GRN	暗平衡绿色调整	0x20	数字键 5
		RED	暗平衡红色调整	0x20	数字键 4
		WPB	白平衡蓝色调整	0x20	数字键 3
		WPG	白平衡绿色调整	0x20	数字键 2
		WPR	白平衡红色调整	0x20	数字键 1
		VG2	帘栅电压调整	OK	屏显键

5.2 创维 3T30/3T36/4T36 机心超级彩电总线调整

创维 3T30/3T36/4T36 机心东芝电路超级单片彩电，总线系统主被控电路采用东芝新一代将微处理器和小信号处理电路合而为一的 TMPA8803CSN、TMPA8809CSN 或 TMPA8823CSN 超级单片集成电路，完成由微处理器与中频、视频、扫描信号处理任务。

创维 3T30 机心适用机型：创维 21NFMK、21TI9000、21TR9000、21TN9000、21NS9000、21TMMS 等机型。

创维 3T36 机心适用机型：创维 21N66AA、21T66AA、21TR9000 等机型。

创维 4T36 机心适用机型：创维 25TM9000 等机型。

5.2.1 总线调整方法

1. 维修 S 模式调整方法

【进入退出维修 S 模式】

使用用户遥控器进行调整，先按电视机上的“音量 -”键，将音量减至 00，再按电视机上的“音量 -”键不松手，同时按遥控器上的“屏显”键，屏幕上显示字符“S”，表示已经进入 S 模式。

4T36 机心新的程序增加了新的进入维修模式方法：按“菜单”键后，顺序按数字键“3、6、9”，也可进入维修模式。

调整后，遥控关机即可退出 S 模式，调整后的数据自动存储。

【项目选择与调整】

进入维修 S 模式后，按遥控器上的“频道 +/-”键选择调整项目，按遥控器上的“音量 +/-”键改变被选项目数据。

2. 工厂 D 模式调整方法

【进入退出工厂 D 模式】

有两种方法：一是使用工厂调试专用遥控器，按遥控器上的“工厂”模式键，即可进入 D 模式工厂调试模式。二是使用用户遥控器，先进入 S 模式，然后，按遥控器上的“屏显”键，屏幕上的“S”字符消失，退出 S 模式；再按电视机上的“音量 -”键不松手，同时按遥控器上的“屏显”键，即可进入 D 模式，屏幕右上角显示字符“D”。

调整后，按工厂专用遥控器上的“工厂”模式键或按用户遥控器上的“待机”键关机即可退出 D 模式，调整后的数据自动存储。

【项目选择与调整】

按工厂专用遥控器的“↑”/“↓”键或数字键等选择调整项目，按工厂专用遥控器的“→”/“←”键改变项目数据。

5.2.2　调整项目与数据

创维 3T30 机心超级单片彩电代表机型 21TR9000、3T36 机心超级单片彩电代表机型 21N66A、4T36 机心超级单片彩电代表机型 25TM900 总线调整项目与数据见表 5-2。

表 5-2　创维 3T30/3T36/4T36 机心超级单片彩电总线调整项目与数据

项目名称	调整功能	3T30 机心 21TR9000	3T36 机心 21N66AA	4T36 机心 25TM9000
RCUT	红截止调整	7F	7F	7C
GCUT	绿截止调整	EC	91	83
BCUT	蓝截止调整	A6	62	8B
GDRV	绿激动调整	33	37	4C
BDRV	蓝激动调整	41	43	46
CNTX	对比度最大值调整	7F	7F	7F
BRTC	亮度中间值调整	38	38	38
COLC	NTSC 制色度中间值调整	40	40	40
TNTC	色调中间值调整	40	40	40
COLP	PAL 制色度中间值调整	1F	IF	03
COLS	SECAM 制色度中间值调整	40	40	40
SCOL	副色度调整	04	04	04
SCNT	副对比度调整	08	08	08
CNTC	对比度中间值调整	4F	4F	4F
CNTN	对比度最小值调整	18	18	18
BRTX	亮度最大值调整	2F	2F	2F
BRTN	亮度最小值调整	27	22	2D
COLX	色度最大值调整	20	20	20
COLN	色度最小值调整	00	00	00
TNTX	色调最大值调整	3F	3F	3F
TNTN	色调最小值调整	3F	3F	3F
ST3	NTSC3. 58 电视清晰度中间值调整	20	20	20
SV3	NTSC3. 58 视频清晰度中间值调整	20	20	20
ST4	NTSC4. 43 电视副清晰度中间值调整	20	20	20
ST4	非 NTSC4. 43 视频副清晰度中间值调整	20	20	20
SVD	DVD 副清晰度中间值调整	19	19	19
ASSH	不对称清晰度调整	—	04	04

（续）

项目名称	调整功能	3T30 机心 21TR9000	3T36 机心 21N66AA	4T36 机心 25TM9000
SHPX	清晰度最大值调整	1A	1A	1A
SHPN	清晰度最小值调整	1A	1A	1A
TXCX	字符对比度最大值调整	1F	18	18
RGCN	字符对比度最小值	1F	IF	01
ABL	自动亮度限制设置	27	27	27
DCBS	视频细节部分调整	33	33	33
CLTO	当 TV 模式且声音制式为非 M 制的数据	04	04	04
CLTM	当 TV 模式且声音制式为 M 制的数据	44	44	44
CLVO	当 YUV 模式且声音制式为非 M 制的数据	4D	4D	4D
CLVD	当 YUV 模式且声音制式为 M 制的数据	48	48	48
DEF	偏转比较数据设置	01	01	01
HITS 16:9	60Hz 时 16:9 场幅调整	—	13	11
SECD	SECAM 模式设置	08	08	08
HPOS	50 Hz 行中心调整	0A	0D	11
VP50	50 Hz 场中心调整	01	05	03
HIT	50 Hz 场幅调整	30	24	12
HPS	60 Hz 行中心调整	0D	0F	13
VP60	60 Hz 场中心调整	00	00	00
HITS	60 Hz 场幅调整	2E	23	11
VLIN	50 Hz 场线性	0B	0C	0C
VSC	50 Hz 场 S 线性	05	05	06
VLIS	60 Hz 场线性	0B	0C	0C
VSS	60 Hz 场线性	04	04	05
OSDV	PAL 制 OSD 垂直方向的位置	—	1F	20
OSDVS	NTSC 制 OSD 垂直方向的位置	—	19	19
BRTS	副亮度调整	08	0H	08
RAGC	高放 AGC 调整	1D	22	22
HAFC	AFC 增益调整	00	01	01
V25	25% 音量输出值调整	32	32	32
V50	50% 音量输出值调整	55	55	55
V100	100% 音量输出值调整	7F	7F	7F
MUTT	软件启动静音时间调整	00	00	00
STAT	软件启动对比度上升时间调整	15	15	15
FLG0	中频标识位调整	1E	1E	1E
FLG1	标识位调整	C4	C6	C6

（续）

项目名称	调整功能	3T30 机心 21TR9000	3T36 机心 21N66AA	4T36 机心 25TM9000
HEFP	基准脉冲位置调整调整	00	00	00
RSNS	RSENS 设置	00	00	00
GSNS	GSENS 设置	00	00	00
BSNS	BSENS 设置	00	00	00
MOD0	模式设置	00	0H	00
MOD1	模式 1 设置	96	96	96
MOD3	模式 3 设置	FF	FF	FE
HIT16:9	50 Hz 时 16:9 场幅调整	—	13	11
SVM	扫描速度调整	00	00	00
VHLK	场消隐开始/停止设置	00	00	00
VCEN	场定中心调整	16	16	20
HSIZ	行尺寸调整	20	20	23
PRBR	抛物波调控	1F	1F	1F
TRUM	梯形调整	20	20	20
ECCT	顶部边角失真校正	10	10	10
BCCB	底部边角失真校正	10	10	10
EHT	场高压/行高压	24	24	24
UCOM	MICAM 控制	00	00	00
PYNX	正常行同步最大值调整	28	28	28
PYNN	正常行同步最小值调整	10	10	18
PYXS	搜索行同步最大值调整	22	22	22
PYNS	搜索行同步最小值调整	10	10	15
RCUTS	针对 YUV 的红截止	00	00	00
GCUTS	针对 YUV 的绿截止	00	00	00
BCUTS	针对 YUV 的蓝截止	00	00	00
GDRVS	针对 YUV 的绿截止	00	00	00
BDRVS	针对 YIJV 的蓝截止	00	00	00
CURW	拉幕中间位置调整	79	79	79
AUO	TA1343 输出调整	5E	5E	5E
OSDF	字符大小调整	40	40	40
OSD	字符位置调整	23	23	23
OPT	系统设置	77	76	
			CPU/OTP 3T33030520 EEPROM4T33031128	

5.3 创维4T30/5T30/5T36机心超级彩电总线调整

创维4T30/5T30/5T36机心东芝电路超级单片彩电，总线系统主被控电路采用东芝新一代将微处理器和小信号处理电路合而为一超级单片集成电路TMPA8809CSN或TM-PA8829CSN，完成由微处理器与中频、视频、扫描信号处理任务。

4T30机心适用机型：创维25N66AA、25TM-9000等机型。

5T30机心适用机型：创维29T68AA、29T66AA等机型。

5T36机心适用机型：创维29SM9000、29SP9000等机型。

5.3.1 总线调整方法

创维4T30/5T30/5T36机心总线系统调整方法与创维3T30/3T36/4T36机心完全相同，请参照创维3T30/3T36/4T36机心的调整方法进行调整。

5.3.2 调整项目与数据

创维4T30机心代表机型创维25N66AA、4T30机心代表机型创维29T68AA、5T36机心代表机型创维29SM9000总线调整项目与数据见表5-3。

表5-3 创维4T30/5T30/5T36机心总线调整项目与数据

菜单	项目名称	调整功能	4T30机心 25N66A	5T30机心 29T68AA	5T36机心 29SM9000
FACTORY MENU00	HPOS	50 Hz 行中心值	0E	08	0B
	VPSO	50 Hz 场中心值	04	01	04
	HIT	50 Hz 场幅	1D	2C	28
	DPC	50 Hz 枕校调整	0F	11	18
	ECCT	50 Hz 顶部边角校正	0A	09	07
	BCCB	50 Hz 底部边角校正	0B	09	07
	VEIN	50 Hz 场线性	0A	0B	0E
	VSC	50 Hz 场S线性	08	0B	08
	KEY	50 Hz 梯形调整	23	IF	24
	WID	50 Hz 行幅调整	2B	27	26
FACTORY MENU01	HPS	60 Hz 行中心值调整	02	02	01
	DPCS	60 Hz 枕校调整	10	13	19
	VLIS	60 Hz 场线性	0A	0B	0C
	KEYS	60 Hz 梯形调整	21	22	22
	VSS	60 Hz 场S线性	09	08	08
	WIDS	60 Hz 行幅调整	2B	29	25
	VP60	60 Hz 场中心值	00	00	00
	HITS	60 Hz 场幅	1E	2D	28

（续）

菜单	项目名称	调整功能	4T30 机心 25N66A	5T30 机心 29T68AA	5T36 机心 29SM9000
FACTORY MENU01	ECCTS	60 Hz 顶部边角校正	0A	08	08
	ECCBS	60 Hz 底部边角校正	09	07	0A
FACTORY MENU02	16:9HIT	50 Hz 时 16:9 场幅调整	0C	1A	17
	16:9KEY	50 Hz 时 16:9 梯形调整	20	1C	22
	16:9WID	50 Hz 时 16:9 行幅调整	2A	27	25
	16:9OPC	50 Hz 时 16:9 枕校调整	08	09	10
	16:9 ECCT	50 Hz 时 16:9 顶部边角校正	04	0B	04
		60 Hz 时 16:9 场幅调整	0B	19	19
	16:9KEYS	60 Hz 时 16:9 梯形调整	23	21	22
		60 Hz 时 16:9 行幅调整	2C	28	26
		60 Hz 时 16:9 枕校调整	08	0B	10
		60Hz 时 16:9 顶边角校正	07	09	07
FACTORY MENU03	OSD	菜单位置	2A	27	27
	COLC	NTSC 色度中间值	50	50	50
	RCUT	红截止	7F	7F	7F
	GCUT	绿截止	73	70	7E
	BCUT	蓝截止	97	67	58
	GDRV	绿截止	3D	41	3D
	BDRV	蓝激励	46	44	4B
	CNTX	对比度最大值	7F	7F	7F
	OSDVS	NTSC 制 OSD 垂直方向的位置	18	18	19
	OSDV	PAL 制 OSD 垂直方向的位置	20	22	21
FACTORY MENU04	COLN	色度最小值	00	00	00
	TNTX	NTSC 色调最大值	50	50	50
	TNTN	NTSC 色调最小值	30	30	30
	ST3	NTSC3. 58 电视清晰度中间值	20	20	20
	SV3	NTSC3. 58 视频清晰度中间值	2F	2F	2F
	ST4	非 NTSC3. 58 电视清晰度中间值	28	28	28
	SV4	非 NTSC3. 58 电视清晰度中间值	2F	2F	2F
	SVD	DVD 清晰度中间值	2F	2F	2F
	BRTC	亮度中间值	38	38	38
	SHPX	清晰度最大值	3F	3F	3F
FACTORY MENU05	TNTC	NTSC 色调中间值	40	40	40
	COLP	PAL 色度中间值	38	38	38
	COLS	SEC/dt 色度中间值	00	00	00

（续）

菜单	项目名称	调整功能	4T30 机心 25N66A	5T30 机心 29T68AA	5T36 机心 29SM9000
FACTORY MENU05	SCOL	副色度	07	07	07
	SCNT	副对比度	0D	0D	0D
	CNTC	对比度中间值	3F	3F	3F
	CNTN	对比度最小值	01	01	01
	BRTX	亮度最大值	58	58	58
	BRTN	亮度最小值	0A	06	10
	COLX	色度最大值	58	58	58
FACTORY MENU06	VEHT	场高压校正	04	04	04
	HEHT	行高压校正	00	00	00
	BRTS	副亮度	09	09	09
	RAGC	高放 AGC 调整	20	26	20
	HAFC	AFC 增益调整	01	01	01
	V25	25% 量输出值	38	38	38
	V50	50% 音量输出值	50	50	50
	V100	100% 音量输出值	74	74	74
	MUTT	软件启动静音时间	0E	0E	0E
	STAT	软件启动对比度上升时间	10	10	10
FACTORY MENU07	FLG0	中频标识位	56	56	56
	FLG1	标识位	04	04	04
	REFP	基准脉冲位置	00	00	00
	RSNS	R 灵敏度	00	00	00
	GSNS	G 灵敏度	00	00	00
	BSNS	B 灵敏度	00	00	00
	MOD	模式	00	00	00
	MOD1	模式 1	06	06	06
	MOD2	模式 2	FC	FE	FE
	MOD3	模式 3	FE	FE	FE
FACTORY MENU08	MOD4	模式 4	B4	F4	F4
	STBY	VCD/IF STANBY	0i	01	01
	SVM	扫描速度调整	70	70	70
	SVM1	速调状态 1	40	40	40
	SVM2	速调状态 2	60	60	60
	SVM3	速调状态 3	60	70	70
	VBLK	场消隐开始点/截止点	00	00	00
	VCEN	场中心调整	00	10	10

（续）

菜单	项目名称	调整功能	4T30 机心 25N66A	5T30 机心 29T68AA	5T36 机心 29SM9000
FACTORY MENU08	OPT	系统设置	67	67	67
	PRBR	抛物波调整	20	20	20
FACTORY MENU09	TRUM	梯形调整	20	20	20
	ASSH	不对称清晰度	00	00	00
	UCOM	MICIOM 控制	00	00	00
	PYNX	正常行同步最大值	29	29	29
	PYNN	正常行同步最小值	09	09	09
	PYXS	搜索行同步最大值	22	22	22
	PYNS	搜索行同步最小值	1E	1E	1E
	RCUTS	针对 YUV 的红截止	00	00	00
	GCUTS	针对 YUV 的绿截止	00	00	00
FACTORY MENU10	BCUTS	针对 YUV 的蓝截止	00	00	00
	GDRVS	YUV 的绿激励	00	00	00
	BDRVS	YUV 的蓝激励	00	00	00
	CURW	拉幕中间位置	88	88	88
	AUO	TA1343 输出调整	74	74	74
	OSDF	字符大小调整	46	46	46
FACTORY MENU11	SHPN	清晰度最小值与中间值的差值	10	10	10
	TXCX	字符对比度最大值	1F	IF	1F
	RGCN	字符对比度最小值	00	00	00
	ABL	自动亮度限制	30	30	30
	DCBS	视频细节部分的调整	33	33	33
	CLTO	TV 非 M 制的 YC 相位	2F	2F	2F
	CLTM	TVM 制的 YC 相位	2F	2F	2F
	CLVO	YUV 非 M 制的 YC 相位	1F	1F	1F
	CLVD	YUV M 制的 YC 相位	20	20	20
	DEF	偏转内供电开关	01	01	01
FACTORY MENU12	AKB	自动截至检测	00	00	00
	SECD	SECAM 模式	0B	0B	0B

5.4 创维 3T60/4T60 机心超级彩电总线调整

创维 3T60 机心，总线系统主被控电路采用 TMPA8873 东芝新一代超级单片，伴音功放电路采用 UPC2003，场输出电路采用 L78040，电源厚膜电路采用 STR-W6553A。

代表机型：创维 21N66AA、21T66AA 等超级彩电。

创维4T60机心，采用超级单片TMPA8827，音频信号处理电路采用PWS1341，伴音功放电路采用TDA7496S，场输出电路采用TDA8177，电源驱动电路采用N1207。

代表机型：创维29D98AA、29T66AA、29T68AA、29T91AA、25T15AA、15N15AA等超级彩电。

5.4.1　总线调整方法

【进入退出S、D模式】

使用用户遥控器进行调整，先按电视机上的“音量-”键，将音量减至00，再按电视机上的“音量-”键不松手，同时按遥控器上的“屏显”键，屏幕上显示字符“S”，表示已经进入S模式。

进入维修S模式后，按遥控器上的“屏显”键，屏幕上的“S”字符消失，退出S模式；再按电视机上的“音量-”键不松手，同时按遥控器上的“屏显”键，即可进入D模式，屏幕右上角显示字符“D”。

按工厂遥控器的“菜单”键，可直接进入工厂调试D模式。

4T60机心新的程序增加了新的进入维修模式方法：按“菜单”键后，顺序按数字键“3、6、9”，也可进入维修模式。

调整后，遥控关机即可退出S模式，调整后的数据自动存储。

【项目选择与调整】

进入维修S或D模式后，按用户遥控器上的“频道+/-”键选择调整项目，按遥控器上的“音量+/-”键改变被选项目数据。按工厂专用遥控器的“↑”/“↓”键或数字键等选择调整项目，按工厂专用遥控器的“→”/“←”键改变项目数据。

5.4.2　调整项目与数据

创维4T60机心超级单片彩电总线调整项目，在4T36机心的基础上，增加了表5-4所示的调整项目，其他项目与4T36机心相同。

表5-4　创维4T60机心在4T36机心基础上增加的调整项目与数据

项目名称	调整功能	参考数据
PMR	保留	02
BUS	保留	02
MEM	保留	03
SYNC	同步设置	04
VCD0	功能设置	04
VCD1	功能设置	00
ABCL	ABL、ACL设置	27
OSDA	字符ABL、字符对比度	0F
VBLACK	YUV色差调整	08
UBLACK	YUV色差调整	08
HBOW	弓形调整	05

（续）

项目名称	调整功能	参考数据
HPARA	平行四边形调整	07
NOIS	噪声滤波	03
STBG	BG 制陷波中心频率	08
STI	I 制陷波中心频率	08
STDK	DK 制陷波中心频率	08
STM	M 制陷波中心频率	08
SSBG	BC 制声音设置	00
SSI	I 制声音设置	00
SSDK	DK 制声音设置	00
SSM	M 制声音设置	00
AVAUO	AV 状态下音量衰减	7F
TVMD	开机渐亮的时间设置	00

5.5　创维 3T66/4T66 机心超级彩电总线调整

创维 3T66/4T66 机心模拟数字高清彩电，总线系统采用将微处理器和被控电路合二为一的 TMPA8873 超级电路与北京 PLM 公司高清信号格式转换芯片 PLM1000 作为主芯片，完成由微处理器与中频、视频、扫描信号处理任务。3T66、4T66 机心所采用的主芯片完全相同，不同的是 3T66 机心用在小屏幕的彩电上，4T66 机心用在大屏幕的彩电上。这两款机心支持高清信号 720p/50Hz、720p/60Hz、1080i/50Hz、1080i/60Hz 的输入，高清信号通过 YPbPr 输入，经 PLM1000 处理成普通的 YCbCr 信号，再通过 TMPA8873 的 YCbCr 输入口输入处理。

3T66 机心适用机型：创维 21U16HN、21T16HN、24D16HN 等机型。

4T66 机心适用机型：创维 29T16HN 等机型。

5.5.1　总线调整方法

创维 3T66/4T66 机心总线系统调整方法与创维 3T30/3T36/4T36 机心完全相同，请参照创维 3T30/3T36/4T36 机心的调整方法进行调整。

后期更改的版本程序增加了新的进入工厂模式的方法：即按“菜单”键后，顺序按 3、6、9 键也可进入工厂模式，以方便工厂调试。

5.5.2　调整项目与数据

创维 3T66 机心超级彩电总线系统调整项目和参考数据见表 5-5，4T66 机心与其基本相同。

表 5-5　创维 3T66 机心超级彩电总线系统调整项目和数据

项目名称	调整功能	参考数据
OSD	字符水平位置调整*	24
OPT	系统设置	37

（续）

项目名称	调整功能	参考数据
R-CUT	红截止，决定静态工作点*	70、80
G-CUT	绿截止调整*	62
B-CUT	蓝截止调整*	2b
G-DRV	绿激励调整*	37
B-DRV	蓝激励调整*	3D
CNTX	对比度最大值调整	7F
BRTC	亮度中间值调整	4F
COLC	NTSC 色度中间值调整	40
TNTC	色调中间值调整	48
COLP	PAL 色度中间值与 NTSC 中间值差值调整	10
COLS	SECAM 色度中间值调整	40
SCOL	副色度调整	04
SCNT	副对比度调整	0E
CNTC	对比度中间值调整	40
BRTX	亮度最大值与中间值的差值调整	2F
BRTN	亮度最小值与中间值的差值调整	00
COLX	色度最大值与中间值的差值调整	34
COLN	色度最小值调整	00
TNTX	色调最大值与中间值的差值调整	3F
TNTN	色调最小值与中间值的差值调整	3F
ST3	NTSC3. 58 电视清晰度中间值调整	20
SV3	NTSC3. 58 视频清晰度中间值调整	20
ST4	非 NTSC3. 58 电视清晰度中间值调整	20
SV4	非 NTSC3. 58 视频清晰度中间值调整	20
SVD	DVD 清晰度中间值调整	20
ASSH	不对称清晰度调整	04
SHPX	清晰度最大值与中间值的差值调整	3F
SHPN	清晰度最小值与中间值的差值调整	00
TXCX	字符对比度最大值调整	07
RGCN	字符对比度最小值调整	00
ABL	自动亮度限制设定	27
DCBS	视频细节部分的调整	37
CLTO	当 TV 模式且声音制式为非 M 制的数据	04
CLTM	当 TV 模式且声音制式为 M 制的数据	44
CLVO	当 YUV 模式且声音制式为非 M 制的数据	6D
CLVD	YUV 模式且声音制式为 M 制的数据	38

（续）

项目名称	调整功能	参考数据
DEF	偏转数据	01
HITS16:9	60Hz 时 16:9 显示的场幅	1D
SECD	SECAM 模式设定**	07
HPOS	50Hz 行中心值调整*	0D
VP50	50Hz 场中心值调整*	04
HIT	50Hz 场幅调整*	2E
HPS	60Hz 行中心值调整*	0F
VP60	60Hz 场中心值调整*	02
PWR	保留	02
BUS	保留	02
MEM	保留	03
SYNC	同步设置	04
VCD0	功能设置	04
VCD1	功能设置	00
ABCL	ABC、ACL 设置决定束电流调整	10
OSDA	字符 ABL、字符对比度调整	0F
VBLACK	YUV 色差调整	08
UBLACK	YUV 色差调整	0E
H BOW	弓形失真校正*	05
HPARA	平行四边形失真校正*	04
HITS	60Hz 场幅调整*	31
VLIN	50Hz 场线性调整*	15
VSC	50Hz 场 S 线性调整*	11
VLIS	60Hz 场线性调整	11
VSS	60Hz 场 S 线性调整*	15
OSDV	PAL 制下 OSD 在垂直方向的位置调整*	18
OSDVS	NTSC 制下 OSD 在垂直方向的位置调整*	16
BRTS	副亮度调整*	D6
RFAGC	高放 AGC 调整*	22
HAFC	AFC 增益调整	01
V25	25% 音量输出值调整	32
V50	50% 音量输出调整	50
V100	100% 音量输出值调整	76
MUTT	软件启动静音时间设置	00
STAT	软件启动对比度上升时间设置	15
FLG0	中频标识位设置	2A

（续）

项目名称	调整功能	参考数据
FLG1	标识位设置（开关 DVD、C4 关 C6 开）	C6
RSNS	R 灵敏度调整	00
GSNS	G 灵敏度调整	00
BSNS	B 灵敏度调整	00
MOD	功能模式设置	B0
MOD1	功能模式设置	9E
MOD3	功能模式设置	FE
HIT16:9	50Hz 时 16:9 显示的场幅调整	0F
SVM	扫描速度调整**	20
VBLK	场消隐开始点/截止点调整	00
VCEN	场定心调整	20
HSIZ	行幅度调整	00
PRBR	抛物波调整	25
TRUM	梯形失真校正调整	20
ECCT	顶部边角失真校正	10
ECCB	底部边角失真校正	10
EHT	场高压/行高压调整	24
UCOM	MICIOM 控制设置	84
PYNX	正常行同步最大值调整	28
PYNN	正常行同步最小值调整	10
PYXS	搜索行同步最大值调整	22
PYNS	搜索行同步最小值调整	10
RCUTS	针对 YUV 的红截止调整	00
GCUTS	针对 YUV 的绿截止调整	00
BCUTS	针对 YUV 的蓝截止调整	00
GDRVS	针对 YUV 的绿激励调整	00
BDRVS	针对 YUV 的蓝激励调整	00
CURW	拉幕位置调整	79
AUO	字符大小调整*	64
OSDF	字符大小调整*	46
NOIS	噪声滤波调整	07
STBG	BG 制陷波中心频率调整	08
STI	I 制陷波中心频率调整	08
STDK	DK 制陷波中心频率调整	08
STM	M 制陷波中心频率调整	06
SSBG	BG 制声音设置	00

（续）

项目名称	调整功能	参考数据
SSI	I 制声音设置	00
SSDK	DK 制声音设置	00
SSM	M 制声音设置	00
AVAUO	AV 状态下音量衰减	0A
TVMD	开机渐亮的时间设置	02
SUR EFT	环绕声设置	04
OPEN BLK	总线设置	03

5.6　创维 3Y30/3Y31/3Y36/4Y36 机心超级彩电总线调整

创维 3Y30/3Y31/3Y36/4Y36 机心超级彩电，总线系统主被控电路采用三洋公司的超级（CPU + TV）单片电视信号处理集成电路，其中 3Y30 机心采用 LA76930，3Y31 机心采用 LA769337N，3Y36/机心采用 LA76930N，4Y36 机心采用 LA769337N，完成由微处理器与中频、视频、扫描信号处理任务。

3Y36 机心代表机型：创维 21N91AA、21T68AA、21T91AA 等机型。

4Y36 机心代表机型：创维 29T66AA、25T91AA、25T18AA、25N91AA、29T91AA 等机型。

5.6.1　总线调整方法

1. 3Y30/3Y36 机心总线调整方法

【进入退出工厂模式】

3Y30 机心和 3Y36 机心的老版本采用此方法：在电视机正常收视状态下，按遥控器上的“-/--”键，将其切换到三位数输入状态“---”，用遥控器数字键输入“579”，使电视机进入“SERVICE”状态；在“SERVICE”状态下，按一次“菜单”键，接着按“频道+”键，即可进入维修调整模式，同时屏幕上出现总线调整菜单。

调整完毕，按遥控器上的“MENU”键退出维修调整模式。

【项目选择与调整】

在维修调整模式下，屏幕上显示出调整菜单，按遥控器上的“频道+/-”键选择调整项目，按“音量+/-”键改变所选项目的数据或状态，按“静音”键存储，按“屏显”键恢复。

2. 3Y31/3Y36/4Y36 机心总线调整方法

【进入退出工厂模式】

一只手先按电视机键控板上的“菜单”键不放，然后另一只手按遥控器上的数字键“978”输入密码，即可进入工厂调试模式。

调整完毕，依次按遥控器上的“菜单”键、“声音模式”键，使屏幕上无菜单显示，然后关闭电视机电源即可。

【项目选择与调整】

进入工厂模式后，屏幕上显示本机数据和版本号。按“静音”键向前翻页，按“交替”

键向后翻页。按遥控器上的“频道 +/-”键选择调整项目，按“音量 +/-”键改变所选项目的数据。

调整完毕，若需进行非工厂菜单检查，依次按遥控器上的“菜单”键、“声音模式”键，保存内容并清屏，此时再按“菜单”键、“屏显”键重新回到调试菜单。

5.6.2 调整项目与数据

创维 3Y30 机心超级彩电总线有三个调整菜单，其调整项目见表 5-6；创维 4Y36 机心超级彩电总线调整项目和数据见表 5-7。对于线性调整，若图像制式是 PAL，后 5 项参数名称标识为 50：若图像制式为 NTSC，则后 5 项参数名称标识为 60。

表 5-6　创维 3Y30 机心超级彩电总线调整项目

工厂菜单	项　目　名　称	调　整　功　能	调整范围	参考数据
	H. PHASE/50 Hz	50Hz 行同步调整	0～30	*
	H. PHASE/60 Hz	60Hz 行同步调整	0～30	*
	V. POSI-TION/50 Hz	50Hz 场输出直流偏置	0～63	*
	V. POSI-TION/60 Hz	60Hz 场输出直流偏置	0～63	*
MENU00	V-SIZE/50Hz	50Hz 场输出幅度调整	0～127	*
	V-SIZE/60Hz	60Hz 场输出幅度调整	0～127	*
	V. SC	场 S 失真校正	0～31	*
	V- LINEARRITY	场输出线性调整	0～31	*
	V-SIZE-CMP	场输出幅度调整	0～31	*
	V-KILL	场输出开关	0/1	*
	SUB-BRIGHT	RGB 输出直流偏置	0～127	*
	RF-AGC-DELAY	RF AGC 延迟调整	0～63	*
	(B-Y) DC AV	AV 状态 B-Y 电平调整	0～63	*
MENU01	R-Y) DC AV	AV 状态 R-Y 电平调整	0～63	*
	(B-Y) DC YUV	YUV 状态 B-Y 电平调整	0～63	*
	(R-Y) DC YUV	YUV 状态 R-Y 电平调整	0～63	*
	16:9 V-SIZE/60Hz	16:9 模式 60Hz 场幅度	0～63	
	16:9 V-SIZE/50Hz	16:9 模式 50Hz 场幅度	0～63	*
	RB	红枪输出直流偏置	0～255	*
	GB	绿枪输出直流偏置	0～255	*
	BB	蓝枪输出直流偏置	0～255	*
MENU02	RD	红枪输出增益调整	0～127	*
	GD	绿枪输出增益调整	0～15	*
	BD	蓝枪输出增益调整	0～127	*
	16:9 V-POS/50Hz	16:9 模式 50Hz 场中心	0～63	*
	16:9 V-POS/60Hz	16:9 模式 60Hz 场中心	0～63	*

注：表中“*”根据需要调整。

表 5-7　创维 4Y36 机心超级彩电总线调整项目

工厂菜单	项目名称	调 整 功 能	调整范围			调整说明
光栅调整	V. SHIFT	场中心调整	0 ~ 15			
	V. SIZE	场幅度调整	0 ~ 127			
	VSC	场 S 失真校正	0 ~ 31			
	VLINE	场线性调整	0 ~ 31			
	H. PHASE	行中心调整	0 ~ 31			
	H. SIZE 50	E/W 行幅调整	0 ~ 63			
	EW. AMP 50	E/W 枕形失真校正	0 ~ 63			
	EW. TILT 50	E/W 梯形失真校正	0 ~ 63			
	EW. COR. TOP 50	上角失真校正	0 ~ 15			
	EW. COR. BOT 50	下角失真校正	0 ~ 15			
白平衡调整	VK	白平衡亮线设置	0 ~ 1			建议为 0
	S. B	副亮度调整	0 ~ 127			
	RB	红偏压调整	0 ~ 55			
	GB	绿偏压调整	0 ~ 255			
	BB	蓝偏压调整	0 ~ 255			
	RD	红驱动调整	0 ~ 127			
	GD	绿驱动调整	0 ~ 15			
	BD	蓝驱动调整	0 ~ 127			
16:9 调整	V. SIZE	场幅度调整	0 ~ 63			
	EW. AMP	E/W 枕形失真校正	0 ~ 63			
	EW. DC	E/W 行幅度调整	0 ~ 63			
参数设定	设定项目	初值设定	EEPROM 地址			4Y36. DAT
	高亮红色设定	60	33	12	12	
	高亮绿色设定	10	34	13	15	
	高亮蓝色设定	60	35	14	12	
	低亮红色设定	120	30	9	255	
	低亮绿色设定	120	31	10	255	
	低亮蓝色设定	120	32	11	255	
	副亮度设定	-1	-1	-1		Slave address 只调低亮
	亮度设定	-1	-1	-1		CPU ROM 只调高亮
	副对比度设定	-1	-1	-1		186 160 调整后数据保存
	对比度设定	-1	-1	-1		调整后停信号
	OK		Cantel	高级	Save	Load

注：表中白平衡调整以绿枪为基准枪。

5.7 创维 3Y39 机心超级彩电总线调整

创维 3Y39 机心超级彩电，总线系统采用将微处理器和被控电路合二为一的 LA76933G7N59JI 超级电路，配合 HTV156、HTV158，完成由微处理器与中频、视频、扫描信号处理任务。

适用机型：创维 21U16HN、21V16HN、21N16AA 等超级单片彩电。

5.7.1 总线调整方法

1. 维修 S 模式调整方法

【进入退出维修 S 模式】

一只手按电视机键控板上“菜单”键不放，另一只手按遥控器“978”输入密码，即可进入 S 模式调试菜单。

调整完毕，依次按遥控器上的“菜单”键、“声音模式”键，使屏幕上无菜单显示，然后关闭电视机电源即可。

【项目选择与调整】

进入 S 模式后，屏幕上显示调整菜单，按“频道 +/-”键选择需调整项目；按“音量 +/-”键改变所选项目的值或状态；按“静音”键（MUTE 键）向前翻页，按“交替”键（CH. REV 键）向后翻页。

调完后，若需进行非工厂菜单检查，需依次按遥控器“菜单”键、“声音模式”键保存内容并清除调试菜单，此时仍在工厂模式状态。

2. 工厂 D 模式调整方法

【进入退出工厂 D 模式】

按电视机键控板上“菜单”键不放，再依次按遥控器上的“交替”、“静音”键，即可进入工厂 D 模式。

调整完毕，依次按遥控器上的“菜单”键、“声音模式”键，使屏幕上无菜单显示，然后关闭电视机电源即可。

【项目选择与调整】

进入 D 模式后，屏幕上显示深层菜单，按“静音”键向前翻页，按“交替”键向后翻页；按“频道 +/-”键选择需调整项目；按“音量 +/-”键改变所选项目数据。

5.7.2 调整项目与数据

创维 3Y39 机心超级彩电总线系统调整项目和数据见表 5-8；创维 3Y39 机心不同机型，功能开发不同，存储器数据也不相同，表 5-9 是更换不同配置机型存储器的操作。

表 5-8 创维 3Y39 机心超级彩电总线系统调整项目和数据

菜 单	项目名称	调整功能	调整范围
第一菜单 光栅线性调整	V. SHIFT 50	场中心调整	0～15
	V. SIZE 50	场幅度调整	0～127
	VSC 50	场 S 失真校正	0～31

（续）

菜　　单	项目名称	调整功能	调整范围
第一菜单 光栅线性调整	VLINE 50	场线性调整	0～31
	H. PAHSE 50	行中心调整	0～31
	H. SIZE 50	行幅度调整	0～63
	EW. AMP 50	枕形失真校正	0～63
	EW. TILT 50	梯形失真校正	0～63
	EW. COR. TOP 50	顶角失真校正	0～15
	EW. COR. BOT 50	底角失真校正	0～15
第二菜单 白平衡调整	RB	红偏压	0～255
	GB	绿偏压	0～255
	BB	蓝偏压	0～255
	RD	红驱动	0～127
	GD	绿驱动	7
	BD	蓝驱动	0～127
	RF. AGC	AGC 调整	0～63
	S. B	副亮度故障	0～127
	V. K	白平衡调整时亮线设置	0
	OSD. HPOS	字符显示行相位调整	0～63

表 5-9　创维 3Y39 机心更换不同配置存储器的操作

名　　称	具　体　操　作
不同 CRT 的切换	OPTION1 项中的 MACHMOD：1 是 4：3 的 CRT，0 是 16：9 的 CRT 同是 OPTION1B 中的 MACHMOD：1 是 16：9 的 CRT，0 是 4：3 的 CRT
21、24in 机器带 VGA 的切换	OPTIONB 项中的 VGA OPT：1 是有 VGA 功能；0 是无 VGA 功能
场上下卷边的更改	输入 P 制信号在 P1—50 项中更改 V. DC 的值，现值是 53，最大值 63。也可以根据不同 CRT 管调整主板上 R731 或 R731B 的位置，当电阻插在 R731 时，场供电是 35V（主要针对短管），当电阻插在 R731B 时，场供电是 30V（主要针对长管）
图像亮度、对比度的调整，影响图像整体效果	P11 项中的 LOW. BRI 是亮度最小值，现在是 0；LOW. CNT 是对比度最小值，现在是 0；HIGH. BRI 是亮度最大值，现在是 0
伴音通道的选择	OPTION3 中的 TV LEVEL 是 2；AV1 LEVEL 是 3；AV2 LEVEL 是 1；YUV LEVEL 是 3，以上数据是 3Y39 的推荐值
不同高频头的切换（3Y39 机心可用不同的高频头）	TUNER OPT 项中的：①针对现 3Y39 机心的高频头，公司编号 5200-380W29-01 型号为 XG6VD86A1 数据如下：VHL PORT 1IVHF PORT 2；VHF PORT 3；②公司编号 5221-380W32-01 型号为 XG6VT86A8 数据如下：VHL POPT 2；VHF PORT 1；UHF PORT 4

5.8 创维 3P30/4P30/5P30 机心超级彩电总线调整

创维 3P30/4P30 机心，总线系统主被控电路采用将微处理器和小信号处理电路合而为一的飞利浦超级单片电路 TDA9370PS 系列，共有 4 种型号，按生产先后次序依次是：OPT TDA9370、4706-D93701-64、4706-D93702-64、4706-D93703-64。5P30 机心，总线系统主被控电路采用将微处理器和小信号处理电路合而为一的飞利浦超级单片电路 TDA9373PS（OM8373PS）系列，共有 3 种型号，按生产先后次序依次是：4706-D93731-64（VER 1.30）、4706-D93732-64（VER 1.31）、4706-D93733-64（VER 1.33）。

上述芯片，如果损坏，尽量使用原型号芯片更换，如果没有原型号，可用尽可能使用改进型芯片更换，由于其软件数据不同，应进行存储器初始化操作。

创维 3P30/4P30 机心适用机型：创维 21NI9000、21NK9000、21TH9000、21TI9000、21TN9000、21TR9000、21ND9000A、25NI9000、25ND9000、25TH9000、25TP9000、25TW9000、29HI9000、8000-2199、8000-2122A、8000-2522A、21PTI9000、2122MK、21NKMS、21TNMS 等机型。

创维 5P30 机心适用机型：创维 25ND9000A、25NF8800A、25NF9000、29TI9000、29HD9000、34SD9000、34SG9000、34SI9000、34TI9000 等机型。

5.8.1 总线调整方法

1. 使用工厂调试专用遥控器进行调整的方法

【进入退出工厂模式】

按遥控器上的“工厂”模式键，即可进入 D 模式工厂调试模式，屏幕上显示超级单片芯片的版本号。

调整后，按工厂专用遥控器上的“工厂”模式键退出工厂模式。

【项目选择与调整】

工厂模式中共有 11 个外围菜单和 4 个核心菜单，按“工厂”键显示调整菜单，要想进入后两个核心菜单，必须在第 11 个外围菜单中输入密码“789”。外围菜单通过“频道 +/-”键切换，核心菜单通过“菜单”键切换。进入各菜单后，遥控器上的“频道 +/-”键选择调整项目，按遥控器上的“音量 +/-”键改变被选项目数据。

2. 使用用户遥控器进行调整的方法

【进入退出维修模式】

按住机器面板“音量 -”键使之为 00 后不松手，再按遥控器上的“屏显”键，即可进入维修模式。

调整完毕，按“消除”键或关闭电源，即可退出维修模式。

【项目选择与调整】

在显示进入维修模式（如 4P30 VERO.11 或 5P30040624-EEP：5P3004621）时，按遥控器“菜单”键进入第一大项，如果直接按遥控器“频道 +/-”键可进入第二大项，不停地按“频道 +/-”键将循环显示所有选项，按“音量 +、-”键调整数据。按数字“6”进入密码项，输入密码：“789”后，再按“菜单”键进入 PE1、PE2 选项。进入工厂模式后，按遥控器上的快捷键，可直接进入各菜单或调整项目，其遥控器上的快捷键见表 5-10。

表 5-10　创维 3P30、4P30、5P30 机心工厂模式快捷键

快捷键	进入的菜单或项目	快捷键	进入的菜单
数字键 1	WPR	图像模式键	H-AMP 行幅度调整
数字键 2	WPG	声音模式键	V-SLP 场线性调整
数字键 3	WPB	彩色制式键	V-POS 场中心调整
数字键 4	RED	声音制式键	V-AMP 场幅度调整
数字键 5	GREEN	单独听键	V-SC 场 S 失真校正
数字键 6	P-MOD	视频键	EWPA 枕形失真校正
数字键 7	UCP 上边角失真校正	环绕声键	地磁校正
数字键 8	BCP 下边角失真校正	人机对话键	RF AGC 调整
数字键 9	BOW 弓形失真校正	屏幕显示键	VG2 帘栅极调整
数字键 0	TRAP 梯形失真校正	自动搜索键	AGING 老化模式选择
- -/-	PARA 平行四边形失真校正	数码工作站键	S-BRI 副亮度调整

5.8.2　调整项目与数据

创维 3P30/4P30/5P30 机心飞利浦电路超级单片彩电进入维修模式屏幕显示的版本号见表 5-11，创维 3P30、4P30、5P30 机心飞利浦电路超级单片彩电代表机型总线调整项目与数据见表 5-12，PE 功能菜单 0P1-0P4 功能的设定内容和定义（以 29T1 机型为例）见表 5-13。

表 5-11　创维 3P30/4P30/5P30 机心进入维修模式屏幕显示的版本号

机　　心	3P30	4P30	5P30
显示的版本	3P30 VER 2.15 STS0：01010010 STS1：01010001 SRS2：10000110 01111111 11110111	4P30 VER0.10 STS0：01110010 STS1：01010001 SRS2：11001101 01111111 11110111	5P30 VER 1.33 STS0：01010010 STS1：01010001 SRS2：11001101 01111111 11110111

表 5-12　创维 3P30、4P30、5P30 机心总线调整项目与数据

菜单	项　目	调整功能	调整范围或最大值	参数	3P30 21ND 9000	4P30 25TW 9000	5P30 29TI 9000
外围菜单 1	WPR	亮平衡红枪调整	00～3F	1F	1F	1C	20
外围菜单 2	WPG	亮平衡绿枪调整	00～3F	1F	1F	1A	20
外围菜单 3	WPB	亮平衡蓝枪调整	00～3F	1F	1F	1F	20
外围菜单 4	RED	暗平衡红枪调整	00～3F	1F	1F	23	1C
外围菜单 5	GREE	暗平衡绿枪调整	00～3F	1F	1F	21	20
外围菜单 6	AGC	AGC 调整	00～03	03	03	03	03
外围菜单 7	RF AGC	RF AGC 调整	00～3F	18	13	12	13
外围菜单 8	VOL	音频输出幅度	00～3F	2C	无	2C	无

（续）

菜单	项　目	调整功能	调整范围或最大值	参数	3P30 21ND 9000	4P30 25TW 9000	5P30 29TI 9000
外围菜单 9	AGING	老化模式			BUSY	BUSY	BUSY
外围菜单 10	VG2	帘栅极调整	OK	IS	IS	IS	IS
外围菜单 11	P-MOD	密码输入	输入密码	789			
核心菜单 1 SER60Hz	H-POS	行中心调整	3F	2C	24	28	24
	H-AMP	行幅度调整	3F	1D	1F	1F	37
	V-SLP	场斜率调整	3F	1F	21	29	2A
	V-POS	场中心调整	3F	16	15	1C	1C
	V-AMP	场幅度调整	3F	09	25	1E	26
	V-SC	场线性调整	3F	12	1B	1B	1A
核心菜单 2 SER60Hz	EWPA	枕形失真校正	3F	1F	1F	22	17
	TRAP	梯形失真校正	3F	1P	1F	1F	21
	PARA	补偿	3F	1F	1F	1F	1D
	UCP	上角失真校正	3F	1F	1F	1F	1A
	BCP	下角失真校正	3F	1F	1F	1F	0F
	BOW	弓形失真校正	3F	1F	1F	1F	1A
核心菜单 3 PE-1	OP1	功能预置 1	FF	*	D0	DC	DC
	OP2	功能预置 2	FF	*	C6	C6	EC
	OP3	功能预置 3	FF	08	08	08	09
	OP4	功能预置 4	FF	30	3B	3B	3B
	OP5	功能预置 5					
	OP6	功能预置 6					
	VX	场放大	3F	19	19	19	DF
	IFFS	中频调整	07	03	03	03	0F
	OSD-H	字符水平位置	CF	85	06	06	无
	OSD-V	字符垂直位置	2A	2E	24	24	无
	YDTP	TV 亮度延迟	0F	07	07	07	07
	YDAV	AV 亮度延迟	0F	07	07	07	07
核心菜单 4 PE-2	FOR	蓝屏幕设置	03	03	03	03	03
	VX	场放大	3F	19	无	无	19
	VG2-B	帘栅极电压	3F	3F	3A	3A	20
	RPO	勾边幅度调整	03	03	03	03	06
	IFO	微调中频	3F	10	20	20	2F
	PRO-C	低位为副彩色		00	无	无	00
	CL	R/G/B 输出幅度	0F	0B	0B	0B	08

（续）

菜单	项　目	调整功能	调整范围或最大值	参数	3P30 21ND 9000	4P30 25TW 9000	5P30 29TI 9000
核心菜单 4 PE-2	SS-SB	高位为清晰度		36	无	无	36
	INIT①	复位工厂数据	FF	00	00	00	00

① 工厂模式的 PE-2 功能设置菜单，INIT 为存储器初始化项目，选择该项目后，按“音量 +/-”键，当该项目的数据变为 FF 时，则显示初始化完成。初始化后，工厂菜单的各项数据均变为默认值，其中白平衡、光栅调整下的项目数据可能与实际需要不符，需进入总线调整模式，对相应的项目数据进行适当的调整。调整完毕，重新进入 PE-2 菜单的 INIT 项目，将其数据变为 00。

表 5-13　创维 3P30、4P30、5P30 机心 PE 功能菜单内容和定义

项目	位	定　义	设　置
OP1	0	BG 制伴音选择	0（无）
	1	肤色校正选择	0（关）
	2	AV2 输入选择	1（有）
	3	S 端子输入选择	1（有）
	4	DVD 输入选择	1（有）
	5	搜台灵敏度增强	0（关）
	6	人机对话选择	1（有）
	7	屏保功能选择	1（有）
OP2	0	M 制伴音选择	0（无）
	1	搜台声音检测（Yer1.30）选择	0（关）
	2	伴音锁相环捕捉宽度选择	0（关）
	3	16:9 功能选择	1（有）
	4	场同步范围增强选择	0（关）
	5	关机屏外放电选择	1（开）
	6	半透明菜单选择	1（有）
	7	数码工作站选择	1（有）
OP3	0	X 射线保护选择	1（有）
	1	断信号静音选择	0（有）
	2	强制有彩色限制	0（有）
	3	淡入淡出功能选择	1（有）
	4	NTSC 矩阵选择	1（美国）；0（日本）
	5	信号过调制补偿选择	0（关）
	6	伴音功能选择 0	1
	7	伴音功能选择 1	0
OP4	0	YUV 同步通道选择	1（通道 Y）
	1	YUV 输入方式	1（直通）
	2	帘栅调整方式	0（显示 OK 方式）

（续）

项目	位	定　义	设　置
OP4	3	增强彩色灵敏度	0（关）
	4	单独听功能选择	1（有）
	5	搜台识别 SL 选择	1
	6	搜台识别 SH 选择	0
	7	地磁功能选择	0（无）

5.9 创维 3P60 机心超级彩电总线调整

创维 3P60 机心超级彩电，总线系统采用将微处理器和被控电路合二为一的超级电路 OM8373PS/N3/2/1870，完成由微处理器与中频、视频、扫描信号处理任务。

适用机型：创维 21D88AA 等超级单片彩电。

5.9.1 总线调整方法

【进入退出维修模式】

按电视机面板上的“音量 -”键至音量为 0，同时按随机遥控器（5P30 遥控器亦可操作）“屏显”键。即可进入维修模式。

调整完毕，遥控关机即可退出维修模式，并自动记忆存储数据。

【项目选择与调整】

进入维修模式后，屏幕上显示版本信息菜单，继续按“菜单”键翻页选择调整菜单，按“频道 +/-”键选择调整项目选项，按“音量 +/-”键调整所选项目数据。

维修状态下，按数字键“1、2、3、4、5”可分别直接选择白平衡调整项目，按数字 6 键密码选项，输入密码 789 后，再按“菜单”键翻页，可进入功能设置等深层次菜单。

5.9.2 调整项目与数据

创维 3P60 机心超级彩电总线系统调整项目和数据见表 5-14。

表 5-14　创维 3P60 机心超级彩电总线系统调整项目和数据

序　号	项目名称	调整功能	参考数据	最大值
第一菜单 行场调整 SER50Hz	H-POS	行中心调整	22	3F
	H-AMP	行幅度调整	38	3F
	V-SLP	半场调整	12	3F
	V-POS	场中心调整	2A	3F
	V-AMP	场幅度调整	38	3F
	V-SC	场失真 S 校正	22	3F
第二菜单 失真校正 SER50Hz	EWPA	EW 枕形失真校正	14	3F
	TRAP	梯形失真校正	18	3F
	PARA	枕形失真校正	1F	3F

（续）

序　号	项目名称	调整功能	参考数据	最大值
第二菜单失真校正 SER50Hz	UCP	上角失真校正	1F	3F
	BCP	下角失真校正	1E	3F
	BOW	弓形失真校正	1F	3F
白平衡调整	WPR（按数字 1 键）	红枪驱动调整	1F 00011111	00—3F
	WPG（按数字 2 键）	绿枪驱动调整	1F 00011111	00—3F
	WPB（按数字 3 键）	蓝枪驱动调整	1F 00011111	00—3F
	RED（按数字 4 键）	红枪增益调整	1F 00011111	00—3F
	GRN（按数字 5 键）	绿枪增益调整	1F 00011111	00—3F
	P-MOD…（按数字 6 键）	密码输入	7、8、9	
PE-1 菜单	OP1	功能设置选项 1	D0	FF
	OP2	功能设置选项 2	C6	FF
	OP3	功能设置选项 3	08	FF
	OP4	功能设置选项 4	33	FF
	OP5	功能设置选项 5	08	FF
	OSD-H	字符水平位置调整	46	CF
	5VOSD	字符垂直位置调整	2F	32
	YDTP	TV 亮度延迟	07	0F
PE-2 菜单	FOR	蓝屏幕设置	03	03
	VX	场放大设置	19	3F
	IFFS	中频调整	03	07
	VG2-B	帘栅极电压调整	30	3F
	RPO	勾边幅度调整	03	03
	CL	R/G/B 输出幅度调整	0B	0F
	AFC	AFC 调整	0A	1F
	INIT（初始化）	存储器初始化	00	FF
E^2P-WRITE 菜单	BANK	项目	00	03
	INDEX	地址	00	FF
	DATA	数据	—	FF
	WRITE	写操作	00	—

5.10　创维 4P36 机心超级彩电总线调整

创维 4P36 机心超级彩电，总线系统采用将微处理器和被控电路合二为一的超级电路 TDA93XX 系列，完成由微处理器与中频、视频、扫描信号处理任务。

适用机型：创维 25TM9000、25T83AA、25N61AA、29TM9000、29SA9000 等超级单片彩电。

5.10.1 总线调整方法

【进入退出维修模式】

按住机器面板“音量 -”键使之为00后不松手，再按遥控器上的“屏显”键，即可进入维修模式。

调整完毕，按“消除”键或关闭电源，即可退出维修模式。

【项目选择与调整】

进入维修模式后，有11个外围菜单和5个核心菜单，要想进入后3个核心菜单必须在第11个外围菜单中输入密码“789”。外围菜单间的切换通过“频道 +/-”键来实现，而核心菜单的切换则是通过“菜单”键来实现。所有菜单项的参数可通过“音量 +/-”键实现调整，每个核心菜单中各项的选择通过“频道加/减”键实现。

对于外围菜单的白平衡调整项目，可按数字键“1、2、3、4、5”直接选择WPR、WPG、WPB、RED、GRN项目，通过“音量 +/-”键调整数据。

5.10.2 调整项目与数据

创维4P36机心超级彩电总线系统调整项目和数据见表5-15。创维4P36机心超级彩电功能设置选项表见表5-16。

表5-15 创维4P36机心超级彩电总线系统调整项目和数据

菜单	项目名称	调整功能	调整范围	参考数据
外围菜单	WPR（按数字1键）	亮平衡红色调整	00～3F	1F
	WPG（按数字2键）	亮平衡绿色调整	00～3F	1F
	WPB（按数字3键）	亮平衡蓝色调整	00～3F	1F
	RED（按数字4键）	暗平衡红色调整	00～3F	1F
	GRN（按数字5键）	暗平衡绿色调整	00～3F	21
	AGC	AGC调整	00～03	03
	RF AGC	高放AGC调整	00～3F	18
	VOL	解码块音频输出幅度调整	00～3F	2F
	AGING	老化模式设置		
	VG2	帘栅极电压调整[①]		IS OK
	P-MOD - - -（按数字6键）	输入密码“789”后，按“菜单”键，依次进入以下核心菜单	最大值	参考数据
行场参数调整 SER 50Hz	H-POS	行中心调整	3F	5
	H-AMP	行幅度调整	3F	1F
	V-SLP	场斜率调整	3F	1D
	V-POS	场中心调整	3F	1C
	V-AMP	场幅度调整	3F	33
	V-SC	场线性调整	3F	23
线性失真校正 SER 50Hz	EWPA	枕形失真校正	3F	1F
	TRAP	梯形失真校正	3F	1F

（续）

菜单	项目名称	调整功能	调整范围	参考数据
线性失真校正 SER 50Hz	PARA	平行四边形失真校正	3F	1F
	UCP	上角失真校正	3F	1F
	BCP	下角失真校正	3F	1F
	BOW	弓形失真校正	3F	1F
功能设置与字符位置	OP1	视频控制、互动平台等的开关设置	FF	80
	OP2	伴音制式、菜单模式等的开关设置	FF	64
	OP3	场保护、超强接收等的开关设置	FF	08
	OP4	其他功能设置	FF	3A
	OP5	万年历、动态降噪、4P36 机心的选择	FF	04
	OSD-H	字符水平位置	CF	06
	5 V OSD	字符垂直位置	32	30
	YDTP	亮度延迟调整	0F	07
蓝屏幕与 RGB 输出调整	FOR	蓝屏频率设置	03	03
	VX	场放大	3F	19
	IFFS	中频调节	07	03
	VG2-B	帘栅调节	3F	30
	PRO		03	03
	CL	RGB 输出幅度	0F	07
	IFO	微调中频	1F	0A
	INIT	复位所有工厂设置（初始化）	FF	00
图像伴音参数设置	BANK	项目	03	00
	INDEX	地址	FF	00
	DATA	数据	FF	00
	WRITE	写入存储器②		

① 在调试此项之前先把核心菜单 PE-2 中的 VG2-B 项置于 3A。调节方法：接收任何内容的图像信号，然后将图像菜单中的亮度和对比度预置在中间的位置（50），调节行输出变压器上的帘栅电位器，使屏幕出现 VG2 IS OK 字样。

② 当数据（DATA）更改后，须选择“WRITE”项并按遥控器上的“伴音 +/-”键，才能将更改的数据存储下来。

表 5-16　创维 4P36 机心超级彩电功能设置选项表

选项菜单	设置项目	设置内容	调整范围	参考数据
OPTION1	BIT 0	BG 制式	0-无；1-有	0
	BIT1	动态肤色校正	0-无；1-有	0
	BIT 2	AV2 选择	0-无；1-有	0
	BIT 3	SVIIS 选择	0-无；1-有	0
	BIT 4	DVD 选择	0-无；1-有	0
	BIT 5	接收灵敏度（无超强接收时）	0-无；1-有	0

（续）

选项菜单	设置项目	设置内容	调整范围	参考数据
OPTION1	BIT 6	互动平台	0-无；1-有	0
	BIT 7	屏保	0-无；1-有	1
OPTION2	BIT 0	M 制式	0-无；1-有	0
	BIT 1	伴音制式自动识别	0-无；1-有	0
	BIT 2	伴音带宽（伴音校正）	0-无；1-有	1
	BIT 3	16:9	0-无；1-有	0
	BIT 4	场同步增强	0-标准；1-增强	0
	BIT 5	关机屏外放电	0-无；1-有	1
	BIT 6	半透明菜单	0-无；1-有	1
	BIT 7	数码工作站	0-无；1-有	0
OPTION3	BIT 0	X 射线保护	0-有；1-无	0
	BIT 1	自动音量	0-无；1-有	0
	BIT 2	强制彩色制式	0-自动；1-强制	0
	BIT 3	转台模式	0-无；1-有	1
	BIT 4	功放选择	0-TDA2126；1-TDA7057	0
	BIT 5	中频锁相环	0-标准；1-快速	0
	BIT 6	组合功能	BIT6-0、BIT7-1：无定义； BIT6-0、BIT7-1：BBE； BIT6-1、BIT7-0：电子超重； BIT6-1、BIT7-1：超重低音	0
	BIT 7	组合功能		0
OPTION4	BIT 0	YUV 同步通道选择	0-外部；1-Y 通道	0
	BIT 1	YUV 输入方式选择	0-放大；1-直通	1
	BIT 2	帘栅调整模式选择	0-字符显示；1-水平线显示	0
	BIT 3	增强彩色灵敏度	0-标准；1-高灵敏度	1
	BIT 4	单独听功能	0-无；1-有	1
	BIT 5	信号识别方式	BIT5-0、BIT6-0：无定义； BIT5-0、BIT6-1：IFI； BIT5-1、BIT6-0：SL； BIT5-1、BIT6-1：关	1
	BIT 6	信号识别方式		0
	BIT 7	N 制矩阵选择	0-美国制式；1-日本制式	0
OPTION5	BIT 0	万年历	0-无；1-有	0
	BIT 1	动态降噪	0-0 无；1-有	0
	BIT 2	4P36/4P30 机心选择	0-4P30；1-4P36	1
	BIT 3	无定义		
	BIT 4	无定义		
	BIT 5	无定义		
	BIT 6	无定义		
	BIT 7	无定义		

5.11　创维 3D20/3D21 机心高清彩电总线调整

创维 3D20/3D21 机心高清彩电，总线系统微处理器采用 HM602，数字信号处理采用 HTV025，模拟信号处理兼 A/D 转换电路采用 AD80087，模拟视频信号处理电路采用 TW9906-09，RGB 视频和行场小信号处理电路采用 TDA9332，末级视频放大电路采用 TDA6108，伴音功放电路采用 LA42352，场输出电路采用 STV9383。

适用机型：创维 21T98HT、21T92HT、21T16HT、21T18HT、21D18HT、21D93HT、21D88HT、21D9BHT 等高清彩电。

5.11.1　总线调整方法

【进入退出维修模式】

按遥控器或电视机上的"音量 -"键，将音量调整为 0，再按住遥控器上的"静音"键 4s，便可进入工厂调整模式。调整完毕，按"万年历"键或"待机"键，即可退出维修模式。

在工厂调试模式的调整几何线性菜单和调整图像曲线菜单下，按"V12"键一次，可进入维修模式，再按一次"V12"键可退出维修模式。在维修模式下，可修改存储器中的数据。

【项目选择与调整】

进入维修模式后，屏幕上显示调整菜单，按遥控器上的"频道 +/-"键选择子菜单和调整项目，按"音量 +/-"键调整所选项目数据。

EEPROM 内存储有频道频率值、AFT、HTV025、CAT9883、EE24C16、HV206、TDA9332 等功能设定和状态控制的数据。建议不同型号的显像管，以下调试数据在整机上调整好后，批量复制 EEPROM 后，再插入 PCB。而整机调整时，以上数据需对应每部整机细调。

EEPROM 中存放内容，除非有必要，否则生产线不可随意改动调试说明中没提及的 EEPROM 地址所存放的数据，即必须保留 EEPROM 初始化时的默认值。

【EEPROM 初始化】

出厂后，维修时若没有写好数据的存储器（EEPROM），可用空的存储器，这时能够开机但图像几何尺寸需要重新调节。

5.11.2　调整项目与数据

创维 3D20/3D21 机心高清彩电总线系统调整项目和数据见表 5-17。

表 5-17　创维 3D20/3D21 机心高清彩电总线系统调整项目和数据

项目名称	参考数据	项目名称	参考数据
平行四边形失真校正	10	行幅度调整	48
场弯曲校正	09	行中心调整	26
场 S 失真校正	23	枕形失真校正	31

（续）

项目名称	参考数据	项目名称	参考数据
场中心对齐调整	32	梯形失真校正	28
场中心调整	30	顶角失真校正	07
场幅度调整	53	底角失真校正	05

5.12 创维 5D01 机心高清彩电总线调整

创维 5D01 机心高清彩电，总线系统微处理器采用 P83C766（Q83C652）或 P83C652，小信号处理电路有：SAA7283ZP、SDA9187-2X、TDA4670、TDA8540、TDA9143、TDA9151、TDA9860 等，完成中频、视频、扫描和高清信号处理任务。

适用机型：创维 2982-100、2928-100、2982 双频等数码 100 系列彩电。

5.12.1 总线调整方法

【进入退出维修模式】

使用用户遥控器进行调整，拆开遥控器，在遥控器的空闲键位上安装上导电橡胶，作为“调整”按键。在电视正常收视状态下，按下新添置“调整”键，即进入维修模式。

调整完毕，按遥控器上的“TV/AV”键，退出维修模式。

【项目选择与调整】

进入维修模式，有 6 个调整菜单。连续按动“调整“键，可顺序选择调整菜单，进入某个菜单后，按遥控器上的“频道 +/-”键选择调整项目，按“音量 +/-”键调整所选项目数据。

5.12.2 调整项目与数据

创维 5D01 机心高清彩电总线系统调整项目和数据参见其他 D 机心调整项目和数据。

5.13 创维 5D20 机心高清彩电总线调整

创维 5D20 机心高清彩电，总线系统微处理器采用 ST92196A/B，小信号处理电路有：TDA9808、TDA9111、KA2500、TEA5114A、TDA9808、NJM2192、TDA6111Q 等，完成中频、视频、扫描和高清信号处理任务。伴音信号处理电路采用 MSP3410G，音频功放电路采用 TDA2616，场输出电路采用 STV9379，电源厚膜电路采用 STR6709。

适用机型：创维 29TPDP、29TMDP、29TIDP、29TJDP、29TFDP、34TJDP、34TIDP、34TPDP 系列大屏幕数码彩电。

5.13.1 总线调整方法

【进入退出维修模式】

在原遥控器“电脑”按键的正上方有一个隐藏按键，安装导电橡胶作为“工厂”键，按该“工厂”键，即可进入维修模式。

调整完毕再按“工厂”键，即可退出维修菜单。

【项目选择与调整】

进入维修模式后，按“菜单”键直到进入“SERVICE. FACTORV”调整菜单，按遥控器上的“频道 +/-”键选择想要进行初始化的项目，按遥控器上的“音量 +/-”键执行初始化操作。

5.13.2　调整项目与数据

创维 5D20 机心高清彩电总线系统调整项目和数据参见其他 D 机心调整项目和数据。

5.14　创维 5D25/5D26 机心高清彩电总线调整

创维 5D25/5D26 机心高清彩电，总线系统微处理器采用 ST92196A/B，小信号处理电路有：DPTV-6630 等，完成中频、视频、扫描和高清信号处理任务。

适用机型：创维 29TMDP、29TIDP、34TPDP 系列大屏幕数码彩电。

5.14.1　总线调整方法

【进入退出维修模式】

在关机的状态下，同时按住电视机上的“频道 +/-”按键不放，再按电视机的电源开关开机，即可进入维修模式。

调整后，关闭电视机的电源开关，交流关机，即可退出维修模式。

【项目选择与调整】

进入维修模式后，按“菜单”键翻页选择调整菜单，按遥控器上的“频道 +/-”键选择调整项目，按遥控器上的“音量 +/-”键改变被选项目数据。

5.14.2　调整项目与数据

创维 5D25/5D26 机心高清彩电总线系统调整项目和数据参见其他 D 机心调整项目和数据。

5.15　创维 5D28 机心高清彩电总线调整

创维 5D28 机心高清彩电，总线系统微处理器采用 TMP93CS45，小信号处理电路有：DPTV-3D、DSP-PCB、TA1316、TDA9112、TDA9859 等，完成中频、视频、扫描和高清信号处理任务。

适用机型：创维 34T1DP 系列大屏幕数码彩电。

5.15.1　总线调整方法

【进入退出维修模式】

首先按遥控器上的“--/---”多位数键，使屏幕显示“---”后，按数字 2 键，使百位的数字为 2，个位和十位上的数字不变；再按“菜单”键，进入声音调整菜单，选择重低音项目，然后按数字键“6、8、7、9”输入密码，即可进入维修状态。

调整完毕，按遥控器上的“待机”键遥控关机，即可退出维修模式。

【项目选择与调整】

进入维修模式后，屏幕上显示调整菜单，按数字键字0～9键，进入0、1、2、3、4、5、6、7、8、9调整菜单，按遥控器上的“频道+/-”键或“上/下方向”键选择调整项目，按遥控器上的“音量+/-”键或“左/右方向”键改变被选项目数据。

5.15.2 调整项目与数据

创维5D28机心高清彩电总线系统调整项目和数据参见其他D机心调整项目和数据。

5.16 创维5D30机心高清彩电总线调整

创维5D30机心高清彩电，总线系统主控电路微处理器为M37280，总线系统被控电路为TDA9808、TDA9177等。

适用机型：创维29TFDP、29TMPP等高清机型。

5.16.1 总线调整方法

【进入退出维修模式】

按遥控器上的“屏显”键，使屏幕右上角出现“OSD”字符显示。同时按下机器面板上的“频道+”和“视频键”，即可进入维修菜单。

调整完毕，按遥控器上的“屏显”键即可退出维修模式。

【项目选择与调整】

进入维修模式后，按“菜单”键，可选择调整菜单，按遥控器上的“频道+/-”键选择调整项目，按遥控器上的“音量+/-”键改变被选项目数据。

5.16.2 调整项目与数据

创维5D30机心飞利浦电路高清彩电总线系统调整项目与数据见表5-18。

表5-18 创维5D30机心飞利浦电路高清彩电总线系统调整项目与数据

菜　单	项目名称	调整内容	典型数据
第一页白平衡及图像调整	R-GAIN	红驱动调整	20
	G-GAIN	绿驱动调整	20
	B-GAIN	蓝驱动调整	20
	R-CUT	红截止调整	20
	G-CUT	绿截止调整	20
	B-CUT	蓝截止调整	20
	PEAK LIMIT	峰值抑制调整	26
	GAMMA	Y校正调整	20
	Y-DELAY	亮色延时调整	04
	SUBBRI	副亮度调整	07

（续）

菜　　单	项目名称	调整内容	典型数据
第二页行场参数调整	VER. SIZE	场幅度调整	D5
	VER. SHIFT	场相位调整	E7
	VER. LINE	场线性调整	E6
	VER. S-OORRECT	场 S 失真校正	E8
	HOR. SIZE	行幅度调整	05
	HOR. SHIFT	行相位调整	03
	PIN AMPLIFY	校正量调整	F2
	PIN PHASE	枕形校正相位调整	E5
第三页光栅校正调整	UPPER CONNER	上边角失真校正	25
	LOW CONNER	下边角失真校正	ED
	VER. ANGLE	平行四边形失真校正	FD
	VER. BOW	S 形失真校正	10
	VER. EHT COM	场 EHT 补偿调整	30
	HOR. EHT COM	行 EHT 补偿调整	10
	VER. BLK TIME	场消隐调整	15
	HOR. BLK TIME	行消隐调整	25
	HOR. BLK PHASE	行消隐相位调整	F1
第四页 EEPROM 参数调整	EEPROM ADJUST	存储器调整	
	SAVEFLAG	写标志设置	00
	EEPADR-L	地址低字节调整	FF
	EEPADR-H	地址高字节调整	03
	EEPDATA	参数值调整	23

注：第一页菜单中，如果没有特殊情况，应把 PEAK LIMIT 设置为 26，GAMMA 设置为 20。第三页菜单中，进行 VGA 行、场调试前，应将 VGA 主菜单的“调节”选项中的所有子项目设置为 15。第四页菜单中，EEPROM 参数的调整说明：EEPROM 中的参数无特殊情况请不要改变。

5.17　创维 5D60/5D66 机心高清彩电总线调整

创维 5D60 机心飞利浦电路高清彩电，总线系统主控电路微处理器采用 KS88C8424、KS88C8432、KS88P8432 或 M37280，小信号电路采用 LA75665M、KA2500、TDA9115 等，采用泰鼎公司的数字处理芯片 DPTV-IX。伴音信号处理电路采用 MSP3410D，音频功放电路采用 TA8256，场输出电路采用 LA7846，电源厚膜电路采用 STR-F6656。

创维 5D66 机心飞利浦电路高清彩电，总线系统主控电路微处理器 MSP8849，存储器型号为 24C16；总线系统被控电路采用 DPTV-MV 芯片，是 DPTV-IX 芯片前者的改进机心。由于微处理器内的程序及存储器中的数据不同，故两者不能互换。

创维 5D60、5D66 机心进入与退出维修调整模式的方法及项目选择与数据调整方法相同。

5D60 机心适用机型：创维 29HIDA、29HDDH、29ITDT、29TBDT、29TJDP、29TPDP、29TWDP 等机型。

5D66 机心适用机型：创维 29TBDP 等机型。

5.17.1 总线调整方法

【进入退出维修模式】

在电视机正常收视状态下，首先按遥控器上的多位数键“-/--”使屏幕显示“---”后，按电视机面板上的“菜单”键、“待机”键，然后按遥控器上的数字键，输入密码“7、7、7”，即可启动维修模式，屏幕上显示软件日期，再按“菜单”键调出菜单选项，最后按“频道+”键即可进入维修调整模式。

调整完毕，按遥控器“菜单”键返回主菜单，选中 SHIPMENT 项，按“音量-”键，即可退出维修调整模式。

【项目选择与调整】

电视机进入维修调整模式后，按“频道+/-”键选择调整项目，按“音量+/-”键进入子菜单或调整所选项目的数据。当调整其项目的数据时，相应的子菜单项后会显示“+”号。在确认某子菜单中各项数据调整完毕，按“静音”键存储调整后的数据，同时“+”号消失。

5.17.2 调整项目与数据

创维 5D60、5D66 机心总线共有 6 个子菜单：其中 4 个调整用子菜单，一个重要数据调整子菜单 TESIGN，需要输入密码才能进入；另一个是确认退出维修调整模式菜单 SHIPMENT。在所有数据调整完成后，选择该项，按“音量+”键，则完全退出维修调整模式。创维 5D60、5D66 机心总线调整项目、典型数据和 29TBDP 机型参考数据见表 5-19。

表 5-19 创维 5D60、5D66 机心总线调整项目和数据

菜单	项目名称	调整内容	数据范围	参考数据	
				典型数据	29TBDP
WHITE 白平衡调整	CR	R 枪截止调整	0~255	32	28
	CG	G 枪截止调整	0~255	32	32
	CB	B 枪截止调整	0~255	32	38
	WDR	R 枪激励调整	0~223	192	169
	WDG	G 枪激励调整	0~223	192	192
	WDB	B 枪激励调整	0~223	192	187
	SBR	副亮度调整	0~149	112	79
HORIZONF 行扫描调整	SHIFT	行中心调整	-64~+63	-30	-51
	SIZE	行幅度调整	-64~+63	48	-24
	TRAPEZ	梯形失真校正	-64~+63	6	-17

（续）

菜　单	项目名称	调整内容	数据范围	参考数据	
				典型数据	29TBDP
HORIZONF 行扫描调整	CUSHION	枕形失真校正	-64 ~ +63	-32	-6
	CONNER	边角失真校正	-64 ~ +63	0	0
	PARA	平行四边形失真校正	-64 ~ +63（一般不调整）	11	22
	SIDEPIN	弓形失真校正	-64 ~ +63	7	4
VERTICAL 场扫描调整	SHIFT	场中心调整	-64 ~ +63	-14	-4
	SIZE	场幅度调整	-64 ~ +63	1	26
	C. CORR	场线性调整	-64 ~ +63	0	-9
	S. CORR	场 S 形失真校正	-64 ~ +63	0	0
TESTING 测试	PICTI JRE	图像模式测试	不需调整	—	—
	SOUND	声音模式测试	不需调整	—	—
	V-UNE	帘栅电压调整	水平亮线调至刚好看不见为止	—	—
	IIC-BUS	I^2C 总线测试	自动检测 I^2C 电路工作情况	—	—
SHIPMENT 确认	SHIPMENT	确认退出	按“音量+”键退出维修调整模式	—	—
DESIGN 存储器数据	DESIGN	重要数据	需输入密码“978”后进入	—	—

5.18　创维 5D90 机心高清彩电总线调整

创维 5D90 机心高清彩电，总线系统微处理器采用 M37225M6 或 M37225ECSP，小信号处理电路有：DDP3210D、VPC3215、LV116 等，完成中频、视频、扫描和高清信号处理任务。

适用机型：创维 29T62DI 等高清彩电。

5.18.1　总线调整方法

【进入退出维修模式】

按遥控器上的“--/---”键切换到三位数输入状态“---”，按住电视机上的“菜单”键不放，用遥控器上的数字键“7、7、7”输入密码，屏幕下方会显示软件版本日期，再依次按遥控器上的“菜单”、“频道+”，即可进入维修模式。

调整完毕，返回主菜单，选中菜单中的“SHIPMENT”项目，按遥控器上的“音量+”键，即可退出维修模式。

【项目选择与调整】

进入维修模式后，按“频道+/-”键或“上/下方向”键选择调整项目，按“音量+/-”键或“左/右方向”键调整项目的数据，调整后，按“静音”键使被调整项目名称旁边的“+”号消失，将调整后的数据存储。

5.18.2 调整项目与数据

创维 5D90 机心高清彩电总线系统调整项目和数据参见其他 D 机心调整项目和数据。

5.19 创维 6D82 机心高清彩电总线调整

5.19.1 总线调整方法

【进入退出维修模式】

按住电视机上的“音量 -”键将音量减小到 00，按住该“音量 -”键不放，同时按遥控器上的“静音”键约 3s，即可进入维修模式。

调整后，在工厂模式调整菜单页，按“静音”键显示提示；或按“待机”键进入待机状态，即可退出维修模式。

【项目选择与调整】

进入维修模式后，连续按“菜单”键，依次选择主菜单页、线性调整菜单页、白平衡调整菜单页、特殊功能设置页。按“频道 +/-”键选择整项目，按“音量 +/-”键改变所选项目数据或状态。按“菜单”键返回主菜单。

5.19.2 调整项目与数据

创维 6D82 机心高清彩电总线系统调整项目和数据参见其他 D 机心调整项目和数据。

5.20 创维 6D86 机心高清彩电总线调整

5.20.1 总线调整方法

【进入退出维修模式】

按住电视机上的“音量 -”键将音量减小到 00，再同时按遥控器上的“切换”键或“静音”键，即可进入维修模式。

调整后，在工厂主菜单时按“童锁”键，显示“FACTORY OFF”，即可退出维修模式；或按“待机”键退出维修模式。

【项目选择与调整】

进入维修模式后，工厂生产模式时，建议用“音量 -”键和“切换”键组合进入菜单，按“频道 +/-”键选择调整项目，按“音量 +/-”键调整所选项目数据或状态。按“菜单”键返回主菜单。

5.20.2 调整项目与数据

创维 6D86 机心高清彩电总线系统调整项目和数据参见其他 D 机心调整项目和数据。

5.21 创维 6D88 机心高清彩电总线调整

创维 6D88 机心高清彩电，开关电源厚膜电路采用 FSCQ1265RT，场输出电路采用 LA78141。

5.21.1 总线调整方法

【进入退出工厂模式】

用随机遥控器进行调整，首先按住“音量 -”键，将音量减到 0，再按住电视机面板上的“音量 -”键不放，同时按遥控器上的“屏显”键，将会起到本机的 SERVICE 功能，并将一直处于 SERVICE 调试状态。

调整完毕，选择 ADJUST 菜单中的 SHIPMENT 项目，可退出工厂调试模式。

【项目选择与调整】

进入工厂模式后，按随机遥控器上的“菜单”再按“频道 +”键，即可显示和选择调试菜单。按“频道 +/-”键选择调整项目，按“音量 +/-”键调整所选项目数据。

5.21.2 调整项目与数据

创维 6D88 机心高清彩电总线系统调整项目见表 5-20。

表 5-20 创维 6D88 机心高清彩电总线系统调整项目

菜 单	项目名称	调整功能	参考数据	说 明
WHITE 菜单	CR	红枪截止调整	50	初始值
	CG	绿枪截止调整	50	
	CB	蓝枪截止调整	50	
	WR	红枪激励调整	70	
	WG	绿枪激励调整	70	
	WB	蓝枪激励调整	70	
	SBRI	副亮度调整	30	
HORIZONT 菜单	HPOSI	行中心调整	*	
	HSIZE	行幅度调整	*	
	HKEYS	梯形失真校正	*	
	HPINC	枕形失真校正	*	
	HPARA	平行四边形失真校正	*	
	HSIDE	弓形失真校正	*	
	HTCON	上角失真校正	*	
	HBCON	下角失真校正	*	
VERTICAL 菜单	VPOSI	场中心调整	*	
	VSIZE	场幅度调整	*	
	VSCOR	S 设置校正	*	
	VCCOR	场线性调整	*	

（续）

菜　单	项目名称	调整功能	参考数据	说　明
ADJUST 菜单	V-Line	帘栅调整	*	
	SHIPMENT	退出工厂模式	*	
	AFC	中频 AFC 调整	*	
	Hotel mode	旅馆模式开关	*	

注：表中带“*”的数据，根据需要调整到合适值。

5.22 创维 6D97 机心高清彩电总线调整

5.22.1 总线调整方法

【进入退出维修模式】

在正常收视状态下，按遥控器上的“-/--”键切换到三位数输入状态，按住电视机控制面板上的“菜单”键和“待机”进入密码输入状态，用遥控器上的数字键“9、7、8”输入密码，最后，依次按一下“菜单”键和“频道+”键，即可进入维修模式。

调整完毕，选择“SHIPMENT”项目（出厂设定），再按“音量+”键，即退出维修模式。

【项目选择与调整】

按“频道+/-”键选择需调整的项目，相应的子菜单项后会显示“+”号，按“音量+/-”键改变所选项目的数据或状态；按“菜单”键可以返回调整项目菜单；在调整过程中，按“静音”键存储，同时“+”号消失。按“屏显”键恢复。

5.22.2 调整项目与数据

创维 6D97 机心高清彩电总线系统调整项目和数据参见其他 D 机心调整项目和数据。

5.23 创维数码 100Hz 机心飞利浦电路彩电

创维数码 100Hz 机心飞利浦电路彩电，总线系统主控电路微处理器型号为 Q83C652，总线系统被控电视小信号处理用集成电路采用飞利浦公司的 TDA9141、TDA9151、4780/4670、SDA9189、IPQMK4 等。

适用机型：创维 100-2928、100-2982 等机型。

5.23.1 总线调整方法

【进入退出维修模式】

首先对用户遥控器进行改造，在遥控器的空闲键位上安装上导电橡胶，作为“维修调整”按键（工厂模式调整键）。在电视正常收视状态下，按下新添置“维修调整”键，即进入维修调整模式。

调整完毕，按遥控器上的“TV/AV”键退出维修调整模式。

【项目选择与调整】

电视机进入维修模式后，连续按动“维修调整”键，顺序选择调整菜单，电视机屏幕上会依次出现 6 个调整菜单；进入某个菜单后，按遥控器上的“频道 +／-”键选择所要调整的项目，按“音量 +／-”键调整所选项目的数据。

5.23.2　调整项目与数据

创维数码 100Hz 机心飞利浦电路彩电总线调整项目和数据见表 5-21。

表 5-21　创维数码 100Hz 机心飞利浦电路彩电总线调整项目和数据

<table>
<tr><th>菜　单</th><th>屏　显</th><th>功　能</th><th colspan="2">备　注</th></tr>
<tr><td rowspan="8">菜单 1
IC 状态显示</td><td>TDA9151 A CTIVE</td><td>行场控制</td><td colspan="2" rowspan="8">此项菜单不可调整，它类似于故障自检。如果其中某项显示 NO ACTIVE，表示该集成电路或其外围电路有故障</td></tr>
<tr><td>TDA8540 A CTIVE</td><td>电子开关</td></tr>
<tr><td>TDA9141 A CTIVE</td><td>色信号解码</td></tr>
<tr><td>4780/4670 A CTIVE</td><td>亮度信号处理</td></tr>
<tr><td>SAA7283 A CTIVE</td><td>丽音信号处理</td></tr>
<tr><td>TDA9860 A CTIVE</td><td>Hi-Fi 信号处理</td></tr>
<tr><td>SDA91 89 A CTIVE</td><td>画中画信号处理</td></tr>
<tr><td>1PQMK4 A CTIVE</td><td>数字信号处理</td></tr>
<tr><td rowspan="6">菜单 2
场线性调整</td><td>项目名称</td><td>调整内容</td><td>数据范围</td><td>参考数据</td></tr>
<tr><td>V-WIDTH</td><td>场幅度调整</td><td>0 ~ 63</td><td>32</td></tr>
<tr><td>V-S. CORR</td><td>场 S 失真校正</td><td>0 ~ 63</td><td>45</td></tr>
<tr><td>V-SCAN</td><td>场线性调整</td><td>0 ~ 63</td><td>23</td></tr>
<tr><td>V-SHIFT</td><td>场中心调整</td><td>0 ~ 7</td><td>5</td></tr>
<tr><td>V-DELAY</td><td>亮度延迟调整</td><td>0 ~ 31</td><td>18</td></tr>
<tr><td rowspan="8">菜单 3
行线性调整</td><td>H-TRAP</td><td>梯形失真校正</td><td>0 ~ 7</td><td>1</td></tr>
<tr><td>H-WIDTH</td><td>行幅度调整</td><td>0 ~ 63</td><td>42</td></tr>
<tr><td>H-PARAB</td><td>行枕形失真校正</td><td>0 ~ 63</td><td>31</td></tr>
<tr><td>H-CORNER</td><td>屏幕四角失真校正</td><td>0 ~ 63</td><td>30</td></tr>
<tr><td>EHT</td><td>高压补偿调整</td><td>0 ~ 63</td><td>29</td></tr>
<tr><td>H-PHASE</td><td>行相位调整</td><td>0 ~ 63</td><td>33</td></tr>
<tr><td>H-SHIFT</td><td>行中心（未用）调整</td><td>0 ~ 63</td><td>22</td></tr>
<tr><td>H-CLAMP</td><td>行钳位（未用）调整</td><td>0 ~ 63</td><td>1</td></tr>
<tr><td rowspan="4">菜单 4
模拟量调整</td><td>SUB BRIGHT</td><td>副亮度调整</td><td>0 ~ 30</td><td>15</td></tr>
<tr><td>SUB HUE</td><td>副色调调整</td><td>0 ~ 63</td><td>18</td></tr>
<tr><td>PEAK LIMIT</td><td>峰值限制</td><td>0 ~ 63</td><td>20</td></tr>
<tr><td>GAMMA</td><td>γ 校正</td><td>0 ~ 63</td><td>2</td></tr>
<tr><td rowspan="3">菜单 5
白平衡调整</td><td>R-C</td><td>R 枪激励调整</td><td>0 ~ 63</td><td>24</td></tr>
<tr><td>G-C</td><td>G 枪激励调整</td><td>0 ~ 63</td><td>31</td></tr>
<tr><td>B-C</td><td>B 枪激励调整</td><td>0 ~ 63</td><td>36</td></tr>
</table>

（续）

菜　单	屏　显	功　能	备　注	
菜单 5 白平衡调整	R-L	R 枪截止调整	0 ~ 63	32
	G-L	G 枪截止调整	0 ~ 63	32
	B-L	B 枪截止调整	0 ~ 63	36
菜单 6 选项数据	OPTION0	选项 0 设置	0 ~ 255	59
	OPTION1	选项 1 设置	0 ~ 255	67
	OPTION2	选项 2 设置	0 ~ 255	31
	OPTION3	选项 4 设置	0 ~ 255	3
	OPTION4	选项 5 设置	0 ~ 255	13

注：出厂时已设置好，不能随意改动，否则会改变机器的功能和影响机器正常工作。

第6章　厦华超级数码彩电总线调整

6.1　厦华TK系列超级彩电总线调整

厦华TK超级彩电是厦华公司开发的大屏幕超级彩电，总线系统采用将微处理器和被控电路合二为一的TDA9373超级电路，厦华公司掩膜后命名为NOM8373－B－6NC－041123，完成由微处理器与中频、视频、扫描信号处理任务。

适用机型：厦华TK2916、TK2953、TK2955、TK3416、TK3430等TK系列彩电。

6.1.1　总线调整方法

【进入退出维修模式】

先按遥控器上的菜单“MENU”键，再依次按遥控器上的数字键“6483”4个数字键，在电视机的屏幕左上角显示“M”字样，就表示已经进入维修模式。

调整完毕后，按遥控器上的STANDBY键，即可退出维修模式。

【项目选择与调整】

进入维修模式后，按下遥控器上的数字“1、2、3、4”键，可分别选择和进入MENU1、MENU2、MENU3、MENU4 4个子菜单，屏幕显示调整项目和数据；此时，再按下菜单“MENU”键，依次按遥控器上的“6483”和“童锁”键，则可进入更高级别的M0/M5/M6/M7/M8/M9工厂菜单！按下遥控器上的数字“0、5、6、7、8、9”键，可分别选择和进入MENU0、MENU5、MENU6、MENU7、MENU8、MENU9子菜单。按遥控器上的“频道+/－”键选择调整项目，用“音量+/－”键改变选定项目的数据。

注意：调整PAL制式下的项目数据时，NTSC制式下的数据会随之改变，但是，调整NTSC制式数据时，PAL制式数据不变。

6.1.2　调整项目与数据

厦华TK系列大屏幕彩电总线系统调整项目和数据见表6-1。

表6-1　厦华TK系列超级大屏幕彩电总线调整项目与数据

菜单	调整项目	调整内容	参考数据	
			PAL制	NTSC制
M1	V SLOPE	场线性调整	25	22
	V SHIFT	场中心调整	34	34
	V SIZE	场幅度调整	26	25
	V SC	场S失真校正	32	32
	H SHIFT	行中心调整	26	36
	EW	光栅左右枕形失真校正	40	40

（续）

菜单	调整项目	调整内容	参考数据	
			PAL 制	NTSC 制
M1	PW	枕形失真校正	24	22
	UCNR	上边角校正	24	24
	LCNR	下边角校正	28	28
	TC	梯形失真校正	28	28
	PARA	平行四边形失真校正	26	26
	BOW	弓形失真校正	52	52
M2	RF AGC	高放 AGC 调整	29	空
	SHIPPING	装载	空	空
M3	BT	亮度调整	75	空
	CT	对比度调整	75	空
	SC	场关断设置	—	空
	RB	红截止调整	34	空
	GB	绿截止调整	34	空
	RD	红激励调整	32	空
	GD	绿激励调整	28	空
	BD	蓝激励调整	32	空
	SB	副亮度调整	42	空
M4	OSDVP	字符垂直位置调整	50	25
	OSDHP	字符水平位置调整	15	13
M5	MODE	模式设定	STANDARD	空
	BRIGHT	亮度调整	75	空
	CONTRAST	对比度调整	75	空
	COLOR	色度调整	50	空
	SHARP	锐度调整	50	空
	SC　BRIGHT	副亮度调整	28	空
	COOL	白平衡冷色调调整	10	空
	WARM	白平衡暖色调调整	10	空
	YDL　PAL	PAL 制信号亮度延迟调整	12	空
	YDL　NT	NTSC 制信号亮度延迟调整	12	空
	YDLAV	AV 信号亮度延迟调整	12	空

（续）

菜单	调整项目	调整内容	参考数据	
			PAL 制	NTSC 制
M6	OSD	屏显水平位置调整	1	空
	AGC　SPEED	AGC 检查速度调整	1	空
	FFI	中放锁相快速滤波设定	0	空
	FM　WS	伴音频偏宽度调整	1	空
	RPO	参考位置调整	1	空
	NTSCM　ATRIX	NTSC 制矩阵设置	1	空
	IFS　REDUCE	搜台时降低灵敏度调整	0	空
	VOL　PIN	音量失真校正	0	空
	SOFT　CLIP	边缘处理设定	1	空
	PEAK　WHITE	峰化白电平设定	1	空
	CORING	降噪设定	0	空
M7	IFFS	中频频率设定	38.00MHz	空
	DK	音频 DK 制（PAL 制）设置	OFF	空
	I	音频 I 制（PAL 制）设置	OFF	空
	BG	音频 BG 制（PAL 制）设置	ON	空
	M7	菜单控制	OFF	空
	SIFRRI	伴音中频选择	B/G	空
	AV2	AV 设定 2	ON	空
	SVHS	调谐器设置	ON	空
	YUV	分量功能输入选择	ON	空
	VOL　ADJ　POINT	音量最小调整	1	空
	VOL　ADJ　VALUE	音量最大调整	40	空
M8	CATHODE	阴极驱动电平	5	空
	UOC　VOL	副音量设置	0	空
	FM　ATT	FM 设置	48	空
	VX	场延伸调整	28	空
	CHINESE	屏显中文设置	0	空
	TDA9874A　AVI	芯片设置 1	1	空
	TDA9874A　GAIN	芯片设置 2	18	空
	VOOFFR　OPT	场关断选项	0	空
	RE6DB	—	0	空
	BLK　AREA	黑电平区域	0	空
	BLKSTRDEPTH	黑电平延伸	0	空

（续）

菜单	调整项目	调整内容	参考数据	
			PAL 制	NTSC 制
M9	BAND MODE	波段控制模式	1	空
	START ON	开机后状态	1	空
	LOGO	厂标设置	OFF	空
	ON DELAY	电源接通延迟时间	8	空
	ON DELAY M	出厂开机延迟时间预调值	8	空
	CUR TAIN	拉幕模式	0	空
	OSD FORM	屏显设置	3	空
	AV MEM	关机 AV 状态记忆	OFF	空
	BLUE SCREEN	蓝色拉幕	ON	空
	OFF-SET-IF	中频关断	32	空
M0	SUB CONT	副对比度	56	空
	SUB COLOR	副色度	56	空
	SUB SHARP	副清晰度	56	空
	SUB TINT	副色调	26	空
	FS MODE	FS 模式	0	空
	FSVH	V-H 频段	0	空
	FSVLL	VLL 频段	0	空
	FSVHH	VHH 频段	0	空
	FSVHL	VHL 频段	0	空

6.2 厦华 TL 系列数码彩电总线调整

厦华 TL 系列数码彩电，小信号处理电路采用 R2J10161G8-AOOFP，存储器为 AT24C016，场输出电路采用 TDA78041，伴音功放电路采用 TDA7253L，AV/TV 切换电路采用 TC4052BP 等。

适用机型：厦华 TL2987 等 TL 系列数字彩电。

6.2.1 总线调整方法

【进入退出维修模式】

依次按遥控器上的“菜单”键和数字键“2、5、8、0”，即可进入维修模式。

调整完毕，按“菜单”键，退出工厂维修模式。

【项目选择与调整】

进入维修模式后，屏幕上显示调整菜单，按“频道 +/-”键在主菜单中选择调整子菜单，按“音量 +/-”进入该子菜单，按遥控器上的“频道 +/-”键选择调整项目，用“音量 +/-”键改变选定项目的数据。

6.2.2　调整项目与数据

厦华 TL 系列数码彩电总线系统调整项目和代表机型 TL2987 参考数据见表 6-2。

表 6-2　厦华 TL 系列数码彩电总线系统调整项目与参考数据

菜单	项目号	项目名称	调整功能	参考数据
FACTORY MENU 工厂菜单	1	VCJ ADJ	VCJ 调整子菜单	
	2	RASTER ADJ	光栅调整子菜单	
	3	CRT ADJ	白平衡调整子菜单	
	4	PICTURE ADJ	画面调整子菜单	
	5	SHIPMENT RESET OFF	退出维修模式	选中后按“音量”键退出
	6	SERVICE MENU	服务菜单	
	7	PW50 MENU	PW50 菜单	
VCJ ADJ 菜单	01	VIF VCO	中频振荡频率调整	OFF
	02	RF DELAY	高放 AGC 延迟量	75
	03	S-TRAP	伴音陷波器	5
	04	SECAM BLK-R	SECAM 黑电平红色调整	32
	05	SECAM BLK-B	SECAM 黑电平蓝色调整	32
RASTER ADJ 光栅调整菜单	06	H VCO	行振荡调整	OFF
	07	V-POS	场中心调整	4
	08	V SIZE	场幅度调整	28
	09	H-POS	行中心调整	16
	10	H-SIZE	行幅度调整	10
	11	V-LIN	场线性调整	26
	12	Cornen	Cornen 设置	35
CRT ADJ 菜单	25	C-OFF R	暗平衡红色调整	202
	26	C-OFF G	暗平衡绿色调整	175
	27	C-OFF B	暗平衡蓝色调整	229
	28	DRV-R	亮平衡红色调整	55
	29	DRV-B	亮平衡蓝色调整	60
	30	C-OFF R NT	NTSC 制暗平衡红色调整	208
	31	C-OFF G NT	NTSC 制暗平衡绿色调整	175

（续）

菜单	项目号	项目名称	调整功能	参考数据
CRT ADJ 菜单	32	C-OFF B NT	NTSC 制暗平衡蓝色调整	226
	33	DRV-R NT	NTSC 制亮平衡红色调整	55
	34	DRV-B NT	NTSC 制亮平衡蓝色调整	70
	35	C-OFF R YCbCr	YCbCr 信号暗平衡红色调整	199
	36	C-OFF G YCbCr	YCbCr 信号暗平衡绿色调整	175
	37	C-OFF B YCbCr	YCbCr 信号暗平衡蓝色调整	224
	38	DRV-R YCbCr	YCbCr 制亮平衡红色调整	68
PICTURE ADJ 图像调整	40	SUB BRICNT	副亮度调整	50
	41	SUB CONTRAST	副对比度调整	50
	42	C TRAP 358	色度陷波 3. 58 控制	3
	43	C TRAP 443	色度陷波 4. 43 控制	0
	44	SUB TINT TV	TV 副色调调整	63
	45	SUBTINT AV	AV 副色调调整	63
	46	SUB TINT YCbCr	YCbCr 信号副色调调整	63
	47	UB COLOR	副彩色调整	0
	48	C ANGLE95	C. ANGLE95 设置	0
SERVICE MENU 服务菜单		AOC GAIN	三基色增益调整子菜单	
		POS OFFSET	POS 设置子菜单	
		V SCALER	V SCALER 子菜单	
		AGING	数据复位初始化	
ACO GAIN 三基色增益调整		R GAIN	红色增益调整	41
		G GAIN	绿色增益调整	2F
		B GAIN	蓝色增益调整	39
		R OFFSET	红色扩展校正范围	01EB
		G OFFSET	绿色扩展校正范围	0206
		B OFFSET	蓝色扩展校正范围	0207
		BRIGHT OFFSET	亮度扩展校正范围	00
POS OFFSET POS 设置		H-SIZE OFFSET	行幅度设置	02
		H POS OFFSET	行中心设置	7A
		V SIZE OFFSET	场幅度设置	00
		V POS OFFSET	场总线设置	0A
V SCALER 设置		In HDS	输入 HDS 设置	0057
		In VDsudd	输入 VDsudd 设置	11
		In Vdsuen	输入 Vdsuen 设置	10
		Out HDs	输出 HDs 设置	0080
		Out VDSEVen	输出 VDSEVen 设置	14
		OutPERodd	输出 PERodd 设置	00

6.3　厦华 TN 系列数码彩电总线调整

厦华 TN 系列数码彩电，小信号处理电路采用 R2J10030-F00FP、R2S15900SP、M52760E，场输出电路采用 TDA8177，伴音功放电路采用 TA8256BH，AV/TV 切换电路采用 TC4052BP 等。

适用机型：厦华 TN2985、TN3483、TN3489 等 TN 系列数字彩电。

6.3.1　总线调整方法

【进入退出维修模式】

使用本机遥控器，依次按组合键“伴音模式”、“常看频道”、“宽屏幕”、“伴音制式”，即可进入维修模式。

调整完毕，反复按“菜单”键返回主菜单，按“上/下方向”键选择 SHIPMENT 项目，再按“音量 +/－”键即可退出维修模式。

【项目选择与调整】

按“上下方向”键选择调整菜单，按“左/右方向”键进入菜单。按“上/下方向”键选择调整项目，按“左/右方向”键调整项目数据。

注意：AGING 菜单是工厂老化模式，不要轻易进入调整。一旦进入，电视机出现老化时的白屏幕，需按 5 次“－－－”键方可退出。

6.3.2　调整项目与数据

厦华 TN 系列数码彩电总线系统调整项目和代表机型 TN2985 参考数据见表 6-3。

表 6-3　厦华 TN 系列数码彩电总线系统调整项目与参考数据

菜单	项目名称	调整功能	参考数据
主菜单	EEPROM	存储器	
	White out	白平衡调整子菜单	
	Geometry	光栅失真校正子菜单	
	Other	功能设置子菜单	
	shipment	退出维修模式	选中后按“音量 +/－”键退出
	Aging	老化模式	
Geometry 光栅失真校正	V-size	场幅度调整	2E
	Vphase	场相位调整	12
	Vshift	场中心调整	00
	V-line	场线性调整	20
	S-corr	场 S 形失真校正	2A
	H-size	行幅度调整	29
	Hphme	行相位调整	3E
	Pincushion	水平枕形失真校正	14

（续）

菜单	项目名称	调整功能	参考数据
Geometry 光栅失真校正	Trapezium	梯形失真校正	15
	Top corner	上角失真校正	IB
	BOt corner	底角失真校正	1E
	Pinbaiance	平衡调整	22
	Paraiie log	枕形失真校正	21
	Hvco adj	行振荡调整	04
White out 白平衡调整	cutoff R	暗平衡红色调整	OF9
	cutoff G	暗平衡绿色调整	OFD
	cutoff B	暗平衡蓝色调整	12C
	drive R	亮平衡红色调整	72
	drive G	亮平衡绿色调整	62
	drive B	亮平衡蓝色调整	60
	COntrast	对比度调整	55
	Blank line	消隐线性调整	
Other 功能设置	AFC1 Gain	行 AFC 增益调整	03
	sub contrast	副对比度调整	1B
	sub bright	副亮度调整	78
	V offset	V 分量白平衡偏移量	09
	U offset	U 分量白平衡偏移量	08
	SVM exist	扫描速度调整	01
	OSD position	字符显示位置调整	40
	Init eeprom	存储器数据复位	

6.4 厦华 TQ 系列超级彩电总线调整

厦华 TQ 系列数码彩电，小信号处理电路采用 R2J10161G8-AOOFP，AV/TV 切换电路采用 TC4052BP，伴音功放电路采用 TDA7253L，场输出电路采用 TDA8177 等。

适用机型：厦华 TQ2187、TQ2189、TQ2192、TQ2589 等 TQ 系列数字彩电。

6.4.1 总线调整方法

【进入退出维修模式】

依次按遥控器上的“菜单”键和数字键“2、5、8、0”输入密码，即可进入维修模式。

调整完毕，按“菜单”键返回主菜单，选择“SHIPMENT RESET”项目，按“音量+/-”键显示 OFF，再按“菜单”键便可退出维修模式。

【项目选择与调整】

进入维修模式后，屏幕上显示调整菜单，按遥控器上的“静音”键进行菜单翻页，按

"频道 +/-"键选择调整项目，按"音量 +/-"键调整所选项目数据。

6.4.2　调整项目与数据

厦华 TQ 系列数码彩电总线系统调整项目和代表机型 TQ2192 参考数据见表 6-4。

表 6-4　厦华 TR 系列数码彩电总线系统调整项目与参考数据

菜单	项目号	项目名称	调整功能	参考数据
工厂菜单	06	HVCO	HVCO 自动调整	OFF
	07	V-POS	PAL 制场中心调整	3
	08	V-SIZE	PAL 制场幅调整	35
	09	V-LIN	PAL 制场线性调整	24
	10	Comer	PAL 制边角调整	30
	11	H-POS	PAL 制行中心调整	17
	02	VPOS NT	NTSC 制场中心调整	1
白平衡调整	25	COFF　R	暗平衡红色调整	167
	26	COFF　G	暗平衡绿色调整	173
	27	COFF　B	暗平衡蓝色调整	170
	28	DRV-R	亮平衡红色调整	60
	29	DRV-B	亮平衡蓝色调整	60
	30	C-OFF R NT	NTSC 制暗平衡红色调整	170
	31	C-OFF G NT	NTSC 制暗平衡绿色调整	173
	32	C-OFF B NT	NTSC 制暗平衡蓝色调整	173
	33	DRV-R NT	NTSC 制亮平衡红色调整	56
	34	DRV-B NT	NTSC 制亮平衡蓝色调整	56
	35	C-OFF R YCbCr	YCbCr 信号暗平衡红色调整	155
	36	C-OFF G YCbCr	YCbCr 信号暗平衡绿色调整	173
	37	C-OFF B YCbCr	YCbCr 信号暗平衡蓝色调整	153
	38	DRV-R YCbCr	YCbCr 信号亮平衡红色调整	60
PICTURE ADJ	40	SYB BRIGHT	副亮度调整	120
	41	SUB CONTRAST	副对比度调整	120
SERVICE MENU	42	C TRAP 358	色度陷波 3.58 控制	0
	43	C TRAP 443	色度陷波 4.43 控制	0
	44	SUB TINT TV	TV 副色调调整	57
	45	SUB TINT AV	AV 副色调调整	59
	46	SUB TINT YCbCr	YCbCr 信号副色调调整	63
	47	SUB COLOR	副彩色调整	0
	48	C. ANGLE95	C. ANGLE95 设置	0

6.5 厦华 TR 系列数码彩电总线调整

厦华 TR 系列数码彩电，总线系统微处理器采用 TPV5147/6，被控小信号处理电路采用 MST5C18A、MTV412、TC4052BP、R2S15900SP、TA8246BH、M52760E、TB1306F、TDA6111Q、TDA8177 等。

适用机型：厦华 TR2978、TR2987、TR2988、TR3478、TR3488 等 TR 系列数字彩电。

6.5.1 总线调整方法

【进入退出维修模式】

进入维修菜单可以使用厦华公司 RC-C07 遥控器进行，开机后依次按遥控器上的“视频”键和数字“2、5、8、0”键，此时屏幕显示“F”，表示即可进入维修调整模式。

调整后，按遥控器上的“睡眠”键，退出维修模式，并自动记忆存储数据。

【项目选择与调整】

按遥控器上的“静音”键进行菜单翻页，按“频道 +/-”键选择调整项目，按“音量 +/-”键调整项目数据。按“常看频道”键可进行出厂预置，按“视频”键可关闭菜单，但是不能退出调整模式，再按“静音”键继续进入工厂菜单。

6.5.2 调整项目与数据

厦华 TR 系列数码彩电总线系统调整项目和代表机型 TR2987 参考数据见表 6-5。

表 6-5 厦华 TR 系列数码彩电总线系统调整项目与参考数据

菜单	项目名称	调整功能	参考数据	调整范围
PAGE 1	VSIZE	场幅度调整	75	
	VPOS	场中心调整	25	
	HSIZE	行幅度调整	14	
	HPOS	行中心调整	58	
	PBOLA	枕形失真校正	32	
	TRAPE	梯形失真校正	30	
	BOW	弓形失真校正	8	
	PARAL	平行四边形失真校正	6	
	TOPCR	上边角失真校正	36	
	BTMCR	下边角失真校正	32	
	VBAMP	场输出脉冲相位	0	
	VLIN	场线性调整	8	
	VSCOR	场 S 失真校正	0	
	VTOPK	场上部消隐调整	0	
	VBTMK	场下部消隐调整	15	

（续）

菜单	项目名称	调整功能	参考数据	调整范围
PAGE 1	VEHT	场高压校正调整	2	
	HEHT	行高压校正调整	2	
	ACB	ACB 设置	0	
	WPB	WPB 设置	0	
	ABLGN	自动亮度增益调整	0	
	ABLPN	ABLPN 设置	0	
	HTOTEL	HTOTEL 百分比设置	0	
PAGE2 在 RGBNGA 通道调整	R-OFFSET	暗平衡红色调整	72	
	G-OFFSET	暗平衡绿色调整	231	
	B-OFFSET	暗平衡蓝色调整	146	
	R-GAIN	亮平衡红色调整	253	
	G-GAIN	亮平衡绿色调整	209	
	B-GAIN	亮平衡蓝色调整	20	
	PLACENET	钳位脉冲位置设定	167	
	DURATION	钳位脉冲宽度设定	55	
	S-BRI	副亮度调整	50	
	S-CON	副对比度调整	50	
PAGE 3 在 RGB/VGA 通道调整	WHITEB R	白平衡红色调整	56	
	WHITEB G	白平衡绿色调整	63	
	WHITEB B	白平衡蓝色调整	63	
	BLACKB R	暗平衡红色调整	95	
	BLACKB G	暗平衡绿色调整	100	
	BLACKB B	暗平衡蓝色调整	00	
PAGE 4 特殊功能调整	CHANNEL	TV 换台黑屏或静像	STILL	BLACK/STILL
	BUS	总线开关	ON	ON/OFF
	DEGAUSS	菜单中显示消磁	OFF	ON/OFF
	ROTATION	菜单中显示旋转	OFF	ON/OFF
	OSD WHITE COLOR	菜单白色峰值	E0	0～FF
	OSD GRAY COLOR	菜单灰色峰值	A0	0～FF
	BANK	要改值的 BANK 或 IC		
	REG	要改值的寄存器的地址		
	VALUE	寄存器中的值		
	WRITE	更新标志		OK/UPDATE
	RESET	CPU 复位		
	ISP	进入 ISP 标志		

（续）

菜单	项目名称	调整功能	参考数据	调整范围
PAGE5	SVM OPTION	SVM 选择	NOR-MAL	
	SVM STEP	扫描速度步进	0	
	SVM GAIN	扫描速度增益	2	
	SVM PIPE	扫描速度设置	1	
	SVM DELAY	扫描速度延时	7	

6.6 厦华 TS 系列超级彩电总线调整

厦华 TS 系列超级彩电，总线系统采用将微处理器和被控电路合二为一的超级电路 LA76930、LA76932，完成由微处理器与中频、视频、扫描信号处理任务。小屏幕彩电场输出电路采用 LA78040，伴音功放电路采用 LA4267，电源厚膜电路采用 KA5Q0565RT。大屏幕彩电场输出电路采用 LA78040，伴音功放电路采用 AN7522，电源厚膜电路采用 KA5Q0765RT。

适用机型：厦华 TS2120、TS2121、TS2122、TS2126、TS2129、TS2130、TS2133、TS2135、TS2150、TS2151、TS2166、TS2167、TS2180、TS2181、TS2550、TS2580、TS2581、TS2916、TS2980、TS2981、HT3261TS 等 TS 系列彩电。

6.6.1 总线调整方法

【进入退出维修模式】

使用 ARC-A13 型遥控器，按“工厂”键，即可进入维修模式；如果使用用户遥控器，先按一下遥控器上的“屏显”键，然后快速按“静音”键 3 次，也可进入维修模式。

调整完毕，TS2130 等彩电按“菜单”键退出调整模式；TS2916 等彩电按“待机”键退出维修模式。

【项目选择与调整】

进入维修模式后，按 RC-A13 工厂遥控器的“工厂”键对菜单进行翻页，用户遥控器按“SLEEP”键向上翻页，按“返回”键向下翻页；按“频道 +/－”键选择调整项目，按“音量 +/－”键调整项目数据。按“视频”键屏幕会显示一条水平亮线，配合暗平衡和加速极电压调整。

6.6.2 调整项目与数据

厦华 TS 系列超级彩电，TS2180、TS2181 小屏幕彩电总线系统调整项目和数据见表 6-6；TS2980、TS2981 大屏幕彩电总线系统调整项目和数据见表 6-7。

表 6-6 厦华 TS 系列小屏幕彩电总线系统调整项目和 TS2180、TS2181 参考数据

菜单	项目名称	调整功能	参考数据
PAGE1	H. FREQ	行频调整	22
	H. PHASE	行中心调整	8
	NT. H. PASE	NTSC 制式行中心调整	6
	AFC. G. G	行 AFC 环路增益调整	0
	VSEPUP	场同步分离灵敏度调整	0
	V. COMP	场幅补偿调整	6
	CD. MODE	场计数分频模式设置	0
	VR. TIME	CD. MODE 复位时间调整	0
PAGE2	VSIZE	场幅度调整	26
	V. POS	场中心电压调整	6
	V. SHIFT	场中心辅助调整	3
	V. LIN	场线性调整	15
	V. SC	场 S 失真校正	15
	NT. V. SIZE	NTSC 场幅补偿调整	4
	NT. VPOS	NTSC 场中心电压调整	3
	NT. VSHIFT	NTSC 场中心调整	3
	NT. VLIN	NTSC 场线性补偿调整	4
PAGE3	VK	维修开关（0：正常；1：水平亮线）	0
	R. B	暗平衡红色调整	100
	G. B	暗平衡绿色调整	100
	B. B	暗平衡蓝色调整	100
	R. D	亮平衡红色调整	80
	G. D	亮平衡绿色调整	15
	B. D	亮平衡蓝色调整	80
	BYDC. LVL	B-Y 直流电平（暗平衡）调整	11
	RVDC. LVL	R-Y 直流电平（暗平衡）调整	10
PAGE4	SUB. BRIGHT	副亮度调整	50
	SUB. CONT	副对比度调整	31
	SUB. COL	副饱和度调整	3
	SUB. SHP	副清晰度调整	0
	SUB. TINT	副色调调整	2
	SOD. CONT	OSD 对比度调整	5
	AT. FLESH	自动肤色调整	0
	YUV. BY. DC	YUV 输入 B-Y 直流电平调整	8
	YUV. RY. DC	YUV 输入 R-Y 直流电平调整	8

（续）

菜单	项目名称	调整功能	参考数据
PAGE5	CROSS. BW	维修测试信号（0：TV；1：黑；2：白；3："+"）	0
	GRAY	维修测试信号（0：灰60%；1：白100%）	0
	H. LOCK. DET	选择帧同步（OSD 帧抖动）	1
	VBLK. SW	场消隐选择开关	0
	FBPBLK. SW	行消隐选择开关	0
	SVO. FSC	选择52脚输出，0：视频输出	0
	H. TONE	HALF-TON 底色调整	3
PAGE6	BRT. ABL. DEF	亮度 ABL 控制调整	0
	MID. STP. DET	亮度 ABL 限制调整	1
	RGB. TEMP. SW	RGB 输出 DC 温度特性调整	1
	BRT. ABL. TH	ABL 起控点调整	7
	Y. APF	彩色陷波器选择开关（TV：0）	0
	WPL	白峰限制电平调整	2
	PRE. SHOOT	调整 Y 信号预冲调整	0
	OVER. SHOOT	调整 Y 信号过冲调整	3
PAGE7	YGAM. ST	Y 信号伽玛校正	0
	COL. KIL. OPE	选择消色电平调整	6
	C. VCO. ADJ	彩色副载波频率调整	6
	VCO. TEST	VCO 测试	0
	VCO. FREQ	IFVCO 频率调整	39
	RB. GAIN. BAL	调整 R-Y 和 B-Y 解调比	8
	RB. ANGLE	调整 R-Y 和 B-Y 解调角	8
PAGE8	G-YAMP	调整 G-Y 幅度调整	4
	G-Y. ANGLE	调整 G-Y 解调角调整	0
	VOL. FIL	音量调整 DAC 滤波器设置	0
	FM. LEVEL	FM 输出电平调整	31
	RF. AGC	RF. AGC 调整	25
	S. TRAP	伴音陷波中心频率调整	4
	S. TRAP. BG	BG 伴音陷波中心频率调整	3
	PAL. C. TRAP	PAL 彩色陷波中心频率调整	4
	NTSC. C. TRAP	NTSC 彩色陷波中心频率调整	4

（续）

菜单	项目名称	调整功能	参考数据
PAGE9	VIF. SYS	图像中频选择	1
	VIDEO. LEVEL	视频电平调整	2
	V. LVL. OFS	视频输出幅度调整	1
	OVER. MOD. SW	选择过调制功能	0
	OVER. MOD. LVL	过调制工作点设置	0
	A. MONI. SW	选择 5 脚输出方式	1
	AI. SW	德国立体声模式选择	0
	C. BPF	彩色 BPF 中心频率设置	0
PAGE10	R. WIDTH	选择蓝扩展校正范围	0
	R. OFFSET	选择蓝扩展校正范围	0
	B. WIDTH	选择蓝扩展校正范围	0
	B. OFFSET	选择蓝扩展校正范围	0
	H. BLK. L	左侧行消隐	6
	H. BLK. R	右侧行消隐	2
	VM. DELAY. ADJ	VM 延迟时间	0
	VM. GAIN	VM 幅度	0
PAGE11	DC. REST	直流恢复率设置	0
	BLK. STR. ST	黑电平扩展起控点设置	2
	BLK. STR. GAIN	黑电平扩展增益调整	3
	YTH	蓝扩展 Y 信号灵敏度调整	0
	YGAIN	蓝扩展增益调整	0
OPTION1	OSD. POS	OSD 水平中心调整	22
	TV. ON. SCR	拉幕式开机设置	1
	TV. OFF. SCR	拉幕式关机设置	0
	M. SCR. POS	拉幕式开机位置调整	0
	M. SCE. TIME	拉幕式关机时间调整	0
	VMUTE. P. OFF	选择关机消亮点方式	1
	P. ON. LOGO	选择开机有无 LOGO	0
	EEPROM　ERROR	EEPROM 读错检测	0
OPTION2	PWR. MEN	选择开机方式(0:待机;1:自动开;2:记忆)	2
	CH. OSD. BLACK	设定搜台时的 OSD	0
	LOGO	设定 LOGO	CS
	BGD. COLOR	无信号时屏幕底色设定	1
	ZOOM. VISZE	场幅放大方式场幅调整	4
	TAS. TUNE	选台速度设置	0
	H. TONE. MENU	HALF-TONE 选择开关	1

（续）

菜单	项目名称	调整功能	参考数据
OPTION3	ENGLISH	语言选择英文	1
	CHINESS	语言选择中文	1
	INDONESIA	语言选择印尼文	1
	ARABIC	语言选择阿拉伯文	1
	MESSAGE	留言设定	1
OPTION4	AV. OPT	AV 控制选择	0
	PAL	彩色 PAL 制式选择	1
	N3. 58	彩色 N3. 58 制式选择	1
	N4. 43	彩色 N4. 43 制式选择	1
	SIF. DK	伴音 DK 制式选择	1
	SIF. BG	伴音 BG 制式选择	1
	SIF. I	伴音 I 制式选择	1
	SIF. MN	伴音 MN 制式选择	0

表 6-7 厦华 TS 系列大屏幕彩电总线系统调整项目和 TS2980、TS2981 参考数据

菜单	项目名称	调整功能	参考数据	
			TS2980	TS2981
PAGE1	H. FREQ	行频调整	28	25
	H. PHASE	行中心调整	9	8
	NT. H. PASE	NTSC 制式行中心调整	6	6
	AFC. G. G	行 AFC 环路增益调整	0	0
	VSEP UP	场同步分离灵敏度调整	0	0
	V COMP	场幅补偿调整	6	6
	CD. MODE	场计数分频模式设置	0	0
	VR. TIME	CD. MODE 复位时间设置	0	0
PAGE2	V. SIZE	场幅度调整	78	26
	V. POS	场中心电压调整	5	32
	V. SHIFT	场中心辅助调整	4	5
	V. LIN	场线性调整	17	16
	VSC	场 S 失真校正	18	17
	NT. V. SIZE	NTSC 场幅补偿调整	4	4
	NT. VOS	NTSC 场中心电压调整	5	32
	NT. V. SHIFT	NTSC 场中心调整	1	0
	NT. V. LIN	NTSC 场线性补偿调整	4	4

（续）

菜单	项目名称	调整功能	参考数据	
			TS2980	TS2981
PAGE3	V. K	维修开关（0：正常；1：水平亮线）	0	0
	R. B	暗平衡红色调整	136	100
	G. B	暗平衡绿色调整	120	100
	B. B	暗平衡蓝色调整	135	100
	R. D	亮平衡红色调整	79	80
	G. D	亮平衡绿色调整	12	15
	B. D	亮平衡蓝色调整	103	80
	BY. DC. LVL	B-Y 直流电平（暗平衡）调整	11	12
	RY. DC. LVL	R-Y 直流电平（暗平衡）调整	11	13
PAGE4	SUB. BRIGHT	副亮度调整	60	50
	SUB. CONT	副对比度调整	30	7
	SUB. COL	副饱和度调整	3	3
	SUB. SHP	副清晰度调整	0	0
	SUB. TINT	副色调调整	8	2
	SOD. CONT	OSD 对比度调整	5	5
	AT. FLESH	自动肤色设置	0	0
	YUV. BY. DC	YUV 输入 B-Y 直流电平调整	8	8
	YUV. RY. DC	YUV 输入 R-Y 直流电平调整	8	8
PAGE5	CROSS. BW	维修测试信号(0:TV;1:黑;2:白;3:“+”)	0	0
	GRAY	维修测试信号(0:灰 60%;1:白 100%)	0	0
	H. LOCK. DET	选择帧同步(OSD 帧抖动)	1	1
	VBLK. SW	场消隐选择开关	1	0
	FBPBLK. SW	行消隐选择开关	—	0
	SVO. FSC	选择 52 脚输出(0:视频输出)	0	0
	H. TONE	HALF. TON 底色设置	3	3
PAGE6	BRT. ABL. DEF	亮度 ABL 控制	0	0
	MID. STP. DET	亮度 ABL 限制	1	1
	RGB. TEMP. SW	RGB 输出 DC 温度特性	0	0
	BIU. ABL. TH	ABL 起控点调整	7	7
	Y. APF	彩色陷波器选择开关(TV:0)	0	0
	WPL	白峰限制电平调整	2	2
	PILE. SHOOT	调整 Y 信号预冲	0	0
	OVER. SHOOT	调整 Y 信号过冲	3	3

（续）

菜单	项目名称	调整功能	参考数据	
			TS2980	TS2981
PAGE7	Y. GAM. ST	Y 信号伽玛校正	0	0
	COL. KIL. OPE	选择消色电平	7	6
	C. VCO. ADJ	彩色副载波频率调整	6	6
	VCO. TEXT	VCO 设置	0	—
	VCO. FREQ	IF VCO 频率调整	123	—
	RB. GAIN. BAL	调整 R-Y 和 B-Y 解调比	8	8
	RB. ANGLE	调整 R-Y 和 B-Y 解调角	8	8
PAGE8	G. Y. AMP	调整 G-Y 幅度	8	0
	G-Y. ANGLE	调整 G-Y 解调角	0	0
	VOL. FIL	音量调整 DAC 滤波器设置	0	0
	FM. LEVEL	FM 输出电平调整	31	31
	RF. AGC	RF-AGC 调整	30	30
	VCO. FTEQ	IF VCO 频率调整	—	39
	S. TRAP	伴音陷波中心频率调整	4	4
	S. TRAP. BG	BG 伴音陷波中心频率调整	4	3
	PAL. C. TRAP	PAL 彩色陷波中心频率调整	4	4
	NTSC. C. TRAP	NTSC 彩色陷波中心频率调整	4	4
PAGE9	VIFSYS	图像中频选择	1	1
	VIDEO. LEVEL	视频电平调整	2	4
	V. LVL. OFS	视频输出幅度调整	1	1
	OVER. MOD. SW	选择过调制功能	0	0
	OVER. MOD. LVL	过调制工作点设置	0	0
	A. MONI. SW	选择 5 脚输出方式	1	1
	AI. SW	德国立体声模式选择	0	0
	C. BPF	彩色 BPF 中心频率设置	0	0
PAGE10	R. WIDTH	选择蓝扩展校正范围	0	0
	R. OFFSET	选择蓝扩展校正范围	0	0
	B. WIDTH	选择蓝扩展校正范围	0	0
	B. OFFSET	选择蓝扩展校正范围	0	0
	H. BLK. L	左侧行消隐调整	6	5
	H. BLK. R	右侧行消隐调整	2	4
	VM. DELAY. ADJ	VM 延迟时间调整	0	0
	VM. GAIN	VM 幅度调整	0	0

（续）

菜单	项目名称	调整功能	参考数据	
			TS2980	TS2981
PAGE11	DC. REST	直流恢复率设置	0	0
	BLK. STR. ST	黑电平扩展起控点设置	2	2
	BLK. STR. GAIN	黑电平扩展增益调整	2	3
	Y. TH	蓝扩展 Y 信号灵敏度调整	0	0
	Y. GAIN	蓝扩展增益调整	0	0
PAGE12	EW. DC	50Hz 行幅调整	43	45
	EW. AMP	50Hz 枕形失真校正	39	36
	EW. TILT	50Hz 梯形失真校正	51	38
	CORN. TOP	50Hz 顶部边角失真校正	1	3
	CORN. BOT	50Hz 底部边角失真校正	3	3
	H. SIZE	50Hz 高压补偿调整	7	0
	EW. COR. SW	50Hz 边角失真校正	1	1
PAGE13	N. EW. DC	60Hz 行幅度调整	47	41
	N. EW. AMP	60Hz 枕形失真校正	35	32
	N. EW. TITL	60Hz 梯形失真校正	38	26
	N. CORN. TOP	60Hz 顶部边角失真校正	3	5
	N. CORN. BOT	60Hz 底部边角失真校正	2	1
	AV. DET. LEVEL	1115 自动音量控制检测电平调整	5	5
	AV. SLOPE	1115 自动音量控制斜率调整	5	5
	AV. MODE	1115 自动音量控制模式选择	2	1
OPTION1	OSD. POS	OSD 水平中心调整	16	22
	TV. ON. SCR	拉幕式开机设置	0	0
	TV. OFF. SCR	拉幕式关机设置	0	0
	M. SCR. POS	拉幕式开机位置调整	0	0
	M. SCE. TIME	拉幕式关机时间调整	0	0
	V. MUTE. P. OFF	选择关机消亮点方式	0	0
	P. ON. LOGO	选择开机有无 LOGO	0	1
	EEPROM ERROR	EEPROM 读错检测	0	0
OPTION2	PWR. MEN	选择开机方式（0：待机；1：自动开；2：记忆）	2	2
	CH. OSD. BLACK	设定搜台时的 OSD	0	0
	LOGO	设定 LOGO	CS	CS
	BGD. COLOR	无信号时屏幕底色设定	1	1
	TAST. TUNE	选台速度设置	0	0
	H. TONE. MENU	HALF-TONE 选择开关	1	1

（续）

菜单	项目名称	调整功能	参考数据	
			TS2980	TS2981
OPTION3	LV1115	选择 LV1115	0	0
	LV1115. TN. GAIN	LV1115 输入电平调整	1	0
	PWM. VOL	选择 PWM 输出	1	1
	1-CHIP. VOL	TV 音频的输出幅度调整	127	127
	PWM. LOGO	PWM 输出逻辑设置	0	0
OPTION4	AV. OPT	AV 控制选择	1	1
	PAL	彩色 PAL 制式选择	1	1
	N3. 58	彩色 N3. 58 制式选择	1	1
	N4. 43	彩色 N4. 43 制式选择	1	1
	SIF. DK	伴音 DK 制式选择	1	1
	SIF. BG	伴音 BG 制式选择	1	1
	SIF. I	伴音 I 制式选择	1	1
	SIF. MN	伴音 MN 制式选择	0	0
OPTION5	ENGLISH	语言选择英文	1	1
	CHINESS	语言选择中文	1	1
	INDONESIA	语言选择印尼文	0	1
	ARABIC	语言选择阿拉伯文	0	—
OPTION6	VOL1	VOL1% 时音量设定	20	20
	VOL25	VOL 25% 时音量设定	55	55
	VOL50	VOL 50% 时音量设定	73	73
	VOL75	VOL 75% 时音量设定	95	95

6.7 厦华 TU 系列数码彩电总线调整

厦华 TU 系列超级彩电，总线系统采用将微处理器和被控电路合二为一的 R2J10171GA/R2J10173GA 超级电路，完成由微处理器与中频、视频、扫描信号处理任务。小屏幕彩电场输出电路采用 STV8172A，大屏幕彩电场输出电路采用 LA78041，伴音功放电路采用 TDA7266MSA，电源厚膜电路采用 STR-W6553A。

适用机型：厦华 TU21106、TU21119、TU29105 等 TU 系列彩电。

6.7.1 总线调整方法

【进入退出维修模式】

使用随机用户遥控器进行调整，依次按下遥控器上的“菜单”键、数字“2、5、8”键”，即可进入维修调整模式。

调整完毕，再按用户遥控器上的“菜单”键，即可退出维修调整模式。

【项目选择与调整】

进入维修模式后，屏幕上显示调整菜单，按遥控器上的“频道 +/-”键选择子菜单和调整项目，按“音量 +/-”键进入子菜单和调整所选项目数据。

6.7.2　调整项目与数据

厦华 TU 系列数码彩电总线系统调整项目见表 6-8，调整数据因机而异，模拟量调整项目调整到光栅和图像最佳位置，功能设置项目数据不用随意调整。

表 6-8　厦华 TU 系列数码彩电总线系统调整项目和数据

菜单	项目号	项目名称	调整功能
VCJ ADJ	01	VIF FREQ	图像中频选择
	02	VIF VCO	VIFVCO 自动调整
	03	RFDELAY	TUNERAGC 调整
	04	S-TRAP	S-TRAP 自动调整
	05	SECAM BLK-R	SECAM 白平衡调整 R
	06	SECAM BLK-B	SECAM 白平衡调整 B
RASTER ADJ	07	HVCO	HVCO 自动调整
	08	V-POS	PAL 场中心调整
	09	V-SIZE	PAL 场幅调整
	10	V-LIN	PAL 场线性调整
	11	VS-CORE	PAL 场 S 形校正
	12	H-POS	PAL 行中心调整
	13	T-PATTREN	维修测试信号
	14	H-SIZE	PAL 行幅度调整
	15	RARA	PAL 枕形调整
	16	TOP CORNER	PAL 顶部边角调整
	17	LOW CPRNER	PAL 底部边角调整
	18	TRAPE	PAL 梯形调整
	19	N VPOS OFST	NTST 场中心调整
	20	N VSIZE OFST	NTST 场幅调整
	21	N VLIN OFST	NTST 场线性调整
	22	N HPOS OFST	NTST 行中心调整
	23	N HSIZE OFST	NTSC 行幅度调整
	24	N PARA OFST	NTSC 枕形调整
	25	N TOP CORNER	NTSC 顶部边角调整
	26	N LOW CORNER	NTSC 底部边角调整
	27	N TRAPE OFST	NTSC 梯形调整

（续）

菜单	项目号	项目名称	调整功能
CRT ADJ		RB	红暗平衡调整
		GB	绿暗平衡调整
		BB	蓝暗平衡调整
		RD	红亮平衡调整
		GD	绿亮平衡调整
		BD	蓝亮平衡调整
		RBY	VCbCr 白平衡调整
		GBY	VCbCr 白平衡调整

6.8 厦华 TW 系列数码彩电总线调整

适用机型：厦华 TW29107 等 TW 系列数码彩电。

总线调整方法

【进入退出维修模式】

使用随机用户遥控器进行调整，依次按遥控器上的“AV”键和数字“2、5、8、0”键，即可进入维修模式，屏幕上显示调整菜单。

调整完毕，在工厂调整菜单下，按用户遥控器上的“菜单”键，即可退出维修模式。

【项目选择与调整】

进入维修模式后，屏幕上显示调整菜单，按遥控器上的“频道 +/-”键选择子菜单和调整项目，按“音量 +/-”键进入子菜单和调整所选项目数据。

6.9 厦华 T 系列数码彩电总线调整

适用机型：厦华 HT-3281T、HT3681T、HT2966T、HT3466T 等 T 系列彩电。

6.9.1 总线调整方法

【进入退出维修模式】

使用厦华 RC-C02 遥控器进行。每次主电源开机后依次按遥控器上的“睡眠”键、“静音”键、“视频”键、“菜单”键，即可进入维修模式。

按遥控器上的“睡眠”键或“0”键退出菜单，按“静音”键进行出厂预置。

【项目选择与调整】

进入维修模式后，屏幕上显示调整菜单，按遥控器上的“上/下”或“频道 +/-”键选择子菜单和调整项目，按“左/右”或“音量 +/-”键进入子菜单和调整所选项目数据。

6.9.2 调整项目与数据

厦华 T 系列数码彩电总线系统调整项目见表 6-9。

表 6-9　厦华 T 系列数码彩电总线系统调整项目和数据

菜单	项目名称	调整功能	参考数据
工厂菜单 1	V SIZE	场辐度调整	39
	V SHIFT	场中心调整	17
	V LINEAR	场线性调整	41
	V S CORR	场 S 失真校正	F7
	H SIZE	行辐度调整	8
	H SHIFT	行中心调整	43
	V ANGLE	平行四边形失真校正	5
	V BOW	弓形失真校正	0E
	PIN AMP	枕形失真校正	60
	PIN PHASE	梯形失真校正	AE
	UP CORNER	上边角失真校正	11
	LOWER CORNER	下边角失真校正	C5
	EXT CORNER	边角失真校正	C5
	V SYNC CONT	场同步信号对比度调整	20
工厂菜单 2	INTH-SYNCPHASE	行同步相位调整	12
	AV BEAM LIMIT	束电流限制调整	1A
	AV BEAM LIMIT CHA	束电流限制	81
	PEA DRIVE LIMIT	峰值限制	0
	PEAK DRIVE TOP	顶部峰值限制	10
	PEA DRIVE BOTTOM	底部峰值限制	47
	PEA DRIVE L-R	左右边峰值限制	88
	DEFLECT 0	DEFLECT 设置 0	3
	DEFLECT 1	DEFLECT 设置 1	5
	RGB CONTROL 0	RGB 控制 0	84
	RGB CONTROL 1	RGB 控制 1	18
	RGB CONTROL 2	RGB 控制 2	20
	RGB CONTROL 3	RGB 控制 3	3
	V INPUT MODE	V 信号输入设置	85
工厂菜单 3	WRITE R	亮平衡红色调整	*
	WRITE G	亮平衡绿色调整	*
	WRITE B	亮平衡蓝色调整	*
	SCREEN LOCK	暗电流调整	OK
	2004-XX-XX	版本日期	固定

（续）

菜单	项目名称	调整功能	参考数据
工厂菜单 4	CONTR AST MAX	对比度最大值调整	7F
	CONTR AST CEN	对比度中间值调整	3F
	CONTR AST MIN	对比度最小值调整	0
	BRIGHT MAX	亮度最大值调整	7F
	BRIGHT CEN	亮度中间值调整	3F
	BRIGHT MIN	亮度最小值调整	0
	COLOR MAX	色度最大值调整	3F
	COLOR CEN	色度中间值调整	20
	COLOR MIN	色度最小值调整	0
	SHARP MAX	清晰度最大值调整	7F
	TINT CEN	色调中间值调整	0
工厂菜单 5	ICXXX	相关芯片	*
	ADD H	地址高 8 位	*
	ADD L	地址高 8 位	*
	DATAH	数据高 8 位	*
	DATA L	数据低 8 位	*
	READ	读取当前数据	*
	REFRESH	刷新改后数据	*
	SAVE	存储改后数据	*
工厂菜单 6	VOLUME-1	声音曲线 1% 调整	0F
	VOLUME-25	声音曲线 25% 调整	1F
	VOLUME-50	声音曲线 50% 调整	3F
	VOLUME-100	声音曲线 100% 调整	7F
	BASS-CEN	低音中间值调整	20
	SUB-BASS	副低音值调整	0
	TREBLE-CEN	高音中间值调整	20
	SUB-TREBLE	副高音值调整	0
	BLANCE-CEN	平衡中间值调整	20
	AUDIO-AGC	音频增益设置值调整	0

（续）

菜单	项目名称	调整功能	参考数据
工厂菜单 7	OSD-HP MENU	MENU 菜单相位	0
	OSD-HP AV SEL	AV 菜单相位	0
	OSD-HP NORMAI	其余菜单相位	0
	SVM DELAY	SVM 延迟相位	3
	ZOOM DATA	16:9 图像缩放量	20
	OPTION DATA1	OPTION	0
	H-MUTE DELAY	行停振时间延迟量	5A
	VL MAX PLL-H	VL 频段 PLL 最大值的高位字节	0E
	VL MAX PLL-L	VL 频段 PLL 最大值的低位字节	29
	VH MAX PLL-H	VH 频段 PLL 最大值的高位字节	24
	VH MAX PLL-L	VH 频段 PLL 最大值的低位字节	E5
工厂菜单 8	R-G	亮平衡红色调整	80
	G-G	亮平衡绿色调整	80
	B-G	亮平衡蓝色调整	80
	R-O	暗平衡红色调整	80
	G-O	暗平衡绿色调整	80
	B-O	暗平衡蓝色调整	80
	H-S	行相位调整	*
	V-S	场相位调整	*
	H-SIZE	行幅度调整	*
	V-SIZE	场幅度调整	*
工厂菜单 9	V SCROLL	场滚动调整	0
	V ASPECT	场幅度调整	0
	V EHT	场高压校正调整	BD
	H EHT	行高压校正调整	9D
	AFC EHT COM	高压自动频率控制	8
	H BLANK TIME	行消隐宽度调整	E4
	H BLANK PHASE	行消隐相位调整	F9
	V BLANK START	场同步相位调整	FB
	V BLANK END	场同步相位调整	11
	MIN NO. OF UNE	行消隐相位调整	0
	MAX NO. OF LINE	行消隐结束位置调整	FF
	PWM CONTROL	行消隐宽度调整	2
	PLL CONTROL 0	行消隐相位调整 0	0B
	PLL CONTROL 1	行消隐相位调整 1	62

6.10 厦华 TD 系列数码彩电总线调整

厦华 TD 系列超级彩电，总线系统微处理器为东芝公司的 TMP87PS38N，经厦华公司编程后采用。

适用机型：厦华 XT-29F6TD 等 TD 系列彩电。

6.10.1 总线调整方法

【进入退出维修模式】

使用厦华 K20 或 K32 型遥控器进行。开机后，依次分别按“暂停”键和数字“3、6、9”键，即可进入维修模式。

按遥控器上的“待机”键遥控关机，即可退出维修模式。

【项目选择与调整】

进入维修模式后，屏幕上显示调整菜单，再按“暂停”键进入不同的子菜单。按遥控器上的“频道 +/-”键调整项目，按“音量 +/-”键调整所选项目数据。

6.10.2 调整项目与数据

厦华 TD 系列 XT-29F6TD 数码彩电总线系统调整项目见表 6-10。

表 6-10 厦华 TD 系列 XT-29F6TD 数码彩电总线系统调整项目和数据

菜单	项目名称	调整功能	参考数据		
			50Hz	60Hz	VGA
调整菜单 1 场扫描调整	V-SLOPE	图像中心调整	29	2C	1F
	V-SHIFT	屏幕中心调整	25	29	26
	V-AMPLI	场幅度调整	13	19	09
	CORRECT	场 S 失真校正	16	0D	19
	V-ZOOM	垂直方向变焦调整	19	19	0F
	V-SCROLL	垂直卷拉调整	1F	1F	1F
	V-WAIT	逆程起始位置调整	15	15	1C
调整菜单 2 行扫描调整	H-SHIFT	行中心调整	2A	2A	29
	H-PARALL	平行四边形失真校正	06	08	05
	E-W WIDTH	行幅度调整	2D	33	28
	E-W PARAB	EW 枕形失真校正	29	24	1F
	E-W TRAP	梯形失真校正	1A	19	21
	E-W EHT	高压补偿调整	23	20	07
	E-W CONER U	上边角失真校正	2E	1D	21
	E-W CONER D	下边角失真校正	2E	13	1A
	H-BOW	弓形失真校正	09	07	06
	HBLANKING	行消隐点调整	07	07	07
	H-TIMEING	行消隐时间调整	0D	0D	0D

（续）

菜单	项目名称	调整功能	参考数据		
			50Hz	60Hz	VGA
调整菜单 3 白平衡调整	R-OFFSET	暗平衡红色调整	0B		
	G-OFFSET	暗平衡绿色调整	09		
	WPR	亮平衡红色调整	20		
	WPG	亮平衡绿色调整	1E		
	WPB	亮平衡蓝色调整	23		
调整菜单 4	IF PLL	PLL 环路状态设置	6B		
	AGC	自动增益控制调整	0E		
	YDELAY	亮度延时调整	0B		
	YGAIN	亮度信号增益调整	01		
	ACL	自动色度控制开关	01		
	PWL	白峰限制设置	00		
	SOFTCLIP	边缘处理设定	00		
	SUB COLOR	副色度调整	06		
	SUB BRIGHT	副亮度调整	08		
	SUB CONTR	副对比度调整	08		
调整菜单 5 CTI-LTI 菜单	BSTR	黑电平延伸	1F		
	NLINE	信号非线性处理设置	00		
	G/R AMM	红/绿伽玛开关	24		
	PEAK	峰值电平设置	07		
	STEEP	锐度设置	00		
	COR1	色度设置	1F		
	LW1D	线宽调整设置	1F		
	YDLAY	亮度延时调整	05		
调整菜单 6 DS MODULE 菜单	HWDEL	行消隐宽度调整	5E		
	VWDEL	场消隐宽度调整	00		
	AGCY	Y 分量自动增益控制	B0		
	AGCUV	U/V 分量自动增益控制	CE		
	YDF	亮度延迟量调整	06		
	YDB	亮度增益调整	06		
	UVCOR	U/V 分量核化	03		
	CTI-G	CTI-G 调整	07		
	CTI-L	CTI-L 调整	03		
调整菜单 7 DATA SET 菜单	DTAT1	设置数据 1	00		
	DATA2	设置数据 2	06		
	DATA3	设置数据 3	00		

（续）

<table>
<tr><th rowspan="2">菜单</th><th rowspan="2">项目名称</th><th rowspan="2">调整功能</th><th colspan="3">参考数据</th></tr>
<tr><th>50Hz</th><th>60Hz</th><th>VGA</th></tr>
<tr><td rowspan="6">调整菜单 8
SOUND
THEATER 菜单
声音设置 1</td><td></td><td>高音调整</td><td colspan="3">70</td></tr>
<tr><td></td><td>低音调整</td><td colspan="3">70</td></tr>
<tr><td></td><td>平衡调整</td><td colspan="3">50</td></tr>
<tr><td></td><td>重低音调整</td><td colspan="3">1</td></tr>
<tr><td></td><td>环绕声调整</td><td colspan="3">1</td></tr>
<tr><td></td><td>BBE 调整</td><td colspan="3">1</td></tr>
<tr><td rowspan="6">调整菜单 9
SOUND
NEWS 菜单
声音设置 2</td><td></td><td>高音调整</td><td colspan="3">70</td></tr>
<tr><td></td><td>低音调整</td><td colspan="3">40</td></tr>
<tr><td></td><td>平衡调整</td><td colspan="3">50</td></tr>
<tr><td></td><td>重低音调整</td><td colspan="3">0</td></tr>
<tr><td></td><td>环绕声调整</td><td colspan="3">0</td></tr>
<tr><td></td><td>BBE 调整</td><td colspan="3">1</td></tr>
<tr><td rowspan="6">调整菜单 10
PICTURE
HARD 菜单
图像调整 1</td><td></td><td>彩色调整</td><td colspan="3">65</td></tr>
<tr><td></td><td>亮度调整</td><td colspan="3">45</td></tr>
<tr><td></td><td>对比度调整</td><td colspan="3">90</td></tr>
<tr><td></td><td>色调调整</td><td colspan="3">50</td></tr>
<tr><td></td><td>清晰度调整</td><td colspan="3">1</td></tr>
<tr><td></td><td>降噪调整</td><td colspan="3">0</td></tr>
<tr><td rowspan="6">调整菜单 11
PICTURE
SMART 菜单
图像调整 2</td><td></td><td>彩色调整</td><td colspan="3">45</td></tr>
<tr><td></td><td>亮度调整</td><td colspan="3">30</td></tr>
<tr><td></td><td>对比度调整</td><td colspan="3">50</td></tr>
<tr><td></td><td>色调调整</td><td colspan="3">50</td></tr>
<tr><td></td><td>清晰度调整</td><td colspan="3">0</td></tr>
<tr><td></td><td>降噪调整</td><td colspan="3">0</td></tr>
<tr><td rowspan="6">调整菜单 12
PICTURE
STAND 菜单
图像调整 3</td><td></td><td>彩色调整</td><td colspan="3">50</td></tr>
<tr><td></td><td>亮度调整</td><td colspan="3">45</td></tr>
<tr><td></td><td>对比度调整</td><td colspan="3">75</td></tr>
<tr><td></td><td>色调调整</td><td colspan="3">50</td></tr>
<tr><td></td><td>清晰度调整</td><td colspan="3">1</td></tr>
<tr><td></td><td>降噪调整</td><td colspan="3">0</td></tr>
<tr><td rowspan="6">调整菜单 13
PICTURE
TEXT 菜单
图像调整 4</td><td></td><td>彩色调整</td><td colspan="3">50</td></tr>
<tr><td></td><td>亮度调整</td><td colspan="3">30</td></tr>
<tr><td></td><td>对比度调整</td><td colspan="3">20</td></tr>
<tr><td></td><td>色调调整</td><td colspan="3">50</td></tr>
<tr><td></td><td>清晰度调整</td><td colspan="3">0</td></tr>
<tr><td></td><td>降噪调整</td><td colspan="3">0</td></tr>
</table>

（续）

菜单	项目名称	调整功能	参考数据		
			50Hz	60Hz	VGA
调整菜单 14 PICTURE ACTIVE 菜单 图像调整 5		彩色调整	50		
		亮度调整	45		
		对比度调整	75		
		色调调整	50		
		清晰度调整	1		
		降噪调整	0		

6.11　厦华 W 系列数码彩电总线调整

厦华 W 系列超级彩电，总线系统采用将微处理器和被控电路合二为一的 TMPA8807 或 TMPA8829 超级电路，完成由微处理器与中频、视频、扫描信号处理任务。

适用机型：厦华 W2935、W3416、W3430 等 W 系列超级单片彩电。

6.11.1　总线调整方法

【进入退出维修模式】

依次按遥控器上的“SLEEP”、“PIC”、“DSP”、“菜单”键，操作时间应在 5s 内完成，即可进入维修模式。

调整完毕，按遥控器上的“SLEEP”键，即可退出维修模式。

【项目选择与调整】

进入维修模式后，屏幕上显示调整菜单，反复按“菜单”键，进入 PAGE1 ~ PAGE5 工厂调试菜单，按“上/下”方向键选择调整项目，按“左/右”方向键调整项目数据。

6.11.2　调整项目与数据

厦华 W 系列超级彩电总线系统调整项目见表 6-11。

表 6-11　厦华 W 系列超级彩电总线系统调整项目和数据

菜单	项目名称	调整功能	参考数据
FACTORY MENU PAGE 1 工厂菜单 1 页	HPOS	50 Hz 行中心调整	0F
	VP50	50 Hz 场中心调整	6
	HIT	50 Hz 场幅度调整	2B
	VLIN	50 Hz 场线性调整	0E
	VSC	50 Hz 场 S 失真校正	7
	DPC	50 Hz 枕形失真校正	18
	KEY	50 Hz 梯形失真校正	22
	WID	50 Hz 行幅度调整	16
	HPS	60 Hz 行中心调整	4

（续）

菜单	项目名称	调整功能	参考数据
FACTORY MENU PAGE 1 工厂菜单 1 页	VP60	60 Hz 场中心调整	2
	HITS	60 Hz 场幅调整	FD
	VLIS	60 Hz 场线性调整	FF
	VSS	60 Hz 场 S 失真校正	FE
	KEYS	60 Hz 梯形失真校正	1
	DPCS	60 Hz 枕形失真校正	FF
	WIDS	60 Hz 行幅度调整	FD
	ECCT	顶部边角失真校正	8
	ECCB	底边角失真校正	7
	VEHT	场高压补偿调整	5
	HEHT	行高压补偿调整	1
	SBY	SECAM 制底色调整	8
	SRY	SECAM 制底色调整	8
	VCEN	2 IN 1 场输出中心调整	0
	ASSH	非对称性锐度调整	0
FACTORY MENU PAGE 2 工厂菜单 2 页	RCUT	暗平衡红色调整	60
	GCUT	暗平衡绿色调整	60
	BCUT	暗平衡蓝色调整	60
	GDRV	亮平衡绿色调整	30
	BDRV	亮平衡蓝色调整	30
	RCUTS	DVD 信号暗区白平衡相对偏移值调整	0
	GCUTS	DVD 信号暗区白平衡相对偏移值调整	0
	BCUTS	DVD 信号暗区白平衡相对偏移值调整	0
	GDRVS	DVD 信号亮区白平衡相对偏移值调整	0
	BDRVS	DVD 信号亮区白平衡相对偏移值调整	0
	CNTX	对比度最大值设定	4E
	CNTC	对比度中心值设定	30
	CNTN	对比度最小值设定	18
	BRTX	亮度最大值设定	70
	BRTC	亮度中心值设定	50
	BRTN	亮度最小值设定	2C
	COLX	彩色最大值设定	4F
	COLC	彩色中心值设定（NTSC 制）	38
	COLP	彩色中心值设定（PAL 制）	38
	COLS	彩色中心值设定（SECAM 制）	40
	DCOL	DVD 彩色	40

（续）

菜单	项目名称	调整功能	参考数据
FACTORY MENU PAGE 2 工厂菜单 2 页	SGCT	SECAM 信号底色调整	FE
	SCOL	副彩色/U、V 转换系数	4
	SCNT	副对比度调整	0F
FACTORY MENU PAGE 3 工厂菜单 3 页	BRTS	副亮度调整	20
	TNTX	NTSC 制色调最大值设定	6F
	TNTC	NTSC 制色调中心值设定	38
	TNTN	NTSC 制色调最小值设定	3F
	ST3	NTSC3. 58 TV 输入时的副锐度中心值调整	20
	SV3	NTSC3. 58 AV 输入时的副锐度中心值调整	30
	ST4	非 NTSC4. 43 TV 输入时的副锐度中心值调整	20
	SV4	非 NTSC4. 43 AV 输入时的副锐度中心值调整	30
	SVD	DVD 输入时副锐度中心值调整	30
	SHPX	锐度最大值设定	1A
	SHPN	锐度最小值设定	ID
	TXCX	DVD 副彩色最大值调整	1F
	RGCN	DVD 副彩色最小值调整	1F
	NSHP	降噪程度调整	0A
	GSNS	G 灵敏度调整	00
	BSNS	B 灵敏度调整	00
	SV	速度调制强度、相位调整	0F
	MT	MT 设置	
	SVMD	DVD 扫描速度调整	0E
	SVM2	扫描速度调整 2	03
	SVM3	扫描速度调整 3	00
	CLTO	非 M 制式 TV 彩色控制	4B
FACTORY MENU PAGE 4 工厂菜单 4 页	V01	VOL-1% 时音量设定	0
	V25	VOL-25% 时音量设定	AC
	V50	VOL-50% 时音量设定	C4
	V100	VOL-100% 时音量设定	F4
	BASC	BASS（低音）中间值设定	40
	BASX	BASS（低音）最大值设定	64
	BAS1	“影院”中的 BASS 值设定	50
	BAS2	“新闻”中的 BASS 值设定	32
	BAS3	“音乐”中的 BASS 值设定	5A
	SUR1	“影院”中的 SUR（环绕声）值设定	7
	SUR2	“新闻”中的 SUR（环绕声）值设定	7

（续）

菜单	项目名称	调整功能	参考数据
FACTORY MENU PAGE 4 工厂菜单4页	SUR3	“音乐”中的SUR（环绕声）值设定	OF
	WFL1	“影院”中的WOOFER（重低音）值设定	D8
	WFL2	“新闻”中的WOOFER（重低音）值设定	5A
	WFL3	“音乐”中的WOOFER（重低音）值设定	E2
	TREC	TREBL（高音）中间值设定	40
	TRE1	“影院”中的TREBLE值设定	50
	TRE2	“新闻”中的TREBLE值设定	32
	TRE3	“音乐”中的TREBLE值设定	5A
	WON1	“影院”中的WOOFER ON（重低音开）设定	0A
	WON2	“新闻”中的WOOFER ON设定	9
	WOFF	WOOFER OFF（重低音关）时WOOFER输出电平设定	0
	WOFC	WOOFER中心设定	40
	BALC	平衡中心设定	32
FACTORY MENU PAGE 5 工厂菜单5页	WCTL	低音控制状态数据调整	2
	ABL	ABL控制，YPL调整	27
	DCBS	OSD电平，黑电平延伸调整	22
	DEF	隔行扫描，1136 AGC设置	0F
	AKB	AKB（自动白平衡调整）方式	0
	RAGC	RFAGC调整	30
	HAFC	HAFC增益调整	5
	MUTT	软启动时亮度静噪时间调整	0
	STAT	软启动对比度上升时间调整	0
	MOD	模式选择	3
	REEP	AKB参数脉冲位置设置	0
	VBLK	场消隐状态设置	0
	SECD	复合控制设置	8
	MODE0	358 COMB有旋转设置	54
		358 COMB无旋转设置	44
	MODE1	有VM，出厂DK设置	DB
		有VM，出厂BG设置	9B
		有VM，出厂I设置	513
		无VM，出厂DK设置	CB
		无VM，出厂BG设置	8B
		无VM，出厂I设置	4B
		无屏保功能设置	

（续）

菜单	项目名称	调整功能	参考数据
FACTORY MENU PAGE 5 工厂菜单 5 页	MODE2	XOCECO 设置	0F
		PRIMA 设置	1F
		PALSONIC 设置	2F
		—	3F
	UCOM	内部 ADC 设置	0
	FLG0	标识 0 设置	56
	FLG1	标识 1 设置	4
	OPT	任选内容设置	17
	NOIS	噪声检测设置	1
	AOPT	AKB 任选设置	0
	OSDF	OSD 振荡频率设置	60
	OSD	OSD 行位置设置	18

6.12　厦华 XT 系列变频彩电总线调整

厦华公司开发的 XT 系列变频 100Hz 彩电，总线系统主控电路微处理器采用 TMP87CM38N 或 TMP87PS38N，数字和小信号处理电路分为 CPU 板、AV 板、图文板、倍频板、主板和丽音板 6 个板块，每个板块有 1 ~4 个总线系统被控电路，总线系统被控电路有：KS2501 字符发生电路，TDA9332H 扫描小信号处理电路，SAA4977H 倍场解码处理电路，SAA4991WP 倍频处理电路，PIP 中放解码电路 TDA9321，BH3868FS 丽音处理电路，TEA6420 伴音切换电路，SAA5700 图文处理电路，YUV 接口电路 TDA7198T，A/D 转换电路 SAA4955，NW02 YUV 接口电路 TDA7198T，TUNER1 调谐器，TUNER2 副调谐器等。

适用机型：厦华 XT-29F6、XT-34F6 等 XT 系列变频彩电。

6.12.1　总线调整方法

【进入退出工厂模式】

使用厦华 K20 或 K32 遥控器，按“暂停”键，再依次按遥控器上的数字键“3、6、9”，输入密码便可进入工厂模式，在屏幕上显示工厂调整菜单。

调整完毕，按一下除频道和伴音键以外的任何按键，屏幕上显示的菜单消失，遥控关机便可退出工厂模式。

【项目选择与调整】

按“暂停”键与“丽音”键可进入 VERTICAL 菜单，按“暂停”键与“调整”键，可进入 HORIZONTAL 菜单，按“暂停”键与“制式”键可进入 C-TEMP 菜单，按“暂停”键可直接进入 SINGAL PRO 菜单，按“暂停”键与“子页”键可进入 CTI-LTI 菜单，按“暂停”键与“图文”键可进入 DS MODULE 菜单，按“暂停”键与“交换”键可进入 DATA SET 菜单。

进入各菜单后，按“↑”、“↓”键或“频道 +/ -”键选择调整项目，按“→”、“←”

键或“音量+/-”键调整所选项目数据。

6.12.2 调整项目与数据

厦华 XT 系列变频 100Hz 彩电的总线调整菜单项目和数据见表 6-12，伴音预置模式数据见表 6-13，图像预置模式数据见表 6-14。

表 6-12 厦华 XT 系列变频 100Hz 彩电总线调整项目与数据

菜单	项目号	项目名称	调整功能	预置值		
				50Hz	60Hz	VGA
VERTICAL 按“暂停”和“丽音”键进入	35	V-SLOPE	图像中心调整	29	2C	1F
	36	V-SHIFT	屏幕中心调整	25	29	27
	37	V-AMPLI	场幅度调整	13	19	10
	38	CORRECT	场 S 失真校正	16	0D	19
	39	V-ZOOM	场缩放调整	19	19	0F
	40	V-SCROLL	场平移调整	1F	1F	1F
	41	V-WAIT	逆程起始位置调整	18	18	18
HORIZONTAL 按“暂停”和“调整”键进入	42	H-SHIFT	行中心调整	2B	2A	29
	43	H-PARALL	平行四边形失真校正	06	08	05
	44	E-W WIDTH	行幅度调整	2D	33	28
	45	E-W PARAB	东西失真校正	29	24	1F
	46	E-W TRAP	梯形失真校正	1A	19	21
	47	E-W EHT	高压补偿	23	20	07
	48	E-W CONER-U	上边角失真校正	2E	1D	21
	49	E-W CONER-D	下边角失真校正	2E	13	1A
	50	H-BOW	弓形失真校正	09	07	06
	51	HBLANKING	行消隐点	07	07	07
	52	H-TIMEING	行消隐时间调整	04	04	04
C-TEMP 按“暂停”和“制式”键进入	53	R-OFFSET	暗平衡红枪调整	0B		
	54	G-OFFSET	暗平衡绿枪调整	09		
	55	WPR	亮平衡红枪调整	20		
	56	WPG	亮平衡绿枪调整	1E		
	57	WPB	亮平衡蓝枪调整	23		
SINGAL PRO 按“暂停”键直接进入	58	IF-PLL	IF 锁相环调整	6B		
	59	AGC	射频 AGC 调整	0E		
	60	YDELAY	亮度延迟参数调整	0B		
	61	YGAIN	信号幅度调整	01		
	62	ACL	自动消色设置	00		
	63	PWL	白峰抑制设置	00		
	64	SOFTCLIP	软钳位设置	08		

（续）

菜单	项目号	项目名称	调整功能	预置值		
				50Hz	60Hz	VGA
SINGAL PRO 按“暂停”键直接进入	65	SUB-COLOR	副彩色调整	06		
	66	SUB-BRIGHT	副亮度调整	08		
	67	SUB-CONTR	副对比度调整	06		
CTI-LTI 按“暂停”和“子页”键进入	68	BSTR	黑电平延伸设置	00		
	69	NLINE	信号非线性处理设置	00		
	70	GRAMM	伽玛校正设置	1F		
	71	PEAK	亮度峰化设置	20		
	72	STEEP	亮度斜率设置	20		
	73	CORI	核化处理设置	20		
	74	LWID	线宽调整设置	1C		
	75	YDLAY	亮度延迟参数设置	00		
DS MODULE 按“暂停”和“图文”键进入	76	HWDEL	行消隐宽度设置	70		
	77	VMDEL	场消隐宽度设置	00		
	78	AGCY	Y 分量自动增益控制	B0		
	79	AGCUV	U\V 分量自动增益控制	D0		
	80	YDF	亮度延迟设置	07		
	81	YDB	亮度增益设置	05		
	82	UVCOR	U、V 分量核化设置	03		
	83	CTI-G	CTI-G 增益设置	03		
	84	CTI-L	CTI-L 电平设定	01		
DATA SET 按“暂停”和“交换”键进入	85	DATA1	DATA1 设置	84		
	86	DATA2	DATA2 设置	06		
	87	DATA3	DATA3 设置	00		

注：行场扫描必须在 50Hz、60Hz、VGA 三种模式下分别进行调整。

表 6-13　厦华 XT 系列变频 100Hz 彩电伴音预置模式数据

项目	THEATER	NEWS	MUSIC	项目	THEATER	NEWS	MUSIC
高音	70	70	60	高音	1	0	0
低音	70	40	60	低音	1	0	0
平衡	50	50	50	平衡	1	1	1

表 6-14 厦华 XT 系列变频 100Hz 彩电图像预置模式数据

项目	HARD	SMART	STAND	TEXT	ACTIVE
彩色	60	50	50	50	50
亮度	65	50	60	70	80
对比度	90	60	75	20	75
色调	50	50	50	50	50
清晰度	1	0	1	0	1
降噪	0	0	0	0	0

第7章　TCL超级数码彩电总线调整

7.1　TCL S11/S12机心超级彩电总线调整

TCL S11/S12机心超级彩电，总线系统采用将微处理器和被控电路合二为一的超级电路TMPA8803CSN或TMPA8823CSN，TCL公司掩膜后先后命名为8803KRBNG4GK7、13-A8803GPNP、13-T00S12-03M00、13-A01V02-TOP、13-A8803C-PNP、13-T00S12-03M00、13-A01V14-TOP等，完成由微处理器与中频、视频、扫描信号处理任务。

适用机型：TCL N14K6、N21B1、N21K3、21228NG、NT21281C、NT21806、NT21A41、NT21A51C、NT21A52、NT21A61、NT21A71、NT21A71A、NT21A81、AT21S135、AT21S179、AT21S192、AT2127、AT2175、AT2175/S、AT21179G、AT21206、AT21207、AT21211、AT21211F、AT21228、AT21228F、AT21230、AT21230F、AT21231、AT21231F、AT21266B、AT21281、AT21281F、AT21288、AT21288F、AT21355G等超级单片彩电。

7.1.1　总线调整方法

【进入退出S、D模式】

用户遥控器调整：收视状态下，按面板上的“音量-”键将音量调到最小，在不松手的情况下，按三次遥控器上的“0”键，屏幕右上角显示“S”时，表明已进入S模式。

使用工厂专用遥控器：在电视机正常收视状态下，按工厂专用调试遥控器上的“D-MODE ON/OFF”键即进入D模式。此时屏幕右上角显示字符“D”，左上角显示总线调整项目与数据。

调整后，按“菜单”键退出工厂菜单，遥控关机即可退出S模式或D模式。

【项目选择与调整】

按“回看”键进入D-MODE，按“显示”键，使FACTORY项为“开”，屏幕上显示调整菜单，D模式与S模式的区别：前者的调整项目多于后者，包括了S模式的全部项目。电视机进入S模式或D模式后，直接按遥控器上的数字“1～9”键、“显示”键、“TV/AV”键选择进入调整菜单，按工厂遥控器上的“上/下”键选择调整项目，按“左/右”键调整所选项目的数据；按用户遥控器上的“频道+/-”键选择子菜单和调整项目，按“音量+/-”键调整所选项目数据。

在进行白平衡项目调整时，按数字“0”键使场扫描停止，屏幕上显示一条水平亮线；调整后再按“0”键场扫描恢复正常。

【酒店模式设置】

酒店模式启动后，使用用户遥控器进行设定：进入维修模式，按数字“电视/视频”键进入酒店功能，按遥控器上的“频道+/-”键设置调整项目，按遥控器上的“音量+/-”键改变设置项目数据。

7.1.2 调整项目与数据

TCL S12 机心超级彩电常规总线调整项目与 PAL/NTSC 制式典型数据和 AT2166B 机型的参考数据见表 7-1，TCL S11/S12 机心 TCL AT21231 超级彩电总线调整项目与数据见表 7-2，AT21S135 超级彩电总线调整项目与数据见表 7-3。

表 7-1 TCL S12 机心超级彩电常规总线调整项目与数据

菜 单	项目名称	调整功能	参考数据	
			PAL（NTSC）	AT2166B
按数字键 1 进入场特性调整菜单	VSLOPE（VLIS）	场线性调整	0A（0A）	0F
	VCENT（VP60）	场相位调整	04（00）	05
	VCEN（VCEN）	场中心调整	1A（1A）	21
	VSIZE（HITS）	场幅度调整	26（27）	26
	VSORR（VSS）	场 S 失真校正	0B（0A）	26
	DELAY	场外消亮脉冲形成时间调整	06	06
	OTHER	除 POP 设置	FF	—
	BANKLIGHT	触摸屏功能设置	关	—
	VTEST	场保护功能开关设置	关	关
	INIT	出厂初始化设置	START	—
按数字键 2 进入行特性调整菜单	HPOS（HIS）	行中心调整	0E（12）	0E
按数字键 3 进入白平衡调整菜单	RCUT	暗平衡红色调整	40	40
	GCUT	暗平衡绿色调整	40	40
	BCUT	暗平衡蓝色调整	40	40
	GDRV	亮平衡绿色调整	40	40
	BDRV	亮平衡蓝色调整	40	40
按数字键 4 进入副模拟量设置菜单	SBRT	副亮度调整	40	40
	CNTC	副对比度调整	40	40
	TNTC	N 制副色度调整	（40）	40
	COLP（COLP）	色饱和度影响	40（40）	40
	RAGC	高放 AGC 调整	28	28
按数字键 5 进入伴音设置菜单	BG	伴音 DK 制式设置	00	00
	I	伴音 I 制式设置	01	01
	DK	伴音 BG 制式设置	01	01
	M	伴音 M 制式设置	00	—
	DEFAULT	系统默认伴音制式	DK	DK
	VOL10	音量 10 设定	07	07
	VOL30	音量 30 设定	36	36
	VOL50	音量 50 设定	4B	4B
	LEVEL	AT 状态动态频谱起始值	18	1F

（续）

菜　　单	项目名称	调整功能	参考数据	
			PAL（NTSC）	AT2166B
按数字键 6 进入 OSD 调整菜单	OSDF	OSD 大小	67	67
	OSDH	OSD 行起始位置	5B	5B
	OSD BRT	OSD 亮度	02	02
	OPT3	选项数据 3	40	40
	CLTO	非 M 制式 TV 彩色控制	4B	0B
	CLTM	M 制式 TV 彩色控制	0C	0C
	CLVO	非 M 制式 YUV 彩色控制	0D	0C
	CLVD	M 制式 YUV 彩色控制	08	08
按数字键 7 进入功能选择菜单	POWER	ON/STB/LAST/FAC：ON 为上电即开机，STB 为开机始终处于待机状态，LAST 为记忆上次关机前的状态，FAC 为工厂老化模式。工厂老化模式必须满足以下条件：上电即开机；无信号不会自动关机；无信号时屏幕为雪花点	LAST	2AST
	LOGO	工厂标志显示开/关	关	开
	视频	1AV + 1SVHS/2AV + 1SVHS/2AV + 1SVHS + 1GAME	2AV + 1S	2AV + 1S
	DVD SOURCE	DVD 输入设置 开/关	开	开
	VIDEO MUTE	视频静噪选择 开/关	关	关
	BACKGROUND	字符背景亮度调整 BLACK/BLUE/OTHER	BLUE	BLUE
	KEY	面板键控设置 6KEY/7KEY	6KEY	6KEY
	CURTAIN	拉幕功能设置 开/关	开	开
	FS	高频头型号选择 ALPS/SHARP/TCL	ALPS	ALDS
	REAL TIME	REAL TIME 开/关	关	开
	超强接收	超强接收 开/关	关	关
按数字键 8 进入初始化设置 1 菜单	ST3	N3. 58 TV 锐度中心值设定	20	20
	SV3	N3. 58 AV 锐度中心值设定	20	20
	ST4	N4. 43 TV 锐度中心值设定	20	10
	SV4	N4. 43 AV 锐度中心值设定	20	—
	SVD	DVD 频道锐度中心值设定	19	19
	SHPX	清晰度最大设定	1A	1A
	SHPN	清晰度最小设定	1A	1A
	TNTX	饱和度最大设定	28	28
	TNTN	饱和度最小设定	28	28
按数字键 9 进入初始化设置 2 菜单	ABL	自动亮度控制	17	17
	SCNT	副对比度调整	0F	0F

（续）

菜　　单	项目名称	调整功能	参考数据	
			PAL（NTSC）	AT2166B
按数字键9进入初始化设置2菜单	BRTX	亮度最大设定	20	20
	BRTN	亮度最小设定	20	20
	CNTX	对比度最大设定	7F	3F
	CNTN	对比度最小设定	01	—
	COLX	色度最大设定	3F	—
	COLN	色度最小设定	00	00
	ASSH	不对称锐度调整	04	04
按“显示”键进入	CPU VER	显示CPU版本信息	V8-T00S12-03M00	—
	EEPROM VER	显示纠错版本信息	ON	—
	FACTORY ON/OFF	开：“工厂级”快捷键的操作有效；关：“工厂级”快捷键的操作无效	关	—
	酒店开关ON/OFF	开：酒店专用机；关：普通机型	关	MODE
按“电视/视频”键进入	开机LOGO（POWER LOGO）	ON：开机显示LOGO 6s；OFF：开机直接显示电视频道	TCL/ROWA/关	关
	频道锁定（CH LOCK）	ON：用户不能进入搜台菜单；OFF：用户可进行搜台操作	ON/OFF	开
	最大音量（MAXVOL）	限制用户可调节的最大音量	0～100	100
	自恢复（AUTO SET）	ON：冷开机时恢复到酒店设定的图像模式和开机音量，自恢复为开时可对以下“图像模式”和“开机音量”两项进行选择；OFF：对图像模式和开机音量不做限制（即保留上次关机前状态），自恢复关时以下“图像模式”和“开机音量”两项无法选中	ON/OFF	开
	图像模式（PIC）	“标准、明亮、柔和”的数据为程序固定，“个人设定”的数据为自恢复开前调整的数据	标准/明亮/柔和/个人设定	明亮
	开机音量（POWER VOU）	规定冷开机的音量	0—最大音量	1F
	开机信号（POWER SIGNAL）	（AV1、AV2、S-VIDIO、SVGA、……0～100）可选择冷开机时的信源，或是在TV下的频道号，频道号的选择用数字键输入（仅在酒店模式时有效）	输入的端子/台号	1
	面板键锁定（KEY LOCK）	ON：面板键操作无效；OFF：面板键操作有效	ON/OFF	管

表 7-2　TCL S11/S12 机心 TCL AT21231 超级彩电总线调整项目与数据

项目名称	调整功能	参考数据	项目名称	调整功能	参考数据
DMOPE	系统数据	00	GDS	GDS 调整	00
OPT	系统设置	43	BRTC	亮度中间值	3C
RCUT	红色截止调整	4F	COLC	N 制色度中间值	46
GCUT	绿色截止调整	74	TNTC	色调中间值	3F
BCUT	蓝色截止调整	6B	COLP	P 制色度中间值	02
GDRV	绿色激励调整	46	COLS	S 制色度中间值	40
CNTX	对比度最大值调整	65	SCNT	副对比度	0F
SCOL	副色度调整	04	CNTN	副对比度最小值	8
CNTC	对比度中间值调整	46	SHPN	清晰度最小值	1A
BRTX	副亮度最大值调整	20	TXCX	字符对比度最大值	1F
BRTN	副亮度最小值调整	20	RGCN	字符对比度最小值	00
COLX	副色度最大值调整	3F	ABL	自动亮度限制	27
COLN	副色度最小值调整	00	PCBS	PCBS 调整	13
TNTX	副色调最大值调整	28	CLTO	TV 模式伴音非 M 制数据	49
TNTN	副色调最小值调整	28	CLTM	TV 模式伴音 M 制数据	43
ST3	TV-3.58 清晰度调整	20	CLVO	YUV 模式伴音非 M 制数据	44
SV3	AV-3.58 清晰度调整	20	CLVD	YUV 模式伴音 M 制数据	49
ST4	TV-4.43 清晰度调整	20	DEF	偏转比较数据	01
SV4	AV-4.43 清晰度调整	20	DELAY	DELAY	02
SVD	DVD 清晰度调整	20	HPOS	50Hz 行中心	0C
ASSH	单边清晰度调整	04	VP50	50Hz 场中心	20
SHPX	清晰度最大值、最小值调整	1A	HIT	50Hz 场幅度调整	17
VP60	60Hz 场中心调整	00	HPS	50/60Hz 行中心	04
HITS	60Hz 场幅度调整	02	STAT	软件启动对比度上升时间	00
VLIN	50Hz 场线性调整	0A	REFP	基准信号位置	00
VSC	50Hz 场 S 失真校正	04	RSNS	RSENS	28
VLIS	60Hz 场线性调整	01	GSNS	GSENS	30
VSS	60Hz 场 S 失真校正	01	BSNS	BSENS	2D
SBY	SECAM B-Y	08	MOD	模式数据	00
SRY	SECAM R-Y	08	STBY	VCD/IF 待机	00
BRTS	副亮度调整	00	SVM	扫描速度调整	00
RAGC	高放 AGC 调整	20	VBLK	场消隐开/停	00
HAFC	AFC 调整	00	VCEN	场中心调整	16
V25	25% 音量设定	3A	HSIZ	行尺寸调整	20
V50	50% 音量设定	4C	PRBR	抛物波调控	20
V100	100% 音量设定	78	TRUM	梯形失真校正	20

（续）

项目名称	调整功能	参考数据	项目名称	调整功能	参考数据
MUTT	Y-MUTE SOFT START	00	ECCT	上部边角失真校正	10
EHT	高压调整	24	ECCB	下部边角失真校正	10
UCOM	Miciom Control	80	MODE0	模式数据 0	01
PYNX	行同步判断最大值	28	MODE1	模式数据 1	0A
PYNN	行同步判断最小值	18	OSDF	字符大小调整	67
PYXS	搜索状态行同步判断最大值	22	V10		LC
PYNS	搜索状态行同步判断最小值	1E	VSEN		16
RBS	红色调整	00	OSD	字符位置调整	5F
GBS	绿色调整	00	BDS		00
BBS	蓝色调整	00	NOIS		01
			R3：		00010001

表 7-3　TCLS11/S12 机心 AT21S135 超级彩电总线调整项目与数据

“快捷”键	项目名称	调整内容	参考数据
数字键 0	LANG	屏幕显示字符语言选择	中文
	LOGO	厂标显示选择	开：蓝屏有“TCL”显示
	视频	视频选择	1 视频
	伴音制式	伴音制式选择	DK/I
	高低电压控制	过电压保护设置	关/开（报警并关机）
	超强接收	超强接收设置	关
	SMODE	生产调试设置	关（用于生产调试）
	蓝背景	蓝背景设置	开
数字键 1	ROUT	R 色截止调整	80
	GOUT	G 色截止调整	8A
	BOUT	B 色截止调整	7B
	GDRV	G 色激励调整	36
	BDRV	B 色激励调整	32
数字键 2	RF AGC	射频 AGC 调整	LC
	BRTC	副亮度调整	35
	COLP	PAL 制色度中间值调整	F6
	COLS	SECAM 制色度中间调整值	45
	SRT	SECAM（R-Y）黑电平调整	08
	SBY	SECAM（B-Y）黑电平调整	08
	TNTC	副色调中间值调整	36
	CNTC	对比度中间值调整	49
	CNTX	对比度最大值调整	65

（续）

“快捷”键	项目名称	调整内容	参考数据
数字键 3	HPOS	50Hz 行中心调整	10
	HIT	场幅度调整	03
	VLIN	50Hz 场线性调整	0A
	VSC	消亮点效果调整	05
	DELAY	遥控关机消亮点效果	01
	DMODE	DMODE 设置项目	00
数字键 4	低电压设定	电压过低保护设置	130（03）
	高电压设定	电压过高保护设置	260（03）
	低电压	电压过低保护设置	130（17）
	高电压	电压过高保护设置	260（D6）
	当前高压	当前电压设置	204（71）
数字键 5	SELF	自检	CHECK
	POWER	电源模式设置	000
	BUS LINE	总线检测	OK
	BUS CONT	总线控制	OK

7.2　TCL S13/S13A 机心超级彩电总线调整

TCL S13/S13A 机心超级彩电，总线系统采用将微处理器和被控电路合二为一的东芝超级电路，S13 机心采用 TPMA8809，S13A 机心采用 TMPA8873CSN，完成由微处理器与中频、视频、扫描信号处理任务。

S13 机心适用机型：TCL NT21A71A、NT21A71B 等超级单片彩电。

S13A 机心适用机型：TCL N14K6B、1475S、N21K2B、N21G6B、21A2B、N21B6JB、21G6B、21V8B、21V1B 等超级单片彩电。

7.2.1　总线调整方法

【进入退出维修模式】

连续按遥控器上的“显示”、“静音”键 3 次，即可进入维修模式。

调整完毕，按“菜单”键，即可退出维修模式。

【项目选择与调整】

进入维修模式后，按“回看”键进入 D-MODE，按“显示”键，使 FACTORY 项为“开”，屏幕上显示调整菜单，按遥控器上的数字“1～9”键和导航、显示、图像、AV/TV 键选择相应的调整菜单，按遥控器上的“频道 +/－”键选择调整项目，按遥控器上的“音量 +/－”键改变被选项目数据。

【酒店模式设置】

酒店模式启动后，使用用户遥控器进行设定：进入维修模式，按数字“电视/视频”键进入酒店功能，按遥控器上的“频道+/-”键设置调整项目，按遥控器上的“音量+/-”键改变设置项目数据。

7.2.2 调整项目与数据

TCL S13 机心超级彩电总线系统调整项目和数据见表 7-4，S13A 机心超级彩电可参照调整。

表 7-4 TCL S13 机心超级彩电总线系统调整项目和数据

菜 单	项目名称	调整功能	参考数据 PAL（NTSC）
按数字键 1 进入场特性调整菜单	VPHASE	场相位调整	00（00）
	VSIZE	场幅度调整	26（3A）
	VLIN	场线性调整	12（13）
	VS	场 S 失真校正	17（18）
	VSTOP	场消隐停止相位调整	01（02）
	VSTART	场消隐开始相位调整	01（02）
	VCENT	场中心调整	0F（10）
按数字键 2 进入行特性调整菜单	HCENT	行中心调整	12（14）
	DEIAY	场外消亮脉冲形成时间调整	06
	AUTO OFFSET	N 制几何数据自动调整	OFF
按数字键 3 进入白平衡调整菜单	RCUT	暗平衡红色调整	40
	GCUT	暗平衡绿色调整	40
	BCUT	暗平衡蓝色调整	40
	GDRV	亮平衡绿色调整	40
	BDRV	亮平衡蓝色调整	40
按数字键 4 进入亮度、对比度曲线设置页	BRI0	菜单亮度为 0 对应的亮度设定	00
	BRI30	菜单亮度为 30 对应的亮度设定	1A
	BRI50	菜单亮度为 50 对应的亮度设定	32
	BRI80	菜单亮度为 80 对应的亮度设定	50
	BRI100	菜单亮度为 100 对应的亮度设定	62
	CONT0	菜单对比度为 0 对应的对比度设定	01
	CONT30	菜单对比度为 30 对应的对比度设定	20
	CONT50	菜单对比度为 50 对应的对比度设定	48
	CONT80	菜单对比度为 80 对应的对比度设定	70
	CONT100	菜单对比度为 100 对应的对比度设定	75
按数字键 5 进入彩色、清晰度曲线设置页	COLOR0	菜单彩色为 0 对应的彩色设定	10
	COLOR30	菜单彩色为 30 对应的彩色设定	2E
	COLOR50	菜单彩色为 50 对应的彩色设定	35
	COLOR80	菜单彩色为 80 对应的彩色设定	55

（续）

菜　　单	项目名称	调整功能	参考数据 PAL（NTSC）
按数字键 5 进入彩色、清晰度曲线设置页	COLOR100	菜单彩色为 100 对应的彩色设定	75
	SHARP0	菜单清晰度为 0 对应的清晰度设定	0
	SHARP50	菜单清晰度为 50 对应的清晰度设定	20
	SHARP100	菜单清晰度为 100 对应的清晰度设定	3F
	TINT－50	菜单色调为－50 对应的色调设定	00
	TINT0	菜单色调为 0 对应的色调设定	3C
	TINT50	菜单色调为 50 对应的色调设定	75
按数字键 6 进入 OSD 位置调整菜单	OSD CLOCK	OSD 振荡频率影响 OSD 大小	78
	OSDH	OSD 行起始位置	16
	OSDV	OSD 场起始位置	16
	OSD CONTRAST	OSD 亮度调整	01
	BLUEBACK	蓝背景开关；01 为开；00 为关	01
	LIGHT	触摸屏设定；01 为有触摸屏；00 为无	01
	SIGNA SYMIN	图像保持同步频率下限设定	12
	SIGNA SYMAX	图像保持同步频率上限设定	2D
	SEARCH SY MIN	搜台锁定的频率下限设定	13
	SEARCH SY MAX	搜台锁定的频率上限设定	2C
按数字键 7 进入伴音设定页	VOL01	1% 音量设定	02
	VOL25	25% 音量设定	36
	VOL50	50% 音量设定	4B
	VOL100	100% 音量设定	75
	ALC	自动音量控制伴音输出的 VPP 限制值	01
	ATLEVEL	AT 状态动态频谱起始值	0F
	M	系统 BG 制式设置，01 有，00 无	00
	BG	系统 BG 制式设置，01 有，00 无	00
	I	系统 I 制式设置，01 有，00 无	01
	DK	系统 DK 制式设置，01 有，00 无	01
按数字键 8 进入寄存器设置页	ASSH	Y 信号过冲设定	07
	ABL、ACL	ABL、ACL 设定，D0、D1 为 ACL ST，D3 为 OSD ABL，D4、D5 为 ABLGAIN，D6、D7 为 ABL POINT	58
	UVBLACK	色差分量的黑电平调整，调整 DVD 偏色	89
	BSTRETCH	黑电平延伸调整	04
	YDL	Y 延迟调整	04
	NOISE DET	弱信号判定门限设定	0F

（续）

菜　　单	项目名称	调整功能	参考数据 PAL（NTSC）
按数字键 8 进入寄存器设置页	AFCG	AFC GAIN 设定，D0、D1 为 TV 状态下，D2、D3 为 AV 状态下	05
	RFAGC	AGC 设定	20
	TB1254MOD	D0：UV SW；D1：SY SKEW；D2：OVER MOD；D3：FM RADIO	02
按数字键 9 进入伴音陷波器设定	ST DK	DK 制式滤波器开关	01
	ST BG	BG 制式滤波器开关	01
	ST I	I 制式滤波器开关	01
	ST M	M 制式滤波器开关	01
	SS DK	D 滤波器参数调整	88
	SS BG	BG 滤波器参数调整	88
	SS I	I 滤波器参数调整	88
	SS M	M 滤波器参数调整	88
按“导航”键进入功能选择页面	STANDBY	开机状态设定	LAST
	CH CHANGE MUTE	换台是否黑屏设定	OFF
	LANGUAGE	菜单语言选择	CHINESE
	LOGOMODE	LOGO 选择	ON
	TUNER	高频头选择	ALPS
	PROTECT	场保护，过电流保护开关	YES
	WEAKSIGNAL	超强接收开关	OFF
	ALCSW	自动音量开关	ON
	AFCFIX	AFC GAIN 是否固定开关	OFF
	RESET	复位开关	
按“显示”键进入版本显示页面	CPUVER	显示 CPU 版本信息	V8-T0S131-01M01
	DATE	日期	2005.07.22
	EEPROM VER	显示纠错版本信息	ON
	FACTORY SW	ON：“工厂级”快捷键的操作有效；OFF：“工厂级”快捷键的操作无效	OFF
	HOTEL SW	ON：酒店专用机；OFF：普通机型	OFF
	INT OFFSET	INT 功能设置	OFF
按“图像状态”键进入	拉幕开机中心	设定拉幕开机的中心位置	5E
按数字“电视/视频”键进入酒店功能	LOGO（POWER LOGO）	ON：开机显示 LOGO 6s；OFF：开机直接显示电视频道	开机 TCL/ROWA/关

（续）

菜　　单	项目名称	调整功能	参考数据 PAL（NTSC）
按数字“电视/视频”键进入酒店功能	频道锁定（CHLOCK）	ON：用户不能进入搜台菜单；OFF：用户可进行搜台操作	ON/OFF
	最大音量（MAX VOL）	限制用户可调节的最大音量	0～100
	自恢复（AUTO SET）	ON：冷开机时恢复到酒店设定的图像模式和开机音量，自恢复为开时可对以下“图像模式”和“开机音量”两项进行选择；OFF：对图像模式和开机音量不做限制（即保留上次关机前状态），自恢复为关时以下“图像模式”和“开机音量”两项无法选中	ON/OFF
	图像模式（PIC）	“标准、明亮、柔和”的数据为程序固定，“个人设定”的数据为自恢复开前调整的数据	标准/明亮/柔和/个人设定
	开机音量（POWER VOL）	规定冷开机的音量，只能定在 0 与最大音量之间	0～最大音量
	开机信号（POWER SIGNAL）	（AV1、AV2、S-VIDIO、SVGA、……0～100）可选择冷开机时信源，或是在 TV 下的频道号，频道号的选择用数字键输入（仅在酒店模式时有效）	输入的端子/台号
	面板键锁定（KEYLOCK）	ON：面板键操作无效；OFF：面板键操作有效	ON/OFF

7.3　TCL S21 机心超级彩电总线调整

TCL S21 机心超级彩电，总线系统采用将微处理器和被控电路合二为一的 TMPA8809CNP、TMPA8829CNP 东芝超级电路，TCL 公司掩膜后命名为 13-A01V10-TOP，完成由微处理器与中频、视频、扫描信号处理任务。

适用机型：TCL AT25211、AT2575S、AT25106、AT25266B、AT25211B、AT25230、AT25228、AT25207、AT25281、AT25281S、AT25288、AT25S135、AT25S168、AT25192、AT25S192、AT29S168B、AT29S168、AT29168、AT2918AE、AT29228、AT29211、AT29211SD、AT29228、AT29281、AT29266B、AT2960、AT29288、AT34106、AT34266B、AT3488、AT3488S、AT34106S、25V1、29A1、29A1P、34A1P、29V1、34V1 等超级单片彩电。

7.3.1　总线调整方法

【进入退出工厂模式】

按电视机控制面板上的“音量减”键，将音量减小到 00，不松手，同时快速按遥控器上的数字键“0”三下，直到屏幕上显示“D”字符，表示已进入工厂调试“D”模式。

该系列彩电具有酒店模式设定功能，进入调整模式后，将总线调整菜单中的“HOTEL OFF、ON”项，设定为“ON”，启动“酒店”模式。

调整后，按遥控器上的“待机”控制键遥控关机，即可退出工厂模式。

【项目选择与调整】

进入工厂调试D模式后，按“0、1、2、3、4、5、6、7、8、9”键选择调整菜单，按遥控器上的“频道+/-”键选择调整项目，按遥控器上的“音量+/-”键改变被选项目数据。

【酒店模式设置】

酒店模式启动后，使用用户遥控器进行设定：按住电视机控制面板上的“音量-”键，使音量为“0”，同时按遥控器上的“显示”键一次，即可进入“酒店”模式。

7.3.2 调整项目与数据

TCL S21机心超级彩电总线系统调整项目、典型数据和AT2575S机型参考数据见表7-5。

表7-5 TCL S21机心超级彩电总线系统调整项目和数据

菜单	项目名称	调整功能	参考数据	
			典型数据	AT2575S
按数字键1进入菜单1	RFAGC	高放AGC调整	20	1C
	BRTC	副亮度调整	3B	36
	SCOL	副彩色调整	04	04
	COLP	PAL制色度中间值调整	40	48
	TNTC	NTSC制色调中间值调整	34	3B
	CNTC	对比度中间值调整	47	60
	SCNT	副对比度调整	0F	0F
	CNTN	副色调调整	07	07
	CNTX	副对比度最大值调整	7F	6F
	LEVEL	电平检测调整	10	46
按数字键2进入菜单2	VCEN	场中心调整	12	1D
	VP50	50Hz场中心调整	03	06
	HIT	场幅度调整	1F	18
	VLIN	50Hz场线性调整	03	01
	VSC	场S失真校正	05	05
	OSD	字符中心调整	2B	15
	DLAY	延迟调整	00	00
	BLUE	蓝背景控制设置	开	开
	ENG	厂标开关设置	关/开	关
	FACT	工厂状态设置	关/开	关
按数字键3进入菜单3	HPOS	50Hz行中心调整	0E	12
	DPC	枕形失真校正	1B	10

（续）

菜　　单	项目名称	调整功能	参考数据	
			典型数据	AT2575S
按数字键 3 进入菜单 3	KEY	梯形失真校正	28	22
	VID	宽度调整	1E	21
	ECCT	顶部几何失真校正	06	0D
	ECCB	底部几何失真校正	0A	06
	VEHT	场幅补偿调整	06	0B
	HEHT	行幅补偿调整	02	02
按数字键 4 进入菜单 4	ST3	N3. 58 TV 锐度中心值设定	20	20
	SV3	N3. 58 AV 锐度中心值设定	20	20
	ST4	N4. 43 TV 锐度中心值设定	2B	20
	SV4	N4. 43 AV 锐度中心值设定	20	20
	SVD	DVD 频道锐度中心值设定	20	20
按数字键 5 进入菜单 5	OPT	功能设置	20	20
	MODEO	模式设置	42	42
	OSDF	字符显示设置	67	67
按数字键 6 进入菜单 6	COMB	梳状集成电路设置	关	关
	M 制	系统 M 制式设置	关	关
	PIN3	PIN3 设置	关	丽彩
	LOGO	厂标显示选择	开	开
	视频	视频输入设置	2 视频-DVD	2 视频
	S 视频	S 端子输入设置	关	开
	重低音	重低音功能设置	关	强
	KEY	面板矩阵电路设置	6KEY	7
	CURTAIN	拉幕功能设置	开	—
	SOUND IC	音频处理 IC 选择	TA1343	—
按数字键 7 进入菜单 7	SVM	速度调制设置	05	05
	SVM1	速度调制设置 1	05	05
	SVM2	速度调制设置 2	05	05
	SVM3	速度调制设置 3	05	05
	PYNX	行同步判断最大值	28	28
	PYNN	行同步判断最小值	18	18
	PYXS	搜索状态行同步判断最大值	22	22
	PYNS	搜索状态行同步判断最小值	1E	1E
按数字键 8 进入菜单 8	WCTL	低音控制状态数据调整	01	01
	BASC	低音中间值设定	40	40
	TREC	高音中间值设定	40	40

（续）

菜 单	项目名称	调整功能	参考数据	
			典型数据	AT2575S
按数字键 8 进入菜单 8	BACT	低音调整	40	40
	TRCT	高音调整	20	20
	BALC	左右声道平衡中间值设定	40	40
	V01	1% 音量设置	13	13
	V10	10% 音量设置	1E	1E
	V50	50% 音量调整设置	4F	4F
按数字键 9 进入菜单 9	DCBS	亮度及黑电平延伸等控制	03	13
	CLTO	非 M 制式 TV 彩色控制	0B	4B
	CLTM	M 制式 TV 彩色控制	0C	4C
	CLVO	非 M 制式 YUV 彩色控制	0D	4D
	CLVD	M 制式 YUV 彩色控制	08	48
	ASSH	非对称性锐度调整	04	04
	ABL	自动亮度控制	37	37
	BRTX	亮度最大值设定	20	20
按数字键 10 进入菜单 10	RCUT	暗平衡红色调整	60	60
	GCUT	暗平衡绿色调整	60	68
	BCUT	暗平衡蓝色调整	60	65
	GDRV	亮平衡绿色调整	40	38
	BDRV	亮平衡蓝色调整	40	39

7.4 TCL S22 机心超级彩电总线调整

TCL S22 机心超级彩电，总线系统采用将微处理器和被控电路合二为一的东芝超级电路 TMPA8829CPN21N1、TMPA8857、TMPA8859CSNG，TCL 公司掩膜后命名为 13-PA8857-PSP、13-T00S22-04M00、13-A01V15-T0P，完成由微处理器与中频、视频、扫描信号处理任务。

适用机型：TCL T25A61、25B2、25V1、2981、2982、29V8、AT25228、AT25211、AT25266B、AT25288、NT25281C、NT25A51C、NT25A52、NT25A41、NT25A61、NT25A71、NT25A81、NT25B06、NT25B5L、NT25B5L、AT29266B、AT29228、NT29228、AT29281、N25K1、N25K2、N25K3、N25B2、N25B6J、N25G6、N2982、NT29A51、NT29A51C、AT34266B、S29B2、S29K1、S29G6L、S34A1、34V1、29V1、29G6 等超级单片彩电。

7.4.1 总线调整方法

【进入退出工厂模式】

采用用户遥控器进行调整，首先按彩色电视机面板按键“音量 -”键，将音量减小到 0，并且保持按住“音量 -”键不放，然后再按遥控器上数字“0”键连续 3 次，即可进入工厂模式。

进入工厂模式后，按“显示”键，设置“FACTORY”项为“开”。以后就可以用遥控器上的“回看”键直接进入工厂菜单了。

调整完毕，按“显示”键，设置“FACTORY”项为“关”，直接关机即可退出工厂调试模式。用遥控器上的“回看”键直接进入工厂菜单的，再按“回看”键可以直接退出工厂模式。

【项目选择与调整】

进入工厂调试模式后，直接按遥控器上的数字键选择相应的工厂菜单，进入菜单后，按遥控器上的“音量 +/-”和“频道 +/-”键对每个项目进行调整。

【酒店模式设置】

在工厂模式下按“显示”键，设置“酒店开关”项为“ON”，再按“TV/AV/”键，即可进入酒店菜单。在“酒店开关”为“开”的前提下，先按“显示”键，然后在紧接着的 2s 内按初始密码“6、1、5、7”，即可进入酒店菜单的设置与调整。

7.4.2　调整项目与数据

TCL S22 机心超级彩电总线调整项目、典型数据和 AT28281 超级彩电的参考数据见表 7-6，酒店菜单的设置项目与数据见表 7-7。

表 7-6　TCL S22 机心超级单片彩电总线调整项目与数据

按键与菜单	项目名称	调整功能	参考数据	
			典型数据 PAL（NTSC）	AT29281
按“1”键进入	VCEN（VSES）	场中心调整	1E（1F）	20
	VP50（VP60）	50Hz 场中心调整	02（03）	01
	HIT（HITS）	场幅度调整	19（18）	1B
	VLIN（VLIS）	50Hz 场线性调整	09（09）	09
	VSC（VSS）	场 S 失真校正	09（09）	09
	VEHT（VEHS）	场幅补偿调整	06（06）	06
	VTEST	场保护功能开关设置	开	开
按“2”键进入	HPOS（HPS）	50Hz 行中心调整	10（13）	10
	DPC（DPCS）	枕形失真校正	15（12）	12
	KEY（KEYS）	梯形失真校正	26（22）	20
	WID（WIDS）	行幅度调整	26（27）	16
	ECCT（ECTS）	顶部几何失真	10（17）	11
	ECCB（ECBS）	底部几何失真	0A（0F）	0D
	HEHT（HEHS）	行幅补偿调整	03（03）	05
按“3”键进入	RCUT	暗平衡红色调整	60	60
	GCUT	暗平衡绿色调整	60	64
	BCUT	暗平衡蓝色调整	60	4D

（续）

按键与菜单	项目名称	调整功能	参考数据	
			典型数据 PAL（NTSC）	AT29281
按“3”键进入	GDRV	亮平衡绿色调整	40	3F
	BDRV	亮平衡蓝色调整	40	4A
按“4”键进入	ABL	自动亮度控制	3F	3F
	BRTC	亮度中间值	35	36
	SCOL	副色度调整	04	04
	COLP（COLC/COLPD/COLND）	N制色度中间值	30（2F/60/60）	3B
	TNTC	色调中间值	3D	45
	CNTC	副对比度调整	50	16
	LEVEL	动态频谱起始值	10	15
按“5”键进入	BG	系统BG制式设置	00	00
	I	系统I制式设置	01	01
	DK	系统DK制式设置	01	00
	M	系统M制式设置	00	00
	DEFAULT	系统默认伴音制式	DK	DK
	V01	10%音量设定	0A	0A
	V25	30%音量设定	52	52
	V50	50%音量设定	64	64
按“6”键进入	RFAGC	射频AGC延迟调整	20	1B
	OSD	字符设置	13	1C
	OSDF	字符宽度设置	67	67
	OPT	功能设置数据	20	20
	DCBS	亮度及黑电平延伸等控制	13	13
	MODEO	模式设置	42	42
	ASSH	不对称锐度调整	04	20
	ST3	N3.58 TV锐度中心值设定	20	20
	SV3	N3.58 AV锐度中心值设定	20	20
	ST4	N4.43 TV锐度中心值设定	20	20
按“7”键进入	SV4	N4.43 AV锐度中心值设定	20	20
	SVD	DVD频道锐度中心值设定	19	19
	SVM	速度调制设置	05	05
	SVM1	速度调制设置1	05	05
	SVM2	速度调制设置2	05	05

（续）

按键与菜单	项目名称	调整功能	参考数据	
			典型数据 PAL（NTSC）	AT29281
按“7”键进入	SVM3	速度调制设置 3	05	05
	PYNX	行同步判断最大值	28	28
	PYNN	行同步判断最小值	18	18
	PYXS	搜索状态行同步判断最大值	22	22
	PYNS	搜索状态行同步判断最小值	10	1E
按“8”键进入	FS	高频头型号选择	ALPS	TCL
	SCNT	副对比度调整	08	08
	CNTN	副色调调整	05	05
	CNTX	副对比度最大值调整	7F	65
	BRTX	亮度最大设定	20	20
	CLTO	非 M 制式 TV 彩色控制	0B	0B
	CLTM	M 制式 TV 彩色控制	0C	0C
	CLVO	非 M 制式 YUV 彩色控制	0D	0D
	CLVD	M 制式 YUV 彩色控制	08	08
按“9”键进入	POWER	开机状态设置	LAST	LAST
	LOGO	工厂标志显示开/关	开	开
	视频	视频输入设置	2 视频-DVD	2-视频-DVD
	KEY	面板键控设置	6KEY	6KEY
	CURTAIN	拉幕功能设置 开/关	开	开
	BLUE	蓝背景控制设置	开	开
	V MUTE	视频静噪设置	关	关
	REAL TIME	REAL TIME 开/关	开	开
	超强接收	超强接收设置	关	关
	INITIAL	出厂初始化设置	START	START

表 7-7　TCL S22 机心超级单片彩电酒店菜单的设置项目与数据

项目名称	参考数据	调整内容
开机 LOCO（POWER LOGO）	ON/OFF	ON：开机显示 LOGO6s（电视画面正常显示）
		OFF：开机直接显示电视频道
频道锁定（CH LOCK）	ON/OFF	ON：用户不能进入搜台菜单（搜台菜单不能选中）
		OFF：用户可进行搜台操作
最大音量（MAX VOL）	0～100	限制用户可调节的最大音量
自恢复（AUTO SET）	ON/OFF	ON：冷开机时恢复到酒店设定的图像模式和开机音量，自恢复为开时可对以下两项进行选择
		OFF：对图像模式和开机音量不做限制（即保留上次关机前状态，自恢复为关时以下两项无法选中

（续）

项目名称	参考数据	调整内容
图像模式（PIC）	标准/明亮/柔和/个人设定	“标准、明亮、柔和”的数据为程序固定，“个人设定”的数据为自恢复开前调整的数据
开机音量（POWER VOL）	0～最大音量	规定冷开机的音量，只能定在0与最大音量之间
开机信号（POWER SIGNAL）	输入的端子/台号	（AV1、AV2、S-VIDIO、SVGA、……0～100）可选择冷开机时的信源，或是在TV下的频道号，频道号的选择用数字键输入（仅在酒店模式时有效）
面板键锁定（KEY LOCK）	ON/OFF	ON：面板键操作无效
		OFF：面板键操作有效

7.5 TCL S23机心超级彩电总线调整

TCL S23机心超级彩电，总线系统采用将微处理器和被控电路合二为一的TPMA8809或TMPA8879CSBNG东芝超级电路，完成由微处理器与中频、视频、扫描信号处理任务。

适用机型：TCL N25G6B、AT25228、N25B6JB、N25G6B、NT25C06、25G6B、NT25A71A、25A2B、25V1B、25V8B、AT25211、29G6B、29A2B、29V1B、AT29211、29V8B、AT29281、34A3A等超级单片彩电。

7.5.1 总线调整方法

【进入退出工厂模式】

方法一：连续按遥控器上的“显示”键、“静音”键3次，即可进入工厂调整D-MODE模式。

方法二：按遥控器上的“回看”键，直接进入工厂调整D-MODE模式。

调整完毕，方法一按“菜单”键退出工厂调整D-MODE模式；方法二按“回看”键退出工厂调整D-MODE模式。

【项目选择与调整】

进入工厂调整D-MODE模式后，方法一按“显示”键选择并设置“FACTORY SW”项为“ON”，以后就可以用“回看”键直接进入或退出菜单了。调整完毕或出厂前，需将“FACTORY SW”项设置为“OFF”，直接关机即可。

按数字“1～9”键、“导航”键、“TV/AV”键，可选择进入相应的调整菜单。按遥控器上的“频道+/-”键选择调整项目，按遥控器上的“音量+/-”键改变被选项目数据。在白平衡调整状态，按“0”键屏幕变为一条水平亮线。

【酒店模式设置】

酒店模式启动后，使用用户遥控器进行设定：进入维修模式，按数字“电视/视频”键进入酒店功能，按遥控器上的“频道+/-”键设置调整项目，按遥控器上的“音量+/-”键改变设置项目数据。

7.5.2　调整项目与数据

TCL S23 机心超级彩电总线系统调整项目和数据见表 7-8。

表 7-8　TCL S23 机心超级彩电总线系统调整项目和数据

菜　　单	项目名称	调整功能	参考数据 PAL（NTSC）
按数字键 1 进入场特性调整菜单	VPHASE	场相位调整	00（00）
	VSIZE	场幅度调整	17（3B）
	VLIN	场线性调整	1A（16）
	VS	场 S 失真校正	18（1C）
	VSTOP	场消隐停止相位调整	00（00）
	VSTART	场消隐开始相位调整	00（00）
	VCENT	场中心调整	30（33）
	VEHT	场 EHT 补偿调整	06（06）
	DELAY	消亮延迟时间调整	06
按数字键 2 进入行特性调整菜单	HCENT	行中心调整	0B（11）
	HBOW	行弓形失真校正	04（04）
	HSIZE	行幅度调整	18（1A）
	HEHT	行 EHT 补偿调整	03（03）
	HPARP	平行四边形失真校正	02（03）
	EWPARA	行枕形失真校正	4A（57）
	EWTRAP	梯形失真校正	33（32）
	EWTOP	上角失真校正	0B（0B）
	EWBTM	下角失真校正	0E（0A）
	AUTO OFFSET	N 制几何数据自动调整	OFF
按数字键 3 进入白平衡调整菜单	RCUT	暗平衡红色调整	60
	GCUT	暗平衡绿色调整	60
	BCUT	暗平衡蓝色调整	60
	GDRV	亮平衡绿色调整	40
	BDRV	亮平衡蓝色调整	40
按数字键 4 进入亮度、对比度曲线设置页	BRI0	菜单亮度为 0 对应的亮度设定	00
	BRI30	菜单亮度为 30 对应的亮度设定	22
	BRI50	菜单亮度为 50 对应的亮度设定	35
	BRI80	菜单亮度为 80 对应的亮度设定	51
	BRI100	菜单亮度为 100 对应的亮度设定	64
	CONT0	菜单对比度为 0 对应的对比度设定	00
	CONT30	菜单对比度为 30 对应的对比度设定	1C
	CONT50	菜单对比度为 50 对应的对比度设定	2B

（续）

菜　　单	项目名称	调整功能	参考数据 PAL（NTSC）
按数字键4进入亮度、对比度曲线设置页	CONT80	菜单对比度为80对应的对比度设定	32
	CONT100	菜单对比度为100对应的对比度设定	3B
按数字键5进入彩色、清晰度曲线设置页	COLOR0	菜单彩色为0对应的彩色设定	0F
	COLOR30	菜单彩色为30对应的彩色设定	24
	COLOR50	菜单彩色为50对应的彩色设定	3C
	COLOR80	菜单彩色为80对应的彩色设定	55
	COLOR100	菜单彩色为100对应的彩色设定	7F
	SHARP0	菜单清晰度为0对应的清晰度设定	00
	SHARP50	菜单清晰度为50对应的清晰度设定	1C
	SHARP100	菜单清晰度为100对应的清晰度设定	28
	TINT-50	菜单色调为-50对应的色调设定	00
	TINT0	菜单色调为0对应的色调设定	3D
	TINT50	菜单色调为50对应的色调设定	75
按数字键6进入OSD位置调整菜单	OSD CLOCK	OSD振荡频率影响OSD大小	78
	OSDH	OSD行起始位置	16
	OSDV	OSD场起始位置	16
	OSD CONTRAST	OSD亮度调整	01
	BLUEBACK	蓝背景开关：01为开；00为关	01
	LIGHT	触摸屏设定：01为有触摸屏；00为无	01
	SYBBN	SYBBN设置	00
	SYBBF	SYBBF设置	00
	SYSR	SYSR设置	00
	CURTAIN	开机拉幕功能设置	01
按数字键7进入伴音设定页	VOL20	20%音量设定	27
	VOL40	40%音量设定	45
	VOL60	60%音量设定	51
	VOL100	100%音量设定	7F
	ALC	自动音量控制伴音输出的VPP限制值	01
	ATLEVEL	AT状态动态频谱起始值	03
	M	系统BG制式设置：01有；00无	00
	BG	系统BG制式设置：01有；00无	00
	1	系统I制式设置：01有；00无	01
	DK	系统DK制式设置：01有；00无	01

（续）

菜　　单	项目名称	调整功能	参考数据 PAL（NTSC）
按数字键 8 进入寄存器设置页	ASSH	Y 信号过冲设定	00
	ABCL	ABL、ACL 设定，D0、D1 为 ACL ST，D3 为 OSD ABL，D4、D5 为 ABL GAIN，D6、D7 为 ABL POINT	58
	UVBLACK	色差分量的黑电平调整，调整 DVD 偏色	89
	BSTRETCH	黑电平延伸调整	04
	YDL	Y 延迟调整	04
	NOISE DET	弱信号判定门限设定	0F
	AFCG	AFC GAIN 设定，D0、D1 为 TV 状态下，D2、D3 为 AV 状态下	05
	RFAGC	AGC 设定	18
	TB1254MOD	D0：UV SW；D1：SY SKEW；D2：OVER MOD；D3：N NUZZ；D4：SY-LEVER	02
按数字键 9 进入伴音陷波器设定	ST DK	DK 制式滤波器开关	01
	ST BG	BG 制式滤波器开关	01
	ST I	I 制式滤波器开关	01
	ST M	M 制式滤波器开关	01
	SS DK	D 滤波器参数调整	88
	SS BG	BG 滤波器参数调整	88
	SS I	I 滤波器参数调整	88
	SS M	M 滤波器参数调整	88
按“导航”键进入功能选择页面	STANDBY	开机状态设定	LAST
	CH CHANGE	换台是否黑屏设定	OFF
	LANGUAGE	菜单语言选择	CHINESE
	LOGOMODE	LOGO 选择	ON
	TUNER	高频头选择	ALPS
	PROTECT	场保护，过电流保护开关	YES
	WEAKSIGNAL	超强接收开关	OFF
	ALCSW	自动音量开关	ON
	AFCFIX	AFC GAIN 是否固定开关	OFF
	RESET	复位开关，执行电话本，导航清零	
按“显示”键进入版本显示页面	CPUVER	显示 CPU 版本信息	V8-T00S23-01M01
	DATE	日期	2005. 12. 15
	EEPROM VER	显示纠错版本信息	ON

（续）

<table>
<tr><th>菜　　单</th><th>项目名称</th><th>调整功能</th><th>参考数据
PAL（NTSC）</th></tr>
<tr><td rowspan="3">按“显示”键进入版本显示页面</td><td>FACTORY SW</td><td>ON：“工厂级”快捷键的操作有效；
OFF：“工厂级”快捷键的操作无效</td><td>OFF</td></tr>
<tr><td>HOTEL SW</td><td>ON：酒店专用机；OFF：普通机型</td><td>OFF</td></tr>
<tr><td>INT OFFSET</td><td>INT 功能设置</td><td>OFF</td></tr>
<tr><td>按“图像状态”键进入</td><td>拉幕开机中心</td><td>设定拉幕开机的中心位置</td><td>EA</td></tr>
<tr><td rowspan="8">按数字“电视/视频”键进入酒店功能</td><td>开机 LOGO（POWER LOGO）</td><td>ON：开机显示 LOGO 6s；
OFF：开机直接显示电视频道</td><td>开/关</td></tr>
<tr><td>频道锁定（CHLOCK）</td><td>ON：用户不能进入搜台菜单；OFF：用户可进行搜台操作</td><td>ON/OFF</td></tr>
<tr><td>最大音量（MAX VOL）</td><td>限制用户可调节的最大音量</td><td>0～100</td></tr>
<tr><td>自恢复（AUTO SET）</td><td>ON：冷开机时恢复到酒店设定的图像模式和开机音量；OFF：对图像模式和开机音量不做限制（即保留上次关机前状态）</td><td>ON/OFF</td></tr>
<tr><td>图像模式（PIC）</td><td>“标准、明亮、柔和”的数据为程序固定，“个人设定”的数据为自恢复开前调整的数据</td><td>标准/明亮/柔和/个人设定</td></tr>
<tr><td>开机音量（POWER VOL）</td><td>规定冷开机的音量，在 0 与最大音量之间调整</td><td>0～最大音量</td></tr>
<tr><td>开机信号（POWER SIGNAL）</td><td>（AV1、AV2、S-VIDIO、SVGA、……0～100）可选择冷开机时信源，或是在 TV 下的频道号，频道号的选择用数字键输入（仅在酒店模式时有效）</td><td>输入的端子/台号</td></tr>
<tr><td>面板键锁定（KEYLOCK）</td><td>ON：面板键操作无效；OFF：面板键操作有效</td><td>ON/OFF</td></tr>
</table>

7.6 TCL T08 机心超级彩电总线调整

TCL T08 机心超级彩电，总线系统采用将微处理器和被控电路合二为一的东芝超级电路，其中 21in 彩电采用 TMP8873CSN，25in 彩电采用 TMPA8891CSN，完成由微处理器与中频、视频、扫描信号处理任务。

适用机型：TCL 21E7、N21E7、25E7、N25E7 等超级单片彩电。

7.6.1 总线调整方法

【进入退出工厂模式】

按电视机面板上的"音量 -"键，将音量减到 0 不放手，然后按遥控器"屏显"键，进入老化模式，屏幕显示"FACTORY"。在老化模式下，按遥控器"屏显"键退出老化模式，进入白平衡模式，按数字键"1、2、3、4、5、6、7"和"屏显"键进入工厂模式；在白平衡模式下，按"屏显"键进入工厂模式。

调整完毕，在工厂模式下按"屏显"键可退出工厂菜单。

【项目选择与调整】

进入工厂模式后，按"静音"键，正向翻页调试菜单，按"返回"键反向翻页调试菜单；按数字键"1、2、3、4、5、6、7"和"屏显"键直接进入相应的调整菜单，在工厂模式 F0 ~ F7 菜单中，按数字键"6、4、8、3"可进入 F8 ~ F15 菜单，按"静音"键正向翻页选择菜单，按"返回"键反向翻页选择菜单。在 F15 页，按数字键"2、4、8、4"进入 F16 页,同时打开 F16 ~ F18 页。按"静音"键正向翻页菜单，按"返回"键反向翻页。

进入各个菜单后，按遥控器上的"频道 +/-"键选择调整项目，按"音量 +/-"键调整所选项目数据。

在加速极调整或白平衡模式下，按"MUTE"或"-/--"键，可出现水平亮线，再按"MUTE"或"-/--"键退出。

手动调整白平衡时，在水平亮线下，调整白平衡可采用快捷键：数字键"1"、"4"调整红偏压，数字键"2"、"5"调整绿偏压，数字键"3"、"6"调整蓝偏压。

调整时，按"SLEEP"键显示芯片内部 6 种测试信号：PAL 制白场，测试亮平衡；方格，调 PAL 线性、行场幅，十字架，调 PAL 制行场中心值；黑场，测试暗平衡；NTSC 制十字架，调 NTSC 制行场中心值；方格，调 NTSC 线性、行场幅。

【童锁功能设置】

长按"DISP"键 5s，屏幕左下方显示一把锁，这时锁定所有按键操作，主电源关机后，面板也不能开机，达到限制儿童观看电视的功能。只有再长按"DISP"键 5s，屏幕左下方显示一把锁时，继续按"DISP"键 5s，此时屏幕左下方所显示的一把锁消失，这时代表取消童锁功能。

7.6.2 调整项目与数据

TCL T08 机心超级彩电总线系统寄存器地址和 F0 ~ F7 调整项目和数据见表 7-9。

表 7-9　TCL T08 机心超级彩电总线系统调整项目和数据

菜　单	项目名称	调整功能	存储地址	解码地址
24C08 寄存器副地址	R cut off	R cut off 地址	2D (45)	8
	G cut off	G cut off 地址	2E (46)	9
	B cut off	B cut off 地址	2F (47)	A
	GDrive	GDrive 地址	30 (48)	B
	BDrive	BDrive 地址	31 (49)	C
	Slave	Slave 地址	AO (160)	88

（续）

菜　　单	项目名称	调整功能	预置数据	最大数据
F0：BW BALANCE 亮暗平衡调整	RC	红截止电压设定	110	255
	GC	绿截止电压设定	110	255
	BC	蓝截止电压设定	110	255
	GD	绿驱动增益设定	60	127
	BD	蓝驱动增益设定	72	127
	UBLACK	U 信号黑电平调整	8	15
	VBLACK	V 信号黑电平调整	8	15
	S. RY	SECAM 时 R 黑电平调整	8	15
	S. BY	SECAM 时 B 黑电平调整	8	15
F1：PAL 制式几何调整	H. PHASE	50Hz 行中心调整	11	31
	V. SIZE	50Hz 场幅调整	21	63
	V. POS	50Hz 场中心调整	5	15
	V. LIN	50Hz 场线性调整	20	31
	V. SC	50Hz 场整形调整	25	31
	HBOW	弓形失真修正	4	7
	HPARA	平行四边形失真修正	4	7
	H. SBLK. RIGHT	行右边消隐调整	0	7
	H. SBLK. LEFT	行左边消隐调整	0	7
F1：NTSC 制式几何调整	NT. H. PHASE	60Hz 行中心调整	10	20
	NT. V. SISE	60Hz 场幅调整	10	20
	NT. V. POS	60Hz 场中心调整	8	20
	NT. V. LIN	60Hz 场线性调整	10	20
	NT. V. SC	60Hz 场整形调整	10	31
	NT. HBOW	弓形失真修正	4	7
	NT. HPARA	平行四边形失真修正	4	7
	V. BLK. TOP	场上边消隐调整	0	3
	V. BLK. BTM	场下边消隐调整	0	3
F2：亮度、对比度、色度调整	SUB. CONT	副对比度调整	10	15
	SUB. BRIGHT	副亮度调整	13	-63 ~ 63
	SUB. COLOR	彩色饱和度调整	0	-128 ~ +127
	S. SUB. COLOR	SECAM 彩色饱和度调整	64	127
	RF. AGC	中频增益调整	20	63
	BACKGROUND	背景开关（0：关；1：开）设置	1	1
	BACK. COLOR	背景（0：蓝屏；1：黑屏）设置	0	1
	POW. CONT	开机或换台亮度提升速度设置	0	15
	LOCK	童锁功能（0：关；1：开）设置	0	1

（续）

菜　　单	项目名称	调整功能	预置数据	最大数据
F3：OSD1 调整根据订单要求	MENU BACK	主菜单半透明背景显示选择（0：关；1：开）	0	1
	MENU ICON	主菜单图标显示选择（0：关；1：开）	1	1
	OPEN CURT.	开机拉幕（0：关；1：开）设置	1	1
	CLOSE CURT.	关机拉幕（0：关；1：开）设置	1	1
	CALENDAR	日历开关（0：关；1：开）设置	1	1
	P. ON. LOGO	开机 LOGO（0：关；1：财神；2：喜；3：SET）设置	0	3
	NQSG. LOGO	无信号 LOGO（0：关；1：财神；2：喜；3：SET）设置	0	0
	LOGO. BACK	无信号屏保背景（0：无；1：黑；2：红；3：蓝）设置	3	3
	OSD. CONT	屏幕字符的对比度（0：95IRE；1：60IRE；2：70IRE；3：80IRE）调整	2	3
F4：有关的功能控制根据订单要求	TV	TV 开关（0：关；1：开）	1	1
	AV2	AV2 开关（0：关；1：开）	1	1
	YUV	YUV 开关（0：关；1：开）	1	1
	FM	FM 开关（0：关；1：开）	0	1
	BG	BG（0：关；1：开）	1	1
	I	I 开关（0：关；1：开）	1	1
	DK	DK 开关（0：关；1：开）	1	1
	M	M 开关（0：关；1：开）	0	1
	FMBAND	伴音中频调制宽度（0：BG/DK/1 分；1：不分）	0	1
F5：屏保位置及拉幕参数	LEFT	屏保移动时左边位置限定	16	63
	RIGHT	屏保移动时右边位置限定	125	255
	TOP	屏保移动时上边位置限定	24	63
	BOTTOM	屏保移动时下边位置限定	180	255
	CURT. WAIT. TIME	拉幕等待时间调整	10	188
	CURT. CENT	拉幕中心位置调整	160	255
	CURT. STEP	拉幕速度调整	3	16
	OSD. H. POSI	屏幕字符的水平位置调整	40	127
	OSD. V. POSI	屏幕字符的垂直位置调整	18	47
	ZOOM	放大缩小功能（0：关；1：开）设置	0	1
F6：OSD2 调整根据订单要求	POS. TIMER	转换黑屏时间调整范围（1～255），每增加 1，时间增加 8ms	30	255
	CH DARK	转换黑屏（0：关；1：开）设置	1	1

（续）

菜　　单	项目名称	调整功能	预置数据	最大数据
F6：OSD2 调整 根据订单要求	CH SHADE	转换渐亮开关（0：关；1：开）设置	0	1
	DSP POSITION	台标显示位置（0：右；1：左）设置	0	1
	INDON	印尼文（0：关；1：开）设置	0	1
	T. VIET	越南文（0：关；1：开）设置	0	1
	中文	中文（0：关；1：开）设置	1	1
	ENGLISH	英文（0：关；1：开）设置	1	1
	ANALOGADJ	调整主菜单模拟量时，是否消失主菜单（0：不消失；1：消失）设置	1	1
F7：OSD3 主菜单颜色调整（调整按“DISP”键退出）	UP BOX BACKGROUND	菜单上面窗口底色选择	15	15
	UP BOX MOVE	菜单上面窗口移动窗颜色选择	15	15
	UP ICON BACKGROUND	菜单上面图标颜色选择	1	07
	UP ICON MOVE	菜单上面选中图标颜色选择	4	07
	DOWN BOX BACKGROUND	菜单下面窗口底色选择	15	15
	DOWN BOX MOVE	菜单下面移动条颜色选择	11	15
	DOWN TEXT BACKGROUND	菜单下面字符颜色选择	2	07
	DOW TEXT NOVE	菜单下面选中字符颜色选择	4	07
F8：音量参数调整 1	S. AUDEO	S 视频输入时，伴音跟随 AV1，还是 AV2（0：AV1；1：AV2）设置	0	1
	AUDIO IN	伴音输入组合（0：立体声；1：32PIN；2：22PIN）设置	0	2
	TV. MUTE	TV 无信号静音控制（0：TV 不静音；1：静音）设置	1	1
	AV. MUTE	AV 无信号静音控制（0：AV 不静音；1：静音）设置	1	1
	ALC GAIN	音量自动控制等级（0：off；1：1.1V；2：1.6V；3：2.3V）设置	1	3
	SOUND IC	伴音 IC 选择（0：关；1：平衡；2：TA1343；3：TA1304）	1	3
	S. WOOFER	重低音开关（0：关；1：开）设置	0	1
	BALC	平衡中心值调整	64	114
	0REMOTE	遥控码选择（0：9028-0EOE；1：6122-BF40；2：7461-611C；3：7461-1AA1；4：AUTO）	4	4

（续）

菜　单	项目名称	调整功能	预置数据	最大数据
F9：高中低模拟量曲线调整最小值调整	CONTRAST	对比度最小值调整	0	127
	BRIGHT	亮度最小值调整	40	127
	COLOR	彩色最小值调整	15	127
	TINT	色调最小值调整	40	127
	SHARP	锐度最小值调整	32	63
	VOLUME	音量最小值调整	64	127
	BASS	低音音量最小值调整	24	127
	TREBLE	高音音量最小值调整	40	127
	WOOFER	重低音音量最小值调整	120	127
F9：高中低模拟量曲线调整中间值调整	CONTRAST	对比度中间值调整	75	127
	BRIGHT	亮度中间值调整	55	127
	COLOR	彩色中间值调整	64	127
	TINT	色调中间值调整	58	127
	SHARP	锐度中间值调整	32	63
	VOLUME	音量中间值调整	96	127
	BASS	低音音量中间值调整	72	127
	TREBLE	高音音量中间值调整	X	127
	WOOFER	重低音音量中间值调整	X	127
F9：高中低模拟量曲线调整最大值调整	CONTRAST	对比度最大值调整	40	127
	BRIGHT	亮度最大值调整	40	127
	COLOR	彩色最大值调整	69	127
	TINT	色调最大值调整	66	127
	SHARP	锐度最大值调整	X	63
	VOLUME	音量最大值调整	127	127
	BASS	低音音量最大值调整	X	127
	TREBLE	高音音量最大值调整	X	127
	WOOFER	重低音音量最大值调整	X	127
F10：芯片管脚状态控制	PANEL KEY DETECT	开机是否检测按键板电平（0：自动识别；1：默认东芝）设置	0	1
	REMOTE KEY LOVE	按键是否有喜爱频道功能（0：作上下左右键；1：作书签、浏览、单独听）设置	1	1
	23PIN	TMPA889X 时色度信号输入还是 CVBS 输入（0：色度信号；1：CVBS）设置	0	1
	59PIN 5060-UHF	0：50/60Hz 检测；1：UHF 波段时输出高电平设置	0	1
	38PIN	38 脚功能（0：depending on AUDIO-SW；1：TV；2：mute）设置	0	2

（续）

菜　单	项目名称	调整功能	预置数据	最大数据
F10：芯片管脚状态控制	56PIN 3 STATUS	56 脚功能，是否三态（0：高低两种电平；1：高中低三种电平）设置	0	1
	56PIN V. CHG	56 脚功能，TV/AV1/AV2 三态电压选择（0：0V、2.5V、5V；1：0V、5V、2.5V）	0	1
	64PINPOWERON	64 脚功能，开机电平选择（0：低电平开机；1：高电平开机）	0	1
	VIF	图像中频（0：38MHz；1：38.9MHz；2：45.75MHz）	0	2
	VIDEO DSP USB	AV1 显示 USB（0：不显示；1：显示）	0	1
F11：功能控制	V. AGC. DC	场 AGC 供电选择（0：外部；1：内部）	1	1
	PIF. LEVEL	CVBS 输出幅度控制（0：2.1V；1：2.2V；2：2.3V；3：2.4V）	2	1
	CVBS. PASS	CVBS 输出是否通过带通滤波（0：PASS；1：NO PASS）设置	0	1
	POS. NO.	频道数选择（0：248；1：256）	0	1
	TUNING. MODE	搜台方式（0：VS；1：FS）设置	0	1
	TUNER. TYPE	频率合成高频头选择（0：38MHz；1：38A；2：38.9MHz；3：38.9A）设置	0	3
	POWER. TIME	冷开机电源脚等待时间（0：0s；1：1s；2：2s；3：3s）设置	0	3
	STANBY. MODE	开机电源脚记忆状态（0：记忆状态；1：都是待机状态，要遥控开机；2：不记忆上次开机状态，自动启动）设置	0	2
	U. BAND	1、2 脚高频头 U 波段电平选择（0：00；1：11）	1	1
F12：跟 ABCL、亮度有关的寄存器控制	ABL. POINT	自动亮度控制起始点（0：0V；1：-0.2V；2：-0.3V；3：-0.4V）设置	1	3
	ACL. ST	自动对比度控制起始点（0：0V；1：-0.2V；2：-0.3V；3：-1V OFF）设置	2	3
	ABL. GAIN	自动亮度控制增益（0：-0.2V；1：-0.35V；2：-0.5V；3：-0.65V）调整	0	3
	YPL	亮度峰值（0：OFF；1：105IRE）调整	0	1
	BS. SW	黑电平延伸开关（0：OFF；1：105IRE）	1	1
	BS. START	黑电平延伸起始点（0：30IRE；1：40IRE；2：50IRE；3：75IRE）设置	0	3
	Y. GAMMA	亮度伽玛校正（0：OFF；1：78IRE；2：68IRE；3：58IRE）设置	0	3
	P. OFF. RGB	关机消亮（0：关；1：消亮时 RGB/Cut 为 0；2：消亮时 RGB/Cut 为 FF）设置	0	2
	SHARP. BALANCE	竖线条左右勾边平衡调整	4	7

（续）

菜　单	项目名称	调整功能	预置数据	最大数据
F13：跟彩色有关的寄存器控制 TV/PAL 状态	Y. DELAY	亮度延时调整	5	7
	DEMO. PHASE	彩色解调幅度及相位调整	0	3
	P/N ID	彩色灵敏度调整	0	1
	KILLER. OFF	消色电路开关设置	0	1
	SYS. SHARP	不同状态 SHARP 值调整	25	63
F13：跟彩色有关的寄存器控制 TV/NTSC 状态	Y. DELAY	亮度延时调整	3	7
	DEMO. PHASE	彩色解调幅度及相位调整	1	3
	P/N ID	彩色灵敏度调整	0	1
	KILLER. OFF	消色电路开关设置	0	1
	SYS. SHARP	不同状态 SHARP 值调整	37	63
F13：跟彩色有关的寄存器控制 AV 状态	Y. DELAY	亮度延时调整	3	7
	DEMO. PHASE	彩色解调幅度及相位调整	1	3
	P/N ID	彩色灵敏度调整	1	1
	KILLER. OFF	消色电路开关设置	0	1
	SYS. SHARP	不同状态 SHARP 值调整	37	63
F13：跟彩色有关的寄存器控制 DVD 状态	Y. DELAY	亮度延时调整	3	7
	DEMO. PHASE	彩色解调幅度及相位调整	3	3
	P/N ID	彩色灵敏度调整	1	1
	KILLER. OFF	消色电路开关设置	0	1
	SYS. SHARP	不同状态 SHARP 值调整	37	63
F14：跟伴音陷波有关寄存器控制 BG 制式	S. TRAP F0	伴音陷波中心频率宽度	8	15
	S. TRAP HP/LP	伴音陷波 HP/LP 值调整	0	3
	S TRAP Q	伴音陷波 Q 值调整	0	3
	S. TRAPGD	伴音陷波 GD 值调整	2	3
F14：跟伴音陷波有关寄存器控制 DK 制式	S. TRAP F0	伴音陷波中心频率宽度调整	8	15
	S. TRAP HP/LP	伴音陷波 HP/LP 值调整	0	3
	S TRAP Q	伴音陷波 Q 值调整	0	3
	S. TRAPGD	伴音陷波 GD 值调整	2	3
F14：跟伴音陷波有关寄存器控制 I 制式	S. TRAP F0	伴音陷波中心频率宽度调整	8	15
	S. TRAP HP/LP	伴音陷波 HP/LP 值调整	0	3
	S TRAP Q	伴音陷波 Q 值调整	0	3
	S. TRAPGD	伴音陷波 GD 值调整	2	3
F14：跟伴音陷波有关寄存器控制 M 制式	S. TRAP F0	伴音陷波中心频率宽度调整	3	15
	S. TRAP HP/LP	伴音陷波 HP/LP 值调整	3	3
	S. TRAP Q	伴音陷波 Q 值调整	0	3
	S. TRAPGD	伴音陷波 GD 值调整	3	3

（续）

菜　单	项目名称	调整功能	预置数据	最大数据
F14：跟图像有关寄存器控制 STANDSRD 标准模式	CONTRAST	亮度调整	50	100
	BRIGHT	对比度调整	60	100
	COLOR	彩色调整	50	100
	SHARP	清晰度调整	50	100
F14：跟图像有关寄存器控制 MILD 柔和模式	CONTRAST	亮度调整	40	100
	BRIGHT	对比度调整	40	100
	COLOR	彩色调整	40	100
	SHARP	清晰度调整	60	100
F14：跟图像有关寄存器控制 VIVID 艳丽模式	CONTRAST	亮度调整	60	100
	BRIGHT	对比度调整	70	100
	COLOR	彩色调整	60	100
	SHARP	清晰度调整	40	100
F14：跟图像有关寄存器控制 DYNAMIC 动态模式	CONTRAST	亮度调整	70	100
	BRIGHT	对比度调整	80	100
	COLOR	彩色调整	50	100
	SHARP	清晰度调整	30	100
F15：行同步参数设置	SYNC. DET	行同步检测方式（0：内同步；1：外同步）设置	0	1
	SYNC. SEARCH	内同步搜台时，同步头探测方式设置	15	15
	SYNC. BB	内同步蓝屏时，同步头探测方式设置	10	15
	BB. COUNT	内同步蓝屏时，同步头记数调整	04	255
	PYNX	外同步状态行同步脉冲计数最大值	46	63
	PYNN	外同步状态行同步脉冲计数最小值	24	63
	PYXS	外同步搜索状态行同步计数最大值	34	63
	PYNS	外同步搜索状态行同步计数最小值	30	63
F16：不常用的调整项 1	HAFC	AFC 增益调整	0	255
	VCEN	场中心值，正负电源供电才有效	0	3F
	NOISE. SW	噪声检测开关（0：关；1：开）	1	1
	NOISE. COUNT	检测确认是噪声需要记数的值	31	255
	SEARCH1	自动搜台算法 1（0：快；1：慢）设置	0	1
	SEARCH2	自动搜台算法 2（0：快；1：慢）设置	0	1
	NOISE	检测是否噪声相比较的值调整	15	15
	UCOM	Select input mode for test pattern from U-COM	0	7
F17：不常用的调整项 2	HVBSW	H/V Blanking on/OFF switch（0：关；1：开）	0	1
	CTRPQ	C-Trap Q（0：low；1：high）	0	1
	AFTCH	AFT 检查（0：不论 TV 或 AV 都检查 AFT；1：只在 TV 下检查 AF）	1	1

（续）

菜　　单	项目名称	调整功能	预置数据	最大数据
F17：不常用的调整项 2	SEAUD	自动搜台时，没信号是否向下搜索信号（0：向下搜索信号；1：不搜）	0	1
	BYRGB	黑屏关 Y/RGB 选择（0：关 Y；1：关 RGB）	0	1
	UV. SW	UV SW（0：Cb/Cr；1：U/V）	0	1
	CTRAP	C trap 模式选择（00、01：interlocking “video SW”；10：off；11：on）	0	3
	YUVDIS	YUV 显示状态（0：YUV；1：DVD）	0	1
	TINTP	TINT 极性（1：正极性；0：负极性）	1	1
F18：不常用的调整项 3	VFREQ	无信号场频设置（0：自动；1：313）	1	1
	OVMO	过调制开关（0：正常设定；1：开）	0	1
	AFT SENS.	AFT 灵敏度（0：wide（250Hz）；1：normal（83Hz））	0	1
	NYBUSW	Nyquist Buzz reducer sw（0：开；1：关）	1	1
	SHARPF0	选择清晰度的中心频率（0：2.75MHz；1：4MHz）	0	1
	VCOADJ	换台时是否调整 VCO（0：换台时调整 VCO；1：不调整）	0	1
	HSTOP	power on H STOP（0：H STOP = 0；1：H STOP = 1）	0	1
	SYNC. SEP	行同步分离程度（0：40%；1：50%）	1	1
	SYNC. SLI	弱信号同步电平（0；标准；1：低）	0	1
	SYNC. SKEW	检测行同步倾斜模式（0：30%；1：50%）	0	1

7.7 TCL TB73 机心超级彩电总线调整

TCL TB73 机心超级彩电，总线系统采用将微处理器和被控电路合二为一的东芝超级电路 TMPA8873，完成由微处理器与中频、视频、扫描信号处理任务。场输出电路采用 STV9302，伴音功放电路采用 TEA2025B，电源驱动电路采用 TEA1506P。

适用机型：TCL 21E6、N2IE9、NT21F1、NT21F3N、NT21F4、NT21M6、NT21286N、21E8、21E9、NT14E01、N21E6、N21E8、N21V15、N21V2、NT2182N、NT2188N、NT2195N、NT21F3、NT21F4N、NT21M92、NT21M86、NT21M93、NT21M95 等超级单片彩电。

7.7.1 总线调整方法

【进入退出工厂模式】

方法一：连续按遥控器上“显示”、“静音”键 3 次，即可进入工厂调整 D-MODE 模式。

方法二：按遥控器上的“回看”键，直接进入工厂调整 D-MODE 模式。

当调试完毕，需将“FACTORY SW”项设置为“OFF”。出厂前需将“FACTORY SW”项设置为“OFF”，直接关机即可。调整完毕，在“方法一”情况下按遥控器上的“菜单”键可以直接退出工厂调整模式；在“方法二”情况下按遥控器上的“回看”键可以直接退出工厂调整模式。

【项目选择与调整】

进入工厂调整D-MODE模式后，按“方法一”进入工厂D模式后，按“显示”键选择并设置“FACTORY SW”项为“ON”，以后就可以用“回看”键直接进入或退出工厂菜单了。按“回看”键进入D-MODE模式后，按“显示”键，使FACTORY SW项为“ON”，有下面的调试菜单。直接按遥控器上的“数字”键查看和选择相应的工厂菜单，按遥控器上的“频道+/-”键选择子菜单和调整项目，按“音量+/-”键调整所选项目数据。

遥控器的数字键对应选择的菜单为：数字“0”键对应加速极调整菜单；数字“1”键对应场特性调整菜单；数字“2”键对应行特性调整菜单；数字“3”键对应白平衡调整菜单；数字“4”、“5”键对应副模拟量设置菜单；数字“6”键对应OSD位置调整；数字“7”键对应伴音制式及伴音曲线设置菜单；数字“8”键对应各种专用寄存器调整；数字“9”键对应伴音陷波器的调整；“导航”对应电视机功能选择项调整；“电视/视频”对应为酒店菜单调整项。

在工厂模式下按数字“0”键关断场扫描，配合加速极电压调整和暗平衡调整，再按一次数字“0”键接通场扫描。

7.7.2 调整项目与数据

TCL TB73机心超级彩电总线系统白平衡调整数据存储地址见表7-10。总线系统调整项目和数据见表7-11，其中按“导航”键进入的功能选择页面中的TUNER项选择情况见表7-12。

表7-10 TCL TB73机心超级彩电总线系统调整项目和数据

菜　单	项目名称	调整器件地址	TMPA8873 解码地址	调整范围	存储器 存储地址
24C16 存储地址	R-CUT	0x88	8	0x00～0xFF	0x001
	G-CUT	0x88	9	0x00～0xFF	0x002
	B-CUT	0x88	A	0x00～0xFF	0x003
	G-DRV	0x88	B	0x00～0x7F	0x004
	B-DRV	0x88	C	0x00～0x7F	0x005

表7-11 TCL TB73机心超级彩电总线系统调整项目和数据

菜　单	项目名称	调整功能	参考数据 PAL（NTSC）
按数字“1”键进入场特性调整菜单	VPHASE	场相位调整	02（02）
	VSIZE	场幅	17（1B）
	VLIN	场线性调整	0F（0F）
	VS	场S矫正	18（1C）

（续）

菜　　单	项目名称	调整功能	参考数据 PAL（NTSC）
按数字“1”键进入场特性调整菜单	VSTOP	场消隐停止相位	00（00）
	VSTART	场消隐开始相位	00（00）
	VCENT	场中心调整	12（12）
按数字“2”键进入行特性调整菜单	HCENT	行中心	12（13）
	DELAY	场外淌亮脉冲形成时间	06（06）
	AUTO OFFSET	N 制几何数据自动调整	OFF
按数字“3”键进入白平衡调整菜单	RCUT	暗平衡红色调整	40
	GCUT	暗平衡绿色调整	40
	BCUT	暗平衡蓝色调整	40
	GDRV	亮平衡绿色调整	40
	BDRV	亮平衡蓝色调整	40
按数字“4”键进入亮度、对比度曲线设置	BRI 0	菜单亮度为 0 对应的亮度设定	06
	BRI 30	菜单亮度为 30 对应的亮度设定	1A
	BRI 50	菜单亮度为 50 对应的亮度设定	27
	BRI 80	菜单亮度为 80 对应的亮度设定	50
	BRI 100	菜单亮度为 100 对应的亮度设定	65
	CONT0	菜单对比度为 0 对应的对比度设定	06
	CONT 30	菜单对比度为 30 对应的对比度设定	20
	CONT 50	菜单对比度为 50 对应的对比度设定	40
	CONT 80	菜单对比度为 80 对应的对比度设定	46
	CONT100	菜单对比度为 100 对应的对比度设定	4F
按数字“5”键进入彩色、清晰度曲线设置	COLOR0	菜单彩色为 0 对应的彩色设定	0C
	COLOR 30	菜单彩色为 30 对应的彩色设定	2E
	COLOR 50	菜单彩色为 50 对应的彩色设定	35
	COLOR 80	菜单彩色为 80 对应的彩色设定	55
	COLOR 100	菜单彩色为 100 对应的彩色设定	75
	SHARP0	菜单清晰度为 0 对应的清晰度设定	00
	SHARP 50	菜单清晰度为 50 对应的清晰度没定	20
	SHARP 100	菜单清晰度为 100 对应的清晰度设定	3F
	TINT-50	菜单色调为 −50 对应的色调设定	00
	TINT 0	彩电色调为 0 对应的色调设定	3C
	TINT 50	菜单色调为 50 对应的色调设定	75
按数字“6”键进入 OSD 位置调整	OSD CLOCKF	OSD 振荡频率影响大小	78
	OSDH	OSD 行起始位置	16
	OSDV	OSD 场起始位置	0C
	OSD CONTRAST	OSD 亮度调整	01

（续）

菜单	项目名称	调整功能	参考数据 PAL（NTSC）
按数字“6”键进入OSD位置调整	BLUEBACK	蓝背景开关（01为开，00为关）	01
	LIGHT	触摸屏设定（01为有触摸屏，00为无）	00
	SIGNAL SY MIN	图像保持同步频率下限设定	12
	SIGNAL SY MAX	图像保持同步频率上限设定	2D
	SEARCH SY MIN	搜台锁定的频率下限设定	13
	SEARCH SY MAX	搜台锁定的频率下限设定	2C
按数字“7”键进入伴音设定页	VOL20	音量20设定	27
	VOL40	音量40设定	45
	VOL60	音量60设定	51
	VOL100	音量100设定	7F
	ALC	自动音量控制伴音输出的VPP限制	01
	ATLEVEL	AT状态动态频谱起始值	0F
	M	系统是否支持M制式（01为支持，00为不支持）	00
	BG	系统是否支持BG制式（01为支持，00为不支持）	00
	I	系统是否支持I制式（01为支持，00为不支持）	01
	DK	系统是否支持DK制式（01为支持，00为不支持）	01
按数字“8”键进入寄存器设置页	ASSH	Y信号预过冲对称性设定	07
	ABCL	ABL、ACL设定（D0、D1为ACL ST；D3为OSD：D4、D5为ABLGAIN：D6、D7为ABL POINT）	58
	UVBLACK	色差分暈的黑电平调整，调整DVD偏色问题	89
	B STRETCH	黑电平延伸调整	04
	YDL	Y延迟调整	04
	NOISE DET	弱信号判定门限设定	0F
	AFC G	AFC、GAIN设定（D0、D1为TV状态下，D2、D3为AV状态下）	05
	RFAGC	AGC设定	20
	TB1254 MOD	D0：UVSW：D1：SYSKEW；D2：OVER MOD；3：NBUZZ；D4：SYNC-SEP；D5：FM BAND；D6：SYNC. SLI（20H bit7）	20
按数字“9”键进入伴音陷波器设定	STDK	DK制式滤波器开关	01
	STBG	BG制式滤波器开关	00
	STI	I制式滤波器开关	01
	STM	M制式滤波器开关	00
	SS DK	DK滤波器参数调整	88
	SS BG	BG滤波器参数调整	88

（续）

菜　　单	项目名称	调整功能	参考数据 PAL（NTSC）
按数字“9”键进入伴音陷波器设定	SS I	I 滤波器参数调整	88
	SS M	M 滤波器参数调整	88
按“导航”键进入功能选择页面	STANDBY	开机状态设定，老化时设定为 FACTORY	LAST
	CH CHANGE	换台是否黑屏	MUTEOFF
	LANGUAGE	菜单语言选择	CHINESE
	LOGO MODE	LOGO 选择（TCL 设置为开）	ON
	TUNER	高频头选择具体说明见下表	ALPS
	PROTECT	场保护，速流过流保护开关	ON
	WEAKSIGNAL	超强接收开关	OFF
	ALCSW	自动音量开关	ON
	AFCFIX	AFCGAIN 足否固定开关	OFF
	RESET	复位开关（执行导航清零及出厂初始化设置）	
按“显示”键进入版本显示页码	CPUVER	显示 CPU 版小信息	V8-000TB73-TM1V001
	DATE	日期	2007.05.24
	E2PVER	显示纠错版本信息	0
	FACTORY SW	ON：“工厂级”快捷键的操作有效； OFF：“工厂级”快捷键的操作无效	OFF
	HOTEL SW	ON：酒店专用机；OFF：普通机型	OFF
	INI OFFSET	计算 N 制几何数据与 PAL 的差值	OFF
	MULTI AV SW	ON 为两路 AV，OFF 为一路 AV	ON
	YCBCR SW	YUV 开关设定	OFF
	P59MUTE SW	IC201 的 P59 作 MUTE 的开关设定	ON
按“图像状态”键拉幕开机中心	拉幕开机中心	设定拉幕开机的中心位置	EA
按“电视/视频”键	开机 LOGO（POWER LOGO）	ON：开机显示 LOGO 约 6s；OFF：开机直接显示电视频道	开/关
	频道锁定（CH LOCK）	ON：用户不能进入搜台菜单； OFF：用户可进行搜台操作	ON/OFF
	最大音量（MAXVOL）	限制用户可调整的最大音量	0～100
	自恢复（AUTO SET）	ON：冷开机时恢复到酒店设定的图像模式和开机音量；OFF：对图像模式和开机音量不做限制（即保留上次关机时状态）	ON/OFF
	图像模式（PIC）	“标准、明亮、柔和”的数据为程序固定，“个人设定”的数据为自恢复开前调整的数据	标准/明亮/柔和/个人设定

（续）

菜　　单	项目名称	调整功能	参考数据 PAL（NTSC）
按“电视/视频”键	开机音量（POWER VOU）	规定冷开机的音量，只能定在0与最大音量之间	0～最大音量
	开机信号（POWER SIGNAL）	（AV1、AV2、S-VIDEO、SVGA、…0～100）可选择冷开机时的信源，或是TV下的频道号，频道号的选择用数字键输入（仅存酒店模式时有效）	输入的端子/台号
	面板键锁定（KEY LOCK）	ON：面板键操作无效；OFF：面板键操作有效	ON/OFF

表7-12　功能选择页面中的TUNER项选择情况

SHARP	07-380F15-ND0，07-380F15-ND1
TCL	07-380F15-NA0
ALPS	07-380F15-NB2，07-380F15-NB5 07-380F15-XS0，07-380F15-NB7 07-380F15-NA2，07-380F15-NE1 07-380F15-NB6
PHILIPS	07-380F15-NC0，07-380F15-NA1
PANAS	07-380F15-NE2

注：07-380F15-NB7为平衡输出式，匹配的声表面波滤波器为D2925C，其他高频头都是非平衡输出式，匹配的声表面波滤波器都为F1036W。

7.8　TCL UL11机心超级彩电总线调整

TCL UL11机心超级彩电，总线系统主被控电路采用TDA9370PS或TCL A02V02飞利浦超级单片机心，TCL公司掩膜后命名为13-A02V02-PHP，完成由微处理器与中频、视频、扫描信号处理任务。主要开发了21in和具有AT单独听功能的小屏幕彩电。

适用机型：TCL AT21266A、AT21166G、AT21215、AT21215U、AT2190U、AT2113、AT2165I、AT2170、AT2170U、AT2175、AT21189B、AT21276、NT21803、NT21A11、NT21A31、NT21A41B、NT21A42、NT21A51、AT2127S、AT21181、AT21181I、AT21181、AT21206、AT21207、AT21266A、AT21286、AT21286I等机型。

7.8.1　总线调整方法

【进入退出工厂模式】

一是使用工厂调试遥控器，按遥控器右下角的“工厂设定”键，然后在2、3s内按“静音”键，即可进入工厂模式。

二是先对用户遥控器进行改装，拆开RC-R07T遥控器，在菜单键和显示键之间标有

SERVICE 的空闲键位上，安装一个导电橡按键，作为“工厂设定”键。按一下此“工厂设定”键。然后快速按“静音”键，即可进入工厂模式。

调整完毕。按遥控器上的“显示”键，即可退出工厂模式。

【项目选择与调整】

进入工厂模式后，按相应键进入相应的工厂菜单，用“频道 +/-”键选择项目，按“音量 +/-”键调整所选项目数据，调整暗平衡等项目时，按遥控器上的“静音”键，屏幕上出现水平亮线，再按此键光栅恢复正常。

7.8.2　调整项目与数据

TCL UL11 机心 TCL AT21266A 超级彩电和单独听系列彩电总线调整项目与数据见表 7-13。

表 7-13　TCL UL11 机心 TCL AT21266A 彩电和单独听彩电总线调整项目与数据

按键进入菜单	项目名称	调整功能	AT21266A	单独听
按“游戏”键进入行中心调整菜单	H-SHIFT	行中心调整	38	*
按“智能音量”键进入场特性调整菜单	V-SLOPE	场线性调整	34	34
	V-AMPL	场幅度调整	40	19
	V-S. CORR	场 S 失真校正	21	31
	V-SHIFT	场中心调整	39	23
按“收音机”键进入暗白平衡调整菜单	BL-R	红偏置调整	32	*
	BL-G	绿偏置调整	31	*
	R-	红激励调整	39	*
	G-	绿激励调整	40	*
	B-	蓝激励调整	31	*
按“图像”键进入 OPTION 0 菜单	DVD SOURCE	有 DVD 分量输入功能	DVD OK	DVD OK
	AV SOURCE	1 路 AV 输入 +1 路 SVHS 输入	1AV 1SVHS	1AV 1SVHS
	VTD	无电压显示	NO VTD	NO VTD
	IF FREQUENCY	中频为 38.00MHz	38.00MHz	38.00MHz
	KEY QUANTITY	本机按键为 7 键	7 KEYS	7 KEYS
	PSNS	频谱模式设置	USE	
按“音响”键进入 OPTION 1 菜单	POWER ON MODE	开机处于上次开机状态设置	LAST STATE	STAND BY
	OSD LANGUAGE	屏显语言为中文设置	CHINESE	CHINESE
	IF AGC SPEED	IFAGC 速度为常速设置	NORM	3X NORM
	BRAND	有 TCL 王牌厂标设置	LOGOON	LOGO ON

（续）

按键进入菜单	项目名称	调整功能	AT21266A	单独听
按“加锁”键进入 OPTION 2 菜单	HOTE L MODE	旅馆功能设置	FDR NORMAL	FOR NORMAL
	EQUALIZER	音响均衡显示设置	YES	YES
	VIDEO MUTE	换台黑屏幕设置	NO	NO
	MUSICTV	有音响电视功能设置	YES	
	CALLER ID	来电显示设置	NO	TO
	COLD START	开机进入 TV 状态设置	TO TV	TO
	PROGRAM NR	228 超多频道设置	228	228/
按“睡眠定时”键进入 OPTIO N 3 菜单	SOUND DK	伴音有 DK 制式设置	OK	DK：OK
	SOUND BG	伴音无 BG 制式设置	OFF	BG：OFF
	SOUND I	伴音有 I 制式设置	OK	I：OK
	SOUND M	伴音无 M 制式设置	OFF	M：OFF
	DEFAULT SOUND	伴音默认制式为 DK 制式设置	DK	OK
	RADIO	FM 收音机功能设置	NO	NO
按“重低音”键进入 OPTION 4 菜单	Y-DELAY	亮度延迟时间设定	05	05
	AGC-TAK	RFAGC 设定	25	27
	CATHODE	阴极激励电平设定	05	05
	SUB-BRIGHT	副亮度设定	02	05
	VOL01	音量 1% 设定	30	32
	VOL25	音量 25% 设定	85	90
	VOL50	音量 50% 设定	210	210
	TIME ZONE	世界时钟时区设定	GMT + 8	GMT + 8

注：带“*”测数据，根据需要调整。

7.9 TCL UL12/UL12A 机心超级彩电总线调整

TCLUL12/UL12A 机心超级彩电，总线系统采用将微处理器和被控电路合二为一的 TDA9370 或 OM8370 飞利浦超级电路，TCL 公司掩膜后命名为 13-TOUL12-01M0、13-TOUL12-02M0、13-OM8370-00P，完成由微处理器与中频、视频、扫描信号处理任务。

适用机型：TCL AT21181、AT21281、AT21276、AT21286、AT21211A、AT21266A、AT21189B、AT21289、AT21289A、NT21228、NT21A11、NT21A21、NT21A31、NT21A41、NT21A42、NT21AS1、NT21B03、NT21B06S、NT21A41B、21E5、21H16、AT21228、N21T5、NT21181S、NT21189、NT21A11S、NT21A31A、NT21A41B、NT21B68、NT21B68S、NT21C06S、NT21C41、NT21C81S、NT21M73、NT21M75 等超级单片彩电。

7.9.1 总线调整方法

【进入退出工厂模式】

使用用户遥控器进行调整，拆开用户 RC-R07T 遥控器，在“菜单”键和“显示”键之间标有 SERVICE 的空闲键位上，安装一个导电橡按键，作为“工厂设定”键。按一下此“工厂设定”键。然后快速按“静音”键，即可进入工厂模式。

也可使用工厂遥控器，按右下角“工厂设定”键，然后快速按“静音”键，即可进入工厂模式。

调整完毕。按遥控器上的“显示”键，即可退出工厂模式。

【项目选择与调整】

进入工厂模式后，按“游戏”键进入行中心菜单，按“智能音量”键进入场特性菜单，按“收音机”键进入暗白平衡菜单，按“图像”键进入 OPTION 0 菜单，按“音响”键进入 OPTION 1 菜单，按“加锁”键进入 OPTION 2 菜单，按“睡眠定时”键进入 OPTIO N 3 菜单，按“重低音”键进入 OPTION 4 菜单。进入相应菜单后，用“频道 +/-”键选择项目，按“音量 +/-”键调整数据，按“静音”键，屏幕上出现水平亮线。

7.9.2 调整项目与数据

TCL UL12 机心超级彩电总线系统调整项目和数据见表 7-14，表中带“*”的项目数据根据需要调整。

表 7-14 TCL UL12 机心超级彩电总线系统调整项目和数据

菜单	项目名称	调整功能	参考数据
按“智能音量”键进入场特性菜单	V-SLOPE	PAL 制式场线性调整	36
	V-AMPL	PAL 制式场幅度调整	10
	V-S. CORR	PAL 制式场 S 失真校正	31
	V. SHIFT	PAL 制式场中心调整	34
	V-SLOPE	NTSC 制式场线性调整	*
	V-AMPL	NTSC 制式场幅度调整	*
	V-S. CORR	NTSC 制式场 S 失真校正	*
	V. SHIFT	NTSC 制式场中心调整	*
按“图像”键进入 Option0 菜单功能设置 0	DVD SOURCE	有 DVD 分量输入设置	DVD OK
	SVHS SOURCE	有 SVHS 输入设置	SVHS OK
	IF FREQUENCY	中频为 38.00MHz 设置	38.00MHz
	KEYQUANTITY	面板矩阵 7 键设置	7KEYS
	TUNER	可选为 ALPS 或 PHILIPS TUNER	ALPS
	SOFT CUPPING	设为 10 PERCENT 设置	10 PERCENT ABOVE PWL
	PWL	PEAK WHITE LEVEL 设置	12
	EHN RECEIVE	超强接收功能设置	ON

（续）

菜单	项目名称	调整功能	参考数据
按“音效”键进入 Option1 菜单功能设置 1	POWER ON MODE	记忆上次状态设置	LAST STATE
	IF AGC SPEED	IF AGG 速度为 NORM * 3	NORM * 3
	BRAND	有 TCL LOGO 设置	LOGOON
	CORING	设为 100IRE	0 AND 100IRE
	CCC LOOP	带 AKB 设置	USE
	RGBL TIMER	RGB 释放的时间调整，不带 AKB 时有效	04 * 250MS
按“加锁”键进入 Option2 菜单功能设置 2	HOTEL MODE	正常模式/酒店功能设置	FOR NORMAL
	VIDEO MUTE	转台无消隐设置	NO
	MUSIC TV	音响电视功能设置	YES
	COLD STAR	开机至 TV 状态设置	TO TV
	PROGRAMNR	228 超多频道设置	228
	OSD GAIN	OSD 亮度设为 100 设置	100 PERCENT
	MVK	打开 MVK 设置	ACTIVE
按“睡眠定时”键进入 Option3 菜单功能设置 3	SOUND DK	伴音 DK 制式设置	OK
	SOUND BG	伴音 BG 制式设置	OFF
	SOUND I	伴音 I 制式设置	OK
	SOUND M	伴音 M 制式设置	OFF
	DEFAULT SOUND	默认伴音制式为 DK 制式设置	OK
	SOUND WINDOW	伴音过调整，450kHz 设置	450kHz
	TV SUBHUE	调整 NTSC 制 TV 色调	0
按“重低音”键进入 Option4 菜单功能设置 4	Y-DELAY	亮度延迟时间调整	05
	AGC-TAK	RF AGC 调整	23
	CATHODE	阴极驱动电平调整	07
	SUB-BRIGHT	设定副亮度调整	03
	VOL1	伴音曲线 VOL = 1 设置	15
	VOL25	伴音曲线 VOL = 25 设置	120
	VOL50	伴音曲线 VOL = 50 设置	188
	TIME ZONE	世界时钟时区设置	GMT + 8
按“数码滤波”键进入白平衡调整调整范围 0 ~ 63	BL-R	亮平衡红色调整	31
	BL-G	亮平衡绿色调整	31
	R-	暗平衡红色调整	31
	G-	暗平衡绿色调整	31
	B-	暗平衡蓝色调整	31

7.10 TCL UL21 机心超级彩电总线调整

TCL UL21 机心超级彩电，总线系统主被控电路采用飞利浦超级单片机心 TDA9373、OM8373，TCL 公司掩膜后命名为 13-TOUS21-01M00、13-OM8373-N3P，完成由微处理器与中频、视频、扫描信号处理任务。主要开发了 25in 以上大屏幕彩色电视机。

适用机型：TCL NT21A11、NT25A11、NT34181B、AT2590UB、AT2988U、AT2990U、AT29211A、AT2916UG、AT2916UGF、AT29166I、AT29286I、AT29166GF、AT29286F、AT2960B、AT29106B、AT29189B、AT34187、AT34U186、AT34276、AT34281、AT34276F、AT34286、AT34286I、AT34189B 等超级单片彩电。

7.10.1 总线调整方法

【进入退出工厂模式】

在用户遥控器上右下边增加一个导电橡按键，作为“工厂设定”键，按一下此“工厂设定”键。然后在 2~3s 内快速按“静音”键即可进入工厂维修模式。

调整完毕。按遥控器上的“显示”键，即可退出工厂维修模式。

【项目选择与调整】

进入工厂模式后，按相应键进入相应的工厂菜单，用“频道 +/-”键选择项目，按“音量 +/-”键调整所选项目数据，调整暗平衡等项目时，按遥控器上的“静音”键，屏幕上出现水平亮线，再按此键光栅恢复正常。

7.10.2 调整项目与数据

TCL UL21 机心超级彩电总线调整项目与数据见表 7-15。

表 7-15 TCL UL21 机心超级彩电调整项目与数据

按键进入菜单	项目名称	调整功能	参考数据
按“游戏”键进入行特性调整菜单	H-PARALLEL	平行四边形失真校正	29
	H-BOW	弓形失真校正	40
	H-SHIFT	行中心调整	36
	H-WIDTH	行幅度调整	28
	H-PARABOLA	枕形失真校正	39
	H-U. CORNER	上角失真校正	25
	H-L. CORNER	下角失真校正	34
	H-TRAPE	梯形失真校正	25
按“智能音量”键进入场特性调整菜单	V-SLOPE	场线性调整	31
	V-AMPL	场幅度调整	26
	V-S. CORR	场 S 失真校正	30
	V-SHIFT	场中心调整	25

（续）

按键进入菜单	项目名称	调整功能	参考数据
按“数码滤波”键进入暗白平衡调整菜单	BL-R	红偏置调整	33
	BL-G	绿偏置调整	31
	R-	红激励调整	34
	G-	绿激励调整	41
	B-	蓝激励调整	31
按“图像”键进入 OPTION 0 菜单	DVD SOURCE	有 DVD 分量输入功能设置	DVDOK
	AV SOURCE	2 路 AV 输入 +1 路 SVHS 输入	2AV 1SVHS
	COMBFILTER	无梳状滤波器功能设置	NO
	IF FREQUENCY	中频为 38.00MHz 设置	38.00MHz
	SOUND CONFIG	无重低音功能设置	NO
按“音效”键进入 OPTION 1 菜单	POWER ON MODE	开机处于待机状态设置	STANDBY
	OSD LANGUAGE	屏显语言为中文设置	CHINESE
	IF AGC SPEED	IFAGC 速度为 3X 常速设置	3X NORM
	BRAND	有 TCL 王牌厂标设置	LOGOON
按“加锁”键进入 OPTION 2 菜单	HOTELMODE	正常模式，无酒店功能设置	FOR NORMAL
	PIN8 DEFINE	第⑧脚定义为红外耳机设置	EARPHONE
	VIDEO MUTE	转台无消隐设置	NO
	MUSICTV	有音响电视功能设置	YES
	KEYQUANTITY	本机按键为 6 键设置	6KEYS
	COLD START	开机进入 TV 状态设置	TO TV
	PROGRAM NR	228 超多频道设置	228
按“睡眠定时”键进入 OPTION 3 菜单	SOUND DK	伴音有 DK 制式选择	OK
	SOUND BG	伴音无 BG 制式选择	OFF
	SOUND I	伴音有 I 制式选择	OK
	SOUND M	伴音无 M 制式选择	OFF
	DEFAULT SOUND	伴音默认制式为 DK 制式选择	DK
	RADIO	无 FM 收音机功能设置	NO
	EXT. SPEAKER	无外置音箱功能设置	NO
按“重低音”键进入 OPTION 4 菜单	Y-DELAY	亮度延迟时间设定设置	05
	AGC-TAK	RFAGC 设定	25
	CATHODE	阴极激励电平设定	05
	SUB-BRIGHT	副亮度设定	02
	VOL01	音量 1% 设定	30
	VOL25	音量 25% 设定	85
	VOL50	音量 50% 设定	210
	LLMEZONE	世界时钟时区设定	GMT +8

7.11　TCL US21/US21A 机心超级彩电总线调整

TCL US21/US21A 机心超级彩电，总线系统采用将微处理器和被控电路合二为一的 TDA9376、OM8373、TDA9373 超级电路，TCL 公司掩膜后命名为 13-TOUS21-01M00、13-OM8373-N3P，完成由微处理器与中频、视频、扫描信号处理任务。伴音功放电路采用 TDA7496SA，场输出电路采用新型的 STV9380A。

适用机型：TCL AT25181、AT25189B、AT25211A、NT25228、AT2565、AT2565UL、AT25276、AT25276G、AT25286、AT25286F、AT25289A、AT25289B、AT29211A、AT29128、AT29187、AT29189B、AT29286、AT29286（F）、NT25A11、NT25A21、NT25A31、NT25B03、NT25A42、NT25A41B、NT29128、NT29189、NT29276、NT29A41、NT29A41B、NT34A51、29A3、AT25128、NT29M95、NT29C41、NT34189、NT34181 等超级单片彩电。

7.11.1　总线调整方法

【进入退出工厂模式】

在工厂调整模式关闭的状态下，按电视机面板上的“音量减”键，将音量减小到 00，再按住电视机面板上的“音量减”键不放手，在 2s 内迅速按遥控器上的“数字 0”键，即可进入调整模式。在工厂调整模式开启的状态下，按遥控器右下角的“工厂设定”键，也可进入工厂调整模式。

调整完毕，按“菜单”键，退出工厂模式。

【项目选择与调整】

进入工厂模式后，按遥控器上的数字键“1、2、3、4、5、6、7、8、9”和“显示”、“TV/AV”键，分别选择：场特性、行特性、白平衡调整、副亮度速度、制式设置、FM 捕捉、功能设置、拉幕选择、芯片选择、开机设置调整菜单。

进入菜单后，按遥控器上的“频道 +/-”键选择调整项目，按“音量 +/-”键调整所选项目数据。

【存储器初始化】

工厂模式下按“8”键进入 CLEAR INFO 项，按“音量 +”键设定值由 NO 变为“请等待…”。当显示 OK 并变为 NO 时，表明电话本、频道导航、图像音量设定初始值已被复位，同时工厂模式置关，开机模式置 LASTSTATE，此过程不能断电。

7.11.2　调整项目与数据

TCL US21 机心超级彩电总线系统调整项目和数据见表 7-16，表中带“*”的项目数据根据需要调整。US21A 机心超级彩电总线系统调整项目与其基本相同，只是个别项目数据不同。

表 7-16　TCL US21 机心超级彩电总线系统调整项目和数据

菜单	项目名称	调整功能	参考数据
按“1”键进入场特性调整菜单	SLOPE	场线性调整	*
	AMPL	场幅度调整	*
	S. CORR	S 失真校正	*

（续）

菜单	项目名称	调整功能	参考数据
按“1”键进入场特性调整菜单	SHIFT	场中心调整	*
	VX	不调整	25
	OFFSET	字符位置调整	*
按“2”键进入行特性调整菜单PAL 和 NTSC 制式分别进行调整	PARALLEL	平行四边形失真校正	*
	BOW	弓形失真校正	*
	SHIFT	行中心调整	*
	WIDTH	行宽调整	*
	PARABOLA	行枕形失真校正	*
	U. CORNER	上角失真校正	*
	L. CORNER	下角失真校正	*
	TRAPE	梯形失真校正	*
按“4”键进入功能设置菜单 1	SUB. BRIGHT	副亮度调整	31
	AGC-TAK	RFAGC 调整	20
	IF AGC SPEED	IFAC，C 设定为 3 倍 NORM	3XNORM
	SVMDELAY	速度调整亮度延迟为 50ns	50ns
	SVMAMP	速度调整无输出	OFF
	SVM	无速度调整功能	NO
	COLOR TEMP	用户色温调整菜单设置	YES
按“5”键进入功能设置菜单 2	IF FREQUENCY	图像中频设置	38.0
	SOUVND DK	支持 DK 制式	YES
	SOUND BG	不支持 BG 制式	NO
	SOUND I	支持 I 制式	YES
	SOUND M	不支持 M 制式	NO
	DEFAULTSOUND	默认制式为 DK 制式	DK
	VOL1	音量调整 1% 设置	4
	VOL10	音量调整 10% 设置	10
	VOL25	音量调整 25% 设置	35
	VOL50	音量调整 50% 设置	52
按“6”键进入功能设置菜单 3	FMWSI	FM 捕捉带宽设置	0
按“7”键进入功能设置菜单 4	POWER ON MODE	开机为记忆上次关机状态设置	LAST SIIATE
	BRAND	TCL LOGO 显示设置	LOGO ON
	OSD LANGUAGE	屏幕语音为中文设置	CHINESE
	AV SOURCE	2 路 AV 输入 +1 路 SVHS 输入设置	2AV ISVHS
	DVD SOURCE	DVD 分量输入设置	DVD OK
	BLUE GROUND	蓝屏功能设置	NO

（续）

菜单	项目名称	调整功能	参考数据
按“8”键进入功能设置菜单 5	MUSIC TV	音响电视功能设置	YES
	KEY QUANTITY	面板键为 6 键设置	6KEY
	BOOKING PRO	实时时钟功能设置	NO
	EEPROM INI	开机时存储器初始设定设置	NO
	CLEAR INFO	数据初始化	NO
	TUNER	使用 ALPS 高频头	ALPS
	Y-DELAY	设定亮度延迟时间	8
	CATHODE	设定阴极驱动电平	7
	RECEIVE	无超强接收功能	NO
	VERT GUARD	有场保护功能	YES
按“9”键进入功能设置菜单 6	CURTAIN	百叶窗式拉幕开关机功能设置	YES
	CURTAIN COLOUR	拉幕颜色设定	5
按“显示”键进入功能设置菜单 7	CPU VER	CPU 版本号，用于核对，不能调整	040330
	ICVER	IC 选择：OM8373 选 N3，TDA9376 选 SVM，TDA9373 选 N2	N3
	FACTROY KEY	工厂设定键开关，整机出厂时设定为关	NO
	HOTEL	HOTEL 模式设置	NO
按“TV/AV”键进入功能设置菜单 8 第 8 项在第 7 项中 HOTEL 模式打开时有效	POWER LOGO	开机 LOGO 显示设置	NO
	HOTEL MODE	搜台菜单显示设置	FOR NORMAL
	MAX VOL	最大音量设置	100
	AUTO SET	个人设置与标准设置选择	—
	PICTURE	图像模式设置	个人设定
	POWER VOL	开机时音量设置	10
	POWER SIGNAL	开机时的频道设置	1
	KEY LOCK	面板键锁定开关	NO
按数字键“3”键进入白平衡调整菜单调整范围 0～63	B-R	白平衡红色调整	31
	B-G	白平衡绿色故障	31
	W-R	暗平衡红色调整	31
	W-G	暗平衡绿色调整	31
	W-B	暗平衡蓝色调整	31

7.12　TCL HU21 机心超级彩电总线调整

TCL HU21 机心超级彩电，总线系统采用将微处理器和被控电路合二为一的 TDA9376、OM8373、TDA9373 超级电路，完成由微处理器与中频、视频、扫描信号处理任务。

适用机型：TCL AT2165、AT2565A、AT2965、AT2965A 等超级单片彩电。

7.12.1 总线调整方法

【进入退出工厂模式】

在工厂调整模式关闭的状态下，按电视机面板上的“音量减”键，将音量减小到00，再按住电视机面板上的“音量减”键不放手，在2s内迅速按遥控器上的“数字0”键3次，即可进入调整模式。在工厂调整模式开启的状态下，按遥控器右下角的“工厂设定”键，也可进入工厂调整模式。

调整完毕，按“菜单”键，退出工厂模式。

【项目选择与调整】

进入工厂模式后，按遥控器上的数字键“1、2、3、4、5、6、7、8、9”和“显示”、“TV/AV”键，分别选择调整菜单，进入菜单后，按遥控器上的“频道+/-”键选择调整项目，按“音量+/-”键调整所选项目数据。

【存储器初始化】

工厂模式下按“8”键进入CLEAR INFO项，按“音量+”键设定值由NO变为“请等待…”。当显示OK并变为NO时，表明电话本、频道导航、图像音量设定初始值已被复位，同时工厂模式置关，开机模式置LASTSTATE，此过程不能断电。

7.12.2 调整项目与数据

TCL HU21机心超级彩电总线系统调整项目和数据见表7-17，表中带“＊”的项目数据根据需要调整。

表7-17 TCL HU21机心超级彩电总线系统调整项目和数据

菜单	项目名称	调整功能	参考数据
按“1”键进入场特性调整菜单	SLOPE	场线性调整	*
	AMPL	场幅度调整	*
	S. CORR	S失真校正	*
	SHIFT	场中心调整	*
	VX	不调整	25
	OFFSET	字符位置调整	*
按“2”键进入行特性调整菜单PAL和NTSC制式分别进行调整	PARALLEL	平行四边形失真校正	*
	BOW	弓形失真校正	*
	SHIFT	行中心调整	*
	WIDTH	行宽调整	*
	PARABOLA	行枕形失真校正	*
	U. CORNER	上角失真校正	*
	L. CORNER	下角失真校正	*
	TRAPE	梯形失真校正	*
按“4”键进入功能设置菜单1	SUB. BRIGHT	副亮度调整	31
	AGC-TAK	RFAGC调整	20
	IF AGC SPEED	IFAC，C设定为3倍NORM	3XNORM

（续）

菜单	项目名称	调整功能	参考数据
按“4”键进入功能设置菜单 1	SVMDELAY	速度调整亮度延迟为 50ns	50ns
	SVMAMP	速度调整无输出	OFF
	SVM	无速度调整功能	NO
	COLOR TEMP	用户色温调整菜单设置	YES
按“5”键进入功能设置菜单 2	IF FREQUENCY	图像中频设置	38.0
	SOUVND DK	支持 DK 制式	YES
	SOUND BG	不支持 BG 制式	NO
	SOUND I	支持 I 制式	YES
	SOUND M	不支持 M 制式	NO
	DEFAULTSOUND	默认制式为 DK 制式	DK
	VOL1	音量调整 1% 设置	4
	VOL10	音量调整 10% 设置	10
	VOL25	音量调整 25% 设置	35
	VOL50	音量调整 50% 设置	52
按“6”键进入功能设置菜单 3	FMWSI	FM 捕捉带宽设置	0
	LOGO TIME	LOGO 显示时间调整	3
	MULTI MEDIA	多媒体功能开关	NO
	SMALL SCREEN	机型尺寸选择	NO（大屏幕）
按“7”键进入功能设置菜单 4	POWER ON MODE	开机为记忆上次关机状态设置	LAST SIIATE
	BRAND	TCL LOGO 显示设置	LOGO ON
	CHINESE	屏幕语音为中文设置	YES
	ENGLISE	屏幕语音为英文设置	YES
	AV SOURCE	2 路 AV 输入 +1 路 SVHS 输入设置	2AV ISVHS
	DVD SOURCE	DVD 分量输入设置	DVD OK
	POC	—	YES
	BLUE GROUND	蓝屏功能设置	NO
按“8”键进入功能设置菜单 5	CLEAR INFO	数据初始化	NO
	MUSIC TV	音响电视功能设置	YES
	KEY QUANTITY	面板键为 6 键设置	6KEY
	BOOKING PRO	实时时钟功能设置	NO
	EEPROM INI	开机时存储器初始设定设置	NO
	TUNER	使用 ALPS 高频头	TCL
	Y-DELAY	设定亮度延迟时间	8
	CATHODE	设定阴极驱动电平	7
	RECEIVE	无超强接收功能	NO
	VERT GUARD	有场保护功能	YES

（续）

菜单	项目名称	调整功能	参考数据
按“9”键进入功能设置菜单6	CURTAIN	百叶窗式拉幕开关机功能设置	YES
	CURTAIN COLOUR	拉幕颜色设定	5
按“显示”键进入功能设置菜单7	CPU VER	CPU 版本号，用于核对，不能调整	040513
	ICVER	IC 选择：OM8373 选 N3（IC202PIN3 接地），TDA9376 选 SVM，TDA9373 选 N2	N3
	FACTROY KEY	工厂设定键开关，整机出厂时设定为关	NO
	HOTEL	HOTEL 模式设置	NO
按“TV/AV”键进入功能设置菜单8 第8项在第7项中 HOTEL 模式打开时有效	POWER LOGO	开机 LOGO 显示设置	NO
	SEARCH LOCK	搜台菜单显示设置	FOR NORMAL
	MAX VOL	最大音量设置	100
	AUTO SET	个人设置与标准设置选择	—
	PICTURE	图像模式设置	个人设定
	POWER VOL	开机时音量设置	10
	POWER SIGNAL	开机时的频道设置	1
	KEY LOCK	面板键锁定开关	NO
	DIGIT SHIELD	数字键屏蔽选择	CUSTOM
	ORDER SHIELD	编辑键屏蔽选择	NO
按数字键“3”键进入白平衡调整菜单 调整范围 0～63	B-R	白场信号	31
	B-G	白场信号	31
	W-R	白场信号	31
	W-G	白场信号	31
	W-B	白场信号	31

7.13 TCL NX73 机心超级彩电总线调整

TCL NX73 机心超级彩电，总线系统采用将微处理器和被控电路合二为一的超级电路 TDA9376、OM8373、TDA9373，完成由微处理器与中频、视频、扫描信号处理任务。场输出电路采用 STV8172A，伴音功放电路采用 AN17821A，电源厚膜电路为 FSCQ1265RT。

适用机型：TCL NT29C41、NT21E64S、NT21M63S、NT21M86、NT25C06、NT29M95、NT29C41、NT29128、31V10、21V08SA、21V11、21V8A、21V18SA、25V10、25V11、25V15、25V18A、25V8A、29V08B、29V10、29V11、29V15、29V19B、29V88B、N25V10、N25V11、NT212M71、NT21M71N、NT25228、NT2595N、NT25A42、NT25C41、NT25H91、NT25M75、NT25M81、NT25M89、NT25M95、NT29M12、NT29M7 等超级单片彩电。

7.13.1 总线调整方法

【进入退出工厂模式】

在工厂调整模式关闭的状态下，按电视机面板上的“音量减”键，将音量减小到 00，再按住电视机面板上的“音量减”键不放手，在 2s 内迅速按遥控器上的“数字 0”键 3 次，即可进入调整模式。在工厂调整模式开启的状态下，按遥控器右下角的“工厂设定”键，也可进入工厂模式。

调整完毕，按“菜单”键，退出工厂模式。

【项目选择与调整】

进入工厂模式后，按遥控器上的数字键“1、2、3、4、5、6、7、8、9”和“显示”、“TV/AV”键，分别选择调整菜单。进入菜单后，按遥控器上的“频道 +/-”键选择调整项目，按“音量 +/-”键调整所选项目数据。

【存储器初始化】

工厂模式下按“8”键进入 CLEAR INFO 项，按“音量 +”键设定值由 NO 变为“请等待…”。当显示 OK 并变为 NO 时，表明频道导航、图像音量设定初始值已被复位，同时工厂模式置关，开机模式置 LASTSTATE，此过程不能断电。

7.13.2　调整项目与数据

TCL NX73 机心超级彩电总线系统调整项目和数据见表 7-18，表中带“*”的项目数据根据需要调整。

表 7-18　TCL NX73 机心超级彩电总线系统调整项目和数据

菜单	项目名称	调整功能	参考数据
按“1”键进入场特性调整菜单	SLOPE	场线性调整	*
	AMPL	场幅度调整	*
	S. CORR	S 失真校正	*
	SHIFT	场中心调整	*
	VX	不调整	25
	OFFSET	字符位置调整	*
按“2”键进入行特性调整菜单 PAL 和 NTSC 制式分别进行调整	PARAULLEL	平行四边形失真校正	*
	BOW	弓形失真校正	*
	SHIFT	行中心调整	*
	WIDTH	行宽调整	*
	PARABOLA	行枕形失真校正	*
	U. CORNER	上角失真校正	*
	L. CORNER	下角失真校正	*
	TRAPE	梯形失真校正	*
按“4”键进入功能设置菜单 1	SUB. BRIGHT	副亮度调整	31
	AGC-TAK	RFAGC 调整	20
	IF AGC SPEED	IFAC，C 设定为 3 倍 NORM	3XNORM
	SCREEN LARGE	屏幕大小选择	NO
	COLOR TEMP	用户色温调整菜单设置	YES

（续）

菜单	项目名称	调整功能	参考数据
按“5”键进入功能设置菜单 2	IF FREQUENCY	图像中频设置	38.0
	SOUVND DK	支持 DK 制式	YES
	SOUND BG	不支持 BG 制式	NO
	SOUND I	支持 I 制式	YES
	SOUND M	不支持 M 制式	NO
	DEFAULTSOUND	默认制式为 DK 制式	DK
	VOL1	音量调整 1% 设置	10
	VOL10	音量调整 10% 设置	28
	VOL25	音量调整 25% 设置	45
	VOL50	音量调整 50% 设置	50
按“6”键进入功能设置菜单 3	FMWSI	FM 捕捉带宽设置	1
按“7”键进入功能设置菜单 4	POWER ON MODE	开机为记忆上次关机状态设置	LAST SIIATE
	BRAND	TCL LOGO 显示设置	LOGO ON
	OSD LANGUAGE	屏幕语音为中文设置	CHINESE
	AV SOURCE	2 路 AV 输入 +1 路 SVHS 输入设置	2AV IS
	DVD SOURCE	DVD 分量输入设置	DVD OK
	POC	—	YES
	BLUE GROUND	蓝屏功能设置	NO
按“8”键进入功能设置菜单 5	CLEAR INFO	出厂清除用户信息	NO
	AUTO SOURCE	来电通功能设置	关
	KEY QUANTITY	面板键为 6 键设置	6KEY
	BOOKING PRO	实时时钟功能设置	NO
	EEPROM INI	开机时存储器初始设定设置	NO
	TUNER	使用 PS 高频头	PHI
	Y-DELAY	设定亮度延迟时间	8
	CATHODE	设定阴极驱动电平	13
	RECEIVE	无超强接收功能	NO
	VERT GUARD	有场保护功能	YES
按“9”键进入功能设置菜单 6	CURTAIN	百叶窗式拉幕开关机功能设置	YES
	CURTAIN COLOUR	拉幕颜色设定	5
按“显示”键进入功能设置菜单 7	CPU VER	CPU 版本号，用于核对，不能调整	070607
	ICVER	IC 选择：OM8373 选 N3，TDA9376 选 SVM，TDA9373 选 N2	N3
	FACTROY KEY	工厂设定键开关，整机出厂时设定为关	NO
	HOTEL	HOTEL 模式设置	NO

（续）

菜单	项目名称	调整功能	参考数据
按“TV/AV”键进入功能设置菜单 8 第 8 项在第 7 项中 HOTEL 模式打开时有效	POWER LOGO	开机 LOGO 显示设置	NO
	SEARCH LOCK	搜台菜单显示设置	FOR NORMAL
	MAX VOL	最大音量设置	100
	AUTO SET	个人设置与标准设置选择	—
	PICTURE	图像模式设置	个人设定
	POWER VOL	开机时音量设置	10
	POWER SIGNAL	开机时的频道设置	1
	KEY LOCK	面板键锁定开关	NO
按数字键“3”键进入白平衡调整菜单调整范围 0～63	B-R	白平衡红色调整	31
	B-G	白平衡绿色故障	31
	W-R	暗平衡红色调整	31
	W-G	暗平衡绿色调整	31
	W-B	暗平衡蓝色调整	31

7.14 TCL Y12 机心超级彩电总线调整

TCL Y12 机心超级彩电，总线系统采用将微处理器和被控电路合二为一的 LA76931 或 LA76932 三洋超级电路，完成由微处理器与中频、视频、扫描信号处理任务。

适用机型：TCL N21B5L、NT21289、N21E2B、N21K3、21B5、21V88 等超级单片彩电。

7.14.1 总线调整方法

【进入退出工厂模式】

本机操作菜单有 3 种模式：用户模式、工厂模式、工程师菜单模式。前者为用户操作而设，后两项专为工厂生产或维修调试使用。

持续按面板“音量 -”键，并按遥控器上“0”键 3 次，即可进入工厂菜单；或使用带“工厂”键的遥控器，按“工厂”键，也进入工厂菜单模式。

调整完毕，按“静音”键退出 BUS OFF 状态，遥控关机即可退出工厂模式。

【项目选择与调整】

进入工厂模式后，按“数字”键进入相应页数的工厂菜单项目，按“静音”键进入“BUS OFF”状态，按遥控器“显示”键和数字键“6、1、5、8”可进入工程师菜单进行调节。

进入各个菜单后，按遥控器上的“频道 +/-”键选择调整项目，按“音量 +/-”键调整所选项目数据。进入工厂模式，按“0”键出现一条亮线，配合调整加速极电压和暗平衡调整，再按遥控器上“0”键，使场幅还原。

【酒店模式设置】

在已被锁定为酒店状态下时可按“显示”键和数字键“6、1、5、7”进入酒店模式菜单。设置内容如下：

1）开机最大音量设置是指一旦设定某个数值，用户最大音量只能开到设定的数值。

2）开机信号如设定为 AV1，则每次开机进入 AV1，其他状态类推。如设为 OFF 则恢复至记忆关前的状态。

3）自恢复设置设为 ON 时，可以进入下面的图像模式设置和开机音量设置，酒店可以自行设定每次开机图像模式及开机音量。

4）当自恢复设置设为 OFF 时，则图像模式设置和开机音量设置无法设定，恢复至记忆关机前状态。

7.14.2 调整项目与数据

TCL Y12 机心超级彩电总线系统调整项目和数据见表 7-19。

表 7-19 TCL Y12 机心超级彩电总线系统调整项目和数据

菜单	项目名称	调整功能	参考数据
MENU 01	V. POSTION/50H	场中心（相位）调整	21
	V. SIZE/50H	场幅度调整	75
	V. LINE/50H	场线性调整	23
	V. SC	场 S 失真校正	16
	V-SIZE-CMP *	场幅补偿调整	3
	OSD-V-START/50H	OSD 垂直位置调整	22
	OSD-H-POSITION	OSD 水平位置调整	22
	CHANGE CHANNEL	频道转换设置	1
MENU 02	H-PHASE/50H	50Hz 场频时的行频调整	16
	H-PHASE/60H	60Hz 场频时的行频调整	23
	H-FREQ *	行频设置（掩膜片无设定）	23
	H-BLK-L *	左消隐量调整	1
	H-BLK-R *	右消隐量调整	3
MENU 03	RB	暗平衡红色调整	116
	GB	暗平衡绿色调整	96
	BB	暗平衡蓝色调整	101
	RD	亮平衡红色调整	90
	GD *	亮平衡绿色调整	13
	BD	亮平衡蓝色调整	109
MENU 04	RF-AGC-DELAY	RF. AGC 调整	28
	SUB-BRIGHT	副亮度调整	70
	SUB-CONTRAST *	副对比度调整	63
	SUB-COLOR *	副色度调整	32
	SUB-SHARP *	副锐度调整	10
	SUB-TINT *	副色调调整	32

（续）

菜单	项目名称	调整功能	参考数据
MENU 04	CLEAR INFO	清除自编辑内容开关设置	0
	ENG	工程师菜单	0
MENU 05	OPT-COLDR-AUTO *	彩色制式自动设定	1
	OPT-PAL-SYSTEM *	彩色制式 PAL 设定	1
	OPT-NT3. 58-SYSTEM *	彩色制式 NTSC3. 38 设定	1
	OPT-NT4. 43-SYSTEM *	彩色制式 NTSC4. 43 设定	1
	OPT-D/K-SYSTEM *	伴音制式 D/K 设定	1
	OPT-I-SYSTEM *	伴音制式 I 设定	1
	OPT-B/G-SYSTEM *	伴音制式 B/G 设定	1
	OPT-M/N-SYSTEM *	伴音制式 M/N 设定	0
MENU 06	OPT-LAST-POWER	开机待机或直接开机。0：开机待机； 1：记忆关机前状态；2：直接开机或记忆关机前状态	1
	OPT-LAST-TV/AV *	开机进入 TV 或 AV。0：进 TV； 1：记忆关机前状态；2：进 TV1 频道；3：进 AV1	1
	OPT-LOGO *	商标显示设定	1
	OPT-OSD-LANGUAGE	OSD 中英文切换。0：有中英文切换； 1：只有英文显示；2：只有中文显示； 3：有中英文切换	0
	OPT-AV-SYSTEM *	AV 输入个数。0：无 AV；1：一路 AV；2：二路 AV	1
	OPT-DVD *	DVD 开关	1
	OPT-BLUE-STRETCH	美化画面开关	0
MENU 07	OPT-6-KEY	6 键/7 键选择。0：7 键；1：6 键	1
	OPT-REALTIME-IR	实时时钟提醒开关	0
	OPT-VS-TUNER *	VS/FS 高频头选择	0
	OPT-SUPER. RECEIVE	超强接收开关。0：无超强接收； 1：超强接收开关；2：有超强接收 1 和 2	0
	OPT-CURTAIN	拉幕式开关机选择。0：开机关机都不拉幕； 1：开机拉幕关机不拉幕；2：开机不拉幕关机拉幕； 3：开机关机都拉幕	1
	OPT-HALF-TONE	OSD 半透明开关	1
	OPT-S-VIDEO	S 端子开关	1
	OPT-GAMES *	游戏设置	1
MENU 08	OPT-AV-MUTETV *	AV 时 IF MUTE 开关	1
	OPT-NO-VIDEO-MUTE *	转台黑屏开关	1
	OPT-AC-VER-OFF *	交流关机屏外消亮	1
	OPT-SEARCH-SPEED *	搜台速度设置	3
	OPT-PRO-1/249 *	超多频道选择。0：一个频道；1：249 个频道	1

（续）

菜单	项目名称	调整功能	参考数据
MENU 08	OPT-TV-GAME＊	外接游戏开关	0
	OPT-BEAUTY-COUOR＊	丽彩开关	0
	OPT-LOGO-ROWA＊	乐华商标设定	1
MENU 09	OPT-TUNER	FS 高频头厂家选择。0：ALPS；1：超强接收 ALPS；2：TCL；3：PHILIPHS；4：SHARP；5：PA · NASONAIC；6：北京 PANASONAIC；7：ALPS	0
	OPT-SCROLL	OSD 菜单滚动速度设置	0
	OPT-CONTRAST	OSD 菜单对比度设置	0
	OPT-V-PROTECT DET	场保护开关设置	0
	V. PRO-DATA	场保护值设置	24
	OPT-SEARCHVOL TAGE	搜台切换设置	0
MENU 10	DVD B-Y DC LEVEL	DVD 白平衡微调	10
	DVD R-Y DC LEVEL	DVD 白平衡微调	10
	IF-AGC SW＊	中频 AGC 开关	0
	LOGO-SCROOL-SPEED＊	商标闪动速度	3
	FM-GAIN＊	FM 检波输出切换开关	0
	BRT-ABL-DEF＊	ABL 开关	1
	BRT-MID-STOP-DEF＊	ABL 的亮度控制开关	1
	BRT-ABL-THRESHOLD＊	ABL 门限设置	7
MENU 11	B-Y DC LEVEL＊	白平衡微调	12
	R-Y DC LEVEL＊	白平衡微调	12
	RGB TEMPSW＊	RBG 温度补偿调整	1
	HALF-TONE＊	半透明值调整	3
	HALF-TONE-DEF＊	半透明开关设置	1
	FSC OR VIDEO OUT＊	色载波与视频选择	0
	OVERMOD SW＊	过调制调整开关设置	0
	OVERMOD LEVEL＊	过调制调整	0
MENU 12	VBLK SW＊	场消隐开关设置	0
	PRE SHOOTADJ＊	预、过冲调整	3
	OVER SHOOTADJ＊	预、过冲开关设置	0
	Y GAMMA START＊	Y 信号 Y 补偿调整	0
	DC. REST＊	直流恢复调整	3
	BLK STR. START＊	黑电平扩展起点设置	1
	BLK. STR GAIN＊	黑电平扩展增益调整	2
	CORING GAIN＊	核化增益调整	3

（续）

菜单	项目名称	调整功能	参考数据
MENU 13	R-Y/B-Y GAIN-BAL *	R-Y，B-Y 解调比调整	15
	R-Y/B-Y ANGLE *	R-Y，B-Y 解调角调整	8
	C-EXT *	内外部色度输入选择	0
	C-BYPASS *	色度带通滤波器旁路开关	0
	SIF-SYS. SW *	S 频率设定	3
	S. TRAP. SW *	陷波器中心调整	0
	DE-EMPHASIS-TC *	去加重时间常数切换开关	0
	VCO TEST *	VCO 频率测试	3
MENU 14	SYNC-KILL *	同步开关设置	0
	AFC-GAIN-AND-GATE *	行 AFC 门限/增益开关设置	0
	FBP-BUK-SW *	回扫消隐开关设置	1
	FILTER-SYSTEM *	色度陷波频率切换设置	2
	C-KILL-NO *	自动消色设置	0
	C-KILL-OFF *	消色开关设置	0
	AUTO-FRESH *	自动肤色校正	0
	BLANK-DEF *	行场消隐开关	0
MENU 15	CROSS-B/W *	维修测试信号	0
	GRAY-MODE	维修用	0
	COUNT-DOWN-MODE *	场频模式切换	1
	V-KILL *	场扫描停止设置	2
MENU 16	VIF. SYS. SW *	中频频率设定	0
	EEPROM DATA RESET	恢复为初始值设置	0
	C. VCO ADJ *	色载波频率微调	7
	PAL APC SW *	PAL 色相位扩展开发设置	0
	COLOR KILLER OPE *	消色工作点设定	7
	VIDEO LEVEL *	视频输出幅度调整	7
	G-Y ANGLE *	G-Y 解调角调整	0
	IF VCO FREQ *	VCO 频率设定	32
MENU 17	Y TH *	Y 电平延伸开关设置	3
	Y. GAIN *	Y 电平延伸增益调整	1
	R WIDTH *	R 电平延伸增益微调	0
	R OFFSET *	R 电平配置微调	0
	B WIDTH *	B 电平延伸增益微调	0
	B OFFSET *	B 电平配置微调	0
	C. TRAP FO/PAL *	PAL 色度陷波调整	7
	C. TRAP FO/NTSC *	NTSC 色度陷波调整	5

（续）

菜单	项目名称	调整功能	参考数据
MENU 18	C. BPF TEST *	色度滤波测试	0
	POWER OFF TIMER *	直流关机屏外消亮延迟时间调整	4
	OPT-H-PRO	速流保护开关设置	0
	H-PRO DATA	速流保护值调整	28
	BRI-VKILL	V-KILL 亮度调整	28
	CONTRAST-VKILL	V-KILL 对比度调整	31
酒店模式设置 HOTEL SETUP	HOTEL MODE	酒店模式选择开关	ON/OFF
	TUNING LOCK	选台菜单锁定开关	ON/OFF
	PRO. NAME EDIT	频道编辑锁定开关	ON/OFF
	KEY LOCK	面板按键锁定开关	ON/OFF
	MAXVOL	最大音量控制设置	100
	POWER SIGNAL	开机信号设置	AV1/AV2/DVD /TV/OFF
	WELCOME LOGO	酒店 LOGO 设置	ON/OFF
	AUTO SET	自恢复设置	ON/OFF
	PIC	图像模式设置	SOE. SAVE/SOFT /STANDARD /VIVID/USER
	POWER VOL	开机音量设置	12

注：1. 其中所需调试的项目，请根据不同的配管状况，在试产中确定合适的数值，直接写入 EEPROM 中。

2. 带“＊”号的项目是与电路设计有关的项目，请勿随意改动。

7.15 TCL Y12A 机心超级彩电总线调整

TCL Y12A 机心超级彩电，是在 Y12 机心的基础上更换待机小于 3W 的电源开发而成，总线系统采用将微处理器和被控电路合二为一的 LA76931 三洋超级电路，完成由微处理器与中频、视频、扫描信号处理任务。

适用机型：TCL NT21289、N21V16、21211、N21B5L、N21G16、21B5、21V88、21V12S、21T8S、21V16、21T8S、21G16 等超级单片彩电。

7.15.1 总线调整方法

【进入退出工厂模式】

本机操作菜单有 3 种模式：用户模式、工厂模式、工程师菜单模式。前者为用户操作而设，后两项专为工厂生产或维修调试使用。

一是使用用户遥控器进行调整：持续按电视机面板上的“音量－”键，并按遥控器上“0”键 3 次，即可进入工厂菜单。

二是使用带“工厂”键的遥控器，按“工厂”键进入工厂菜单模式，按“数字”键进入相应页数的工厂菜单项目，按静音键进入“BUS OFF”状态。

调整完毕，按“菜单”键及“工厂”键可退出工厂菜单。

【项目选择与调整】

进入工厂模式后，按“数字”键选择和进入相应页数的工厂菜单项目，按遥控器“显示键”和“6、1、5、8”可进入工程师菜单进行调节，在已被锁定为酒店状态下时可按“显示键”和“6、1、5、7”进入酒店模式菜单。

进入各个菜单后，按遥控器上的“频道 +/-”键选择调整项目，按“音量 +/-”键调整所选项目数据。进入工厂模式，按“0”键出现一条亮线，配合调整加速极电压和暗平衡调整，再按遥控器上“0”键，使场幅还原。

【存储器初始化】

下表调整项目与数据工厂菜单 04 中的 CLEAR INFO 为自编辑内容清除功能。此功能为出厂前初始化用，可将用户菜单中各项恢复至默认状态，进入工厂菜单 04，将 CLEAR INFO 设置为 YES，运行自动清除功能，清除完毕，该参数自动恢复为 NO，清除过程约为 15s，期间不可以断电。

7.15.2 调整项目与数据

TCLY12A 机心超级彩电，总线系统调整项目和数据见表 7-20。

表 7-20 TCL 机心超级彩电总线系统调整项目和数据

菜单	项目名称	调整功能	参考数据
MENU 01	V-POSTION/50H	场中心调整	21
	V-SIZE/50H	场幅度调整	64
	V-LINE/50H	场线性调整	23
	V-SC	场 S 失真校正	19
	V-SIZE. CMP	场幅补偿调整	03
	OSD-V-START/50H	OSD 垂直位置调整	16
	OSD-H-POSITION	OSD 水平位置调整	15
	CHANGE CHANNEL	频道转换设置	1
	HOTEL MODE	酒店菜单开关设置	OFF
MENU 02	H-PHASE/50H	50Hz 行中心调整	12
	H-PHASE/60H	60Hz 行中心调整	18
	H-FREQ	行频调整	32
	H-BLK-L	左消隐量调整	3
	H-BLK-R	右消隐量调整	3
MENU 03	RB	暗平衡红色调整	127
	GB	暗平衡绿色调整	127
	BB	暗平衡蓝色调整	127
	RD	亮平衡红色调整	90

（续）

菜单	项目名称	调整功能	参考数据
MENU 03	GD	亮平衡绿色调整	11
	BD	亮平衡蓝色调整	90
MENU 04	AC POWER	开机模式设置	LAST
	RF-AGC-DELAY	RF-AGC 调整	18
	SUB-BRIGHT	副亮度调整	80
	SUB-CONTRAST	副对比度调整	45
	SUB-COLOR	副色度调整	30
	SUB. SHARP	副锐度调整	10
	SUB. TINT	副色调调整	32
	CLEAR INFO	清除口编辑内容开关	NO
MENU 05	VFREQ	场频设置	AUTO
	BRI-B5C9	亮度曲线微调	63
	BRI-BOCO	亮度曲线微调	0
	OSD-CON	OSD 对比度调整	0
	AV	视频通道数设置	03
	S-VIDEO	S-VIDEO 所在通道设置	AV02
	DVD/DVB	DVD 通道显示 LOGO 选择	DVD
	USPER-RECEIVE	超强接收选择开关	NO
	INIT EEPROM	EEPROM 变量清除	NO
MENU 06	T-SPEED	搜台速度选择	03
	WOOF VOL	重低音音量调节	NO
	DUAL	双通道开关	NO
	BAL	平衡开关	NO
	WOOF	重低音开关	NO
	THENE	配色主题设置	0
	MENU. IL	一级半菜单选择	YES
	M. ICON	菜单图标选择开关	YES
	KEY BACKLIGHT	触摸屏背景灯选择开关	YES
MENU 07	AUTO	彩色制式 AUTO 开关	ON
	PAL	彩色制式 PAL	ON
	N358	N358 选择开关	ON
	N443	N443 选择开关	ON
	DEFCOLOR	默认彩色制式选择	AUTO
	OPT-PTC-TEMP	实时时钟与温度选择开关	NO
	OPT-6-KEY	面板矩阵 6/7 键选择	YES
	AFC-GAIN-GAIT	AFC 增益影响	OFF
	GANE OSD-CON	游戏状态下 OSD 对比度影响	00

（续）

菜单	项目名称	调整功能	参考数据
MENU 08	D/K	D/K 制选择开关	ON
	B/G	B/G 制选择开关	OFF
	M/N	M/N 制选择开关	OFF
	I	I 制选择开关	ON
	DEFSOUND	默认伴音制式动人心	DK
	PRO MUTE	转台黑屏动人心	OFF
	TV. OUT	AV 状态下 TV 通道开关	OFF
	V. PROTECT DET	场保护选择开关	YES
	V. PRO DATA	场保护门限值调整	12
MENU 09	PIC. MUTE	画面静噪背景选择	BLU
	MUTE-OFF	关机图像关闭设置	OFF
	FUXLBG	福喜 LOGO 背景色选择	RED
	S. S. SEL	屏幕图案设置	ICON
	BG. SEMI	背景半透明开关设置	ON
	BG. CUR	菜单反白条选择	OFF
	TONE LVL	半透明度选择	01
	BRI. MAX	最大亮度选择	31
	GAME SUB BRI	游戏状态下副亮度值调整	00
MENU 10	ON-TV/AV	开关信源选择	LAST
	CUS-LOGO	厂家 LOGO 设置	ROWA
	ON-DLY	开机延时调整	00
	ON-SEARCH	开机搜台设置	OFF
	ON-CUER	开机拉幕设置	ON
	OFF-CURT	开机拉幕设置	OFF
	OFF-MUTE	关机静图像设置	OFF
	ZOOM	6：9 下放大设置	OFF
	GAME BRI. ADJ	游戏状态亮度对比度调节开关	OFF
MENU 11	ENG	菜单语言-英文设置	ON
	CHN	菜单语言-中文设置	ON
	TUNER	电压合成/频率合成高频头选择	PLL
	PLL TUNER	高频仪软件选择。0：ALPS；1：超强接收 ALPS；2：TCL：3：PHILIPHS：4：SHARP：5：PANASONAIC；6：北京 PANASONAIC；7：ALPS	00
	Y TH	Y 电平延伸开关设置	03
	Y GAIN	Y 电平延伸增益调整	01
	R WIDTH	R 电平延伸增益微调	00

（续）

菜单	项目名称	调整功能	参考数据
MENU 11	R OFFSET	R 电平配置微调	00
	B WIDTH	B 电平延伸增益微调	00
	B OFFSET	B 电平配置微调	00
MENU 12	CORING	核化功能设置	00
	BLK STR STA START	黑电平延伸起始点设置	01
	BRI. ABL	亮度 ABL 控制开关	ON
	MID. STOP	ABL 亮度控制开关	ON
	ABLTH	ABL 门限值调整	37
	RGB. IV	RGB 温度补偿调整	ON
	OPT BLUE STRETCH	黑电平延伸开关	YES
	G. Y ANGLE	G-Y 解调角调整	00
	LOGO BRI. ADJ	LOGO 亮度限制开关设置	OFF
MENU13	R/B GAIN	R-Y/B-Y 解调比调整	15
	R/B ANGLE	R-Y/B-Y 解调角调整	08
	FM AUDIO OUT	FM 检波输出调整	FM
	DEEM TC	去加重调整	00
	FM GAIN	FM 增益调整	00
	VIF	中频限制调整	38.0
	V. LVL	视频幅度调整	07
	V. SYNC	场同步调整	00
	LOGO OSD-CON	LOGO 对比度限制值调整	00
MENU 14	C-KILL	消色点设置	07
	YGMA	GMA 校正	00
	DC. REST	直流恢复设置	03
	BLK. STR. GAIN	黑电平延伸增益调整	03
	OVER. MOD. SW	过调制开关设置	OFF
	OVER. MOD. LEVEL	过调制幅度调整	00
	VCO TEST	VCO 频率测试	03
	IFVCO FREQ	VCO 频率设置	32
	LOGO SUB. BRI	LOGO 亮度限制值调整	00
MENU 15	PRE SHOOT ADJ	预冲调整	00
	OVER SHOOT ADJ	过冲调整	00
	C. VCO	色载波频率微调	07
	PALAPC SW	PAL 色相位控制开关	OFF
	B-Y/DC	白平衡微调	12
	R-Y/DC	白平衡微调	12

（续）

菜单	项目名称	调整功能	参考数据
MENU 15	B-Y/DVD	DVD 白平衡调整	7
	R-Y/DVD	DVD 白平衡调整	6
MENU 16	VBLK	场消隐开关设置	OFF
	FBP-BLK-SW	行消隐开关设置	ON
	FSC OR VIDEO OUT	色载波与频率选择	OFF
	GRAY-MODE	维修模式设置	OFF
	CROSS-B/W	维修信号	00
	C. TRAP FO/PAL	PAL 制陷波调整	05
	C. TRAP FO/NTSC	N 制陷波调整	05
	C. BPFTEST	色度滤波器设置	02

注：其中所需调试的项目，请根据不同的配管状况，在试产中确定合适的数值，直接写入存储器中。

7.16　TCL Y22 机心超级彩电总线调整

TCL Y22 机心超级彩电，总线系统主被控电路采用三洋公司的将微处理器与小信号处理电路合而为一的 LA76932 超级单片电路，TCL 公司掩膜后命名为 13-T00Y22-01M01 或 13-LA7693-2NPR、13-WS9303-AOP 等，完成由微处理器与中频、视频、扫描信号处理任务。

适用机型：TCL 25B5、29V88、N25B5L、N25B6B、NT25289、N25K3、25211、25V12、29V12、AT2916Y 等机型。

7.16.1　总线调整方法

1. 第一种调试方法

【进入退出工厂模式】

先按电视机上的“音量 -”键，将音量减小到 00，不松手，在 2s 内快速按遥控器数字“0”键 3 次，即进入工厂模式，屏幕上出现调试菜单。

调整完毕，按“菜单”键即可退出工厂状态。

【项目选择与调整】

进入工厂调整菜单后，按“频道 +/-”键选择调试项目，按“音量 +/-”键调整所选项目的数据。

【酒店模式设置】

该系列彩电具有酒店模式设置功能，连续按遥控器上的“显示”键及数字键“6、1、5、7”，在 2s 内完成上述操作，即可进入酒店模式设置状态。按“频道 +/-”键选择酒店菜单调整项，按“声音 +/-”键设置酒店功能。

2. 第二种调试方法

【进入退出工厂模式】

本机操作菜单有两种模式：用户模式和过程模式。前者为用户操作而设，后者专为工厂生产或维修调试使用。

为方便调试、提高效率，本机遥控器特设了两个快捷键：“T1”键（在 T1 状态下，无信号不关机，无蓝屏只有雪花点）和工程模式键（D 模式）。一个快捷复合键，V-KILL（一条亮线，在进 D 模式后按“静音”键）。

【项目选择与调整】

进入工厂调整菜单后，按“频道 +/-”键选择调试项目，按“音量 +/-”键调整所选项目的数据。

【酒店模式设置】

连续按遥控器上的“显示”键及数字键“6、1、5、7”即可进入酒店模式（2s 内）。按“频道 +/-”键选择酒店菜单调整项，按“声音 +/-”键设置功能。设置项目和内容见下表调整项目与数据的最后一个菜单。

1）开机最大音量设置是指一旦设定某个数值，用户最大音量只能开到设定的数值。

2）开机信号如设定为 AV1，则每次开机进入 AV1，其他状态类推。如设为 OFF，则恢复至记忆关前的状态。

3）自恢复设置设为 ON 时，可以进入下面的图像模式设置和开机音量设置，酒店可以自行设定每次开机图像模式及开机音量。

4）当自恢复设置设为 OFF 时，则图像模式设置和开机音量设置无法设定，恢复至记忆关机前状态。

7.16.2 调整项目与数据

TCL Y22 机心超级彩电第一种调整方法的总线调整项目与数据见表 7-21；第二种调整方法的总线调整项目与数据见表 7-22。

表 7-21 TCL Y22 机心超级彩电第一种调整方法的总线调整项目与数据

菜单	项目名称	调整功能	参考数据
MENU00	H-PHASE	行频调整	15
	V-POSTION	场中心调整	16
	V-SIZE	场幅度调整	57
	V-LINE	场线性调整	24
	OSD-V-START	字符垂直位置调整	10
	CHANGECHANNEL	频道转换设置	1
	AC-VOL-LOW	电压显示范围（低端）	6
	AC-VOL-HIGH	电压显示范围（高端）	57
MENU01	RB	红截止调整	114
	GB	绿截止调整	95
	BB	蓝截止调整	93
	RD	红激励调整	89
	* GD	绿激励调整	13
	BD	蓝激励调整	100
	ENG	工程师菜单设置	0

（续）

菜单	项目名称	调整功能	参考数据
MENU02	SUB-BRIGHT	副亮度调整	33
	* SUB-CONTRAST	副对比度调整	110
	* SUB-COLOR	副色度调整	63
	* SUB-SHARP	副锐度调整	0
	* SUB-TINT	副色调调整	26
	OSD-H-POSITION	字符水平位置调整	22
	RF-AGC-DELAY	高放 AGC 调整	33
	Y-SC	场 S 失真校正	19
MENU03	EAST/WEST DC	行幅调整	51
	E/W AMP/50H	50Hz 枕形失真校正	13
	H. SIZECOMP/50H	50Hz 行幅度调整	7
	EAST/WEST TILT/50H	50Hz 梯形失真校正	34
	E/W CORNER TOP/50H	50Hz 上部失真校正	2
	E/W CORNER BTM/50H	50Hz 下部失真校正	5
	V. POS SHIFT/50H	50Hz 场中心微调	2
MENU04	E/WAMP/60H	60Hz 枕校调整	15
	H. SIZECOMP，60H	60Hz 行幅调整	7
	EAST/WESTTILT	60Hz 梯形失真校正	31
	E/WCORNERTOP/60	60Hz 上部失真校正	3
	E/WCORNERBTM/60	60Hz 下部失真校正	2
	V. POSSHIFT/60	60Hz 场中心微调	2
	* DVDB-YDCLEVEL	DVD 白平衡微调	9
	* DVDR-YDCLEVEL	DVD 白平衡微调	8
MENU05	* OPT-CURTAIN	拉幕式开关机选择	1
	* OPT. VS. TUNER	VS/FS 高频头选择	1
	* OPT-ALPS-TUNER	FS 高频头厂家选择	0
	* OPT-ACV-METER	电压显示开关	1
	* OPT-SAFTY-OFF	电压保护开关	0
	* OPT-AC-VER-OFF	交流关机屏外消亮	1
	* OPT-AV-MUTETV	AV 时/FMUTE 开关	1
	* OPT-NO-VIDEO-MUTE	转台黑屏幕开关	1
MENU06	* OPT-REALTIME-IR	实时时钟提醒开关	1
	* OPT-TV-GAME	外接游戏开关	0
	* OPT-25ASBANDL	IC 功能定义设置	0
	* OPT-ASLAN. BC/5060	IC 功能定义设置	1
	OPT-HALF-TO	OSD 半透明开关	1

（续）

菜单	项目名称	调整功能	参考数据
MENU06	OPTBLUESTRETCH	蓝电平延伸开关	0
	OPT-V. POS FLX	帧中心直流调节功能开关	1
	外加直流增加帧中心调节范围	0：外加直流；1：取消外加直流	0
	OPT-S-VIDEO	VIDEO 自动判别开关 0：功能开；1：功能关	0
MENU07	* COUNT. DOWN-MODE	场频模式切换	1
	* VSYNC-SET-UP	场同步分离灵敏度	1
	* V-KILL	停止场扫描开关	1
	* V-SIZE-CMP	场幅补偿调整	7
	* BRT-ABL-DEF	ABL 开关	0
	* BRT-MID-STOP-DEF	ABL 亮度控制开关	1
	* BRT-ABL-THRESHOLD	ABL 门限设置	7
	* IF-AGCSW	中频 AGC 开关	0
MENU08	* SYNC-KILL	同步开关	0
	* AFC-GAIN-AND-GATE	行 AFC 门限/增益开关	0
	* FBP-BLK-SW	回扫消隐开关	1
	* H-FREQ（掩膜片无须设定）	行频调整	17
	* H-BLK-L	左消隐量调整	4
	* H-BLK-R	右消隐量调整	3
	OPT-V-FIX-PIN①		1
	STRAP. TEST	伴音陷波器调整	4
MENU09	FILTER-SYSTEM	色度陷波频率切换	7
	C. KILL-ON	自动消色开	0
	C. KILL-OFF	自动消色关	0
	AUTO-FRESH	自动肤色校正	0
	* BLANK-DEF	行场消隐开关	0
	* CORINGGAIN	核化增益	3
MENU10	* R-Y/B-YGAIN-BAL-50	50Hz R-Y，B-Y 解调比	15
	* R-Y/B-YANGLE	R-Y，B-Y 解调角	8
	VIDEO-MUTE	画面静噪消画开关	0
	C-EXT	内外部色度输入选择	0
	C-BYPASS	色度带通滤波器旁路开关	0
	DIGITAL-OSD	数字 OSD 设置	0
	* SIF-SYSTEM-SW	S 频率设定	3
	* S. TRAP. SW	陷波器中心调整	0
MENU11	FM-GAIN	FM 检波输出切换开关	0

（续）

菜单	项目名称	调整功能	参考数据
MENU11	DE-EMPHASIS-TC	去加重时间常数切换开关	0
	FM-LEVEL	PM 输出电平	31
	OSD-CONTRAST	字符对比度调整	6
	CROSS-B/W	维修测试信号	0
	GRAY-MODE	维修用	1
	EXTOSD-CONT	外部字符对比度调整	0
MENU12	EAST/WEATDC 16:9	枕校行幅校正量	46
	EAST/WEATAMP/50Hz 16:9	50Hz 16:9 枕校量	63
	EAST/WEATAMP/60Hz 16:9	60Hz 16:9 枕校量	63
	B/WTILT 16:9	梯形失真校正	63
	CONERTOP 16:9	上部失真校正	15
	CONERBOTTOM 16:9	下部失真校正	15
	EW-COR. SW	顶角补偿开关	1
	R-Y/B-YANGLE/60	60Hz R-Y，B-Y 解调比	0
MENU13	EAST/WEATDC 2:1	枕校行幅校正量	63
	EAST/WEATAMP/50Hz 2:1	50Hz 16:9 枕校量	63
	EAST/WEATAMP/60Hz 2:1	60Hz 16:9 枕校量	63
	E/WTILT 2:1	梯形失真校正	63
	CONERTOP 2:1	上部失真校正	15
	CONERBOTTOM 2:1	下部失真校正	15
	LV1116PRE. GAIN/TV	TV 状态下 1116 内部增益	7
	LV1116PRE. GAIN/AV	AV 状态下 1116 内部增益	0
MENU14	* B-YDCLEVEL	白平衡微调	12
	* R-YDCLEVEL	白平衡微调	11
	* RGBTEMPSW	RGB 温度补偿	1
	* HALF-TONE	半透明值调整	3
	* HALF-TONE-DEF	半透明开关	1
	* FSCORVIDEOOUT	色载波与视频选择	1
	* OVER. MOD. SW	过调制调整开关	0
	* OVER. MOD. UBVEL	过调制调整	0
MENU15	* WPLOPE. POINT	白峰限制调制	0
	* VBLKSW	场消隐开关	0
	* PRESHOOTADJ	预、过冲调整	0
	* OVERSHOOTADJ	预、过冲开关	0
	* YGAMMASTART	Y 信号补偿	0
	* DC. REST	直流恢复调整	0

（续）

菜单	项目名称	调整功能	参考数据
MENU15	* BLK. STR. START	黑电平扩展起始点设置	0
	* BLK. STR. GAIN	黑电平扩展增益调整	0
MENU16	* OPT-COLOR-AUTO	自动彩色制式设定	1
	* OPT-PAL-SYSTEM	PAL 彩色制式设定	1
	* OPT-NT3. 58-SYSTEM	NTSC3. 58 彩色制式设定	1
	* OPT-NT4. 43-SYSTEM	NTSC4. 43 彩色制式设定	1
	* OPT-D/K-SYSTEM	D/K 伴音制式设定	1
	* OPT-I-SYSTEM	I 伴音制式设定	1
	* OPT-B/G-SYSTEM	B/G 伴音制式设定	1
	* OPT-M/N-SYSTEM	M/N 伴音制式设定	0
MENU17	* OPT-AV-SYSTEM	AV 输入个数设定	2
	* OPT-SUPER-RECEIV	超强接收开关	0
	* OPT-DVD	DVD 开关	1
	* OPT-LOGO	商标设定	1
	* OPT-LOGO-ROWAO	乐华商标设定	0
	* LOGO-SCROOL-SPEED	商标闪动速度	3
	* OPT-DEFAULT-SOUND	搜台默认伴音制式 0：D/K；1：I；2：B/G；3：M/N	0
	* OPT-WOOFER	重低音开关	0
MENU18	* OPT-LAST-POWER	开机状态设置 0：待机；1：记忆；2：开机或记忆	1
	* OPT-LAST-TV/AV	开机进入 TV 或 AV 0：TV；1：记忆；2：TV1；3：AV1	1
	* OPT-SEARCH-SPEED	搜台速度设置	1
	* OPT-ENGLISH-ONLY	字符显示语言设置 0：英文或中文；1：英文	0
	* OPT-PRO-1/249	接收频道选择	1
	* OPT-GAMES	游戏设置	1
	* OPT-6-KEY	6 键/7 键功能选择	0
	* OPT-BEAUTY-COLOR	丽彩开关	0
MENU19	* C. VCOADJ	色载波频率微调	7
	* PALAPCSW	PAL 色相位控制开关	0
	* COLORKILLEROPE	消色工作点设定	0
	* VIDEOLEVELOFFSET	视频信号电平调整	1
	* VIDEOLEVEL	视频输出幅度调整	3
	* VIF-SYS. SW	中频频率设定	0
	* G-YAMP	G. Y 解调比调整	7
	* G-YANGLE	G-Y 解调角调整	0

（续）

菜单	项目名称	调整功能	参考数据
MENU20	* IFVCOFREQ	VCO 频率设置	45
	VMDELAYADJ	束流调制延时控制	3
	VMGAIN	束流调制增益控制	7
	EAST/WESTTEST	东西校正测试	7
	* C. TRAPFO/PAL	PAL 色度陷波设置	4
	* C. TRAPFO/NTSC	NTSC 色度陷波设置	4
	* C. BPFTESTO	色度滤波测试	0
	POWERROFFTIMER	场外消亮时间调整	3
MENU21	YTH	Y 电平延伸开关设置	0
	Y. GAIN	Y 电平延伸增益调整	0
	* RWIDTH	R 电平延伸增益微调	0
	* ROFFSET	R 电平配置微调	0
	* BWIDTH	B 电平延伸增益微调	0
	* BOFFSET	B 电平配置微调	0
HOTEL SETUP	HOTEL MODE	酒店模式功能设置	ON/OFF
	TUNING LOCK	选台菜单锁定设置	ON/OFF
	PRO NAMIE EDIT	频道编辑锁定设置	ON/OFF
	KEY LOCK	面板按键锁定设置	ON/OFF
	MAX VOL	最大音量控制设置	100
	POWER SIGNAL	开机信号设置	AV1/AV2/DV/TV/OFF
	WELCOME LOGO	酒店 LOGO 设置	ON/OFF
	AUTO SET	自恢复设置	ON/OFF
	PIC	图像模式设置	SOFT. SAVE/SOFT /STANDARD/VIVID/USER
	POWER VOL	开机音量设置	12

注：表中带“＊”号项目是与电路设计和电视机功能相关的项目，不可随意改动。

① MENU08 菜单中的 OPT-V-FIX-PIN 项目，其调整内容为：37/25 脚帧中心直流调节；0：用 S-VIDEO 检测脚（PIN37），1：用 50、60 脚（PIN25），同时恢复 S-VIDEO 检测脚的功能。

表 7-22　TCL Y22 机心超级彩电第二种调整方法的总线调整项目与数据

菜单	项目名称	调整功能	参考数据
MENU 01	V. POSTION	场中心调整	38
	V. SIZE	场幅度调整	83
	V. UNE	场线性调整	21
	V. SC	场 S 失真校正	24
	OSD-V-SSTART	OSD 垂直位置调整	15
	OSD-H-POSITION	OSD 水平位置调整	22
	V. POS SHIFT	场中心微调	2
	CHANGE CHANNEL	频道转换设置	1

（续）

菜单	项目名称	调整功能	参考数据
MENU 02	H-PHASE	行频调整	16
	H-SIZE	行幅调整	38
	PARABOLA	枕形失真校正	15
	TRAOE	梯形失真校正	47
	U. CORNER	上部失真校正	0
	U. CORNER	下部失真校正	8
	H. SIZE COMP*	行幅补偿调整	7
MENU 03	RB	暗平衡红色调整	124
	GB	暗平衡绿色调整	100
	BB	暗平衡蓝色调整	114
	RD	亮平衡红色调整	79
	GD	亮平衡绿色调整	13
	BD	亮平衡蓝色调整	113
MENU 04	RF-AGC-DELAY	RF-AGC 调整	40
	SUB-BRIGHT	副亮度调整	77
	SUB-CONTRAST*	副对比度调整	63
	SUB-COLOR*	副色度调整	36
	SUB-SHARP*	副锐度调整	18
	SUB-TINT*	副色调调整	27
	CLEAR INFO	存储器初始化	0
	ENG	工程师菜单	1
MENU 05	OPT-COLOR-AUTO*	彩色制式自动设定 0：ATUO； 1：AUTO，PAL-M，PAL-N，N3. 58； 2：AUTO，PAL，N4. 43，N3. 58； 3：AUTO，PAL，N4. 43，N3. 58；SECAM	1
	OPT-PAL-SYSTEM*	彩色制式 PAL 设定	1
	OPT-NT3. 58-SYSTEM*	彩色制式 NTSC3. 58 设定	1
	OPT-NT4. 43-SYSTEM*	彩色制式 NTSC4. 43 设定	1
	OPT-D/K-SYSTEM*	伴音制式 D/K 设定	1
	OPT-I-SYSTEM*	伴音制式 I 设定	1
	OPT-B/G-SYSTEM*	伴音制式 B/G 设定	1
	OPT-M/N-SYSTEM*	伴音制式 M/N 设定	0
MENU 06	OPT-LAST-POWER	开机待机或直接开机选择。0：开机待机； 1：记忆关机前状态； 2：直接开机或记忆关机前状态	1
	OPT-LAST-TV/AV*	开机进入 TV 或 AV 选择。0：进 TV； 1：记忆关机前状态； 2：进 TV1 频道；3：进 AV1	1

（续）

菜单	项目名称	调整功能	参考数据
MENU 06	OPT-LOGO *	商标设定	1
	OPT-OSD-LANGUAGE	OSD 语音选择	0
	OPT-AV-SYSTEM *	AV 输入个数选择。0：无 AV；1：一路 AV；2：二路 AV	2
	OPT-DVD *	DVD 开关设置	1
	OPT-BLUE-STRETCH	蓝电平延伸开关设置	0
	OPT-6-KEY	面板矩阵 6 键/7 键选择	1
MENU 07	OPT-REALTIME-IR	实时时钟提醒开关	1
	OPT-VS. TUNER *	VS/FS 高频头选择	0
	OPT-SUPER-RECEIVE *	超强接收开关。0：无超强接收；1：只有超强接收；2：有超强接收 1 和 2	0
	OPT-CURTAIN *	拉幕式开关机选择。0：没有；1：开机有关机没有；2：开机没有，关机有；3：开关机都有	1
	OPT-HALF-TONE *	半透明值调整	3
	OPT-LDGO-ROWA *	乐华商标设定	0
	OPT-V. PROTECT DET	场保护开关	1
	V. PRO DATA	场保护电压设置	30
MENU 08	OPT-S-VIDEO	S-VIDEO 自动判别开关 0：功能开；1：功能关	0
	OPT SCROLL	导航菜单滚动开关	0
	OPT-CONTRAST	OSD 对比度调整	0
	DVD B-Y DC LEVEL *	DVD 白平衡微调	8
	DVD R-Y DC LEVEL *	DVD 白平衡微调	6
	BLK. STR. START *	黑电平扩展起点设置	1
	BLK. STR GAIN *	黑电平扩展增益调整	2
	IF-AGC SW *	中频 AGC 开关	0
MENU 09	OPT-TUNER	高频头选择开关	0
	VIF. SYS. SW *	中频频率设定	0
	OPT-CURTAIN DELAY	拉幕时间设定	5
	OPT-H PRO *	束电流保护设置	0
	H-PRO-DATA	束电流保护值调整	0
	POWER OFF TIMER	场外消亮时间设定	3
	EEPROM DATA RESET	出厂 EEPROM 清零设置	0

（续）

菜单	项目名称	调整功能	参考数据
MENU 10	OPT-AV-MUTETV *	AV 时 IFMUTE 开关	1
	OPT-NO-VIDEO-MUTE *	转台黑屏开关	1
	OPT-AC-VER-OFF *	交流关机屏外消亮设置	1
	LOGO-SCROOL-SPEED *	商标闪动速度调整	3
	OPT-PRO-1/249 *	超多频道选择	1
	OPT-GAMES *	游戏设置	1
	OPT-BEAUTY-COLOR *	丽彩开关	0
	OPT-TV-GAME *	外接游戏开关	0
MENU 11	R-Y/B-Y GAIN-BAL *	50Hz 的 R-Y、B-Y 解调比调整	15
	R-Y/B-Y ANGLE/50 *	R-Y、B-Y 解调角调整	8
	C-EXT *	内外部色度输入选择	0
	C-BYPASS *	色度带通滤波器旁路开关	0
	DIGITAL-OSD	数字 OSD 设置	0
	SIF-SYS-SW *	S 频率设定	3
	S. TRAP. SW *	陷波器中心调整	1
	S. TRAP. TEST	伴音陷波器调整	4
MENU 12	DE-EMPHASIS-TC	去加重时间常数切换开关	0
	CROSS-B/W	维修测试信号	0
	GRAY-MODE	维修用	0
	EXT OSD-CONT	外部 OSD 对比度调整	0
	AFC-GAIN-AND-GATE *	行 AFC 门限/增益开关	0
	Y. APF SW	亮度 APF 开关	0
	FILTER-SYSTEM *	色度陷波频率切换	2
	SYNC-KILL *	同步开关	0
MENU 13	B-Y DC LEVEL *	白平衡微调	12
	R-Y DC LEVEL *	白平衡微调	12
	RGB TEMPSW *	RBG 温度补偿	1
	HALF-KILL	半透明开关	3
	FSC OR VIDEO OUT *	色载波与视频选择	0
	OVERMOD SW *	过调制调整开关	0
	OVER MOD LEVEL *	过调制调整	0
	VCO TEST	VCO 测试	3
MENU 14	WPLOPE POINT *	白峰限制调整	0
	VBUK SW *	场消隐开关	0
	PRE SHOOT ADJ *	预、过冲调整	3
	OVER SHOOT ADJ *	预、过冲开关	0

（续）

菜单	项目名称	调整功能	参考数据
MENU 14	Y GAMMA START *	Y 信号 Y 补偿设置	0
	DC. REST *	直流恢复调整	3
	FM-GAIN *	FM 检波输出切换开关	0
	FM-LEVEL	FM 输出电平调整	31
MENU 15	BRT-ABL-DEF *	ABL 开关	1
	BRT-MID-STOP-DEF *	ABL 的亮度控制开关	0
	BRT-ABL-THRESHOLD *	ABL 门限设置	0
	H-FREQ *	行频调整（掩膜片无须设定）	12
	H-BLK-L *	左消隐量调整	4
	H-BLK-R *	右消隐量调整	5
	FBP-BLK-SW *	回扫消隐开关	0
	COUNT-DOWN-MODE *	场频模式切换设置	0
MENU 16	C-KILL-NO *	自动消色设置	0
	C-KILL-OFF *	消色开关设置	0
	BRI-VKLL	VKLL 亮度调整	15
	AUTO-FRESH	自动肤色校正	0
	VSYNC-SEP-UP *	场同步分离灵敏度	0
	V. KILL *	场扫描停止设置	0
	V-SIZE-CMP *	场幅补偿调整	7
MENU 17	BLANK-DEF *	行场消隐开关设置	0
	CORING GAIN *	核化增益调整	3
	S. TRAP TEST-B/G	伴音陷波器调整	0
MENU 18	C. VCO ADJ *	色载波频率微调	6
	PAL APC SW *	PAL 色相位控制开关	1
	COLOR KILLER OPE *	消色工作点设定	7
	VIDEO LEVEL OFFSET *	视频信号电平调整	1
	VIDEO LEVEL *	视频输出幅度调整	7
	G-Y AMP *	G-Y 解调比调整	7
	G-Y ANGLE *	G-Y 解调角调整	0
MENU 19	IF VCO FREQ *	VCO 频率设定	24
	VM DELAYADJ	速流调制延伸控制	0
	VM GAIN	速流调制增益控制	3
	EAST/WEST TEST	东西校正测试	0
	C. TRAP OF/PAL *	PAL 色度陷波调整	7
	C. TRAP OF/NTSC *	NTSC 色度陷波调整	7
	C. BPF TEST *	色度滤波测试	0

（续）

菜单	项目名称	调整功能	参考数据
MENU 20	Y TH*	蓝电平延伸开关	3
	Y. GAIN*	蓝电平延伸增益调整	1
	R WIDTH*	蓝电平延伸增益微调	0
	R OFFSET*	蓝电平延伸增益微调	0
	B WIDTH*	蓝电平延伸增益微调	0
	B OFFSET*	蓝电平延伸增益微调	0
MENU 21	EAST/WEAT DC 16:9*	枕校行幅校正量调整	63
	E/W AMP/50H 16:9*	50Hz 16:9 枕校量调整	63
	E/W AMP/60H 16:9*	60Hz 16:9 枕校量调整	63
	E/W TILT/60H 16:9*	梯形失真校正	63
	CORNER TOP 16:9*	上部失真校正	15
	CORNER BOTTOM 16:9*	下部失真校正	15
	EW-COR. SW*	顶角补偿开关设置	1
	R-Y/B-Y ANGLE/60*	60Hz 的 R-Y、B-Y 解调比调整	7
MENU 22	OPT-C. BIF FIX	C. BIF FIX 设置	1
	EAST/WEAT DC 2:1	枕校行幅校正量	63
	E/W AMP/50H 2:1	50Hz 16:9 枕校量调整	63
	E/W AMP/60H 2:1	60Hz 16:9 枕校量调整	63
	E/W TILT 2:1	梯形失真校正	63
	CORNER TOP 2:1	上部失真校正	15
	CORNER BOTTOM 2:1	下部失真校正	15
HOTEL SETUP	HOTEL MODE	酒店模式选择开关	ON/OFF
	TUNING LOCK	选台菜单锁定开关	ON/OFF
	PRO NAME EDIT	频道编辑锁定开关	ON/OFF
	KEY LOCK	面板按键锁定开关	ON/OFF
	MAX VOL	最大音量控制设置	100
	POWER SIGNAL	开机信号设置	AV1/AV2/DVD/TV/OFF
	WELCOME LOGO	酒店 LOGO 设置	ON/OFF
	AUTO SET	自恢复设置	ON/OFF
	PIC	图像模式设置	SOE SAVE/SOFT /STANDARD/VIVID/USER
	POWER VOL	开机音量设置	12

注：带“*”号的项目是与电路设计有关的项目，请勿随意改动。

7.17 TCL SY31 机心超级彩电总线调整

TCL SY31 机心超级彩电，总线系统采用将微处理器和被控电路合二为一的 LA76933 三洋超级电路，完成由微处理器与中频、视频、扫描信号处理任务。伴音功放电路采用 LA42352，场输出电路采用 STV9302B。

适用机型：TCL NT25M63、NT21M63、NT21M63S、21V18S、25V18、NT21E64S、NT21M62US、NT21M71、NT21M71N 等超级单片彩电。

7.17.1　总线调整方法

【进入退出工厂模式】

有 3 种模式：用户模式、工厂模式、工程师菜单模式，前者为用户操作，后两项专为工厂生产或维修调试使用。

一是使用用户遥控器进行调整：按住面板上的“音量 -”键使音量减到 0，再连续按遥控器上的“0”键 3 次，即可进入工厂菜单。

二是使用带“工厂”键的遥控器，按“工厂”键进入工厂模式，按“数字”键选择菜单，按静音键进入“BUS OFF”状态。

调整完毕，按“菜单”键及“工厂”键可退出工厂菜单。

【项目选择与调整】

进入工厂模式后，工厂模式有“MENU 01”至“MENU16”共 16 页菜单，按遥控器的“显示”键及数字键“6、1、5、8”可进入工程师菜单；在已被锁定为酒店状态下时，按“显示”键及数字键“6、1、5、7”可进入酒店模式菜单。

进入各个调整菜单后，按遥控器上的“频道 +/-”键选择子菜单和调整项目，按“音量 +/-”键调整所选项目数据。

【存储器初始化】

自编辑内容消除功能为出厂前初始化用，可将用户菜单中各项恢复至默认状态。进入工厂菜单 04，将 CLEAR INFO 设置为 YES，运行自动消除功能，清除完毕，该参数自动恢复为 NO，清除过程约为 15s，在此期间不可以断电。老化模式无法在自编辑时清除需手动关闭。

7.17.2　调整项目与数据

TCL SY31 机心超级彩电总线系统调整项目和数据见表 7-23 所示。

表 7-23　TCL SY31 机心超级彩电总线系统调整项目和数据

菜单	项目名称	调整功能	参考数据
MENU01	V. POSTION/50H	场中心调整	32
	V. POSSHIFT/50H	场中心微调	00
	V. SIZE/50H	场幅度调整	64
	V. UN/50H	场线性调整	22
	V-SC	场 S 失真校正	16
	OSD-V-START/50H	OSD 垂直位置调整	08
	OSD-H-POSITION	OSD 水平位置调整	16
	CHANGEPRO	频道转换设置	1

（续）

菜单	项目名称	调整功能	参考数据
MENU02	H-PHASE/50H	50H 行中心调整	10
	* H-BLK-L	左消隐量调整	04
	* H-BLK-R	右消隐量调整	04
	H-SIZE	行幅度调整	14
	H. SIZE CONP/50	行幅补偿调整	07
	TRAPE/50	梯形补偿调整	25
	PARABOLAO/50	枕形失真校正	09
	U. CORNER TOP/50	上角失真校正	00
	U. CORNER BTM/50	下角失真校正	00
MENU03	RB	暗平衡红色调整	127
	GB	暗平衡绿色调整	127
	BB	暗平衡蓝色调整	127
	RD	亮平衡红色调整	90
	* GD	亮平衡绿色调整	11
	BD	亮平衡蓝色调整	90
	S. B	副亮度调整	80
MENU04	PROD. AGING	老化模式开关	OFF
	RF-AGC-DELAY	RF-AGC 调整	28
	CONTRAST/50	副对比度调整	32
	* COLOR/50	副色度调整	40
	* SHARP/50	副锐度调整	15
	* TINT/00	副色调调整	32
	EW-COP. SW	EW-COP 开关	01
	CLEARINFO	消除自编辑内容开关	NO
MENU05	* OSD-CON	OSD 对比度调整	03
	* FULL-OSDCON	全屏 OSD 对比度调整	02
	* OPT-AV	AV 端口选择	02
	* OPT-SVIDEO	S-VIDEO 通道选择	YES
	* OPT-DVD	DVD 通道选择	YES
	* OPT-AV3	AV3 通道选择	NO
	* OPT-TUNER	高频头软件选择	PHI
	* TUNERSPEED	搜台速度选择	02
	SUPER-TUNER	超强接收高频头选择	NO
MENU06	* ENG. OSD	英文菜单选择	ON
	* CHN. OSD	中文菜单选择	ON
	* OSDTHEME	菜单配色选择	02

（续）

菜单	项目名称	调整功能	参考数据
MENU06	* FUXI. BG	背景色选择	RED
	* FULLBG	无信号背景选择	BUL
	OPT-LOGO	LOGO 选择	TCL
	* SCR. SAVER	屏保选择	OCON
	* HALFTONE	半透选择	01
MENU07	* COL-AUTO	彩色制式 AUTO 开关	ON
	* COL-PAL	彩色制式 PAL 开关	ON
	* COL-NTSC	N358 选择开关	ON
	* COL-N443	N443 选择开关	ON
	* DEF. COLOR	默认彩色制式选择	AUTO
	* C. TRAPADJ/PAL	PAL 制陷波调整	07
	* C. TRAPADJ/NTSC	N 制陷波调整	05
	* C. BPFADJ	彩色滤波器调整	03
	* C. BPFADJ	VCO 频率调整	04
MENU08	* SIF-D/K	D/K 制选择开关	ON
	* SIF-B/G	B/G 制选择开关	OFF
	* SIF-M/N	M/N 制选择开关	OFF
	* SIF-I	I 制选择开关	ON
	* DEF. SOUND	默认伴音制式	NULL
	* DEEM TC	去加重设置	00
	* FM. GAIN	FM 增益选择	00
	* V60-M/N-AUTO	N 制伴音制式选择	OFF
	* INITEEPROM	清寄存器数据	NO
MENU09	* OPT-RTC-TEMP	温度显示和实时时钟设置	ON
	* OPT-BACK-LED	背景灯设置	ON
	* OPT-BALANCE	平衡开关设置	ON
	* PRO. MUTE	图像 MUTE 选择	OFF
	* BRI. MAX	最大亮度选择	63
	* VOL/01	音量曲线调整	63
	* VOL/16	音量曲线调整	97
	* VOL/36	音量曲线调整	113
MENU10	* AC-POWERON	开机方式选择	LAST
	* ON-TV/AV	开机信号源选择	LAST
	* ON-DELAY	开机延时设置	02
	StON-SEARCH	开机搜台设置	OFF
	* ON-CURT	开机拉幕设置	ON

（续）

菜单	项目名称	调整功能	参考数据
MENU10	* OFF-CURT	关机拉幕设置	OFF
	* OFF-V. DELAY	关机延时调整	05
	* AUTO-SOURCE	自动信源搜索选择	03
MENU11	* OPT-STRETCT	黑电平延伸开关	YES
	* BLK. STR. STAR T	黑电平延伸起始点设置	01
	* BLK. STR. GAIN	黑电平延伸增益调整	02
	* Y TH	蓝电平延伸起始点调整	03
	* Y GAIN	蓝电平延伸增益调整	01
	* R WIDTH	蓝电平延伸微调	00
	* R OFFSET	蓝电平延伸微调	00
	* B WIDTH	蓝电平延伸微调	00
	* B OFFSET	蓝电平延伸微调	00
MENU12	* BRI ABLDEF	亮度 ABL 控制开关	00
	* MID. STP. DEF	亮度 ABL 中间控制	00
	* BRT. ABLTH	ABL 门限值调整	04
	* CORINGGAIN	核化增益调整	02
	* WPLOPE. POINT	白峰限制设置	02
	* YGAMMA	GAMMA 校正设置	01
	* DC. REST	直流恢复设置	02
	* COL. KILLEROPE	彩色消色设置	07
	* RGBTEMPSW	RGB 温度补偿调整	01
MENU13	* SHADIUST	锐度特性设置	00
	* B-Y/DC	白平衡微调	12
	* R-Y/DC	白平衡微调	12
	* B-Y/DC. DVD	DVD 白平衡微调	08
	* R-Y/DC. DVD	DVD 白平衡微调	08
MENU14	* AFCGAIN/GATE	AFC 增益设置	00
	* FBPBLK SW	行消隐开关	01
	* VSEPUP	场消隐开关	00
	* V. COUNTAUTO	场频自动设置	YES
	* V. COMP	场幅补偿调整	04
	* SYNC SEP. S	同步分离电平调整	04
	* H FREQ/ES	行频微调	32
	* VCOFREQ. IF/ES	VCO 频率设置	36
MENU15	* G-YAMP	解调角调整	08
	* G-YANGLE	解调角调整	01

（续）

菜单	项目名称	调整功能	参考数据
MENU15	* R/BGAIN	解调角调整	08
	* R/BANGLE	解调角调整	08
	* PALAPCSW	APC 开关	00
	* OPT-V. PROTECT	场保护开关	ON
	* V. PROTEVTTH	场保护门限	16
	* OPT-ABL. P	束流保护开关	OFF
	* ABL-LOWLIMIT	束流保护门限	28
MENU16	* VIFSYS	中频选择	38
	* OVER. MOD. SW	过调制开关	OFF
	* OVER. MOD. LEVEL	过调制调整	08
	* PRE-SHOOTADJ	预冲调整	00
	* OVER-SHOOTADJ	过冲调整	00
	* VIDEOLEVEL	视频幅度调整	06
	* VIDEL. LVL. OFFSET	视频截止电平调整	01
	* S. TRAPADJ	伴音陷波器微调	00
	* IFVCOADJ	中频 VCO 调整	00

注：1. 项目前带“＊”号的与电路设计有关，请勿随意更改。
2. 所需调整的项目应根据不同的配管（显像管）状况进行调整。

7.18　TCL A21 机心单片彩电总线调整

TCL A21 机心单片彩电，总线系统微处理器采用 SDA555X，被控电路采用 TB1261ANG 东芝新型单路电路，场输出电路采用 TDA8177，伴音功放电路采用 TDA7266。

适用机型：TCL NT29181、NT34181 等大屏幕单片彩电。

7.18.1　总线调整方法

【进入退出工厂模式】

若“FACTORY SWITCH”（工厂模式开关）为 1，直接按“回看”键进入工厂模式，显示工厂菜单。若 FACTORY SWITCH”为 0，按面板上的“音量 -”键，调节音量到 0，并按住“音量 -”不放，同时按遥控器上的“0”键 3 次，并在 3s 内完成，按“回看”键进入工厂菜单。

调整完毕，按遥控器上的“菜单”键退出工厂模式。

【项目选择与调整】

设计师菜单进入方法及调整项目。若“FACTORY SWITCH”为 0，按面板上的“音量 -”键，调节音量到 0，再按“静音”键，在按下“静音”键后 3s 内连续按数字键“9、7、3、5”；按“回看”键进入工厂菜单。

工厂菜单所用数值为 16 进制，按“数字”键进入相应页数的工厂菜单，按“1”键选择场几何参数菜单，按“2”键选择行几何参数菜单，按“3”键选择白平衡参数菜单，按“4”键选择副模拟量参数菜单，按“5”键选择伴音曲线、制式设置菜单，按“7”键进入功能设置选项。

进入各个调整菜单后，按“上/下”键选择调整项目，被选中的项目名称变红色，按“左/右”键调整所选项目数据。

在加速极电压调整和暗平衡调整时，按“0”键场幅关闭，屏幕显示一条水平亮线，配合调整，调整后再按“0”键，场幅度恢复正常。

【存储器初始化】

按“7”键进入功能设置选项菜单，选择初始化 INITIAL 项目。出厂前将此位用“左/右”键自动执行以下功能：

1）出厂音量设置到“30”；

2）“自设”图像状态模拟量数据与“标准”图像状态模拟量数据相同；

3）出厂图像状态设置“明亮”状态；

4）出厂后所用台伴音制式设置到“D/K”；

5）出厂后信号源设置到“TV”，且在 1 频道；

6）所用频道都 SKIP ON；

7）所用频道导航信息全清除；

8）定时开、关机和儿童限制全清除；

9）自动关闭工厂模式开关；

10）退出工厂菜单。

7.18.2 调整项目与数据

TCL A21 机心单片彩电总线系统调整项目和数据见表 7-24。

表 7-24 TCL A21 机心单片彩电总线系统调整项目和数据

菜单	项目名称	调整功能	调整范围	参考数据
场几何参数	V SIZE	场幅度调整	0 ~ 7F	20
	V SLOPE	场线性调整	0 ~ F	09
	V CD4T	场中心调整	0 ~ 3F	20
	V SCORR	场 S 失真校正	0 ~ F	0
	V ENT	场幅补偿调整	0 ~ 7	6
	V CEN	场相位调整	0 ~ 1F	0
	V OSD	屏显垂直位置调整	0 ~ FF	40
	H OSD	字符水平位置调整	0 ~ FF	10
行几何参数	H CENT	行中心调整	0 ~ 1F	0F
	H PARABOLE	枕形失真校正	0 ~ 7F	20
	H SIZE	行幅度调整	0 ~ 3F	20
	H TRAPE	梯形失真校正	0 ~ 3F	3F
	TOP CONER	上边角失真校正	0 ~ 1F	10

（续）

菜单	项目名称	调整功能	调整范围	参考数据
行几何参数	BOT CONER	下边角失真校正	0～1F	10
	H PARALLER	平行四边形失真校正	0～7	4
	H B TOW	弓形失真校正	0～7	4
	H ENT	行幅补偿调整	0～7	6
白平衡参数	R CUT	红截止调整	0～FF	80
	G CUT	绿截止调整	0～FF	80
	B CUT	蓝截止调整	0～FF	80
	B DRIVE	蓝驱动调整	0～7F	40
	G DRIVE	绿驱动调整	0～7F	40
副模拟量参数	AGC	高放 AGC 调整	0～3F	20
	SUB CONTRAST	副对比度调整	0～7F	50
	SUB BRIGHT	副亮度调整	0～7F	50
	SUB COLOR P	PAL 副色度调整	0～7F	40
	SUB COLOR	NTSC 副色度调整	0～3F	40
	SUB SHARPNESS	副清晰度调整	0～3F	20
	SUB TINT	副色调调整	0～7F	40
	BRIGHT MIN	亮度最小值调整	0～3F	28
伴音曲线、制式	VOL 1	音量 1% 设置	0～FF	30
	VOL 25	音量 25% 设置	0～FF	CA
	VOL 50	音量 50% 设置	0～FF	E4
	BG	BG 制（伴音）设置	0：关；1：开	0
	I	I 制（伴音）设置	0：关；1：开	1
	DK	DK 制（伴音）设置	0：关；1：开	1
	M	M 制（伴音）设置	0：关；1：开	0
	DEFAULT	默认伴音制式色	0：BG；1：I；2：DK；3：M	2
功能开关选择	IF	中频	0：45.75；1：39.5；2：38.9；3：38.0；4：34.2；5：33.9	3
	TUNER KINDS	高频头种类	0：默认 OLPS；1：在 EEPROM 选择	0
	TRIMMNER SWITCH	重低音功能开关	0：关；1：开	0
	MENU SET SWITCH	设定菜单开关	0：关；1：开	0
	ROTA SET SWITCH	旋转功能开关	0：关；1：开	0
	NOISE SET SWITCH	降噪功能开关	0：关；1：开	0
功能开关选项	POWER ON MODE	上电模式	0：开机；1：待机；2：上次关机状态；3：老化模式	3
	S VIDEO	S 端子位置	0：AV1；1：AV2；2：AV3	2

（续）

菜单	项目名称	调整功能	调整范围	参考数据
功能开关选项	AV NR	视频组合	0：AV1 + AV2 + AV3 + YUV； 1：AV1 + AV2 + YUV； 2：AV1 + AV3 + YUV；3：AV1 + YUV； 4：AV1 + AV2 + AV3；5：AV1 + AV2； 6：AV1 + AV3；7：AV1	0
	LOGO SWITCH	LOGO 开关	0：关；1：开	1
	FACTORY SWITCH	工厂模式开关	0：关；1：开	1
	INITIAL	存储器初始化		1

7.19 TCL HiD29206P 变频彩电总线调整

TCL 王牌 HiD29206P 系列数字变频彩电，总线系统主被控电路采用东芝公司的最新超级单芯片 TCL-H13V01（TMPA8829）和变频数字板。

适用机型：TCL-HiD29206P、HiD34276PB 等机型。

7.19.1 总线调整方法

【进入退出工厂模式】

有两种进入工厂模式的方法：

一是按住电视机面板上的“音量 -”键，将音量减小到 00，再按住电视机上的“音量 -”键不放手；同时按遥控器上的“数字 0”键 3 次，必须在 1.5s 之内完成，即可进入工厂模式。

调整完毕，按“静音”键，屏幕显示 ALARM：BUS-OFF，再按“静音”键退出工厂模式。

二是在遥控器的“待机”键和“图像静止”键之间空闲键位上安装一导电橡胶按键，作为“工厂模式”键，按此“工厂模式”键就可进入工厂模式。

调整完毕，按遥控器上的“工厂模式”键，或按“静音”键 2 次，均可退出工厂模式。

【项目选择与调整】

进入工厂模式后，按遥控器上的“数字 1、2、3……8”键，则分别进入相应的调整菜单。按“频道 +/-”键选择调整项目，用“音量 +/-”键调整所选项目数据。进行暗平衡和显像管加速极电压调整时，按“数字 0”键，屏幕出现水平亮线，再按此键光栅恢复正常。

存储器出现故障可以用空白的同型号存储器代换，然后进入工厂模式逐项调整，注意 PAL 和 NTSC 制要分别调整，否则会出现某制式光栅几何失真现象。

7.19.2 调整项目与数据

TCL HiD29206P 系列数字变频彩电总线系统光栅调整项目与数据见表 7-25，总线系统图像调整项目与数据见表 7-26。

表 7-25 TCL HiD29206P 系列数字变频彩电光栅调整项目与数据

按键进入菜单	项目名称	100Hz 数字倍频	1250 线数字增密	60Hz 数字逐点	75Hz 数字逐点	75Hz 逐点清晰
按数字 1 键进入 TDA9116 V ADJUST	FRC MODE	0	1	2	3	4
	VSIZE	64	62	65	61	62
	VCENT	56	67	64	64	63
	VS	65	65	65	65	65
	VC	55	55	55	55	55
	VMOIRE	0	0	0	0	0
	VDCAMP	70	70	70	70	70
按数字 2 键进入 TDA9116 H ADJUST	FRC MODE	0	1	2	3	4
	FRCMODE	70	70	70	70	70
	HCENT	38	43	42	42	33
	HMOIRE	0	0	0	0	0
	PCC	100	100	100	100	100
	TRAP	48	43	48	48	48
	TCC	104	104	104	104	104
	BCC	80	85	80	80	80
	HSIZE	83	81	83	83	74
	PCAC	58	58	58	58	58
	HPARA	68	68	68	68	68

表 7-26 TCL HiD29206P 系列数字变频彩电图像调整项目与数据

菜单	项目名称	调整功能	参考数据	项目名称	调整功能	参考数据
按数字 3 键进入 KA2500 RGB ADJUST	BLACK R	红色截止调整	116	SUB CONTG	绿色激励调整	152
	BLACK G	绿色截止调整	161	SUB CONT B	蓝色激励调整	150
	BLACK B	蓝色截止调整	139	BIACK BRI	副亮度调整	225
	SUB CONTR	红色激励调整	145			
按数字 4 键进入 CONT BRI	BRI 0	亮度 0 值调整	85	CONT 0	对比度 0 值调整	30
	BRI 30	亮度 30 值调整	90	CONT 30	对比度 30 值调整	50
	BRI 50	亮度 50 值调整	95	CONT 50	对比度 50 值调整	78
	BRI 80	亮度 80 值调整	100	CONT 80	对比度 80 值调整	95
	BRI 100	亮度 100 值调整	105	CONT 100	对比度 100 值调整	110
按数字 5 键进入 COLOR SHARP TINT	COLOR 30	色度 30 值调整	20	SHARP 50	锐度 50 值调整	35
	COLOR 50	色度 50 值调整	48	SHARP 100	锐度 100 值调整	45
	COLOR 80	色度 80 值调整	65	TINT-50	色调 -50 调整	10
	COLOR PW 80	色度 PW80 值调整	64	TINT 0	色调 0 值调整	70
	COLOR PW100	色度 PW100 值调整	90	TINT 50	色调 +50 调整	110
	SHARP 0	锐度 0 值调整	30			

（续）

菜单	项目名称	调整功能	参考数据	项目名称	调整功能	参考数据
按数字 6 键进入 OSD ADJUST	OSD CLOCK	字符设置	140	OSD V	字符垂直位置调整	23
	OSD H	字符水平位置	40			
按数字 7 键进入 FACTORY OPTION	STANDBY	待机设定	LAST	TUNER	高频头选择	AUPS
	CH CHANGE	频道数量设置	MUTEOFF	COMB	梳妆滤波器设置	ON
	LANGUAGE	屏显语言设置	CHINESE	VGA	VAG 功能设置	ON
	LOGO MODE	商标显示设置	ON			
按数字 8 键 ADC RGB	AD80058 08	AD80058 08 设置	239	AD80058 0C	AD800580 0C 设置	74
	AD80058 09	AD80058 09 设置	166	AD80058 0D	AD80058 0D 设置	139
	AD80058 0A	AD80058 0A 设置	100	AD80058 1D	AD80058 1D 设置	132
	AD80058 0B	AD80058 0B 设置	31	YCBCR,RGB	YCBCR,RGB 设置	1
按"显示"键进入 H13V01 E2P VER 9	FACTOR SW	工厂模式开关	ON	HOTEL SW	旅馆模式设置	OFF
按"视频"键进入 HOTEL OPTION	LOGO		ON	PIC MODE		PERSONAL
	CHIDCK		ON	POWER VOL		0
	MAX VOL		255	POWER SIGNAL		0
	AUTO SET		ON	KEY LOCK		ON

7.20 TCL HiD2990P 逐行彩电总线调整

TCL 王牌 HiD2990P 系列高清彩色电视机，总线系统主控电路微处理器型号为 TMP88CS38N，存储器型号为 24C16，总线系统被控电路有：夏普高、中放一体化频率合成 PLL 高、中频组件，AV 开关、解码电路 VPC3230D，小信号处理电路 TDA9332，逐行扫描处理电路 NV320，音效处理电路 TDA7493，DTV 同步分离电路 M52036SP 等。显示模式 HiD（60Hz），PC 支持分辨率 VGA（640×480）/60Hz，支持信息源普通电视标准清晰电视 VGA 电脑显示，具有 Vinx2，AVoutx1，S 端子 x1，YCbCr，YpbPr R/1，Hd/Vdx1，VGA 多种输入端子。

适用机型：TCL-HiD2990P、HiD29166P、HiD29276P、HiD29189P、HiD29192E、HiD25192P、HiD34189P、HiD34276P、JH2518 等机型。

7.20.1 总线调整方法

【进入退出工厂模式】

按用户遥控器上的“菜单”键，打开用户菜单，再连续按遥控器上的数字键“9、3、1”就能进入工厂模式。

调整完毕，遥控关机即可退出工厂模式。

【项目选择与调整】

进入工厂调试模式后，用“频道 +/-”键选择调整项目，按“音量 +/-”键调整所选项目的参数。

7.20.2　调整项目与数据

TCL HiD2990P 系列高清彩色电视机总线调整项目与数据见表 7-27。

表 7-27　TCL HiD2990P 系列高清彩色电视机总线调整项目与数据

菜单	项目名称	调整功能	参考数据
第一页 系统设置	MANUFACTURE	工厂老化时置 40	00
	FACT MODE	置 00 时工厂键无效，此时须先按 MENU 键，再按数字键 931 才能进入调试菜单	01
	STAND BY	手动开机后先处于待机状态(置 02 时记忆上次关机状态)	00
	OSD LANG	中英文 OSD（置 04 时菜单为纯英文显示）	00
	LOGO DISP	蓝屏时有王牌 LOGO（置 01 蓝屏时不出现王牌 LOGO）	08
	WOOFER	有重低音 10（置 00 时无重低音）	10
	TV100/256	256 频道设定	20
	EEPROM 08/16	存储器 24C16	40
	TUNERR	选用二合一高频头	00
第二页 场几何特性	V AMP	场幅度调整	13
	V SLOPEE	场线性调整	32
	SOORRECT	场 S 失真校正	19
	V SHIFT	垂直中心调整	29
	V ZOOM	画面垂直放大幅度调整	00
	V SCROLL	画面垂直位置调整	1F
	VWAIT	场扫描起点调整	1A
	H. TIMING	行消隐起始位置调整	*0A*
	DAC OUT	数模转换输出调整	*1F*
第三页 行几何特性	H SHIFT	水平中心调整	21
	H PARA	平行四边形失真校正	04
	EW WIDTH	行幅度调整	27
	EWPARAW	枕形失真校正	27
	EWCOR PARA	上边角失真校正	33
	EW TRAP	梯形失真校正	1F
	EW EHT	高压补偿灵敏度调整	*15*
	EWLOW COPA	下边角失真校正	22
	H BOW	弓形失真校正	07
第四页 白平衡调整	WHITE P R	红色增益调整（此项不需调整）	*1F*
	WHITE P G	绿色增益调整	1F
	WHITE P B	蓝色增益调整	1F
	PEAK L	白电平峰值限制	*00*

（续）

菜单	项目名称	调整功能	参考数据
第四页 白平衡调整	BLACK LEV R	红色消隐电平调整	*07
	BLACK LEV G	绿色消隐电平调整	*07*
	SUB BRIGHT	副亮度调整	*12*
	CTI	彩色瞬态改善调整	*90*
	VGA VSIZE	VGA 蓝屏行场偏移量	03
第五页 OSD 调整	OSD X	OSD 水平位置调整	25
	OSD Y	OSD 垂直位置调整	*07*
	OSDCLK	OSD 水平宽度调整	*78*
	OSD DIST	OSD 垂直宽度调整	*00*
	TV SYSTEM	TV 彩色制式设置	*33*
	AV SYSTEM	AV 彩色制式设置	*1F*
	OSD LOGOX	TCL LOGO 水平位置调整	*0A*
	SHARP MAX	NV320 内部寄存器	*0A*
	VGR SWITCH	VCR 开关	*00*
第六页 系统设置	TV KINDS	选择 S 端子所在位置（侧 AV00，后 AV01）	00
	SOUND BOX	选择外置音箱有无（有 02，无 00）	00
	VPCFP OXAC	VPC3230 内部寄存器设置	*00*
	HID29192E	HiD29192E 上网界面所在模式的选择 （仅 TV 出现 10，其他模式也出现 00）	00
	VGA S BRIGHT	电脑状态下副亮度调整	12
第七页 显管帘栅电压	STATUS QWC		
	WBC	显像管截至电压指示	1
	HBC	栅极电压调整趋向	0
第八页 记忆 IC 复位 寄存器数据	DESIGN MENU	通过 IIC 总线来调整寄存器数据	
	IC	包括 ICNV320/VPC3230/TDA9332/TDA7439	24C16
	ADD H	地址高位	00
	ADD L	地址低位	00
	DATAH	数据高位	00
	DATA L	数据地位	A5
	REFRESH	断电后数据恢复初始值	01
	SAVA	数据保存	01

注：表中有 * 的项目不需调整。

7.21 TCL HiD2992 变频彩电总线调整

TCL 王牌 HiD2992 系列 100Hz 变频彩电，总线系统主控电路微处理器采用 M37281 或

TCL 掩膜号 H02V01，存储器型号为 24C08。采用飞利浦 100Hz 倍行方案，总线系统被控电路有：视频解码芯片 SAA7118H，100Hz 变换芯片采用 SAA4979H，显示处理芯片 TDA9332H。

适用机型：TCL-HiD2992 等机型。

7.21.1 总线调整方法

【进入退出工厂模式】

按住电视机面板上的“音量减”键不放，将音量减到 0，同时按“频道 -”键 3s，屏幕显示“FACTORY ON”，就进入了工厂模式。

调整完毕，连续按“菜单”键至屏幕无字符显示时，同时按电视机面板上的“音量 -”键和“频道 -”键，屏幕显示“FACTORY OFF”，即退出了工厂模式。

【项目选择与调整】

进入工厂模式后，按“菜单”键选择调整彩电，按“频道 +/-”键选择调整项目，按“音量 +/-”键调整所选项目的数据。按“菜单”键，进入 EEPROM 调整菜单，按“频道 +/-”键和“音量 +/-”键，将 236 地址的数据“AC”改为非“AC”数据，并使 WRITE 后有“OK”显示。主电源关机后再开机即完成初始化。

进行菜单 1 页光栅调整时，需对 PAL 制 100Hz、NTSC 制 120Hz、VGA 分别调整，否则会出现某一变换模式图像几何失真。工厂菜单 3 页：EEPROM 调整，寄存器的地址按“音量 +/-”键改变。“DATA”是“ADDR”项中的数据，按“频道 +/-”键选项，按“音量加减”键可调整其数据。调整完毕按“频道 +/-”键选项到“WRITE”，再按“音量 +/-”键，使 WR/TE 后面出现“OK”，表示数据已写入存储器。寄存器的地址数据不能随意更改。

7.21.2 调整项目与数据

TCL HiD2992 变频彩电总线调整项目与数据见表 7-28。

表 7-28 TCL HiD2992 变频彩电总线调整项目与数据

菜单	项目	说明	参考值
菜单 1 光栅调整	VANGLE	平行四边形校正	10
	VBOW	弓形失真校正	09
	VSCORR	场 S 失真校正	23
	VSLOPE	场线性调整	32
	VSHIFT	场中心调整	30
	VSIZE	场幅度调整	53
	HSIZE	行幅度调整	48
	HSHIFT	行中心调整	26
	PINAMP	枕形失真校正	31
	PLNPHA	梯形失真校正	28
	UCORN	上边角失真校正	07
	LCORN	下边角失真校正	06

（续）

菜单	项目	说明	参考值	
菜单 2 图像调整	WPRGB	说明	初始值	参考值
	WPR	红亮平衡调整	31	30
	WPG	绿亮平衡调整	31	32
	WPB	蓝亮平衡调整	31	40
	BLR	红暗平衡调整	10	07
	BLG	绿暗平衡调整	10	08
	SB	副亮度调整	15	04
菜单 3 EEPROM 调整	ADDR	地址	000	
	DATA	数据	FF	
	WR. ITE	确认	OK 表示写入	
	987654321	写入水平位置	123456789	

7.22 TCL HiD2928HB 高清彩电总线调整

TCL HiD2928HB 高清彩电，总线系统微处理器采用 TMP93CS45，视频解码和变频处理电路采用 DPTV3D/DFTV，视频切换电路采用 P15V330，模数转换器采用 AD9883，伴音前置音效处理电路采用 NJW1168、伴音功放电路采用 TDA7497、场输出电路采用 TDA8177、视频控制器采用 STV9211、总线控制的低电位偏转处理器采用 STV6888、开关电源厚膜电路采用 KA5Q1265RF。

TCL HiD2928HB 彩电采用最新数码 I^2C 总线控制和高度集成化 philips 公司数字解码及数字变频主芯片，不仅电路结构简单，而且新增了许多功能，其制造工艺技术先进、印制板布线少、成本低、干扰小、性能优越、画面亮丽鲜艳、声音悦耳动听等优点。

适用机型：TCL HiD2928HB 等高清彩电。

7.22.1 总线调整方法

【进入退出工厂模式】

使用工厂遥控器可进入工厂模式调整。使用用户遥控器进入工厂模式方法：先按彩电面板按“音量减”键至 0，并且保持按住不放，然后再按遥控器上“0”键连续 3 次，即可进入工厂模式菜单。

调整完毕，按“工厂菜单”键，退出工厂调试模式。

【项目选择与调整】

进入工厂菜单模式后，直接按遥控器上的“数字”键查看相应的工厂菜单，再配合遥控器上的“音量 +/-”键、“频道 +/-”键对每个项目进行必要的调节。

【白平衡调整】

白平衡调整的色温坐标 X = 265、Y = 280。

TV（或 AV）状态下的白平衡调整，选择 60Hz 变频模式，输入专用白平衡调试信号，将图像和色温设在“标准”状态，进入工厂菜单第二页的白平衡调整菜单，进行白平衡项目数据调整。每一批次前，由工程师按照色温坐标调好暗平衡 BLR、BLG 数据，数据一经确认，烧入 EEPROM 母片，调试工位免调。调亮平衡，固定 WPR 为 46，只调整 WPG、WPB 两项数值满足色温坐标。TV/AV 模式下，PAL/NTSC 制及 VGA 模式下同一套白平衡参数；BUTV 1080i/60 Hz，YPbPr（525D）状态下的白平衡调整。

HDTV1080i/60Hz，YPbPr（525p）状态下的白平衡调试项目和步骤方法一样，所不同的是调试数据不一样。

【几何特性的调整】

TV（或 AV）状态下 PAL 制信号下几何特性调整，100Hz 数字倍频模式下几何特性调整。输入 PAL 制信号（测试卡），按遥控器“变频”键，使图像扫描模式设置“100 Hz 数字倍频”，按遥控器“菜单”键进入工厂模式下的第一页，出现几何特性调整菜单，对相关项目数据进行调整。

几何特性调整步骤：①调 HSIZE、VSIZE 项目，将行、场幅度调到图像满屏；②调 VSLOPE、VSCORR、VSHIFT、VSIZE 项目，将场线性、场 S 校正、场中心、场幅依次调好；③调 PINPHA、VANGLE、PINAMP、VBOM、HSHIFT、HSIZE 项目数据，将梯形、平行四边形、枕形、弓形失真校正和行中心、行幅依次调好；④调 UCORN、LCORN 项目，将图像四角调直。

60Hz 数字逐点模式下几何特性调整和 75Hz 逐点清晰模式下几何特性调整、1250 线数值增密模式下几何特性调整、TV/AV NTSC 制式下的几何特性调整，调试方法与内容同 100Hz 模式的调整。

HDTV1080i/60Hz 和 HDTV1080i/50Hz 模式下几何特性调整，按遥控器上的“PC/DTV”键，选择 HDTV1080i/60Hz 模式，按遥控器“菜单”键进入工厂模式下的几何特性调整菜单。调方法与内容同 TV 模式。

【存储器数据调试方法】

1）按遥控器“频道”键选择 ADDR（地址），然后按遥控器“数字”键选择寄存器地址百位数（如 200 以上地址按数字 2），再按“音量”键进行增减。

2）按遥控器“频道”键选择 DATA（数据），再按“音量”键进行数据调整。

3）按遥控器“频道”键选择 WRITE（写入），再按“音量”键选择 OK，进行确认。

4）全部调完后，关电源开关再开机存储有效。

7.22.2　调整项目与数据

TCL HiD2928HB 高清彩电总线系统调整项目和数据见表 7-29。

表 7-29　TCL HiD2928HB 高清彩电总线系统调整项目和数据

序号	项目名称	调整功能	参考数据
TV/AV 状态下白平衡调整数据	WPR	红亮平衡调整	46（固定值）
	WPG	绿亮平衡调整	37（参考值）
	WPB	蓝亮平衡调整	35（参考值）
	BLR	红暗平衡调整	05（固定值）
	BLG	绿暗平衡调整	03（固定值）
	SB	副亮度调整	17（固定值）

（续）

序号	项目名称	调整功能	参考数据
HDTV 状态下白平衡调整数据	WPR	红亮平衡调整	48（固定值）
	WPG	绿亮平衡调整	40（参考值）
	WPB	蓝亮平衡调整	36（参考值）
	BLR	红暗平衡调整	09（固定值）
	BLG	绿暗平衡调整	07（固定值）
	SB	副亮度调整	11（固定值）
YPbPr 状态下白平衡调整数据	WPR	红亮平衡调整	40（固定值）
	WPG	绿亮平衡调整	36（参考值）
	WPB	蓝亮平衡调整	30（参考值）
	BLR	红暗平衡调整	10（周定值）
	BLG	绿暗平衡调整	01（固定值）
	SB	副亮度调整	14（固定值）
TV/AV PAL 状态下几何特性调整菜单	VANGLE	平行四边形失真校正	04
	VBOW	弓形失真校正	08
	VSCORR	场 S 形失真校正	33
	VSLOPE	场线性调整	54
	VSHIFT	场中心调整	34
	VSIZE	场幅度调整	42
	HSIZE	行幅度调整	46
	HSHIFT	行中心调整	24
	PINAMP	枕形失真校正	23
	PINPHA	梯形失真校正	28
	UCORN	上边角失真校正	44
	LCORN	下边角失真校正	51
100Hz 状态下几何特性调整菜单	VANGLE	平行四边形失真校正	04
	VBOW	弓形失真校正	08
	VSCORR	场 S 形失真校正	33
	VSLOPE	场线性调整	41
	VSHIFT	场中心调整	33
	VSIZE	场幅度调整	51
	HSIZE	行幅度调整	47
	HSHIFT	行中心调整	22
	PINAMP	枕形失真校正	24
	PINPHA	梯形失真校正	23
	UCORN	上边角失真校正	36
	LCORN	下边角失真校正	53

（续）

序号	项目名称	调整功能	参考数据
75Hz 状态下几何特性调整菜单	VANGLE	平行四边形失真校正	04
	VBOW	弓形失真校正	08
	VSCORR	场 S 形失真校正	33
	VSLOPE	场线性调整	02
	VSHIFT	场中心调整	31
	VSIZE	场幅度调整	51
	HSIZE	行幅度调整	46
	HSHIFT	行中心调整	24
	PINAMP	枕形失真校正	24
	PINPHA	梯形失真校正	27
	UCORN	上边角失真校正	40
	LCORN	下边角失真校正	52
1250 线状态下几何特性调整菜单	VANGLE	平行四边形失真校正	04
	VBOW	弓形失真校正	08
	VSCORR	场 S 形失真校正	33
	VSLOPE	场线性调整	40
	VSHIFT	场中心调整	32
	VSIZE	场幅度调整	53
	HSIZE	行幅度调整	46
	HSHIFT	行中心调整	23
	PINAMP	枕形失真校正	24
	PINPHA	梯形失真校正	24
	UCORN	上边角失真校正	40
	LCORN	下边角失真校正	54
TV/AV NTSC 状态下几何特性调整菜单	VANGLE	平行四边形失真校正	04
	VBOW	弓形失真校正	08
	VSCORR	场 S 形失真校正	33
	VSLOPE	场线性调整	39
	VSHIFT	场中心调整	34
	VSIZE	场幅度调整	52
	HSIZE	行幅度调整	46
	HSHIFT	行中心调整	22
	PINAMP	枕形失真校正	25
	PINPHA	梯形失真校正	27
	UCORN	上边角失真校正	38
	LCORN	下边角失真校正	52

（续）

序号	项目名称	调整功能	参考数据
HDTV 1080i/60Hz 状态下几何特性调整菜单	VANGLE	平行四边形失真校正	04
	VBOW	弓形失真校正	08
	VSCORR	场 S 形失真校正	33
	VSLOPE	场线性调整	50
	VSHIFT	场中心调整	32
	VSIZE	场幅度调整	35
	HSIZE	行幅度调整	45
	HSHIFT	行中心调整	18
	PINAMP	枕形失真校正	21
	PINPHA	梯形失真校正	25
	UCORN	上边角失真校正	39
	LCORN	下边角失真校正	52
HDTV 1080i/50Hz 状态下几何特性调整菜单	VANGLE	平行四边形失真校正	04
	VBOW	弓形失真校正	07
	VSCORR	场 S 形失真校正	33
	VSLOPE	场线性调整	21
	VSHIFT	场中心调整	32
	VSIZE	场幅度调整	38
	HSIZE	行幅度调整	48
	HSHIFT	行中心调整	06
	PINAMP	枕形失真校正	19
	PINPHA	梯形失真校正	25
	UCORN	上边角失真校正	36
	LCORN	下边角失真校正	55
菜单	地址 ADDR	寄存器定义说明	数据 DATA
寄存器调整菜单	200	OSD 的水平位置偏移量（使 TV 模式下的 OSD 菜单处于屏幕水平中心）	013
	201	EHT 补偿	16
	202	低 4 位—TV 射频音量增益，高 4 位—AV 音量增益	64
	203	峰值限幅	00
	204	阴极驱动幅度	06
	205	拉幕中心	45
	206	鼠标水平起点调整	3D
	207	BIT0：1—静噪开，0—静噪关 BIT1：1—ENGLISH（英文），0—中文 BIT2：1—童锁开，0—童锁关， BIT3：1—AKB ON，10—AKB OFF	A1

（续）

菜单	地址 ADDR	寄存器定义说明	数据 DATA
寄存器调整菜单	208	BIT0：1—FACTORY ON，0—FACTORY OFF BIT1：1—地磁校正开，0—地磁校正关 BIT2：1—变频开，0—变频关 BIT3：1—外置音箱允许，0—外置音箱关 BIT4：未用 BITS：1—TUNER ALPS BIT6：1—拉幕允许，0—拉幕关 BIT7：1—LOGO OFF，0—LOGO ON	27
	209	BIT0：AV2 EMABLE BIT1：DVD EMABLE BIT2：VGA ENABLE BIT3：RF—NTSC ENABLE BIT4：VGA—MUTI—SYNC BIT5：YPbPr ENABLE BIT6：HDTV ENABLE BIT7：CDTV ENABLE	F7
	20B	TDA9332 VERTICAL ZOOM	16
	20C	TDA9332 VERTICAL SCROLL	22
	20D	TDA9332 VGA VERTICAL WAIT	1A
	20E	TDA9332 TV VERTICAL WAIT	16
	210	TDA9332 HDTV/YPbPr VERTICAL WAIT	1A
	236	如果不是 AC，则在开机时将对 EEPROM 进行初始化	AC
	237	如果不是 AC，则在开机时将对 EEPROM 进行初始化	AC
	305	色温模式允许	00
	306	SAA7118H 色饱和度设置	30
	400	HDTV-PHASE	88
	401	CDTV-PHASE	F6
	402	YPbPr-PHASE	88
	40F	0—换台“黑屏”，1—换台不“黑屏”，2—换台图像静止	00
	410	0—开机直接亮，1—开机进入待机， 2—开机进入上次状态，3—开机进入老化状态	02
	414	SECAM Y-DELAY-OUT	0D
	415	DCTI	BC
	416	DCTI LIMIT	3A
	417	88—重低音允许，其他任何数据—重低音禁止	80
	41A	运动补偿允许	88
	41B	HDTY1080 i/60Hz 模式下的闭幕中心	30
	41C	HDTV1080 i/50Hz 模式下的闭幕中心	66

7.23 TCL PH73D 机心超级彩电总线调整

TCL PH73D 机心超级单片彩电，总线系统主被控电路采用飞利浦公司的 OM8376/TDA9376 超级单片电路，加入了华亚公司的 HTV158 芯片方案的 HDTV、VGA 信号处理模块，伴音功放电路采用三洋公司的 LA42350，场输出电路采用 TDA9302，开关电源厚膜电路采用 FSCQ1265。

适用机型：TCL 21V19、21V18P、21V20UP、25V18B、25V19、N21V19、N25V19、NT21M71N、NT21M76S、NT25M63、NT21H73S、NT21M63S、NT21M63S、29V19、29V19P、29V29P、HD21E64S，HD21V18USP、HD21V19SP、HD25M62、HD25V18PB、HD21H73US、HD21M73US、HD21M76S、HD21M76S1、HD29M71、HD29M75、HD29B68、HD29C64、29V19P、29V28P 等超级单片彩电。

7.23.1 总线调整方法

【进入退出工厂模式】

在工厂调整模式关状态下，按本机“音量－”键至音量为 0 不放，在 2s 内快速按遥控器数字数字“0”键 3 次。在工厂调整模式开状态下，按遥控器右下角的“工厂设定”键。均可进入工厂模式。

调整完毕，按遥控器上的“菜单”键退出工厂模式。

【项目选择与调整】

进入工厂模式后，按“数字”键进入相应的调整菜单，按“频道＋/－”键选择调整项目，按“音量＋/－”键调整所选项目数据。

在 SCREEN 电压调整时，按“0”键场幅关闭，屏幕显示一条水平亮线，调整后再按“0”键，场幅度恢复正常。

【行场特性调整】

PAL/NTSC 制信号行、场特性调整：在输入相应制式的信号下（PAL 制使用飞利浦测试卡信号，N 制使用虎头信号），按数字“1”键进入场特性调整菜单，按数字“2”键进入行特性调整菜单，对各个项目数据进行调整。

YPbPr、VGA 信号行、场特性调整 YPbPr 格式下的几何偏移量为固定值，无须调整。

【白平衡调整】

按数字“3”键进入白平衡调整菜单，调整暗、亮白平衡相关值至色温 11500K-1MPCD。暗白平衡默认值为 31，亮白平衡默认值均为 31 时，若满足色温坐标值范围则无须调整，否则调整 R/G-偏置、R/G-驱动两项，使之达标。

【初始值复位】

工厂模式下按数字“8”键进入 CLEAR INFO 项，按“音量＋”键设定值由 NO 变为“请等待…”。当显示 OK 并变为 NO 时，表明节目导航、图像音量设定等用户信息已被复位等待（同时工厂模式置关，开机模式置 LASTSTATE）。此过程中不能断电。

7.23.2 调整项目与数据

TCL PH73D 机心超级单片彩电总线系统调整项目和数据见表 7-30，表中带“＊”的数据根据需要调整。

表 7-30 TCL PH73D 机心超级单片彩电总线系统调整项目和数据

菜单	项目名称	调整功能	参考数据
按数字 1 键进入场特性调整菜单	SLOPE	场线性调整	*
	AMPL	场幅度调整	*
	S. CORR	S 失真校正	*
	SHIFT	场中心调整	*
	VX	VX 调整	25 默认值
	OFFSET	字符位置调整	*
按数字 2 键进入行特性调整菜单	PARALLEL	平行四边形失真校正	*
	BOW	弓形失真校正	*
	SHIFT	行中心调整	*
	WID TH	行宽度调整	*
	PARABOLA	行枕形失真校正	*
	U. CORNER	上角失真校正	*
	L. CORNER	下角失真校正	*
按数字 4 键进入功能设定菜单	SUB-BRIGHT	副亮度调整	31 默认值
	AGC-TAK	RFAGC 调整	见第 3 项
	IF AGC SPEED	IF AGC 设定	3 × NORM
	SCREEN LARGE	大小屏幕选择	YES
	COLOR TEMP	用户色温调整菜单开	YES
按数字 5 键进入制式与伴音曲线菜单	IF FREQUENCY	图像中频设置	38.0
	SOUVND DK	支持 DK 制式	YES
	SOUNDBG	不支持 BG 制式	NO
	SOUNDI	支持 I 制式	YES
	SOUNDM	不支持 M 制式	NO
	DEFAULTSOUND	默认制式为 DK 制式	DK
	VOL1	伴音曲线 1 调整	8
	VOL10	伴音曲线 10 调整	15
	VOL25	伴音曲线 25 调整	36
	VOL50	伴音曲线 50 调整	57
按数字 6 键进入 FM 捕捉带宽菜单	FMWS	FM 捕捉带宽	0
按数字 7 键进入开机信号输入设置菜单	POWER ON MODE	开机为记忆上次关机状态设置	LAST STATE
	BRAND	有 TCL LOGO 设置	LOGO ON

（续）

菜单	项目名称	调整功能	参考数据
按数字 7 键进入开机信号输入设置菜单	AV SOURCE	2 路 AV 输入设置	2AV ISVHS
	HDTV SOURCE	有 HDTV 分量输入功能设置	开
	VGA SOURCE	有 VGA 输入功能设置	开
	HDMI SOURCE	无 HDMI 输入功能设置	关
	USB SOURCE	无 USB 输入功能设置	关
	SVSH SOURCE	无 S 端子输入功能设置	关
	POC	POC 功能设置	YES
	BLUE GROUND	无蓝屏功能设置	NO
按数字 8 键进入功能设置菜单	CLEAR INFO	出厂清除用户信息	NO
	AUTO SOURCE	来电通功能设置开关	YES
	KEYQUANTITY	面板键数设定	6KEY
	BOOKINGPRO	无实时时钟功能	NO
	EEPROM INI	开机时存储器不恢复初始设定	NO
	TUNER	FS 高频头软件选择	PHI
	Y-DELAY	设定亮度延迟时间	8
	CATHODE	设定阴极驱动电平	7
	RECEVE	无超强接收功能设置	NO
	VERTGUARD	场保护功能开关设置	YES
按数字 9 键进入功能设置菜单	CURTAIN	有百叶窗式拉幕功能设置	YES
	CURTAIN COLOUR	拉幕颜色调整	5
按显示键进入版本显示菜单	CPUVER	软件版本号，数字代表软件编写的日期	0612.4
	ICVER	OM8373 选 N3，TDA9376 选 SVM，TDA9373 选 N2	N3
	FACTROY	工厂设定键开关，整机出厂时设定为关	NO
	HOTEL	无 HOTEL 模式	NO
按 TV/AV 键进入功能设置菜单（只在版本显示菜单 HOTEL 模式打开时有效）	POWER LOGO	开机不显示用户 LOGO 设置	NO
	HOTEL MODE	显示搜台菜单设置	FOR NORMAL
	MAX VOL	最大音量设置	100
	AUTO SET	个人设置与标准设置选择	NO
	PICTURE	图像模式设置	个人设定
	POWER VOL	开机时音量设置	10
	POWER SIGNAL	开机时的频道设置	1
	KEYLOCK	面板键锁定开关	NO
按数字 3 键进入白平衡调整菜单	B-R	白平衡红色调整	31
	B-G	白平衡绿色故障	31
	W-R	暗平衡红色调整	31
	W-G	暗平衡绿色调整	31
	W-B	暗平衡蓝色调整	31

附录　机型速查表

第 1 章　长虹超级数码彩电总线调整

机　　型	所属机心或系列	所在章节
CHD21388	HD-1 机心	1. 1
CHD2500	DT-5 机心	1. 7
CHD25916	HD-2 机心	1. 2
CHD2595	DT-5 机心	1. 7
CHD2595M	DT-5 机心	1. 7
CHD2915	DT-5 机心	1. 7
CHD2918	DT-5 机心	1. 7
CHD2919	DT-5 机心	1. 7
CHD2983	DT-5 机心	1. 7
CHD2988	DT-5 机心	1. 7
CHD2989	DT-5 机心	1. 7
CHD29916	HD-2 机心	1. 2
CHD2992	DT-5 机心	1. 7
CHD2995	DT-5 机心	1. 7
CHD2995	DT-7 机心	1. 8
CHD2998	DT-5 机心	1. 7
CHD34100	DT-5 机心	1. 7
CHD3415	DT-5 机心	1. 7
CHD34155（F55）	HD-2 机心	1. 2
CHD3418	DT-5 机心	1. 7
CHD3488	DT-5 机心	1. 7
CHD3489	DT-5 机心	1. 7
CHD3498	DT-5 机心	1. 7
CHD34J18S（F57）	HD-2 机心	1. 2
DT2000	DT-1 机心	1. 6
DT2000A	DT-1 机心	1. 6
DT2000D	DT-1 机心	1. 6
H2111K（F00）	CH-13 机心	1. 4
PD21876U（心片 2605）	HD-1 机心	1. 1
PD21916（心片 2604）	HD-1 机心	1. 1
PD25916	HD-2 机心	1. 2

（续）

机　　型	所属机心或系列	所在章节
PD29916	HD-2 机心	1.2
PF2118（F25）	CH-13 机心	1.4
PF21300	CH-13 机心	1.4
PF21300（F38）	CH-18 机心	1.5
PF21300（Z）	CH-13 机心	1.4
PF21366	CH-18 机心	1.5
PF21366H	CH-18 机心	1.5
PF21500	ETE-3 机心	1.3
PF2155（F26）	CH-18 机心	1.5
PF21600	CH-18 机心	1.5
PF21900U	HD-1 机心	1.1
PF2191E（F26）	CH-18 机心	1.5
PF2191G	CH-18 机心	1.5
PF24T18B	DT-1 机心	1.6
PF25118（F31）	CH-13 机心	1.4
PF2518（F31）	CH-13 机心	1.4
PF2528（F31）	CH-13 机心	1.4
PF29008（F37）	CH-18 机心	1.5
PF29118	CH-13 机心	1.4
PF29118（F31）	CH-13 机心	1.4
PF29300（Z）	CH-13 机心	1.4
PF29366（Z）	CH-13 机心	1.4
PF2955K	CH-13 机心	1.4
PF29DT18	DT-1 机心	1.6
PF34TD18	DT-1 机心	1.6
SF2111（F25）	CH-13 机心	1.4
SF2118AE（B）	CH-13 机心	1.4
SF2128K	CH-13 机心	1.4
SF2129K	CH-13 机心	1.4
SF21300（Z）	CH-13 机心	1.4
SF21300（Z）	CH-18 机心	1.5
SF2133K	CH-13 机心	1.4
SF2133K（F25）	CH-13 机心	1.4
SF21366（Z）	CH-13 机心	1.4
SF21366（Z）	CH-18 机心	1.5
SF2166（F03）	CH-13 机心	1.4

（续）

机　　型	所属机心或系列	所在章节
SF2166K	CH-13 机心	1.4
SF2166K（F03）	CH-13 机心	1.4
SF2166K（F25）	CH-13 机心	1.4
SF2188K	CH-13 机心	1.4
SF2188K（F25）	CH-13 机心	1.4
SF2191E（F26）	CH-18 机心	1.5
SF2199（F26）	CH-18 机心	1.5
SF2528	CH-13 机心	1.4
SF25366（Z）	CH-13 机心	1.4

第 2 章　康佳超级数码彩电总线调整

机　　型	所属机心或系列	所在章节
A2910	MK9 机心	2.12
A2911	MK9 机心	2.12
A2981	MK9 机心	2.12
A2986	MK9 机心	2.12
A2991	MK9 机心	2.12
DT292	MK9 机心	2.12
DT298	MK9 机心	2.12
P21AS281	AS 系列	2.11
P21SA177	SA 系列	2.8
P21SA281	SA 系列	2.8
P21SA282	SA 系列	2.8
P21SA376	SA 系列	2.8
P21SA383	SA 系列	2.8
P21SA387	SA 系列	2.8
P21SA390	SA 系列	2.8
P21SE151	SE 系列	2.2
P21SK056	SK 系列	2.1
P21SK056V	SK 系列	2.1
P21SK076	SK 系列	2.1
P21SK177	SK 系列	2.1
P21TA383	TA 系列	2.3
P21TA387	TA 系列	2.3
P21TA390	TA 系列	2.3
P21TA827	TA 系列	2.3

（续）

机　　型	所属机心或系列	所在章节
P21TA828	TA 系列	2.3
P21TE358	TE 系列	2.4
P21TK387	TK 系列	2.5
P21TK661	TK 系列	2.5
P21TK828	TK 系列	2.5
P25AS390	AS 系列	2.11
P25AS529	AS 系列	2.11
P25SE051	SE 系列	2.2
P25SE071	SE 系列	2.2
P25SE072	SE 系列	2.2
P25SE151	SE 系列	2.2
P25SE282	SE 系列	2.2
P25SK026	SK 系列	2.1
P25SK062	SK 系列	2.1
P25SK071	SK 系列	2.1
P25SK107	SK 系列	2.1
P25SK151	SK 系列	2.1
P25SK376	SK 系列	2.1
P25SK383	SK 系列	2.1
P25SK387	SK 系列	2.1
P25SK569	SK 系列	2.1
P25TE282	TE 系列	2.4
P25TE661	TE 系列	2.4
P25TK383	TK 系列	2.5
P25TK387	TK 系列	2.5
P25TK569	TK 系列	2.5
P25TK828	TK 系列	2.5
P28AS520	AS 系列	2.11
P28AS566	AS 系列	2.11
P28FG298（16:9）	FG 系列	2.6
P28FG298U	FG 系列	2.6
P2901	MK9 机心	2.12
P2905M	M 系列	2.13
P2916	MK9 机心	2.12
P2919	P 系列	2.10
P29AS216	AS 系列	2.11

（续）

机　　型	所属机心或系列	所在章节
P29AS217	AS 系列	2.11
P29AS281	AS 系列	2.11
P29AS386	AS 系列	2.11
P29AS390	AS 系列	2.11
P29AS520	AS 系列	2.11
P29AS528	AS 系列	2.11
P29AS529	AS 系列	2.11
P29AS566	AS 系列	2.11
P29FG058	FG 系列	2.6
P29FG108	FG 系列	2.6
P29FG188	FG 系列	2.6
P29FG188U	FG 系列	2.6
P29FG188U2	FG 系列	2.6
P29FG282	FG 系列	2.6
P29FG297	FG 系列	2.6
P29FT188	FT 系列	2.7
P29SE072	SE 系列	2.2
P29SE073	SE 系列	2.2
P29SE077	SE 系列	2.2
P29SE151	SE 系列	2.2
P29SE281	SE 系列	2.2
P29SE282	SE 系列	2.2
P29SE391	SE 系列	2.2
P29SK061	SK 系列	2.1
P29SK067	SK 系列	2.1
P29SK077	SK 系列	2.1
P29SK120	SK 系列	2.1
P29SK151	SK 系列	2.1
P29SK151V	SK 系列	2.1
P29SK282	SK 系列	2.1
P29SK376	SK 系列	2.1
P29SK383	SK 系列	2.1
P29SK387	SK 系列	2.1
P29SK569	SK 系列	2.1
P29TE282	TE 系列	2.4
P29TE661	TE 系列	2.4

（续）

机　　型	所属机心或系列	所在章节
P29TK383	TK 系列	2.5
P29TK387	TK 系列	2.5
P29TK569	TK 系列	2.5
P29TK827	TK 系列	2.5
P29TK858	TK 系列	2.5
P29TK928	TK 系列	2.5
P30AS319	AS 系列	2.11
P31SE292	SE 系列	2.2
P32AS319	AS 系列	2.11
P32AS391	AS 系列	2.11
P32AS520	AS 系列	2.11
P32FG298（16:9）	FG 系列	2.6
P32FG298U（16:9）	FG 系列	2.6
P34AS216	AS 系列	2.11
P34AS386	AS 系列	2.11
P34AS390	AS 系列	2.11
P34FG109	FG 系列	2.6
P34FG189	FG 系列	2.6
P34FG217	FG 系列	2.6
P34FG218	FG 系列	2.6
P34FG218U	FG 系列	2.6
P34FT189	FT 系列	2.7
P34SE138	SE 系列	2.2
P34SK383	SK 系列	2.1
P34TK383	TK 系列	2.5
PD292	MK9 机心	2.12
SP21808	TK 系列	2.5
SP21AS529	AS 系列	2.11
SP21AS636A	AS 系列	2.11
SP21TK391	TK 系列	2.5
SP21TK520	TK 系列	2.5
SP21TK529	TK 系列	2.5
SP21TK529S	TK 系列	2.5
SP21TK636A	TK 系列	2.5
SP21TK968	TK 系列	2.5
SP29808	AS 系列	2.11

（续）

机　　型	所属机心或系列	所在章节
SP29AS391	AS 系列	2.11
SP29AS566	AS 系列	2.11
SP29AS818	AS 系列	2.11
T14SA073	SA 系列	2.8
T14SA076	SA 系列	2.8
T14SA076	SA 系列	2.8
T14SA128	SA 系列	2.8
T14TA827	TA 系列	2.3
T21SA026	SA 系列	2.8
T21SA073	SA 系列	2.8
T21SA120	SA 系列	2.8
T21SA236	SA 系列	2.8
T21SA267	SA 系列	2.8
T21SA326	SA 系列	2.8
T21SK022	SK 系列	2.1
T21SK026	SK 系列	2.1
T21SK068	SK 系列	2.1
T21SK076	SK 系列	2.1
T21SK078	SK 系列	2.1
T21TA267	TA 系列	2.3
T21TA267B	TA 系列	2.3
T21TA827	TA 系列	2.3
T21TA928	TA 系列	2.3
T21TK026	TK 系列	2.5
T21TK326	TK 系列	2.5
T21TK326	TK 系列	2.5
T21TK358	TK 系列	2.5
T21TK358V	TK 系列	2.5
T21TK569	TK 系列	2.5
T21TK827V	TK 系列	2.5
T25SE073	SE 系列	2.2
T25SE120	SE 系列	2.2
T25SE267	SE 系列	2.2
T25SE358	SE 系列	2.2
T25SK068	SK 系列	2.1
T25SK068V	SK 系列	2.1

（续）

机　　型	所属机心或系列	所在章节
T25SK076	SK 系列	2.1
T25SK120	SK 系列	2.1
T25SK569	SK 系列	2.1
T25TE267	TE 系列	2.4
T25TE358	TE 系列	2.4
T25TE661	TE 系列	2.4
T25TK026	TK 系列	2.5
T25TK267	TK 系列	2.5
T25TK358	TK 系列	2.5
T25TK569	TK 系列	2.5
T25TK827	TK 系列	2.5
T2910	MK9 机心	2.12
T2911	MK9 机心	2.12
T2912	MK9 机心	2.12
T2912BC	MK9 机心	2.12
T2915	MK9 机心	2.12
T2999	MK9 机心	2.12
T29SK068	SK 系列	2.1
T29SK068V	SK 系列	2.1
T29SK076	SK 系列	2.1
T29SK120	SK 系列	2.1
T29SK178	SK 系列	2.1
T3412ID	MK9 机心	2.12
T3498	98 系列	2.9
T3498ID	MK9 机心	2.12
T34SK068	SK 系列	2.1
T34SK073	SK 系列	2.1
T34SK173	SK 系列	2.1
T34SK370	SK 系列	2.1
T3898	98 系列	2.9
TMSK068	SK 系列	2.1
TMSK073	SK 系列	2.1
TMSK173	SK 系列	2.1
WA2986	MK9 机心	2.12

第3章 海尔超级数码彩电总线调整

机 型	所属机心或系列	所在章节
15F6B-T	TMPA8823 机心	3.3
15F6B-T	TMPA8830 机心	3.5
21F3A-T	TMPA8823 机心	3.3
21F5A-T	TMPA8823 机心	3.3
21F5A-T	TMPA8873 机心	3.6
21F5D-T	TMPA8823 机心	3.3
21F8K-T	TMPA8823 机心	3.3
21F98	TMPA8823 机心	3.3
21F9D-T	TMPA8823 机心	3.3
21F9D-T	TMPA8873 机心	3.6
21F9D-T	UOC-9370 机心	3.7
21F9G-S	TMPA8823 机心	3.3
21F9K-T	TMPA8823 机心	3.3
21FA10-AM	TMPA8873 机心	3.6
21FA10-T	TMPA8873 机心	3.6
21FA11-AM	TMPA8830 机心	3.5
21FA11-AMM	TMPA8873 机心	3.6
21FA12-AM	TMPA8873 机心	3.6
21FA12-T	TMPA8873 机心	3.6
21FA18-AMM	TMPA8873 机心	3.6
21FA1-AM	TMPA8873 机心	3.6
21FA1-T	TMPA8873 机心	3.6
21FA1-T (A)	TMPA8873 机心	3.6
21FA6-T	TMPA8823 机心	3.3
21FK1	TMPA8873 机心	3.6
21FV6H-AB	TMPA8873 机心	3.6
21FV6H-B	TMPA8823 机心	3.3
21T18-T	TMPA8873 机心	3.6
21T5A-IT	TMPA8823 机心	3.3
21T5A-T	TMPA8823 机心	3.3
21T5A-T	TMPA8873 机心	3.6
21T5D-T	TMPA8823 机心	3.3
21T6B-TD	TMPA8823 机心	3.3
21T6D-T	TMPA8823 机心	3.3
21T7A-T	TMPA8823 机心	3.3

（续）

机　　型	所属机心或系列	所在章节
21T9G-T	TMPA8823 机心	3.3
21TA1	TMPA8873 机心	3.6
21TK1	TMPA8873 机心	3.6
24FA11-T	TMPA8873 机心	3.6
24FV6H-B	TMPA8829 机心	3.4
25F3A-T	TMPA8829 机心	3.4
25F5D-T	TMPA8823 机心	3.3
25F8A-T	TMPA8823 机心	3.3
25F9D-T	TMPA8823 机心	3.3
25F9K-P	TMPA8829 机心	3.4
25F9K-T	TMPA8829 机心	3.4
25FA10-T	TMPA8873 机心	3.6
25FV6-A8	TMPA8829 机心	3.4
25FV6H-B	TMPA8823 机心	3.3
25T3A-T	TMPA8829 机心	3.4
25T5D-T	TMPA8823 机心	3.3
25T6D-TD	TMPA8829 机心	3.4
25T7A-T	TMPA8823 机心	3.3
25T8D-S	TMPA8823 机心	3.3
25T8D-S	UOC-9370 机心	3.7
25T8D-S（D）	UOC-9370 机心	3.7
25T8K-T	TMPA8823 机心	3.3
25T9D-T	TMPA8823 机心	3.3
25T9G-S	TMPA8823 机心	3.3
28F8A-T	TMPA8823 机心	3.3
29F3A-P	UOC-9373 机心	3.8
29F5A-T	TMPA8829 机心	3.4
29F5D-TA	UOC-9373 机心	3.8
29F6D-T	TMPA8829 机心	3.4
29F7A-T	TMPA8807/09 机心	3.2
29F7A-T	TMPA8829 机心	3.4
29F8D-22	UOC-9373 机心	3.8
29F8D-T	TMPA8807/09 机心	3.2
29F8D-T	UOC-9373 机心	3.8
29F8D-TV1.0	UOC-9373 机心	3.8
29F8D-TV2.1	UOC-9373 机心	3.8

（续）

机　　型	所属机心或系列	所在章节
29F9D-T	TMPA8829 机心	3.4
29F9G-S	TMPA8829 机心	3.4
29F9K-P	UOC-9373 机心	3.8
29F9K-TD	TMPA8829 机心	3.4
29FA10-T	TMPA8829 机心	3.4
29FA12-TF	TMPA8829 机心	3.4
29FA18-T	TMPA8829 机心	3.4
29FA1-T	TMPA8829 机心	3.4
29FIA12-AM	TMPA8829 机心	3.4
29FV6H-B	TMPA8829 机心	3.4
29T3A-P	UOC-9373 机心	3.8
29T6B-T	TMPA8807/09 机心	3.2
29T8A-PD	UOC-9373 机心	3.8
29T8A-YPD	UOC-9373 机心	3.8
29T8D-P	UOC-9373 机心	3.8
29T8D-T	UOC-9373 机心	3.8
29TE	UOC-9373 机心	3.8
32P2A-P	TMPA8807/09 机心	3.2
34F2A-T	TMPA8807/09 机心	3.2
34F5D-T	TMPA8807/09 机心	3.2
34F5D-T	TMPA8829 机心	3.4
34F9A-T	TMPA8807/09 机心	3.2
34F9B-TD	TMPA8807/09 机心	3.2
34FV6-A8	TMPA8829 机心	3.4
34FV6H-B	TMPA8829 机心	3.4
34P2A-P	TMPA8807/09 机心	3.2
34P2A-P	TMPA8807/09 机心	3.2
34P2A-P	TMPA8829 机心	3.4
34P2A-T	TMPA8807/09 机心	3.2
34P9A-T	TMPA8807/09 机心	3.2
34P9A-T	TMPA8829 机心	3.4
34P9B-TD	TMPA8807/09 机心	3.2
34T2A-T	TMPA8807/09 机心	3.2
37T6D-T	TMPA8823 机心	3.3
HP-2969A	UOC-9373 机心	3.8
HP-2969N	UOC-9373 机心	3.8

（续）

机　　型	所属机心或系列	所在章节
HP-2969U	UOC-9373 机心	3.8
HP-2988N	UOC-9373 机心	3.8
HP-3499	TMPA8807/09 机心	3.2
HS-2198	TMPA8823 机心	3.3
HS-2596	TMPA8823 机心	3.3
HT-2588B	TMPA8823 机心	3.3
HT-2599	TMPA8823 机心	3.3
RGBTV-21TA	TMPA8823 机心	3.3

第 4 章　海信超级数码彩电总线调整

机　　型	所属机心或系列	所在章节
HDP2188D	LA76933 机心	4.3
TC2102A	TMPA 机心	4.10
TC2102D	UOC 心片	4.9
TC2106A	TMPA 机心	4.10
TC2106D	USOC 机心	4.2
TC2106D	TMPA 机心	4.10
TC2106G	TMPA 机心	4.10
TC2106H	TMPA 机心	4.10
TC2107A	TMPA 机心	4.10
TC2107F	UOC 心片	4.9
TC2107H	TMPA 机心	4.10
TC2108	G2 机心	4.1
TC2108DX	USOC 机心	4.2
TC2111A	TMPA 机心	4.10
TC2111CH	USOC 机心	4.2
TC2111GD	TMPA 机心	4.10
TC2118H	TMPA 机心	4.10
TC2119D	G2 机心	4.1
TC2169	USOC 机心	4.2
TC2175GF	UOC 心片	4.9
TC2176	G2 机心	4.1
TC2199CH	USOC 机心	4.2
TC21R08	UOC-TOP 机心	4.5
TC21R08N	G2 机心	4.1
TC21R76N	G2 机心	4.1

（续）

机　　型	所属机心或系列	所在章节
TC21R88N	UOC-TOP 机心	4.5
TC2502D	8829 机心	4.6
TC2506CH	USOC 机心	4.2
TC2506D	8829 机心	4.6
TC2507DH	8859 机心	4.7
TC2507F	UOC 心片	4.9
TC2507H	8829 机心	4.6
TC2508D	G2 机心	4.1
TC2576	G2 机心	4.1
TC2576X	G2 机心	4.1
TC25R08N	G2 机心	4.1
TC2902DH	8859 机心	4.7
TC2902HD	8829 机心	4.6
TC2902HD	TMPA 机心	4.10
TC2906H	UOC 心片	4.8
TC2908UF	UOC 心片	4.8
TC2910UF	UOC 心片	4.8
TC29118	UOC 心片	4.8
TC2911A	UOC 心片	4.8
TC2911AL	UOC 心片	4.8
TC2911UF	UOC 心片	4.8
TC2918D	8829 机心	4.6
TC2918DH	8859 机心	4.7
TC2918H	8829 机心	4.6
TC2918H	TMPA 机心	4.10
TC2919H	8859 机心	4.7
TC2977	UOC 心片	4.8
TC2977CH	USOC 机心	4.2
TC2982E	UOC 心片	4.8
TC2988UF	UOC 心片	4.8
TC2997	UOC 心片	4.8
TC3401DH	UOC3 机心	4.4
TC3406H	UOC 心片	4.8
TC3418U	UOC 心片	4.8
TC3418UF	UOC 心片	4.8
TC3419H	8859 机心	4.7

（续）

机　　型	所属机心或系列	所在章节
TC3482E	UOC 心片	4.8
TC3482UF	UOC 心片	4.8
TF2106A	TMPA 机心	4.10
TF2106CH	USOC 机心	4.2
TF2106D	UOC 心片	4.9
TF2107F	UOC 心片	4.9
TF2107H	TMPA 机心	4.10
TF2108	G2 机心	4.1
TF2111 IX	USOC 机心	4.2
TF2111CH	USOC 机心	4.2
TF2111DG	USOC 机心	4.2
TF2111F	UOC 心片	4.9
TF2119CH	USOC 机心	4.2
TF2166GH	USOC 机心	4.2
TF2166GH	LA76933 机心	4.3
TF2166H	USOC 机心	4.2
TF2168H	USOC 机心	4.2
TF2169GH	USOC 机心	4.2
TF2169GH	LA76933 机心	4.3
TF2176H	G2 机心	4.1
TF2177H	USOC 机心	4.2
TF2177HP	USOC 机心	4.2
TF2178H	USOC 机心	4.2
TF2188	G2 机心	4.1
TF21R08N	G2 机心	4.1
TF21R68N	G2 机心	4.1
TF21R68NX	G2 机心	4.1
TF21S76N	G2 机心	4.1
TF2502D	8829 机心	4.6
TF2506A	8829 机心	4.6
TF2506CH	USOC 机心	4.2
TF2506D	UOC 心片	4.9
TF2507DH	8859 机心	4.7
TF2507F	UOC 心片	4.9
TF2507H	8829 机心	4.6
TF2508D	G2 机心	4.1

（续）

机　型	所属机心或系列	所在章节
TF2519CH	USOC 机心	4.2
TF2576	G2 机心	4.1
TF2577CH	USOC 机心	4.2
TF25R08N	G2 机心	4.1
TF25R68	LA76933 机心	4.3
TF25R68X	G2 机心	4.1
TF25R69	G2 机心	4.1
TF25R76N	G2 机心	4.1
TF2902D	8829 机心	4.6
TF2902DF	UOC3 机心	4.4
TF2902DH	8859 机心	4.7
TF2906D	8829 机心	4.6
TF2906DH	8859 机心	4.7
TF2906H	UOC 心片	4.8
TF2907H	UOC 心片	4.8
TF2908C	G2 机心	4.1
TF2908D	G2 机心	4.1
TF2910UF	UOC 心片	4.8
TF29118	UOC 心片	4.8
TF2911UF	UOC 心片	4.8
TF2918DH	8859 机心	4.7
TF2918H	8829 机心	4.6
TF2919CH	USOC 机心	4.2
TF2919DH	8859 机心	4.7
TF2919H	USOC 机心	4.2
TF2919H	8859 机心	4.7
TF2968H	8859 机心	4.7
TF2977DH	8859 机心	4.7
TF2978DF	UOC3 机心	4.4
TF2982E	UOC 心片	4.8
TF2988GD	G2 机心	4.1
TF29R08N	G2 机心	4.1
TF29R68	LA76933 机心	4.3
TF29R68N	USOC 机心	4.2
TF29R68N	LA76933 机心	4.3
TF3406D	8829 机心	4.6
TF3406DH	8859 机心	4.7

第 5 章 创维超级数码彩电总线调整

机型	所属机心或系列	所在章节
15N15AA	4T60 机心	5.4
21NFMK	3T30 机心	5.2
21NS9000	3T30 机心	5.2
21TN9000	3T30 机心	5.2
21TR9000	3T30 机心	5.2
21TI9000	3T30 机心	5.2
21TMMS	3T30 机心	5.2
21N66AA	3T36 机心	5.2
21T66AA	3T36 机心	5.2
21TR9000	3T36 机心	5.2
21N66AA	3T60 机心	5.4
21T66AA	3T60 机心	5.4
21U16HN	3T66 机心	5.5
21T16HN	3T66 机心	5.5
21N91AA	3Y36 机心	5.6
21T91AA	3Y36 机心	5.6
21T68AA	3Y36 机心	5.6
21U16HN	3Y39 机心	5.7
21V16HN	3Y39 机心	5.7
21N16AA	3Y39 机心	5.7
21NI9000	3P30/4P30 机心	5.8
21TNMS	3P30/4P30 机心	5.8
21NKMS	3P30/4P30 机心	5.8
21PTI9000	3P30/4P30 机心	5.8
21ND9000A	3P30/4P30 机心	5.8
21TR9000	3P30/4P30 机心	5.8
21TN9000	3P30/4P30 机心	5.8
21NK9000	3P30/4P30 机心	5.8
21TH9000	3P30/4P30 机心	5.8
21TI9000	3P30/4P30 机心	5.8
21D88AA	3P60 机心	5.9
21T98HT	3D20/3D21 机心	5.11
21T16HT	3D20/3D21 机心	5.11
21T92HT	3D20/3D21 机心	5.11
21T18HT	3D20/3D21 机心	5.11

（续）

机 型	所属机心或系列	所在章节
21D18HT	3D20/3D21 机心	5.11
21D93HT	3D20/3D21 机心	5.11
21D88HT	3D20/3D21 机心	5.11
21D9BHT	3D20/3D21 机心	5.11
24D16HN	3T66 机心	5.5
25TM9000	4T36 机心	5.2
25N66AA	4T30 机心	5.3
25TM-9000	4T30 机心	5.3
25T15AA	4T60 机心	5.4
25T18AA	4Y36 机心	5.6
25N91AA	4Y36 机心	5.6
25T91AA	4Y36 机心	5.6
25TW9000	3P30/4P30 机心	5.8
25TP9000	3P30/4P30 机心	5.8
25NI9000	3P30/4P30 机心	5.8
25ND9000	3P30/4P30 机心	5.8
25TH9000	3P30/4P30 机心	5.8
25ND9000A	5P30 机心	5.8
25NF9000	5P30 机心	5.8
25NF8800A	5P30 机心	5.8
25TM9000	4P36 机心	5.10
25N61AA	4P36 机心	5.10
25T83AA	4P36 机心	5.10
29T68AA	5T30 机心	5.3
29T66AA	5T30 机心	5.3
29SM9000	5T36 机心	5.3
29SP9000	5T36 机心	5.3
29D98AA	4T60 机心	5.4
29T68AA	4T60 机心	5.4
29T91AA	4T60 机心	5.4
29T66AA	4T60 机心	5.4
29T16HN	4T66 机心	5.5
29T66AA	4Y36 机心	5.6
29T91AA	4Y36 机心	5.6
29HI9000	3P30/4P30 机心	5.8
29HD9000	5P30 机心	5.8
29TI9000	5P30 机心	5.8
29TM9000	4P36 机心	5.10

（续）

机　型	所属机心或系列	所在章节
29SA9000	4P36 机心	5.10
29TPDP	5D20 机心	5.13
29TFDP	5D20 机心	.5.13
29TJDP	5D20 机心	5.13
29TIDP	5D20 机心	5.13
29TMDP	5D20 机心	5.13
29TMDP	5D25/5D26 机心	5.14
29TIDP	5D25/5D26 机心	5.14
29TFDP	5D30 机心	5.16
29TMPP	5D30 机心	5.16
29HIDA	5D60 机心	5.17
29TPDP	5D60 机心	5.17
29TBDT	5D60 机心	5.17
29TJDP	5D60 机心	5.17
29TWDP	5D60 机心	5.17
29ITDT	5D60 机心	5.17
29HDDH	5D60 机心	5.17
29TBDP	5D66 机心	5.17
29T62DI	5D90 机心	5.18
34SI9000	5P30 机心	5.8
34SG9000	5P30 机心	5.8
34SD9000	5P30 机心	5.8
34TI9000	5P30 机心	5.8
34TPDP	5D20 机心	5.13
34TJDP	5D20 机心	5.13
34TIDP	5D20 机心	5.13
34TPDP	5D25/5D26 机心	5.14
34T1DP	5D28 机心	5.15
100-2928	100Hz 机心	5.23
100-2982	100Hz 机心	5.23
2122MK	3P30/4P30 机心	5.8
2928-100	5D01 机心	5.12
2982-100	5D01 机心	5.12
2982	5D01 机心	5.12
8000-2199	3P30/4P30 机心	5.8
8000-2122A	3P30/4P30 机心	5.8
8000-2522A	3P30/4P30 机心	5.8

第6章　夏华超级数码彩电总线调整

机　　型	所属机心或系列	所在章节
HT2966T	T系列	6.9
HT3261TS	TS系列	6.6
HT3281T	T系列	6.9
HT3466T	T系列	6.9
HT3681T	T系列	6.9
TK2916	TK系列	6.1
TK2953	TK系列	6.1
TK2955	TK系列	6.1
TK3416	TK系列	6.1
TK3430	TK系列	6.1
TL2987	TL系列	6.2
TN2985	TN系列	6.3
TN3483	TN系列	6.3
TN3489	TN系列	6.3
TQ2187	TQ系列	6.4
TQ2189	TQ系列	6.4
TQ2192	TQ系列	6.4
TQ2589	TQ系列	6.4
TR2978	TR系列	6.5
TR2987	TR系列	6.5
TR2988	TR系列	6.5
TR3478	TR系列	6.5
TR3488	TR系列	6.5
TS2120	TS系列	6.6
TS2121	TS系列	6.6
TS2122	TS系列	6.6
TS2126	TS系列	6.6
TS2129	TS系列	6.6
TS2130	TS系列	6.6
TS2133	TS系列	6.6
TS2135	TS系列	6.6
TS2150	TS系列	6.6
TS2151	TS系列	6.6
TS2166	TS系列	6.6
TS2167	TS系列	6.6

（续）

机　　型	所属机心或系列	所在章节
TS2180	TS 系列	6.6
TS2181	TS 系列	6.6
TS2550	TS 系列	6.6
TS2580	TS 系列	6.6
TS2581	TS 系列	6.6
TS2916	TS 系列	6.6
TS2980	TS 系列	6.6
TS2981	TS 系列	6.6
TU21106	TU 系列	6.7
TU21119	TU 系列	6.7
TU29105	TU 系列	6.7
TW29107	TW 系列	6.8
W2935	W 系列	6.11
W3416	W 系列	6.11
W3430	W 系列	6.11
XT-29F6	XT 系列	6.12
XT-29F6TD	TD 系列	6.10
XT-34F6	XT 系列	6.12

第 7 章　TCL 超级数码彩电总线调整

机　　型	所属机心或系列	所在章节
1475S	S13A 机心	7.2
21211	Y12A 机心	7.15
21228NG	S11/S12 机心	7.1
21A2B	S13A 机心	7.2
21B5	Y12 机心	7.14
21B5	Y12A 机心	7.15
21E5	UL12/UL12A 机心	7.9
21E6	TB73 机心	7.7
21E7	T08 机心	7.6
21E8	TB73 机心	7.7
21E9	TB73 机心	7.7
21G16	Y12A 机心	7.15
21G6B	S13A 机心	7.2
21H16	UL12/UL12A 机心	7.9
21T8S	Y12A 机心	7.15

（续）

机　　型	所属机心或系列	所在章节
21V08SA	NX73 机心	7.13
21V11	NX73 机心	7.13
21V12S	Y12A 机心	7.15
21V16	Y12A 机心	7.15
21V18P	PH73D 机心	7.23
21V18S	SY31 机心	7.17
21V18SA	NX73 机心	7.13
21V19	PH73D 机心	7.23
21V1B	S13A 机心	7.2
21V20UP	PH73D 机心	7.23
21V88	Y12 机心	7.14
21V88	Y12A 机心	7.15
21V8A	NX73 机心	7.13
21V8B	S13A 机心	7.2
25211	Y22 机心	7.16
25A2B	S23 机心	7.5
25B2	S22 机心	7.4
25B5	Y22 机心	7.16
25E7	T08 机心	7.6
25G6B	S23 机心	7.5
25V1	S21 机心	7.3
25V1	S22 机心	7.4
25V10	NX73 机心	7.13
25V11	NX73 机心	7.13
25V12	Y22 机心	7.16
25V15	NX73 机心	7.13
25V18	SY31 机心	7.17
25V18A	NX73 机心	7.13
25V18B	PH73D 机心	7.23
25V19	PH73D 机心	7.23
25V1B	S23 机心	7.5
25V8A	NX73 机心	7.13
25V8B	S23 机心	7.5
2981	S22 机心	7.4
2982	S22 机心	7.4
29A1	S21 机心	7.3

（续）

机　　型	所属机心或系列	所在章节
29A1P	S21 机心	7.3
29A2B	S23 机心	7.5
29A3	US21/US21A 机心	7.11
29G6	S22 机心	7.4
29G6B	S23 机心	7.5
29V08B	NX73 机心	7.13
29V1	S21 机心	7.3
29V1	S22 机心	7.4
29V10	NX73 机心	7.13
29V11	NX73 机心	7.13
29V12	Y22 机心	7.16
29V15	NX73 机心	7.13
29V19	PH73D 机心	7.23
29V19B	NX73 机心	7.13
29V19P	PH73D 机心	7.23
29V1B	S23 机心	7.5
29V28P	PH73D 机心	7.23
29V29P	PH73D 机心	7.23
29V8	S22 机心	7.4
29V88	Y22 机心	7.16
29V88B	NX73 机心	7.13
29V8B	S23 机心	7.5
2IT8S	Y12A 机心	7.15
31V10	NX73 机心	7.13
34A1P	S21 机心	7.3
34A3A	S23 机心	7.5
34V1	S21 机心	7.3
34V1	S22 机心	7.4
AT2113	UL11 机心	7.8
AT21166G	UL11 机心	7.8
AT21179G	S11/S12 机心	7.1
AT21181	UL11 机心	7.8
AT21181	UL12/UL12A 机心	7.9
AT21181I	UL11 机心	7.8
AT21189B	UL11 机心	7.8
AT21189B	UL12/UL12A 机心	7.9

（续）

机　　型	所属机心或系列	所在章节
AT21206	S11/S12 机心	7.1
AT21206	UL11 机心	7.8
AT21207	S11/S12 机心	7.1
AT21207	UL11 机心	7.8
AT21211	S11/S12 机心	7.1
AT21211A	UL12/UL12A 机心	7.9
AT21211F	S11/S12 机心	7.1
AT21215	UL11 机心	7.8
AT21215U	UL11 机心	7.8
AT21228	S11/S12 机心	7.1
AT21228	UL12/UL12A 机心	7.9
AT21228F	S11/S12 机心	7.1
AT21230	S11/S12 机心	7.1
AT21230F	S11/S12 机心	7.1
AT21231	S11/S12 机心	7.1
AT21231F	S11/S12 机心	7.1
AT21266A	UL11 机心	7.8
AT21266A	UL12/UL12A 机心	7.9
AT21266B	S11/S12 机心	7.1
AT2127	S11/S12 机心	7.1
AT21276	UL11 机心	7.8
AT21276	UL12/UL12A 机心	7.9
AT2127S	UL11 机心	7.8
AT21281	S11/S12 机心	7.1
AT21281	UL12/UL12A 机心	7.9
AT21281F	S11/S12 机心	7.1
AT21286	UL11 机心	7.8
AT21286	UL12/UL12A 机心	7.9
AT21286I	UL11 机心	7.8
AT21288	S11/S12 机心	7.1
AT21288F	S11/S12 机心	7.1
AT21289	UL12/UL12A 机心	7.9
AT21289A	UL12/UL12A 机心	7.9
AT21355G	S11/S12 机心	7.1
AT2165	HU21 机心	7.12
AT2165I	UL11 机心	7.8

（续）

机　　型	所属机心或系列	所在章节
AT2170	UL11 机心	7.8
AT2170U	UL11 机心	7.8
AT2175	S11/S12 机心	7.1
AT2175	UL11 机心	7.8
AT2175/S	S11/S12 机心	7.1
AT2190U	UL11 机心	7.8
AT21S135	S11/S12 机心	7.1
AT21S179	S11/S12 机心	7.1
AT21S192	S11/S12 机心	7.1
AT25106	S21 机心	7.3
AT25128	US21/US21A 机心	7.11
AT25181	US21/US21A 机心	7.11
AT25189B	US21/US21A 机心	7.11
AT25192	S21 机心	7.3
AT25207	S21 机心	7.3
AT25211	S21 机心	7.3
AT25211	S22 机心	7.4
AT25211	S23 机心	7.5
AT25211A	US21/US21A 机心	7.11
AT25211B	S21 机心	7.3
AT25228	S21 机心	7.3
AT25228	S22 机心	7.4
AT25228	S23 机心	7.5
AT25230	S21 机心	7.3
AT25266B	S21 机心	7.3
AT25266B	S22 机心	7.4
AT25276	US21/US21A 机心	7.11
AT25276G	US21/US21A 机心	7.11
AT25281	S21 机心	7.3
AT25281S	S21 机心	7.3
AT25286	US21/US21A 机心	7.11
AT25286F	US21/US21A 机心	7.11
AT25288	S21 机心	7.3
AT25288	S22 机心	7.4
AT25289A	US21/US21A 机心	7.11
AT25289B	US21/US21A 机心	7.11

（续）

机　型	所属机心或系列	所在章节
AT2565	US21/US21A 机心	7.11
AT2565A	HU21 机心	7.12
AT2565UL	US21/US21A 机心	7.11
AT2575S	S21 机心	7.3
AT2590UB	UL21 机心	7.10
AT25S135	S21 机心	7.3
AT25S168	S21 机心	7.3
AT25S192	S21 机心	7.3
AT29106B	UL21 机心	7.10
AT29128	US21/US21A 机心	7.11
AT29166GF	UL21 机心	7.10
AT29166I	UL21 机心	7.10
AT29168	S21 机心	7.3
AT2916UG	UL21 机心	7.10
AT2916UGF	UL21 机心	7.10
AT2916Y	Y22 机心	7.16
AT29187	US21/US21A 机心	7.11
AT29189B	UL21 机心	7.10
AT29189B	US21/US21A 机心	7.11
AT2918AE	S21 机心	7.3
AT29211	S21 机心	7.3
AT29211	S23 机心	7.5
AT29211A	UL21 机心	7.10
AT29211A	US21/US21A 机心	7.11
AT29211SD	S21 机心	7.3
AT29228	S21 机心	7.3
AT29228	S22 机心	7.4
AT29266B	S21 机心	7.3
AT29266B	S22 机心	7.4
AT29281	S21 机心	7.3
AT29281	S22 机心	7.4
AT29281	S23 机心	7.5
AT29286	US21/US21A 机心	7.11
AT29286（F）	US21/US21A 机心	7.11
AT29286F	UL21 机心	7.10
AT29286I	UL21 机心	7.10

（续）

机　型	所属机心或系列	所在章节
AT29288	S21 机心	7.3
AT2960	S21 机心	7.3
AT2960B	UL21 机心	7.10
AT2965	HU21 机心	7.12
AT2965A	HU21 机心	7.12
AT2988U	UL21 机心	7.10
AT2990U	UL21 机心	7.10
AT29S168	S21 机心	7.3
AT29S168B	S21 机心	7.3
AT34106	S21 机心	7.3
AT34106S	S21 机心	7.3
AT34187	UL21 机心	7.10
AT34189B	UL21 机心	7.10
AT34266B	S21 机心	7.3
AT34266B	S22 机心	7.4
AT34276	UL21 机心	7.10
AT34276F	UL21 机心	7.10
AT34281	UL21 机心	7.10
AT34286	UL21 机心	7.10
AT34286I	UL21 机心	7.10
AT3488	S21 机心	7.3
AT3488S	S21 机心	7.3
AT34U186	UL21 机心	7.10
HD21E64S	PH73D 机心	7.23
HD21H73US	PH73D 机心	7.23
HD21M73US	PH73D 机心	7.23
HD21M76S	PH73D 机心	7.23
HD21M76S1	PH73D 机心	7.23
HD21V18USP	PH73D 机心	7.23
HD21V19SP	PH73D 机心	7.23
HD25M62	PH73D 机心	7.23
HD25V18PB	PH73D 机心	7.23
HD29B68	PH73D 机心	7.23
HD29C64	PH73D 机心	7.23
HD29M71	PH73D 机心	7.23
HD29M75	PH73D 机心	7.23

（续）

机　型	所属机心或系列	所在章节
HiD25192P	HiD2990P 系列	7.20
HiD29166P	HiD2990P 系列	7.20
HiD29189P	HiD2990P 系列	7.20
HiD29192E	HiD2990P 系列	7.20
HiD29206P	HiD29206P 系列	7.19
HiD29276P	HiD2990P 系列	7.20
HiD2928HB	HiD2928HB 系列	7.22
HiD2990P	HiD2990P 系列	7.20
HiD2992	HiD2992 系列	7.21
HiD34189P	HiD2990P 系列	7.20
HiD34276P	HiD2990P 系列	7.20
HiD34276PB	HiD29206P 系列	7.19
JH2518	HiD2990P 系列	7.20
N14K6	S11/S12 机心	7.1
N14K6B	S13A 机心	7.2
N21B1	S11/S12 机心	7.1
N21B5L	Y12 机心	7.14
N21B6JB	S13A 机心	7.2
N21E2B	Y12 机心	7.14
N21E6	TB73 机心	7.7
N21E7	T08 机心	7.6
N21E8	TB73 机心	7.7
N21G16	Y12A 机心	7.15
N21G6B	S13A 机心	7.2
N21K2B	S13A 机心	7.2
N21K3	S11/S12 机心	7.1
N21K3	Y12 机心	7.14
N21T5	UL12/UL12A 机心	7.9
N21V15	TB73 机心	7.7
N21V16	Y12A 机心	7.15
N21V19	PH73D 机心	7.23
N21V2	TB73 机心	7.7
N25B2	S22 机心	7.4
N25B5L	Y22 机心	7.16
N25B6B	Y22 机心	7.16
N25B6J	S22 机心	7.4

(续)

机　型	所属机心或系列	所在章节
N25B6JB	S23 机心	7.5
N25E7	T08 机心	7.6
N25G6	S22 机心	7.4
N25G6B	S23 机心	7.5
N25G6B	S23 机心	7.5
N25K1	S22 机心	7.4
N25K2	S22 机心	7.4
N25K3	S22 机心	7.4
N25K3	Y22 机心	7.16
N25V10	NX73 机心	7.13
N25V11	NX73 机心	7.13
N25V19	PH73D 机心	7.23
N2982	S22 机心	7.4
N2IB5L	Y12A 机心	7.15
N2IE9	TB73 机心	7.7
NT14E01	TB73 机心	7.7
NT21181S	UL12/UL12A 机心	7.9
NT21189	UL12/UL12A 机心	7.9
NT21228	UL12/UL12A 机心	7.9
NT21281C	S11/S12 机心	7.1
NT21286N	TB73 机心	7.7
NT21289	Y12 机心	7.14
NT21289	Y12A 机心	7.15
NT212M71	NX73 机心	7.13
NT21803	UL11 机心	7.8
NT21806	S11/S12 机心	7.1
NT2182N	TB73 机心	7.7
NT2188N	TB73 机心	7.7
NT2195N	TB73 机心	7.7
NT21A11	UL11 机心	7.8
NT21A11	UL12/UL12A 机心	7.9
NT21A11	UL21 机心	7.10
NT21A11S	UL12/UL12A 机心	7.9
NT21A21	UL12/UL12A 机心	7.9
NT21A31	UL11 机心	7.8
NT21A31	UL12/UL12A 机心	7.9

（续）

机　　型	所属机心或系列	所在章节
NT21A31A	UL12/UL12A 机心	7.9
NT21A41	S11/S12 机心	7.1
NT21A41	UL12/UL12A 机心	7.9
NT21A41B	UL11 机心	7.8
NT21A41B	UL12/UL12A 机心	7.9
NT21A41B	UL12/UL12A 机心	7.9
NT21A42	UL11 机心	7.8
NT21A42	UL12/UL12A 机心	7.9
NT21A51	UL11 机心	7.8
NT21A51C	S11/S12 机心	7.1
NT21A52	S11/S12 机心	7.1
NT21A61	S11/S12 机心	7.1
NT21A71	S11/S12 机心	7.1
NT21A71A	S11/S12 机心	7.1
NT21A71A	S13 机心	7.2
NT21A71B	S13 机心	7.2
NT21A81	S11/S12 机心	7.1
NT21AS1	UL12/UL12A 机心	7.9
NT21B03	UL12/UL12A 机心	7.9
NT21B06S	UL12/UL12A 机心	7.9
NT21B68	UL12/UL12A 机心	7.9
NT21B68S	UL12/UL12A 机心	7.9
NT21C06S	UL12/UL12A 机心	7.9
NT21C41	UL12/UL12A 机心	7.9
NT21C81S	UL12/UL12A 机心	7.9
NT21E64S	NX73 机心	7.13
NT21E64S	SY31 机心	7.17
NT21F1	TB73 机心	7.7
NT21F3	TB73 机心	7.7
NT21F3N	TB73 机心	7.7
NT21F4	TB73 机心	7.7
NT21F4N	TB73 机心	7.7
NT21H73S	PH73D 机心	7.23
NT21M6	TB73 机心	7.7
NT21M62US	SY31 机心	7.17
NT21M63	SY31 机心	7.17

（续）

机　型	所属机心或系列	所在章节
NT21M63S	NX73 机心	7.13
NT21M63S	SY31 机心	7.17
NT21M63S	PH73D 机心	7.23
NT21M71	SY31 机心	7.17
NT21M71N	NX73 机心	7.13
NT21M71N	SY31 机心	7.17
NT21M71N	PH73D 机心	7.23
NT21M73	UL12/UL12A 机心	7.9
NT21M75	UL12/UL12A 机心	7.9
NT21M76S	PH73D 机心	7.23
NT21M86	TB73 机心	7.7
NT21M86	NX73 机心	7.13
NT21M92	TB73 机心	7.7
NT21M93	TB73 机心	7.7
NT21M95	TB73 机心	7.7
NT25228	US21/US21A 机心	7.11
NT25228	NX73 机心	7.13
NT25281C	S22 机心	7.4
NT25289	Y22 机心	7.16
NT2595N	NX73 机心	7.13
NT25A11	UL21 机心	7.10
NT25A11	US21/US21A 机心	7.11
NT25A21	US21/US21A 机心	7.11
NT25A31	US21/US21A 机心	7.11
NT25A41	S22 机心	7.4
NT25A41B	US21/US21A 机心	7.11
NT25A42	US21/US21A 机心	7.11
NT25A42	NX73 机心	7.13
NT25A51C	S22 机心	7.4
NT25A52	S22 机心	7.4
NT25A61	S22 机心	7.4
NT25A71	S22 机心	7.4
NT25A71A	S23 机心	7.5
NT25A81	S22 机心	7.4
NT25B03	US21/US21A 机心	7.11
NT25B06	S22 机心	7.4

（续）

机　　型	所属机心或系列	所在章节
NT25B5L	S22 机心	7.4
NT25B5L	S22 机心	7.4
NT25C06	S23 机心	7.5
NT25C06	NX73 机心	7.13
NT25C41	NX73 机心	7.13
NT25H91	NX73 机心	7.13
NT25M63	SY31 机心	7.17
NT25M63	PH73D 机心	7.23
NT25M75	NX73 机心	7.13
NT25M81	NX73 机心	7.13
NT25M89	NX73 机心	7.13
NT25M95	NX73 机心	7.13
NT29128	US21/US21A 机心	7.11
NT29128	NX73 机心	7.13
NT29181	A21 机心	7.18
NT29189	US21/US21A 机心	7.11
NT29228	S22 机心	7.4
NT29276	US21/US21A 机心	7.11
NT29A41	US21/US21A 机心	7.11
NT29A41B	US21/US21A 机心	7.11
NT29A51	S22 机心	7.4
NT29A51C	S22 机心	7.4
NT29C41	US21/US21A 机心	7.11
NT29C41	NX73 机心	7.13
NT29C41	NX73 机心	7.13
NT29M12	NX73 机心	7.13
NT29M7	NX73 机心	7.13
NT29M95	US21/US21A 机心	7.11
NT29M95	NX73 机心	7.13
NT34181	US21/US21A 机心	7.11
NT34181	A21 机心	7.18
NT34181B	UL21 机心	7.10
NT34189	US21/US21A 机心	7.11
NT34A51	US21/US21A 机心	7.11
S29B2	S22 机心	7.4
S29G6L	S22 机心	7.4
S29K1	S22 机心	7.4
S34A1	S22 机心	7.4

图 书 目 录

家电快修图解精答丛书

序号	书　名	书号	定价	日期
1	空调器快修技能图解精答	30690-0	35	201007
2	洗衣机快修技能图解精答	30689-4	28	201007
3	普通彩电快修技能图解精答	30572-9	37	201008
4	等离子彩电快修技能图解精答	30691-7	30	201009
5	液晶彩电快修技能图解精答	31557-5	30	201009
6	电冰箱快修技能图解精答	31244-4	36	201009
7	电磁炉快修技能图解精答	31014-3	33	201009
8	微波炉快修技能图解精答	30974-1	27	201009
9	电动车快修技能图解精答	31289-9	28	201009

空调器维修

序号	书　名	书号	定价	日期
1	新型空调器单片机控制电路解析与维修笔记	28933-3	58	201007
2	轻松解读新型变频空调器控制电路与速修技巧	30464-7	39.8	201005
3	长虹变频空调器微处理器控制电路分析与检修	28289-1	27	201001
4	房间空调器检修技术	25340-2	40	200901
5	新型空调器故障代码含义速查金鉴	27270-0	33	200907
6	新型空调器故障代码含义速查速用	21449-6	38	200808
7	空调器使用与维修培训教程	20473-2	19	200804
8	美的新型空调器安装维修培训教程	20719-1	36	200704
9	中央空调操作与维护（1CD）	24862-0	30	200908
10	中央空调运行与管理读本	20727-6	23	200801

彩 电 维 修

序号	书　名	书号	定价	日期
1	数字电视机顶盒安装与维修一点通（第2版）			
2	新型彩色电视机伴音电路检修问答	30598-9	29.8	201007
3	上门快修彩电的技巧及必备资料	29938-7	39.8	201006
4	长虹彩电故障快修详查	28012-5	49.8	201001
5	图解长虹数字高清彩电数字板	26446-0	29.8	200904
6	高清数字电视机使用与维修一点通（第2版）	30684-9	46	201008
7	液晶和等离子电视机维修实用指南	28180-1	19	201001

（续）

序号	书　　名	书号	定价	日期
8	平板与背投电视故障维修速查	25567-3	40	200901
9	新型彩色电视机通病速查速修	20226-4	19.8	200901
10	新型彩色电视机故障速修手册	28274-7	28	200910
11	彩色电视机故障速修手册	17726-5	25	200702
12	电视机维修技术问答	26167-4	18	201003
13	数字电视有线传输原理与维修	19833-8	30	200707
14	彩电开关电源维修即时通（第2版）	11923-4	30	200811
15	新型彩电电源电路检测数据大全	20736-8	35	200702
16	新型显示器电源电路原理与检修问答	27265-6	25	200907
17	彩色显示器维修技能速培教程	21734-3	36	200708
18	新型彩色电视机 I^2C 总线调整方法速查	20725-2	20	200804
19	新型彩色电视机 I^2C 总线调整大全	12974-X	40	200606
20	新型彩色电视机 I^2C 总线调整大全（续）	20861-7	39	200712
21	新型彩色电视机集成电路实用资料大全	19077-6	45	200702
22	大屏幕彩色电视机扫描电路及亮度、色度电路的检修	25307-5	29	200901
23	大屏幕彩电电源电路和保护电路的检修	21303-1	23	200803

精品彩电电路图集系列

序号	书　　名	书号	定价	日期
1	液晶彩色电视机电路图集（一）（含1CD）	26051-6	49.8	200904
2	液晶彩色电视机电路图集（二）（含1CD）	26052-3	49.8	200904
3	数字高清彩色电视机电路图集（一）（含1CD）	26049-3	49.8	200904
4	数字高清彩色电视机电路图集（二）（含1CD）	26050-9	49.8	200904
5	等离子彩色电视机电路图集（一）（含1CD）	26057-8	49.8	200904
6	等离子彩色电视机电路图集（二）（含1CD）	26058-5	49.8	200904
7	数码纯平彩色电视机电路图集（一）（含1CD）	26053-0	49.8	200904
8	数码纯平彩色电视机电路图集（二）（含1CD）	26054-7	49.8	200904
9	背投彩色电视机电路图集（一）（含1CD）	26055-4	49.8	200904
10	背投彩色电视机电路图集（二）（含1CD）	26056-1	49.8	200904
11	数字机顶盒电路图集（含1CD）	26060-8	49.8	200904

其他家电维修

序号	书　　名	书号	定价	日期
1	家电下乡：选购与维修	30833-1	19.8	201008
2	新型打印机维修技能速培教程	26920-5	29.8	201003
3	新型传真机复印机维修技能速培教程	27065-2	28.8	200906

（续）

序号	书　　名	书号	定价	日期
4	3G 手机维修从入门到精通	31247-5	36	201011
5	手机维修技能速培教程（第 2 版）	12432-4	30	200801
6	新型绿色电冰箱单片机控制技术与维修技巧一点通	23493-7	40	200804
7	图解微波炉原理、结构与维修技巧	28568-7	26	201001
8	新型通用微波炉维修图集	28358-4	27	201001
9	商用与家用电磁炉维修窍门与疑难故障全攻略	31214		
10	上门快修家电商用电磁炉对查手册	27868-9	49	201001
11	最新电磁炉维修电路精选	26716-4	38	200906
12	电磁炉维修快速入门	24295-6	29.8	200902
13	电动自行车使用与维修问答	21408-3	13	201008
14	电动自行车维修技能一点通	22614-7	26	200905
15	电动自行车控制原理与检修技巧	21190-7	20	200710

家电综合维修

序号	书　　名	书号	定价	日期
1	常用电子仪器仪表的使用与速修技巧	26793-5	30	200906
2	常用家电维修实用技术	27123-9	24	200910
3	家电坏了自己修	24742-5	30	200909
4	电器维修技能与方法问答	24921-4	19.8	200901
5	家用电器单元电路识图与故障分析	10481-0	16	200703
6	家用电器通用检修方法与技巧	16131-0	27	200911
7	家用电器检测与维修技术	10507-9	17	200506
8	家用电器代码、密码、指令英文缩写手册	24523-0	58	200809
9	上门快修电器故障对查手册（第 2 版）	20618-7	88	200902

农机下乡技术服务丛书

序号	书　　名	书号	定价	日期
1	农副产品加工机械巧用速修问答	30296-4	23	201005
2	农机具巧用速修问答	30069-4	20	201005
3	排灌机械巧用速修问答	30541-5	20	201006
4	内燃机巧用速修问答	30540-8	23	201007
5	农机配电及动力设备巧用速修问答	30562-0	24	201007
6	二轮/三轮燃油摩托车巧用速修问答	30542-2	24	201006
7	农用车巧用速修问答	30543-9	24	201007
8	电动二轮/三轮车巧用速修问答	30497-5	24	201007